“十二五”普通高等教育本科国家级规划教材

江西省第五届普通高等学校优秀教材

国防特色教材·核科学与技术

U0292956

铀 矿 勘 查 学

（第 2 版）

王正其　夏　菲　许德如　朱鹏飞　编著

哈尔滨工程大学出版社

Harbin Engineering University Press

内 容 简 介

本书是教育部"十二五"普通高等教育本科国家级规划教材《铀矿勘查学》的修订版本,力图反映并构建最新铀矿勘查理论与勘查方法体系。本书充分介绍了铀矿地质勘查领域的最新研究进展和发展趋势,在较全面阐述不同类型铀矿的成矿地质条件、成矿规律基础上,加强了成矿预测、铀矿勘查方法与原理的论述,构建了矿体地质研究与勘查类型、勘查工程系统选择与部署之间的有机联系,强化了铀矿勘查设计原理与基本作业方法手段的介绍和训练。

全书共12章,大致由铀矿勘查地质理论、勘查技术方法与手段、勘查工程系统与设计原理、铀矿勘查类型与资源储量估算方法、铀矿技术经济评价等知识模块组成。为提升教学内容的先进性、科学性、实践性和探索性,本书设置了相应的铀矿地质勘查研究案例,配套有《铀矿勘查学实习指导书》。

本书主要面向具有核地质特色的高等院校资源勘查工程专业本科生,也可作为从事矿产勘查工作的技术人员及相关专业本科生、研究生教育人员的参考书。

图书在版编目(CIP)数据

铀矿勘查学 / 王正其等编著. -- 2 版. -- 哈尔滨：哈尔滨工程大学出版社, 2024.1

ISBN 978-7-5661-4273-3

Ⅰ. ①铀… Ⅱ. ①王… Ⅲ. ①铀矿-地质勘探-高等学校-教材 Ⅳ. ①P619.140.8

中国国家版本馆 CIP 数据核字(2024)第 012035 号

铀矿勘查学(第 2 版)
YOUKUANG KANCHAXUE (DI 2 BAN)

选题策划 石 岭
责任编辑 石 岭 张 昕
封面设计 李海波

出版发行 哈尔滨工程大学出版社
社 址 哈尔滨市南岗区南通大街 145 号
邮政编码 150001
发行电话 0451-82519328
传 真 0451-82519699
经 销 新华书店
印 刷 哈尔滨市海德利商务印刷有限公司
开 本 787 mm×1 092 mm 1/16
印 张 20.75
字 数 527 千字
版 次 2024 年 1 月第 2 版
印 次 2024 年 1 月第 1 次印刷
书 号 ISBN 978-7-5661-4273-3
定 价 49.00 元

http://www.hrbeupress.com
E-mail:heupress@ hrbeu. edu. cn

第 2 版前言

《铀矿勘查学》(含《铀矿勘查学实习指导书》)教材自 2010 年出版以来,迄今已使用十余个年头。它先后被纳入"十一五"国防特色规划教材、"十二五"普通高等教育本科国家级规划教材,获得江西省第五届普通高等学校优秀教材一等奖,在铀矿地质教学、科研、勘查、矿山等相关领域得到了广泛使用和好评,对我国铀矿地质人才培养和地质勘查事业发展起到了积极的作用。

随着近年来铀矿地质勘查工作以及地质科学研究工作的不断深入,铀矿地质勘查领域取得了较多的新理论、新方法、新成果、新认识,特别是对与火山岩和花岗岩相关的热液型铀矿以及表生砂岩型铀矿的成矿地质环境、成矿流体性质、成矿作用过程以及沉淀富集成矿机理的认识有了全新的进展。铀成矿理论的创新与发展以及勘查深度的不断扩大,对铀矿找矿预测工作涉及的成矿地质条件研究内容体系、找矿(弱)信息类型与提取技术、面对深部铀矿的找矿方法等提出了新的要求。此外,2020 年我国颁布了新的《固体矿产地质勘查规范总则》(GB/T 13908—2020)、《固体矿产资源储量分类》(GB/T 17766—2020)标准,铀矿地质勘查阶段及其工作内容体系、矿产资源储量分类体系均发生了一定程度的变化,赋予相关概念新的定义或内涵。因此,原有教材的部分知识体系和知识点已不能很好地体现铀矿勘查科学理论的发展现状,也不能很好地适应新时期铀矿地质勘查工作的要求。

专业教材应与本学科理论发展、一线生产和实践需求相一致,应具有时代性、先进性和科学性,教学的内容与知识体系应满足新形势下的"面向生产,加强理论指导找矿"的勘查工作需要。基于以上指导思想和出发点,结合最新相关铀矿地质勘查规范与多年教学、科研、勘查工作经验,再版教材除了对铀矿地质勘查阶段划分、不同阶段勘查工作内容体系以及铀矿资源储量分类体系、矿体连接对比条件等进行了较大幅度的修改和完善外,对现阶段我国主要铀矿找矿工作对象(与火山岩或花岗岩相关的热液型铀矿、砂岩型铀矿)的成矿地质理论、成矿地质条件、找矿信息等内容进行了补充,讨论了成矿地质条件的针对性、适用条件以及运用时应注意的问题;为适应未来主要面向深部隐伏矿产资源(铀矿)找矿工作的需要,补充了深穿透地球化学找矿方法、成矿弱信息识别与提取、深部矿产资源勘查策略等知识;强化了教学案例的构建,新增了"铀矿找矿信息提取研究""基于数字模型的居隆庵铀矿床三维成矿预测""基于多元信息的诸广地区花岗岩型铀矿体定位预测""基于砂岩型铀成矿作用的分散元素成矿理论预测""铀矿床动态技术经济评价系统应用"等 5 个研究案例,以便更好地开展"启发式""讨论式""思政式"专业教学,引导学生基于"已知"求证"未知"的过程对"问题形象化"进行学习与思索,激发其学习动力与兴趣,培养其创新精神和思维意识,提高其基于理论分析、成矿信息、地质事实的综合分析与实践研究能力。此外,基于新时期从生态环境保护角度对矿产勘查提出的新任务,再版教材对绿色勘查的工作内容与要求做了简要的介绍。在配套的《铀矿勘查学实习指导书》中,增加了"砂岩型铀矿成矿层位预测"这一实习项目。

再版教材由王正其、夏菲、许德如、朱鹏飞编撰。具体分工如下:第 1 章、第 2 章、第 3

章、第 4 章的 4.5.4 与 4.5.5、第 5 章、第 6 章、第 7 章、第 8 章、第 9 章、第 10 章、第 11 章由王正其编撰;第 12 章由夏菲编撰;第 5 章 5.3 节由王正其与许德如共同编撰;第 4 章的 4.1 节、4.2 节、4.3 节以及 4.5 节的 4.5.1,4.5.2,4.5.3 由朱鹏飞编撰。全书由王正其统稿。

教材承蒙中国铀业股份有限公司张金带研究员级高工(中国核工业地质局原总工程师)、东华理工大学吴仁贵教授、李增华教授审阅并提出了宝贵的修改意见。再版过程中,始终得到了东华理工大学及其地球科学学院相关领导的关心和指导,相关学科的一线教师提出了很多有益的建议。本书的再版得到了东华理工大学教材委员会、东华理工大学地球科学学院的共同资助。在此谨向给予本书支持、关心和帮助的有关同志致以诚挚的谢意。

王正其

2023 年 9 月

第 1 版前言

自《铀矿找矿勘探地质学》(徐增亮、隆盛银主编,1990 年)出版以来,迄今已近二十个年头。该书是核工业成立以来,我国最早的也是唯一的一本专门针对铀矿地质勘查的本科教材。多年来,《铀矿找矿勘探地质学》一书在铀矿地质教学、科研、生产、矿山等相关部门得到了广泛使用和好评,为我国铀矿地质人才培养和地质勘查事业发展起到了积极的推动作用。但随着地质勘查领域的新理论、新方法、新成果、新认识的不断涌现,特别是随着铀矿地质勘查事业的不断深入和发展,铀矿找矿工作主要对象,找矿类型与勘查深度,铀矿成矿、预测与勘查的理论和方法等方面均已取得很大的发展和创新,铀矿资源的评价体系和评价方法也发生了很大的变化。目前铀矿地质领域的找矿工作重点——深源铀成矿及砂岩型铀矿成矿理论、勘查方法与评价体系在原教材中涉及甚少;此外,随着社会主义市场经济的发展,矿产(铀矿)勘查地质工作体系发生了很大的变化。显然,《铀矿找矿勘探地质学》一书与现代地质学科发展和铀矿地质生产,以及社会需求现状比较,其一些知识点及结构体系已显得陈旧或滞后。

大学本科教育应体现时代性、先进性和科学性,应与本学科理论发展、社会生产需求相一致,完善教材体系结构、提高教学内容的系统性和完整性,以适应新形势下的"面向生产,加强理论指导找矿"的大学教育要求和铀矿地质学科发展需要。为此,经东华理工大学申请立项,2007 年国家国防科技工业局规划教材专著评审委员会对新编撰教材《铀矿勘查学》的编撰目的、知识体系和知识点、编撰提纲进行了评审,并将该教材纳入"十一五"国防特色规划教材进行重点资助。

《铀矿勘查学》是在《固体矿产资源/储量分类》(GB/T 17766—1999)、《铀矿地质勘查规范》(DZ/T 0199—2002)等新的地质工作框架体系和原教材的基础上,结合铀矿地质勘查领域取得的新理论、新认识、新方法、新技术,以及多年野外一线工作经验、教学心得进行编撰的。本书对原教材部分内容进行了较大幅度的增减或重新组合,简要介绍了铀矿地质勘查领域的最新研究进展和发展趋势,较全面阐述了不同类型铀矿的成矿地质条件、成矿规律研究进展,加强了铀矿成矿预测、铀矿找矿方法与勘查原理的论述,努力构建矿体地质研究与勘查类型、勘查工程系统与工程部署之间的有机联系,强化铀矿勘查设计原理与基本作业方法手段的介绍和训练。本教材主要由以下知识点构成:我国主要铀矿类型成矿基本理论与铀矿勘查发展趋势;铀矿成矿地质条件、找矿标志;铀矿勘查技术方法和手段;不同铀矿勘查阶段工作内容与任务要求;矿体地质研究方法;新的勘查类型与资源/储量分类体系;勘查工程系统、设计原理及工程部署方法;铀矿取样及数据处理;铀资源/储量估算的方法;铀矿技术经济评价原理与方法体系。内容上重点突出了在我国占主导地位,且为今后相当长一段时间内主要的找矿工作对象——砂岩型、火山岩型和花岗岩型等铀矿的成矿地质理论和工作方法体系;配套编写了旨在强化铀矿勘查基本技术技能训练的实习指导书。《铀矿勘查学》主要面向具有国防特色的核地质相关专业本科生,部分章节适用于研究生教学,也可作为相关科研、生产或矿山单位的工作参考书。

《铀矿勘查学》是编撰者多年从事铀矿地质生产、科研和教学工作获得的认识、经验与心得的结晶,其中也包含了众多核工业系统从事铀矿地质工作的专家、前辈们的真知灼见。郭福生教授、隆盛银教授、张树明教授和范洪海研究员级高工等对本教材编撰提纲的确立提出了很多宝贵意见;编撰期间,东华理工大学刘庆成教授、孙占学教授、刘晓东教授、汤彬教授等领导多次过问进展情况并给予建议,地球科学与测绘工程学院院长潘家永教授在工作条件方面给予了很多切实关心,在此一并表示诚挚的敬意和衷心的感谢。本书的出版得到了国家国防科技工业局人教司的资助,东华理工大学教材委员会、东华理工大学矿产普查与勘探重点建设学科委员会也为本书的顺利出版给予了大力协助。编撰过程中,东华理工大学硕士研究生王如意、蒙毅,本科生孙全宏为本书文字录入和图件绘制做了大量的工作,在此表示感谢。本教材由王正其编撰第 1,2,3,5,6,7,8,9,10,11 章,朱鹏飞、蔡煜琦编撰第 4 章,夏菲编撰第 12 章。全书由王正其统稿。

本教材承蒙中国核工业地质局张金带总工程师、核工业北京地质研究院范洪海研究员级高工审阅并提出宝贵修改意见,谨表诚挚谢意。

王正其

2009 年 9 月

目 录

第1章 绪 论

1.1 铀矿勘查学的性质、任务

1.1.1 铀矿勘查学的性质

铀矿勘查学亦称铀矿找矿勘探地质学,是一门专门研究铀矿资源形成与分布的地质条件、矿床赋存规律、矿体变化特征和工业矿床最有成效的勘查理论与方法的应用地质学。铀矿勘查是在铀矿区域地质调查的基础上,根据国民经济、社会发展和国防建设需要,运用地质科学与铀成矿科学理论,使用多种勘查技术方法和手段,对铀矿床地质和铀矿资源进行的系统调查、研究与评价工作。铀矿勘查是铀矿床普查、详查和勘探的总称。

铀矿勘查学是矿产勘查学的一个重要组成部分,具有科学性、实践性、综合性、探索性和政策性强等特点,同时也具有经济学属性。矿产勘查学在生产实践中总结和发展,并服务于生产实践。实践过程中,地质学理论、成矿学理论以及各种技术方法和手段(地质调查研究、探矿工程、地球物理、地球化学、航测遥感、实验测试、数字化技术和大数据信息提取与分析等)得以集中、综合应用,指导生产实践,又在勘查实践中进行验证、完善和发展;同时实践过程也是一个发现地质新现象、新问题,取得认识的过程,有利于相关地质学理论与成矿理论的延伸和拓展。因此,它是地质科学理论与资源勘查生产实践联系的重要纽带,也是地质科学与工程技术科学联系的桥梁。矿产勘查学涉及的地质科学、环境科学、社会经济科学等研究领域,相互之间存在紧密依存和相互制约的关系。

矿产勘查事业发达程度与一个国家和地区科学技术水平和经济发展状况密切相关。地质矿产勘查是国民经济建设的"先行"和"基础",是社会经济及关键技术实现可持续发展的重要保证,直接影响国民经济的布局、经济成分构成和经济建设效果。勘查生产活动是在地质上可能、技术上可行、经济上合理、社会上存在需求、环境上许可的特定条件下开展和实现的。实践过程必须遵循勘查的经济规律,讲求矿产勘查的经济和社会效益。如何实现勘查过程周期短、成本低、可靠地质成果多且效益好是矿产勘查学及铀矿勘查生产实践中必须研究与解决的一个基本问题。

1.1.2 铀矿勘查学的研究任务

铀矿勘查学研究对象主要为铀矿成矿远景区和铀矿床,研究的内容涉及铀成矿预测、铀矿勘查及矿产技术经济评价三个方面。拟解决的主要问题是评价各种地质环境中铀成矿潜力、铀矿床存在的可能性及其工业意义,提高铀矿资源勘查的地质与经济效果,提供可靠的铀矿资源。与其他学科类似,铀矿勘查学研究工作具有预见性,包括预测潜在的铀成矿远景区(带),预测铀成矿类型及其规模,预测矿体的赋存部位和特征(形状、产状、规模、有用组分等），预测铀资源储量和分布等。

铀矿勘查学的研究任务主要包括以下几方面：

①研究铀矿床空间分布及铀矿体赋存规律，分析已知铀成矿区特有的成矿地质条件及其组合特征、找矿信息和找矿标志，为找矿远景区的合理选择及攻深找盲提供理论依据；

②研究成矿预测的工作内容、要求、方法与步骤，拟定铀成矿预测的一般工作程序；

③研究矿床评价的各种参数，建立矿床技术经济评价体系或评价模型，合理制定矿床评价的各项工业与经济指标；

④研究矿体空间规律性与变化性特征、控制因素、矿床勘查类型，选择有效的勘查方法与技术手段，尽可能地提高勘查工作的经济效益；

⑤研究铀矿资源储量估算方法及工作步骤；

⑥研究铀矿床水文地质、工程地质和环境地质；

⑦研究铀矿石选冶加工工艺条件；

⑧研究矿床成因(成矿模式)和找矿模式。

1.1.3　铀矿勘查学与其他学科的关系

铀矿勘查工作最终目的是发现铀矿床，首先需要回答的问题是"从哪里找？""找何种类型？"，因此，与其关系最密切的学科是铀矿床学。铀矿床是在一定条件下各种地质因素综合作用的产物，其形成与空间分布受到构造运动、岩浆活动、沉积环境、流体活动及变质作用等地质条件影响和控制。显然，结晶学、矿物学、岩石学、古生物学、地史学、构造地质学、水文地质学、地球化学和矿床学、遥感地质学、地理信息系统等相关学科基础理论与知识，构成了铀矿勘查学的基础和理论依据。反过来，铀矿勘查实践成果与认识可以验证这些基础学科理论，并促进相关研究领域的延伸和发展。铀矿勘查学与上述各地质基础学科和专业学科之间是相辅相成、互相促进的关系。

铀矿床的形成通常发生在几千万年乃至几亿年之前，成矿作用可以在浅地表，也可以在地下深部。因受到成矿后各种内，外地质营力的漫长作用影响，矿体完整性以及成矿作用形成的地质现象或成矿信息被淹没、弱化、改造或破坏，导致现今条件下获取的成矿信息是零散的、片面的、非典型的，甚至具有"虚假性"或"迷惑性"等特点。为避免由此给辨别成矿作用及其控制因素带来的难度，使找矿工作少走弯路，要求技术人员运用系统论和辩证的思维，尽可能地从多角度对地质现象进行全面观察与辩证分析，去伪存真。由此可见，要成功完成铀矿勘查工作，辩证法理论知识及其正确的逻辑思维方式必不可少。

对于预测或发现的潜在铀矿床，需要解决"如何控制和评价？""经济价值如何？"等问题。也就是说，铀矿勘查必须借助诸如勘查地球物理(特别是放射性地球物理)、勘查地球化学、全球定位系统、钻探技术与钻井工程、坑探技术与掘进工程等多种技术手段与方法去完成自身任务；最优勘查方案确定和勘查过程最优化，通常需建立在一定的矿床数学模型基础上。此外，成矿预测、矿产勘查工作往往与通过不同手段、途径获取的大量数据打交道，如何提取、分析、处理及显示这些数据和信息并做出正确判断和评价，离不开概率论、数理统计、多元统计分析、大数据信息提取技术等数学基础和计算机软件技术。勘查工作必须遵循经济学规律，不言而喻，矿床经济价值评价与经济学理论、现代经济管理学之间关系密切。在欧美国家，有学者将矿床学及矿产勘查学合并统称为"经济地质学"。

铀矿勘查是铀矿业生产活动的第一步，铀矿勘查成果是矿山设计与建设的基础。不同的采矿工艺,对铀矿勘查工作内容及勘查程度要求并不完全相同。不了解铀矿床采、选、冶的基本工艺和要求,就不可能对铀矿床做出正确评价,也不可能全面正确地完成铀矿勘查工作。因此,铀矿地质工作者需要了解铀矿采矿工艺学、铀矿石冶炼学等学科的基本知识和技术原理。

当今,环境问题已成为影响铀矿勘查与开发的重要问题,铀矿勘查必须考虑生态环境保护问题和矿冶活动可能造成的环境效应问题。

总而言之,铀矿勘查学是一门涉及面广、综合性强的应用地质学科,需要多学科理论与知识的共同支撑。同时,铀矿勘查学的深入发展,对其他相关学科提出了新的研究课题和发展方向,从而推动了各学科研究领域的延伸和发展。

1.2 铀矿勘查的发展历史和发展趋势

1.2.1 铀矿勘查简史

世界上对铀矿的开采始于 19 世纪初,当时主要是从铀矿石中提取镭,用于医学上治疗一些疑难病症;铀的工业用途很窄,仅作为染料用于纺织、玻璃和陶瓷等行业。从 1942 年开始,因为发现铀原子经人工裂变可产生巨大的能量,美国率先成功研发核武器并应用到军事,引发了世界上一些工业大国竞相开展核武器的研制,出现了世界性的第一次找铀高潮。

20 世纪 60 年代末至 70 年代初,石油价格大幅度上涨,引发了世界能源危机。一些工业大国为了开发新的能源,掀起了研制和建设核电站的高潮,使铀矿资源的应用从军事工业转向核电,从而掀起了世界性的第二次铀矿勘查高潮。人们将许多老矿区进一步扩大,开辟了许多新矿区,发现了一批新类型铀矿,找到了一些巨型和大型铀矿床,如南非的 Witwatersrand 矿床等。

20 世纪 70 年代后期,由于世界铀矿探明资源储量急剧增加、能源危机消除和核裁军,以及人类对核电安全性能忧虑等因素,铀矿资源的消耗量增长缓慢,形成了铀矿石供过于求的局面,铀产品价格持续走低。2000 年,Nuesxco 交易所的 U_3O_8 现货交易价格还不到 10 美元/磅,给铀矿勘查事业和矿山生产带来了负面影响。一些国家与矿山为了求生存,开始积极探索开采新工艺,如地浸工艺和堆浸工艺。随着地下浸出采铀工艺成功实现,可地浸砂岩型铀矿成为一些国家铀矿勘查的重点。值得注意的是,该时期一些重要铀矿山的勘查深度取得重大进展,如俄罗斯的 Streltsovka 铀矿田勘查垂幅已达 2 600 m,我国相山邹家山铀矿床矿化垂幅 700~800 m,未封底,为铀矿深部找矿提供了借鉴依据,铀矿找矿逐步进入500~1 500 m 深度的第二找矿空间。

21 世纪以来,由于铀资源的战略地位和环境保护因素,全球核电发展重新复苏,铀资源需求逐年增长,铀矿产品价格总体处于震荡中回升,价格波动较大,至 2007 年 4 月 U_3O_8 现货价格已升至最高价 138 美元/磅;2011 年之后,受日本福岛核电站事故和有关核电站关闭的影响,核燃料预期需求持续低迷,天然铀价格回落明显,铀矿勘查工作处于相对低迷期。

随着 2021 年全球开启"碳中和"浪潮,包括我国和美国在内的世界主要国家相继给出了"碳中和"时间表,减排目标明确,核能作为清洁能源迎来加速发展已是大势所趋。有专家表示,如果全球不能更好地利用核能,2050 年净碳排放的蓝图将难以实现,只有铀的需求较目前的水平增加 100%,才能在 2050 年前全面去碳。Canaccord Genuity 表示,2020 年的天然铀供应缺口约为 2 500 万磅 U_3O_8,从目前至 2035 年,铀需求将以每年 2.6% 的速度增长。

值得注意的是,即使在铀价创下历史新高138美元/磅的2007年,世界铀矿产量仅能满足世界核反应堆燃料需求量的62%,其余38%则来自库存或二次供应源(郭志锋,2010)。由于过去几年天然铀价格持续在底部盘整,部分铀矿山因为亏损而倒闭或关停,极少有资本投入新矿山的建设,行业供给持续下滑。在可以预见天然铀的需求持续稳步增长的同时,供给端的增长却十分匮乏。

国际天然铀现货价格,由2021年8月26日的33.56美元/磅上升至9月10日的42.25美元/磅,在短短15天内累计上涨近26%,创下了2015年以来的历史最高值,或许说明低迷了长达10年的天然铀行业,已出现了不同寻常的变化。可以预料,随着国际社会"碳达峰、碳中和"浪潮的兴起、国际社会对天然铀需求的增长和天然铀价格的回升,在未来相当长的一段时期内,铀矿勘查事业将进入一个稳定的发展过程,铀矿勘查的成因类型和勘查深度也将有新的进展。

我国铀矿勘查事业始于20世纪50年代中期,当时得到了苏联专家的帮助。早期的铀矿勘查队伍主要部署在西北、西南和中南地区,以地面放射性普查为主,开展了一定面积的航空伽马测量。通过较大范围的普查,找到了一大批铀的异常和矿化点带,并探明了一批具有工业价值的铀矿床,为我国第一颗原子弹的研发提供了原料,同时也培养和锻炼了一批地质技术骨干和管理人员。

从20世纪60年代起,我国铀矿勘查事业在"独立自主、自力更生"的方针指引下,通过大胆实践,勇于创新,开拓了一条具有我国特色的铀矿地质发展道路。从初期找露头矿,发展到利用各种微弱的地质矿化信息,破覆攻深,探测隐伏的盲矿体;从单纯依靠辐射仪、射气仪找矿,发展到重视地质理论研究,应用铀成矿规律和综合物化探方法找矿,进而发展到研究矿床成因和定位机制,利用成矿模式进行预测;成矿类型不断丰富,找矿领域不断扩大,找矿效果不断提高,相继发现了含铀煤型、泥岩型、砂岩型、钙结砾岩型(蒸发岩型)、花岗岩型、火山岩型、碳硅泥岩型、伟晶岩型等铀成矿类型,积累了铀矿勘查经验,特别是花岗岩型、火山岩型、碳硅泥岩型、砂岩型等四大类型铀矿床的突破,明确了我国铀矿勘查方向,基本保障了国防工业和核电事业对铀资源的需要;对铀成矿作用类型与成矿机理的认识不断深化,如由单一成因论到复成因论,由一次成矿论到多次成矿论,由矿质来源的一元论到多元论,由同生成矿理论到后生(复成因)叠加改造成矿理论,由浅源成矿理论到深源成矿理论,丰富了铀矿成矿理论,使我国铀矿地质科学研究在某些领域迈进了世界先进行列。

在勘查技术和勘查手段方面,把放射性物探、普通物探、化探与钻探、硐探工程探矿有机地结合起来,建立起一套完整的铀矿勘查技术方法体系。找矿仪器由盖革计数发展到闪烁化、能谱化;钻探技术和取芯工艺日益改进和更新,加快了勘查工作的速度,拓展了勘查深度,保证了质量,降低了成本,铀矿勘查经济效益得到显著提高。

与世界铀矿勘查历史相似,20世纪80年代末至21世纪初期,是我国铀矿勘查工作的一个相对低谷期。自20世纪90年代以来,铀矿勘查重点主要是北方中新生代盆地中具有低品位、大矿量特点的可地浸砂岩型铀矿。我国相继在伊犁盆地、吐哈盆地、鄂尔多斯盆地、二连盆地和松辽盆地等发现并探明了若干个大型、特大型砂岩型铀矿床,并逐步建立起了符合我国地质条件特点和不同盆地特色的可地浸砂岩型铀成矿地质理论和找矿方法。

为落实《国务院关于加强地质工作的决定》(国发〔2006〕4号)精神,全面实施《核电中长期发展规划(2005—2020年)》,中国核工业集团有限公司相继制定和实施了"十一五""十二五""十三五"核工业发展规划,铀矿勘查事业得到稳步发展。2008年国土资源部和国防科学技术工业委员会联合下发了《关于加强铀矿地质勘查工作的若干意见》(国土资发〔2008〕45号),明确提出要加大铀矿地质科研和加强铀矿勘查技术研究投资力度,允许社会资本进入铀矿勘查与开发领域,探索在社会主义市场经济条件下铀矿地质勘查工作新思路,促进铀矿勘查工作可持续发展,提高铀资源对国防建设和核电发展的保障能力。为应对全球气候变化,我国政府宣布"二氧化碳排放力争于2030年前达到峰值,努力争取2060年前实现碳中和",并承诺"到2030年,单位国内生产总值二氧化碳排放将比2005年下降65%以上,非化石能源占一次能源消费比重将达到25%左右",并在2021年的《政府工作报告》中首提积极发展核电。《我国核能发展报告(2020)》预计,至2035年,在运和在建的核电总装机容量将达到2亿kW,目前我国只有51座在运行核反应堆,装机容量仅为53 GW,这意味着我国核反应堆的建设将以每年6~8台的速度稳步推进,天然铀需求将稳步增长。由此可见,我国铀矿勘查工作正迎来一个全新的历史发展机遇期(张金带 等,2019)。

现阶段我国铀矿勘查工作的基本策略是,重点勘查北方中新生代盆地砂岩型铀矿,适当兼顾与火山岩、花岗岩相关的热液型铀矿,发展海外铀矿地质勘查事业。

1.2.2　铀矿勘查工作发展趋势

如何勘查并提供足够多的铀矿资源来满足国防与核电建设的需要,是广大铀矿地质工作者需要担当的历史使命,也是面临的巨大挑战。铀矿资源既是战略性物质,具有政治敏锐性,同时也是一种商品,具有经济属性,这就要求铀矿勘查活动必须遵循市场经济规律。易开发、低成本、价格低廉的铀矿产品始终是勘查工作和市场共同追求的目标。

通过长期的勘查实践,主要铀成矿区(带)大部分近地表或浅层铀矿已被揭露或控制,其隐伏矿床和深部找矿空间的拓展将是未来铀矿勘查工作的主要方向之一。我国国土的铀矿勘查程度极不平衡,近50%可查面积的铀矿勘查和研究程度很低,这些空白区和工作程度低的地区也是未来铀矿勘查的重点方向。如何有效地预测、揭露并控制深部潜在铀矿体,是铀矿勘查学必须正视、急需解决的问题,也是难点所在。因此,强化地质科学研究,与大陆动力学、区域成矿学、区域地球化学、现代沉积学和沉积盆地动力学等理论密切结合,坚持理论创新,以新的成矿地质理论体系为指导,深化研究铀成矿作用、成矿规律和找矿方法,拓宽找矿思路和找矿领域;运用由先进的地质、物探、化探、水文地质、遥感地质、钻探、分析测试、试验工艺等构成的勘查技术体系、成矿弱信息提取与识别技术、地球科学大数据技术、GIS预测方法体系和数字化地质图件系列进行综合预测、优选靶区、区域评价、勘查、地质工艺评价和经济可利用性评价等,是铀矿地质勘查面临的重要任务和发展方向。

在不久的将来,我国铀矿地质勘查与开发工作的投资主体多元化格局将逐渐形成。

铀矿勘查学的发展趋势主要有以下几个方面:

①强化学科联合,坚持理论创新,发展铀成矿地质理论体系。地质科学研究正处于建立以地球系统科学为核心的新一代知识体系的重大转折时期。在地球动力学的指导下,岩石圈构造不连续与成矿作用、大陆演化过程中的成矿作用、地幔柱与成矿作用、流体与成矿作用、后造山岩浆作用与大规模成矿作用、盆地形成演化与大规模成矿作用等研究取得了巨大进步。成矿理论体系通常决定了地质勘查的行为与方向,因此面对新形势、新任务、新要求,强化地质科学研究,对传统的铀成矿理论进行革新和完善,创新并形成新的铀成矿理论势在必行。

②深化成矿规律和成矿预测研究工作,探索找矿新类型,拓展找矿新领域、新空间。已知的露头矿和浅层矿逐渐枯竭,铀矿勘查对象将主要由浅部转向深部(隐伏矿或深部矿)。要有效地提高深部地质勘查目标的成功率,在新的成矿理论体系指导下,深化成矿规律与成矿预测工作是基础和保证。要实现满足铀资源军民两用长远需求的发展目标,寻找和落实更多的大型铀资源基地,除了以老基地、常规铀成矿类型为重点突破口外,尚需积极探索新的经济型铀矿,不断开辟新区,拓展铀矿勘查的"第二空间"。

③加强矿床成矿模型和勘查模型研究,实现"科学理论找矿"。矿床模型是在总结多年找矿经验,详细研究成矿作用和成矿过程的基础上建立起来的,是对矿床工业类型的进一步深化和精化,在指导找矿,特别是从分析成矿地质环境入手,类比矿床模型区与研究区的地质环境,从而评价寻找类似矿床的潜力、优化地质勘查方案等方面发挥着重要的作用。据此开展"科学理论找矿",可以更好地避免地质勘查工作的机械性与盲目性。

④加强新技术、新方法的研究与应用。由于隐伏矿床将是未来铀矿勘查的重要对象,单纯用传统方法越来越难以有效发现和评价深部潜在的铀矿床。正因如此,新技术、新方法的研究与应用的力度日益加强。许多国家把进一步研究地质、地球物理、地球化学、航天遥感等新技术和新仪器,加大探测深度、精度和可靠性,以及在相邻学科新成就基础上,研究全新测试设备和直接或间接找矿的仪器与方法作为整个地质学研究领域中最重要的任务之一提了出来。如何从海量的、繁杂的地球科学数据中提取或识别有益的成矿(弱)信息的大数据技术亟待创新。

⑤加强综合评价、开采、选冶、综合回收新工艺研究。铀矿床往往共生或伴生 Mo、Be、REE、Se、Re、Ge、Pb、Zn、Fe、P 等稀有、稀散元素矿产资源,应加强铀矿综合评价、开采、选冶与综合回收新工艺的研究,这不仅是提高资源利用水平、提升矿床经济价值的前提,对铀矿勘查方向和勘查领域的突破也具有重要的作用。

⑥铀矿地质勘查过程中经济评价和环境效应分析日益受到重视。铀矿勘查的成本是铀矿资源经济效益的重要组成部分,并在一定程度上制约着铀矿勘查事业的生存与发展。如果矿床勘查和随后的矿床开发不考虑其环境效应,不考虑保护生态环境的要求,那么铀矿勘查工作将不可能实现可持续发展。经济可行性以及生产过程的环境影响应是铀矿勘查工作评价与决策的重要因素。

1.3　铀矿勘查学的研究方法

与其他矿产资源类似,铀矿成矿作用是一个长期而复杂的地质过程,成矿控制因素和影响因素众多。要认识和反演这个过程,必须有一套行之有效的科学研究方法。通过多年铀矿勘查实践,铀矿勘查学已逐渐形成了一套较为完整的研究方法和体系,概括起来有以下几个方面。

1. 地质调查与研究

铀矿地质勘查过程,主要是运用地质科学理论与方法对铀矿客体及其相关的各种地质现象,进行反复的系统调查研究,力求正确认识和反映其客观事实、客观规律的过程。这就要求充分开展对客体的全面系统野外调查研究,并结合室内显微观察,力求从可视的角度掌握地质矿化现象的基本特点和变化规律,避免被"假象"迷惑。地质调查包括野外调查

(包括地质、遥感、物化探等手段)和室内显微观察,是对客观地质现象、成矿过程与迹象取得感性认识的基本途径,也是后续各类研究工作的前提。地质调查研究是铀矿勘查学最基本的研究方法,贯穿铀矿地质勘查过程始终。

地质调查必须从实际出发、实事求是,采取严肃认真和客观的态度,力求真实准确,切忌以偏概全、以主观臆想代替客观实际。一切不重视实际现象的调查、观察和不严肃对待原始观察资料的真实性和准确性的做法都会导致不良的后果。在地质现象调查的基础上,必须以地质系统性的思维,及时并反复地运用地质科学理论对调查资料进行综合整理、分析、研究,做出科学的推理、判断,指出规律。既要防止不认真研究实际资料只凭主观臆想轻率地下结论,也要避免不联系地质科学理论进行综合概括和深入思考,只是机械地拼凑与罗列资料。

2. 统计分析与综合研究

铀矿地质勘查是一项综合性很强的工作,专业涉及面宽,获得的资料信息多,这些资料从不同的角度反映了矿床的局部特点。然而,要掌握矿床的整体特点,并且上升到理性认识的角度,则必须以地质成矿理论体系为指导,以地质事实为准绳,运用辩证法原理对这些资料进行综合整理、综合研究,去粗取精、去伪存真。

与勘查工作直接有关的许多问题,如多元成矿信息的提取与综合、矿体变化性研究、勘查方法合理性研究、勘查成果的精确性和可靠性研究及资源储量估算方法等诸多方面,需应用统计学分析方法予以研究并解决。有机开展综合统计分析对提高铀矿勘查工作质量,提高铀矿勘查学科的水平都有重要的意义。在统计分析的基础上开展综合研究,已成为本学科中很有发展前途的、重要的研究方法。

值得注意的是,在勘查过程中开展地质统计分析时,必须具有明确的目的性,必须与解决生产实际问题紧密联系,必须以地质观察研究为基础并充分考虑地质现象或地质数值的特殊性,避免形式主义和烦琐哲学,摒弃"有利则取,不利则弃"的做法。地质统计分析法不仅不可能完全代替地质观察研究法,而且如果脱离了地质观察研究或地质事实的基础,研究就有可能是毫无意义的,甚至会得出错误的结论。

3. 试验研究法

在铀矿地质勘查过程中,地质观察必不可少,但只限于对宏观或微观现象的研究,还有许多问题得不到解决,如铀矿资源质量、铀矿石物质成分及某些结构构造特征、矿石加工技术性能、原地注浸工艺、堆浸工艺等,还需要借助分析测试手段和试验研究。故试验研究法也是铀矿地质勘查工作的重要研究方法。

4. 类比法

类比法是铀矿地质勘查工作中最常用的方法之一,是长期矿床研究和矿床勘查实践的结晶。它包括成矿模型类比和勘查模型类比等。前者的理论依据是,在相近的地质环境和地质条件下,可以形成矿种相同和类型相似的矿床;它是指导新区或未知区开展相应类型、相应级别铀矿勘查工作的重要依据。后者则是根据已经勘查或开发过的矿床,在深入研究不同规模的矿床或矿体的基本地质特征相似性及其勘查方法的基础上,总结归纳出来的一系列勘查方法体系的总和;它可应用于指导新区相似类型新矿床的勘查工作方案设计与实施过程。

类比法在矿产勘查的各阶段均可应用,是目前矿产勘查工作中应用最广、最主要的方法。但相似不等于相同,由于成矿作用和成矿条件的复杂性,自然界没有也不可能有完全相同的两个矿床。因此,在开展类比研究时要注意被类比对象的特殊性,需紧密结合新区或新矿床的实际地质环境和成矿特征,灵活运用,适时修正和补充,切忌不加分析、盲目照搬、机械类比。

5. 技术经济评价法

矿床技术经济评价是从工业开发利用的角度出发,依据矿床的地质条件、技术条件和经济条件,对矿床能否被开发利用,进行技术可能性和经济合理性的分析论证。其目的在于通过评价对矿床进行逐步筛选,以便择优进行勘查与开发,减少投资风险,提高勘查与开发的经济效益。铀矿勘查工作中,对于已经发现的铀矿床或矿点要进行概略研究评价或预可行性研究评价;对于已经查明或需开发的铀矿床要进行工业开发利用可行性研究评价;对于已经开发的铀矿床还要进行工业开发利用效益评价研究。

可见,铀矿床或铀资源的技术经济评价,贯穿于铀矿勘查与开发工作的始终,只有通过评价才能使赋存于自然界的铀矿资源转变为可被开发利用的物质财富。

1.4 铀矿勘查的基本原则及勘查阶段划分

1.4.1 铀矿勘查的基本原则

1. 因地制宜原则

因地制宜原则是矿产勘查的最基本和最重要的原则,是由矿床复杂多变的地质特点和勘查工作性质所决定的。大量勘查实践的经验证明,只有从铀矿床实际情况出发,实事求是地决策地质勘查各项工作,才能取得比较符合矿床实际的地质成果和更好的经济效果;如果脱离铀矿床实际,凭主观臆想工作,必然使勘查工作遭到损失和挫折。要想做到按照铀矿床客观实际情况部署各项工作,必须加强对铀矿床各方面地质特点的观察与研究,同时还要加强与矿山设计建设单位的联系,以便使铀矿勘查工作既符合矿床地质实际,又能满足矿山设计建设需要与开采工艺要求,避免因勘查不足或者勘查过度,造成投资损失。

2. 循序渐进原则

循序渐进原则反映了人们对矿床认识过程的客观规律。认识过程不可能一次完成,而是随着勘查工作的逐步开展而不断深化。所以,铀矿勘查应本着由粗到细、由表及里、由浅入深、由已知到未知的这一循序渐进原则。

循序渐进过程要正确处理好"点"与"面"的关系:从点到面,是指选择有代表性的点进行重点解剖,力争重点突破,取得良好的地质成果和有用的地质认识,将其推广到相似地区的找矿工作,逐步扩大勘查范围;面中求点,是指在有利的成矿远景区(带),通过开展一系列的地质调查工作,逐步缩小勘查范围,进而发现矿床或矿点。合理运用从点到面、面中求点、点面结合的勘查策略,对于从战略上综观全局、统筹兼顾,有效提高地质经济效果是有益的。

3. 全面研究原则

全面研究原则是由铀矿勘查的目的与铀矿资源的特殊性质所决定的,体现在对矿床在地质、技术、环境效应和经济效果方面的全面研究评价。只有通过对铀矿床特征、勘查与开发所涉及的各种因素进行全面研究,才能全面阐述矿床的工业价值,得出合理的可行性评价结论。

4. 综合评价原则

实践表明,对一个铀矿床而言,构成铀矿床的铀矿石或附近围岩通常伴生一个或多个有益组分,且往往可以产生较大的经济价值。因此,铀矿勘查工作必须遵循综合评价原则,尽可能做到各有益组分的综合利用,充分挖掘和提升铀矿床的价值。它可以使矿床由单一铀矿变为综合性矿床,使无意义的贫铀矿变为可供开发利用的、具有经济意义的工业矿床。

5. 经济合理原则

铀矿勘查本身就是一项经济活动,它受市场经济规律的制约。历史证明,"有利可图"是实现矿床有效开发和铀矿勘查工作可持续发展的前提。因此,在保证勘查程度的前提下,用最合理的勘查方法、最低的勘查成本、最短的勘查时间,取得最好的地质成果和最大的经济效果,是铀矿勘查工作自始至终都要重视和遵循的原则。

1.4.2 勘查阶段划分

铀矿勘查是对具有潜在工业意义的铀矿床进行调查研究和获取信息的过程,目的是查明铀资源储量以及地质、水文、物探等相关信息。从发现异常或矿(化)点,明确其良好的找矿潜力,查明铀矿床地质条件、赋存规律、变化特征及其开采、加工技术,经济条件,直至提交铀资源储量,通常需要经历一个较长的工作过程,而且涉及的未知数多,探索性强。这个过程不可能一次完成,需要循序渐进、分阶段依次进行。这是由勘查实践的性质、特点决定的,也是由勘查过程认识规律和经济规律属性决定的。勘查阶段的合理划分,对加强勘查工作的目的性和自觉性、优化投资效益、提高工作质量具有重要意义,也将对铀矿勘查与矿山设计、矿山建设的效率与效果产生积极影响。

铀矿勘查阶段划分的目的与意义主要是对勘查对象进行初步筛选,以便择优进行下一步勘查工作,确保后续勘查工作的可靠性、可行性和合理性,减少勘查投资的风险性。

根据我国最新颁布的《固体矿产资源储量分类》(GB/T 17766—2020)、《固体矿产地质勘查规范总则》(GB/T 13908—2020),当前我国铀矿勘查工作划分为普查、详查、勘探三个阶段。

①普查(general exploration):矿产资源勘查的初级阶段。通过有效勘查手段和稀疏取样工程,发现并初步查明矿体或矿床地质特征以及矿石加工选冶性能,初步了解开采技术条件;开展概略研究,估算推断资源量,提出可供详查的范围;对勘查区进行初步评价,做出是否具有经济开发远景的评价。

②详查(detailed exploration):矿产资源勘查的中级阶段。通过有效的勘查手段、系统取样工程和试验研究,基本查明矿床地质特征、矿石加工选冶性能以及开采技术条件;开展概略研究,估算推断资源量和控制资源量,提出可供勘探的范围;也可开展预可行性研究或可行性研究,估算储量,做出是否具有经济价值的评价。详查成果可作为铀矿山总体规划和铀矿山项目建议书的撰写依据。对于直接提供开发利用的矿区,其加工选冶性能试验程度应达到可供矿山建设设计的要求。

③勘探(advanced exploration):对已知具有工业价值的铀矿床或经详查圈出的勘探区,

通过加密各种采样工程(其间距足以确定矿体(层)的连续性),详细查明铀矿床地质特征,确定矿体的形态、产状、大小、空间位置和矿石质量特征;详细查明铀矿体开采技术条件;对铀矿石的加工选冶性能进行实验室流程试验或实验室扩大连续试验,必要时应进行工业或半工业试验,为可行性研究或矿山建设设计提供依据。

需要说明的是,现阶段基于《固体矿产资源储量分类》(GB/T 17766—2020)对勘查工作的三阶段划分方案,与早先的(基于《固体矿产资源/储量分类》(GB/T 17766—1999))对勘查工作的四阶段划分方案(依次为预查、普查、详查、勘探)存在区别。此外,虽然勘查工作范畴指的是普查、详查和勘探三个阶段,但勘查工作的目的是找矿并落实矿床,且找矿工作并非经过普查工作就能一蹴而就,需要大量的前期区域地质调查和成矿地质条件研究分析工作支撑。从此角度而言,矿产勘查工作其实从区域地质调查阶段就开始了。

第2章 铀成矿地质条件

2.1 主要铀成矿地质理论简介

铀成矿地质条件研究是基于相关成矿地质理论进行的。不同的铀成矿地质理论思想,往往会直接制约铀成矿地质条件的研究体系与内容,影响区域铀成矿预测、勘查区选择的评价依据。为使铀矿勘查实践中成矿地质条件研究工作更具目的性、综合性、针对性和科学性,在此对现今主要的铀成矿地质理论简要概述如下。

2.1.1 砂岩型铀成矿地质理论

砂岩型铀矿是指含矿主岩为砂岩的铀矿床,可进一步分为卷状(又称层间氧化带型)、板状、底河道和前寒武纪砂岩铀矿床等四个亚类(IAEA,2001)。前三者通常赋存在疏松砂岩中,且往往可采用原地浸出工艺开采,因而又称之为可地浸砂岩型铀矿。由于其具有开采成本低、矿量大和有利于环保等优势,是目前世界各国铀矿勘查的主攻类型之一,也是砂岩型铀成矿理论研究的主要领域。

世界各国可地浸砂岩型铀矿均赋存在中、新生代盆地中。然而不同地域、不同亚型砂岩型铀矿的成矿地质环境、成矿特征和成矿过程不尽相同,各国学者从不同的角度提出了相关的砂岩型铀成矿理论。砂岩型铀矿区成矿理论主要有两类,分别为中、新生代活化区控矿理论和次造山带控矿理论。前者是由美国学者在总结美国西部砂岩型铀矿区分布及其铀成矿特征基础上建立的,基本思想是砂岩型铀矿主要集中在古老的富铀地台内、外边缘,与由新生代拉勒米运动活化的中新生代盆地相关;后者是俄罗斯学者在数十年砂岩型铀矿勘查过程中逐渐形成的,基本思想是大型砂岩型铀矿矿集区多集中在印度板块向欧亚板块挤压而导致的喜马拉雅造山运动期发育起来的天山造山带和年轻稳定地台夹持的次造山带内。

针对砂岩型铀矿床提出的成因理论观点较多,归纳起来包括晚期成岩−表生后生渗入叠加成因观点、表生后生渗入型成因观点(可进一步划分为潜水氧化带型成因、层间氧化带型成因、潜水−层间氧化带型成因等)、表生后生渗出−渗入型砂岩型铀矿和后生热水叠造型成因观点等四种。上述观点的共同之处是强调盆地渗入型水动力系统对砂岩型铀成矿有重要的控制作用;差异之处则主要体现在导致成矿的表生后生水动力作用方式与过程的差异。实践表明,上述各类砂岩型铀矿中,层间氧化带砂岩型铀矿因埋藏相对较浅、分布普遍、矿床规模大、适合地浸开采,而显得格外重要。

层间氧化带砂岩型铀矿的成矿理论思想可概述如下:渗入型自流盆地经过适度的构造运动形成补−径−排水动力系统;随着表生含氧、含铀水的不断补给,在具备泥−砂−泥结构条件、渗透性良好,具备一定还原剂的砂体中形成层间承压水并在砂岩中渗透、径流、迁移,导致层间承压水与围岩之间发生的一系列物理化学反应(以氧化还原反应为特征)达到平衡、被破坏、再达到平衡、再被破坏,循环往复;该过程致使还原态砂岩氧化,并氧化砂岩中初始富集的铀(U^{4+}转变为U^{6+}),同时在砂体中形成层间氧化带的不同地球化学分带;在层间氧化带不断向前推进的过程中,表生含氧水本身携带的铀以及水岩反应过程活化铀,迁移至氧化-还原过渡带被还原并聚集成矿(王正其,2005;Dahlkamp,1993;Hobday et al.,1999)。层间氧化带砂岩型铀成矿作用是一个动态过程。铀矿体的空间定位受含矿建造沉积体系及有利相带、地下水补-径-排水动力系统及由此形成的层间氧化带前锋线控制。

我国可地浸砂岩型铀矿的勘查工作起步于 20 世纪 90 年代初,主要是在学习借鉴苏联及其他有关国家的理论和经验基础上发展起来的。经过 30 余年的探索,先后在伊犁盆地、吐哈盆地、鄂尔多斯盆地、二连盆地、松辽盆地、柴达木盆地等地落实砂岩型铀矿床,产铀盆地类型不断拓展,不仅在造山带中的山间盆地内找到了大型可地浸砂岩型铀矿床,而且在构造多旋回的巨型克拉通盆地取得重大突破,发现造山带内残留盆地中发育的基底古河道型铀矿(如小兴安岭地区八家子古河道型铀矿)以及某些特殊古河谷型铀矿也具有值得重视的资源潜力。

与中亚、美国中西部砂岩型铀矿产区比较,特定的大地构造背景决定了我国北方不同产铀盆地及其已发现的砂岩型铀矿床产出环境各具特色,成矿特点与成矿作用方式复杂多样,这使砂岩型铀成矿地质理论在我国得到了较大程度的发展和丰富,如在苏联"次造山带控矿"理论基础上提出盆地动力学体制转化的构造背景对铀聚集成矿的重要性;构造体系、沉积建造体系、水动力体系及演化和成矿作用过程与特点"四位一体",成为找矿研究的重要内容体系;认为沉积建造沉积成岩过程同生富集铀与蚀源区表生补给水携带铀均可构成砂岩型铀成矿的重要来源,砂体中铀的活化迁移动力可以源自层间氧化作用,也可以是酸化-氧化作用的综合;提出"特定的盆地中铀富集成矿可能与油(气)还原作用关联",层间氧化带砂体颜色直观表现形式具有多样化,在构造活动较强的地质环境下"动中找静",在稳定克拉通盆地中则"静中找动"等观点;开始注意并运用区域成矿学理论,将铀、稀散元素、油、气、煤等矿产作为沉积盆地成矿系统加以研究;先后创新提出了叠合铀成矿模式、断褶带铀成矿模式、油气还原铀成矿模式、"四位一体"控矿模式等。

2.1.2 与花岗岩、火山岩相关的热液型铀成矿地质理论

长期以来,热液型铀成矿地质理论侧重于浅源浅成理论体系,地热体系的中低温浅成脉状矿床也成了该体系常用的模式。随着找矿深度的扩大和研究工作的深入,热液型铀成矿地质理论取得了一些重要突破和进展。目前,关于热液型铀矿成因问题还存在众多的学术观点(杜乐天,2001;李子颖 等,2006,2015a,2015b;黄净白 等,2005a,2005b;王正其 等,2007b,2013a,2013b,2016a;胡瑞忠 等,1993;Dahlkamp,1993),按照对成矿流体及其铀的来源问题进行归类,众多成因学说大致可归为以下三类。

1. 岩浆分异热液铀成矿观点

该观点是将 J.霍顿提出的岩浆热液成矿学说应用于铀矿研究过程而逐渐建立和发展起来的。其基本观点认为充填于裂隙的矿物质是从岩浆熔融体冷却和结晶过程中释放的蒸汽中凝聚和沉淀出来的。

该成矿观点与随后铀矿研究中发现的热液型铀矿床通常存在较大的矿岩时差等地质事实相矛盾,也无法解释氢、氧、碳等同位素及 REE 地球化学特征所蕴示的成矿流体性质,

很难说明绝大多数铀矿床的成因。

2. 壳源多元叠加铀成矿观点

属于该类铀成矿观点的学说众多:1546 年,德国的鲍维尔提出侧分泌成矿说(又称热水汲取成矿说,上升说),认为铀矿床是由大气降水下渗到地壳深部后加热、浸取围岩中的铀并搬运到成矿地段所形成;季弗鲁瓦在侧分泌成矿说基础上,于 1958 年提出浅成低温热液改造成矿说,指出含铀溶液是由于地热加温而形成的热水沿构造破碎带上升并自富铀围岩中汲取铀形成的;法国的 M. 莫洛于 1966 年提出大陆风化说(又称下降说),认为富铀的花岗岩或火山岩出露地表,遭受风化、剥蚀,铀在风化过程中活化转移进入地下水,沿裂隙构造向下运移,在距地表不太深的空间部位富集成矿;陈肇博(1982,1985)在研究我国相山铀矿成矿作用的基础上提出了双混合成矿说,其基本观点强调成矿热液及成矿热液中铀都具有双重来源和混合性质,即岩浆水和岩浆热场导生出来的地下热水体系混合,原生流体的铀和从富铀地层及古老铀矿床所溶解的铀相混合。此外,还有余达淦等(2001a,2001b)提出的火山-斑岩成矿模式,强调岩浆体的主导作用和高温热液体的作用;古脉状承压热水排泄区(减压区)铀成矿说强调大气降水、地下水表层浸取铀,深循环加热后上升至排泄区,由于降温、减压、脱气和其他水文地球化学条件变化导致铀沉淀富集成矿(周文斌,1995)。

上述铀成矿观点的共同之处是强调成矿热液中的铀来源于储矿围岩,差异主要表现在关于成矿热液中流体来源问题的观点或成矿流体主体来源不同。

3. 地幔流体深源铀成矿观点

这是近年来最新发展起来的铀成矿理论,代表性理论主要有地幔流体碱交代成矿理论、热点(深源)铀成矿理论。

以杜乐天(1996,2001)为代表的地幔流体碱交代铀成矿理论,其中心思想是上地幔是地球中最大的碱源、碱库;地幔地壳中的岩浆作用、热液作用、成矿作用和大地构造作用之所以发生,根本原因在于由幔汁(hacons)上涌、渗入、交代、富化所造成的溃变运动;铀矿床的流体来自"幔汁",幔汁在上涌、渗透过程中与途经的深部岩石发生碱交代作用,碱交代作用的结果是去硅、排铀,使得流体逐渐酸化及其中的铀逐渐富集,因此成矿热液是幔汁的转化物,碱交代岩是矿源岩;铀主要沉淀于酸质场中,酸碱分离、先碱后酸、下碱上酸、下碱上硅,矿酸同步迁移、同步定位、同场共聚是热液铀成矿的基本规律。该成矿理论与前述铀成矿观点的不同及特色之处在于,首次将地幔流体与传统观点中的壳源成矿元素——铀成矿作用联系起来,强调成矿流体主体来自地幔,铀源来自深部。

热点(深源)铀成矿理论是以李子颖等(2014a,2014b,2015a,2015b)为代表提出的。热点铀成矿作用认为铀成矿作用是在大陆型热点活动或其影响下产生的,成矿元素铀在复杂的多期次岩浆和流体作用过程的晚期熔体或流体中富集,铀主要来自深部,成矿流体具有相对独立性、复杂组成和还原性等特点。铀的富集沉淀主要是成矿流体在作用于近地表时,由于物理化学条件的改变而产生的,控制铀矿的核心因素是热点活动与构造作用的叠合。

热点(热源)铀成矿理论与地幔流体碱交代铀成矿理论有共同之处,但其在强调地幔流体及深源成矿的同时,还强调地幔流体作用的驱动、成矿作用的发生与热点(地幔柱)活动相关,从更深层面来考量和探究热液型铀成矿作用的机制问题。

比较上述铀成矿地质理论观点不难发现,成矿物质来源问题是争论的主要焦点之一,也是研究的难点。虽经铀矿勘查工作者长期不懈的研究、探索和讨论,获取了很多的地质地球化学证据,在认识上取得了长足的进步,但是不同观点之间尚存在较大的争议。总体而言,由于铀元素是亲石元素,离子半径大,属不相容元素,经过漫长的地球演化历史,铀趋向在地壳中富集,地幔中铀是相对亏损的,丰度低(陈骏 等,2004)。长期以来,铀源研究多侧重于浅源浅成理论体系,认为成矿区域内具有较高的铀丰度值的赋矿地层或岩体,是重要的潜在矿源体(层),可为铀成矿作用及其矿床形成提供有利的物质条件。

近年来的研究成果表明,铀成矿流体来自深源(甚至岩石圈地幔)的可能性同样不可忽视。众多学者研究认为(杜乐天,2001;李子颖,2006;胡瑞忠 等,2004;毛景文 等,2005;王正其 等,2007b,2010,2013a,2013b,2016a;Rosenbaum et al. ,1996;Schrauder,1996),不同构造背景下的地幔物质组成存在不均一性,其中的铀含量具有较大的差异,在大陆型热点活动区(地幔柱)的岩石圈地幔(富集地幔)通常含有较高的铀丰度;幔源流体组分(如 CO_2、F、S 等)能够溶解或萃取地幔岩及途经岩石中的铀并得以浓集形成富铀成矿流体,深源(幔源)铀成矿是可能的。

王正其等(2016a,2013b)在浙西新路火山岩盆地中生代岩浆作用过程地球化学演化轨迹重塑和华东南地区典型热液型铀矿床成矿物质示踪研究基础上,提出了壳幔源区控铀成矿理论思想,认为华东南地区热液型铀矿床成矿流体具有壳幔源区物质混合特征;酸性系列岩浆岩与热液型铀矿在空间上的叠置,是壳幔作用机制下系列产物的耦合;来自岩石圈富集地幔的超临界物质流持续上涌及由此诱发的壳幔作用,为系列岩浆活动及热液型铀成矿作用提供了动力学机制;壳幔作用源区是铀成矿作用的动力源,也是成矿流体的发源地。

随着热液型铀成矿物源示踪研究与探讨的深入,有学者对传统的"铀氧化迁移,还原沉淀成矿"的观点是否适用于热液型铀成矿理论提出了质疑。基于示踪研究表明成矿流体通常表现出有幔源组分参与、铀矿石成矿期矿物共生组合特征显示成矿流体具有还原属性、Li 等(2015)在粤北花岗岩型铀矿床中发现了自然铀(native Uranium)等认识,以及在酸性、无氧、富 F、Cl、CO_2、高温高压等实验条件下获得溶液中可以形成稳定的四价铀络合物的实验成果(Timofeev et al. ,2018;Romberger,1984;张景廉 等,2006;Giblin et al. ,1987;刘正义 等,1982;Liu,1989),结合铀矿石中黄铁矿与铀矿物体现出的同期共结晶特征,有学者提出了与火山岩、花岗岩相关的热液型铀成矿过程中,铀的迁移与沉淀成矿与氧化还原作用无关,减压、温度下降以及成矿流体 pH 值、溶解度(饱和度)变化,可能是制约铀矿物以及相关脉石矿物结晶沉淀的主要因素之观点(王正其 等,2007b,2007e;李丽荣 等,2021)。

需要指出的是,热液型铀成矿理论尚存在较大的争议。成矿理论思想的差异以及人们对铀迁移与沉淀机理的认识不同,将对成矿远景预测工作中成矿条件评价体系以及矿体定位预测依据的建立产生重要影响。

因此,以地球系统科学和大陆动力学等新的地学理论为指导,客观认识地质事实,重视热点活动及其地幔流体作用、铀的深源性,将成矿作用与深部地质作用过程联系起来,从壳幔相互作用过程中物质和能量迁移交换的角度去探讨热液型铀矿成矿作用机制,用壳幔系统演化过程所控制的成矿地质环境演变来阐明成矿时空规律,将是热液型铀成矿地质理论完善和发展的重要趋势,应在铀矿勘查实践与评价工作中对此予以充分重视。

2.1.3 碳硅泥岩型铀成矿地质理论

碳硅泥岩型铀矿系指产于碳酸盐质、硅质、泥质的细碎屑岩或它们的过渡性岩石中的铀矿床总称。它是我国四大工业铀矿化类型之一,广泛分布于我国南秦岭成矿带、江南成矿带和华南成矿区,矿床以产出层位稳定、分布面积广、品位低为主要特点。在美国、法国和英国也有类似的铀矿床发现,如美国科罗拉多高原区发现的溶塌角砾岩型(Collapse Breccia Pipe)(Dahlkamp,1993),依据其赋矿岩石和成因特点,可归入此类。

在不同地区或不同铀矿床中,含矿地层的沉积建造往往差别较大,大致包括含铀碳硅泥岩建造、含铀磷块岩建造、含铀炭质页岩-炭硅质页岩建造、含铀碳酸盐建造、含铀硅质岩建造、含铀碳酸盐-硅质岩建造等不同建造类型。我国重要的产铀层位包括上震旦统、下寒武统、中下志留统、泥盆系、中下石炭统及下二叠统。在碳硅泥岩型铀矿的形成与地槽、地台及过渡区构造背景下,古陆、古隆起、古地块周围的陆表海边缘以及海槽与陆表海相邻部位等古地理环境中沉积形成的含(富)铀地层有着密切的成因联系。

关于碳硅泥岩型铀矿的成因理论,比较一致的观点是沉积-成岩成矿作用、淋积成矿作用和热液叠加改造成矿作用是碳硅泥岩型铀矿的三种主要成矿作用,少量矿床的形成与风化作用相关。

沉积-成岩成矿作用是指铀元素的富集主要是早期成岩作用的产物,基本思想是陆缘蚀源区风化剥蚀及火山作用提供的铀源,随水体搬运进入海水中,在浅海、局限、半局限浅海、海湾以及边缘海的海底低洼区,水动力条件相对平静条件下,在海底形成含铀细碎屑物以及藻类和其他海洋生物堆积(软泥);在缓速沉积-成岩成矿作用过程中,由于生物、细菌等作用,促使堆积的软泥中产生区别于底水且又足以使软泥水中铀还原析出、吸附和沉淀的地球化学环境;底水中铀持续向软泥层扩散,从而导致铀的聚集成矿。淋积成矿作用属于后生成矿作用范畴,是指在铀源层(体)隆起剥蚀过程中,成矿元素铀被淋出,以铀酰络离子形式溶解于含氧地表水和地下水中形成含铀含氧水;含铀含氧水沿构造破碎带(或岩溶构造)进入富含聚铀剂(还原剂、吸附剂)的碳硅泥岩储铀层内;还原作用及吸附作用等使铀从地下水中沉积析出而富集成矿。热液叠加改造成矿作用是指上升热液对沉积成岩或表生作用等阶段形成的铀的富集层(体)的叠加改造成矿作用;其大致成矿过程是,经地热或岩浆活动、构造、变质作用增温的深循环大气降水(有时有深部流体参与),活化铀源层(体)中的铀形成含铀热液,含铀热液沿断裂构造带运移进入碳硅泥岩储铀层,与其相互作用或对后者叠加改造导致铀富集成矿。

上述三种成矿作用中,铀源主要是就地取材,即主要来自铀含量相对较高且能提供活化铀的碳硅泥岩层(体)。引起铀在碳硅泥岩储铀层中沉淀富集的因素是多种多样的,主要有温度的变化,压力的变化,含矿热液与围岩相互作用以及不同成因、性质的水溶液的混合作用引起的介质酸碱变化和氧化还原电位变化、吸附作用等。

2.2 铀成矿地质条件

铀成矿地质条件一般是指影响和控制铀元素富集、矿床(体)形成和分布规律的各种地质因素,如构造、岩浆活动、地层、岩相、古地理、古气候、区域地球化学因素、变质作用、古水文、表生作用因素等,又名"铀成矿控制因素""铀矿找矿地质判据"等。一个铀矿床的形成往往是多种地质因素共同耦合作用的结果;不同的成矿地质条件对不同类型铀矿床的形成的贡献程度和控制作用是有区别的。例如,内生铀矿床主要受区域动力学环境、岩浆岩、构造、流体组成与性质等控制,外生铀矿床则与构造环境、地层、岩相古地理、古气候等有关。

铀成矿地质条件研究是成矿预测、勘查选区以及勘查方案确定的重要依据,也是最基本的工作内容之一。它是在成矿规律和地质成矿理论研究基础上,并通过对成矿区和非成矿区,大矿和小矿,富矿和贫矿以及不同类型铀矿床赋存地质条件与成矿地质特征的对比、分析总结提炼出来的,是对制约矿床形成、分布与矿体定位的各种地质条件和地质环境的高度概括。通过铀成矿地质条件剖析,把握矿床成矿机制和时、空上的产出及分布特征,在此基础上总结矿床成矿规律,进而利用成矿规律指导预测、找矿工作。随着矿床学研究及铀矿勘查工作的不断深入,成矿地质条件的内涵正在不断地扩大,如随着砂岩型铀成矿作用研究的深入,表生酸化水、生物细菌活动、油气或深部还原性气体对成矿的影响作用也开始得到重视。成矿地质条件研究是一个不断发展、深化和变化的动态过程。

概括地说,铀成矿地质条件主要有岩浆岩条件,构造条件,地层、岩性与岩相古地理条件,围岩蚀变条件,热液活动因素,表生作用条件和区域地球化学因素等。

2.2.1　岩浆岩条件

岩浆活动是地壳运动的主要形式之一,许多内生矿床的形成和分布都不同程度地受岩浆活动因素所控制。一定类型的矿床与一定成分的岩浆岩在岩石学、岩石化学和地球化学等方面,存在着一定的内在联系,矿床学把这种关系称为岩浆岩的成矿专属性。岩浆岩的成矿专属性可作为相应矿产的成矿条件分析的重要依据。然而不同类型的岩浆岩,其成矿专属性所表现的明显程度不同。一般说来,超基性、基性岩浆岩的成矿专属性明显,而中酸性、酸性岩浆岩的成矿专属性有时则不甚明显。铀矿床一般与酸性岩浆岩有较密切的关系。

1. 岩浆岩的成分

实践证明,构成内生铀矿床赋矿围岩的岩浆岩类型包括酸性岩浆岩、煌斑岩、辉绿岩、碱性岩等,其中铀成矿与酸性岩浆岩关系最为密切,与超基性岩浆岩基本无关。酸性岩浆岩中与铀矿化有关的侵入岩主要是中细粒黑云母花岗岩或二云母花岗岩、白云母花岗岩、中粗粒黑云母花岗岩以及伟晶花岗岩或白岗岩、花岗伟晶岩等,这些侵入岩往往具有斑状或似斑状结构;与铀矿化有关的火山岩主要是大陆火山作用形成的流纹质熔岩、熔结状流纹岩、碎斑熔岩、熔结凝灰岩、凝灰岩及层凝灰岩和花岗斑岩、石英斑岩、正长斑岩、石英正长岩等,少量为夹于酸性火山岩系中的安山岩和粗面岩。通常认为,酸性岩浆岩中含铀量普遍高于基性、超基性岩浆岩,具备提供较丰富铀源的前提条件,酸性岩浆岩的发育可作为铀矿远景评价的有利成矿地质条件之一。

随着地质研究工作的深入,人们发现铀矿床成矿不仅与岩石类型有关,而且与这种岩石的成因类型有关。根据岩体形成的物质来源不同,将酸性岩浆岩(包括火山岩和侵入岩)分为陆壳改造型(与S型相当)、地壳同熔型(与I型和A型相当)和幔源型(与M型相当)三种成因类型。基本的观点是陆壳改造型酸性岩浆岩是在陆壳成分基础上改造形成的,完成了铀的预富集,与铀成矿关系最为密切,如法国中央地块区产铀花岗岩即属于此类型;近年来研究成果表明,我国华南地区的产铀花岗岩或火山岩通常具有地壳同熔型或者说具有壳幔混合成因的特点。地壳同熔型花岗岩的边缘部分或加里东期花岗岩外接触带的深变质岩(片麻岩等)中顺层侵入的伟晶岩中,往往有铀矿发育。前者如我国西北地区与铀矿化关系密切的芨岭和牧护关岩体;后者如位于陕西南部北秦岭成矿带中的光石沟、小花岔等矿床。幔源型花岗岩多不属于产铀花岗岩。值得注意的是,陆壳改造成因酸性岩浆岩通常必须叠加深源成因岩浆活动体系的岩浆活动才能成矿。

大量统计表明,岩浆岩的岩石化学及某些地球化学特征对岩体的铀成矿有一定制约意义。产铀花岗岩体通常具有酸度大、碱质高、钾含量大于钠、铝过饱和、暗色矿物少等特征。SiO_2 含量多在 70%~75% 之间,K_2O+Na_2O 含量一般为 7%~9%,K_2O 与 Na_2O 含量比值接近 5:3,Al_2O_3 含量往往可达 13%~14%。产铀花岗岩体中的暗色矿物主要为黑云母,其次有少量磁铁矿、钛铁矿等,组分总量低。一些 SiO_2 含量高于 75% 的超酸性花岗岩,如果钠含量大于钾,则与钨、锡、铌、钽矿床有关,而这对铀矿成矿不利。在微量元素方面,产铀花岗岩也表现出一定的特征,往往富含铷、铯、锂、铍、钨、锡和氟等元素,铷钾含量比值和铷锶含量比值略高;而岩体中钍、铌、钽、锗等元素含量高是产铌、钽花岗岩的特征,对产铀不利,在花岗岩中,如果以上元素含量较高,可能导致铀以类质同象存在为主,在成矿作用中难以活化转移成为矿源。

与铀成矿有关的火山岩在岩石化学和微量元素成分上的特征与花岗岩基本相似。例如产于美国犹他州中南部的麦利斯维尔大型脉状铀矿床,与铀成矿关系密切的第三纪火山岩(英斑凝灰岩、霏细熔结凝灰岩、霏细斑岩等),其 SiO_2 含量多在 70.5%~73.8% 之间;K_2O 与 Na_2O 含量比值大于 3;我国赣杭火山岩型铀成矿带产铀火山岩的 SiO_2 含量多在 67%~76% 之间,K_2O 与 Na_2O 含量比值多介于 2.5~5.6 之间,普遍表现出富碱、高钾、弱过铝质;轻稀土含量大于重稀土,Eu 亏损明显;相对富集钾、铷、钍、铈、铪、钐,亏损锶、钡、磷、钛、钽、铌等元素。

也有例外,如安徽黄梅尖地区火山岩型铀矿床的产出与石英正长岩、正长(斑)岩体有关,SiO_2 含量多在 51.93%~58.87% 之间,体现出钾玄岩的地球化学组成特征;产于我国新疆的白杨河铀–铍矿床,产铀岩体为微晶含黑云母花岗斑岩,虽表现出富碱(8.7%~9.1%)、弱过铝质、轻稀土相对富集、铕亏损明显等共性特征,然而 K_2O 与 Na_2O 含量比值小于 1,铌、钽亏损并不明显;一些产铀火山岩体(如安徽黄梅尖地区、浙西新路盆地等)岩石地球化学组成明显表现出钾玄岩系列岩石地球化学组成特征。此类特殊性的存在,或许启示如下:判别岩体产铀与否的相关岩石地球化学指标尚有待深入探讨,实际工作中切勿依据单一指标给出肯定或否定评价。

2. 岩浆岩的含铀性

岩浆岩含铀性以及岩石中铀的赋存状态与岩体产铀与否表现出密切的联系。根据国内外大量资料统计表明:与铀矿有关的酸性岩浆岩的含铀量比同类岩石要高,在产铀矿的花岗岩体中这种特点表现最突出,是衡量产铀岩体和非产铀岩体的重要指标。

根据铀含量的高低,可把花岗岩体划分为贫铀岩体(铀含量小于 $4.0×10^{-6}$)、中等含铀岩体(铀含量小于 $8.0×10^{-6}~4.0×10^{-6}$)、富铀岩体(铀含量大于 $8.0×10^{-6}$)。铀矿床主要产于富铀岩体中,在中等铀含量的花岗岩体中也有铀矿床产出,一般规模较小,只有在构造条件特别有利的地区才形成大矿,而在贫铀岩体中则无铀矿床。我国华南燕山期产铀花岗岩体的铀含量一般为 $10.0×10^{-6}~30.0×10^{-6}$,比正常花岗岩的铀含量高出 1.5~6 倍。法国中央地块产铀二云母花岗岩体铀含量为 $10.0×10^{-6}~20.0×10^{-6}$,不含矿的二长花岗岩体铀含量

仅为 $5.0×10^{-6}$。葡萄牙产矿的贝拉花岗岩体铀含量高达 $44.0×10^{-6}～46.0×10^{-6}$。统计表明,绝大多数产铀花岗岩体铀含量大于 $9.0×10^{-6}$。

并非所有富铀花岗岩体都能形成具有工业价值的铀矿床。岩体中 Th 和 U 含量比值、晶质铀矿的含量以及活性铀比例对判别岩体是否产铀具有鉴别意义。据统计,Th 和 U 含量比值小于 3 的花岗岩体有利于铀成矿,反之则不利。晶质铀矿含量在很大程度上决定着花岗岩体的产铀性,其含量高,产铀概率大(表 2-1),且岩体中铀矿床数量多,规模也大;我国重要产铀花岗岩体的晶质铀矿含量多在 $5.0×10^{-6}$ 以上。岩体中活性铀占比愈大,产铀概率愈大。

表 2-1　晶质铀矿含量与岩体的产铀性

晶质铀矿含量/10⁻⁶	统计岩体数/个	其中产铀岩体数/个	产铀岩体比率/%
>5	17	12	70.6
5～1	44	21	47.7
0.99～0.1	49	12	24.4
<0.1	61	12	19.7

资料来源:杜乐天,2001,1996。

对酸性火山岩而言,钍与铀含量比值的找矿意义没有在花岗岩中明显(表 2-2)。必须指出,利用钍与铀含量比值对岩体产铀性进行判别时,应结合岩体含铀量一起分析。岩体含铀量低时,钍与铀含量比值即便很小,仍不利于成矿。

表 2-2　国内外产铀火山岩的钍、铀含量及其比值

产铀火山岩产地	层位	岩性	样品数/个	Th 含量/10⁻⁶	U 含量/10⁻⁶	Th 与 U 含量比值
沽源盆地	J₃	流纹岩	26	31.3	10.85	2.88
		火山角砾岩	17	35.75	8.57	4.17
		次流纹斑岩	34	40.0	12.0	3.33
		霏细斑岩	12	48.8	8.9	6.0
大洲盆地	J₃	流纹岩	15	37.0	7.0	5.28
		块状流纹岩	5	30.0	10.0	3.0
相山盆地	J₃	碎斑熔岩	13	23.0	9.0	2.55
		熔结凝灰岩	7	34.5	5.4	6.38
		流纹英安岩	7	25.0	8.0	3.12
		次花岗斑岩	5	23.0	7.0	3.28
俄罗斯斯特列措夫	J₃	霏细岩		50.0～60.0	7.0～8.0	7.14～7.5
		珍珠岩		40.0～50.0	20.0～21.0	2.0～2.4
蒙古多而诺特	J₃	霏细岩		60.0	8.0	7.5
		珍珠岩		50.0	17.0	2.9

表 2-2(续)

产铀火山岩产地	层位	岩性	样品数/个	Th 含量/10⁻⁶	U 含量/10⁻⁶	Th 与 U 含量比值
美国东部	E_3	黑耀岩	3	23.4	7.6	3.07
美国奇纳提山破火山口	E_3	上部流纹岩	10	22.02	6.49	3.39
		下部流纹岩	6	17.00	4.65	2.8
墨西哥布兰卡山区	E_3	熔结或玻屑凝灰岩		5.0~55.0	6.0~10.0	1.0~5.5

需要说明的是,强调富铀花岗岩体与铀矿床产出具有密切的空间关系,花岗岩体含铀性可作为衡量产铀岩体和非产铀岩体的重要指标,并非意味着富铀花岗岩是铀成矿作用中铀源的直接提供者。关于与花岗岩相关的热液型铀矿床成矿物源及两者之间的内在成因联系,尚存在较大争议,有待深入研究(王正其 等,2016a,2016b,2010;李子颖 等 2015a,2015b)。

上述相关参数指标均是在对比统计的基础上提出的,而铀矿床则是多种地质因素耦合作用的结果。因此,在利用酸性岩浆岩成分及其地球化学相关指标作为铀成矿地质条件评价依据时,必须对酸性岩浆岩的成因类型及其演化过程,形成的地质背景以及岩石学、地球化学等特征进行全面综合研究,才能做出较为合理的判断。

3. 岩浆岩与矿床的形成深度

研究表明,不同岩浆岩体是在地表以下不同深度、不同物理化学条件下形成的,与之有关的矿种和矿化类型也各不相同。杜乐天(2001)研究发现,一个热液型矿田内,工业矿体总是规律性定位于一定深度范围内,工业矿体分布的上限和下限在垂向上的高度范围称为成矿壳层。不同矿种有不同的成矿壳层和埋藏深度,因此开展岩浆岩形成深度以及不同矿床(成矿系统)的发育深度研究和比较,有助于从宏观角度判别岩浆岩体潜在产矿类别与成矿潜力,对把握矿床的空间分布规律,包括平面上、垂向上的分布特征,指导深部找矿是十分有益的。

B. N. 斯米尔诺夫(1976)(徐增亮 等,1990)将岩浆侵位深度划分为以下 4 个带(图 2-1)。

①超深成带,此带为地表下 10~15 km(大洋 5~8 km)。带内有再生花岗岩类发育,但无矿化伴生,只有少数超变质矿床(蓝晶石、夕线石、刚玉等)。

②深成带,距地表 3~5 km 至 10~15 km。带内形成的岩浆岩成分均一,边缘相狭窄,通常呈等粒结构。与之有关的矿产有基性和超基性岩中的 Fe、Cr、Pt、Ti 岩浆分异矿床,中酸性岩中部分云英岩和矽卡岩矿床。矿石以晶质结构,带状、块状构造为主,有用组分分布较均匀。

③浅成带,深度为 1~1.5 km 至 3.5 km。此带的岩浆成分复杂,边缘相宽,岩石以斑状结构为主,各种蚀变及交代作用发育,有与基性岩有关的熔离型 Cu、Ni、Ti、Fe 矿床,与斜长花岗岩、正长岩伴生的矽卡岩 Fe-Cu 矿床,以及与晚期小侵入体有关的各类热液型有色、稀有、贵金属(Au)和放射性(U)等矿床。

④近地表带,此带深度为 1~1.5 km,形成火山岩和次火山岩。此带主要伴生 Au、Ag、Hg、Cu、Mo、U 等热液型矿床。

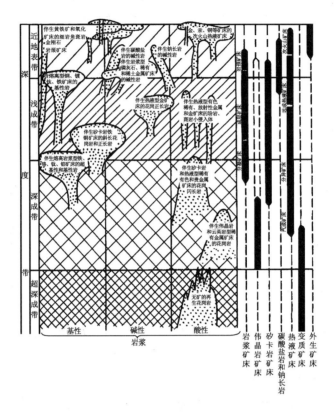

图 2-1　火成岩建造-矿床成因类型按生成深度的分布图

　　近年来研究及大量探采资料表明,不同成矿系统通常具有特定的成矿深度与范围。一般而言,变质与受变质矿床多发育在中、下地壳中;与幔源基性、超基性岩有关的矿床形成也较深,可在中、下地壳中发生;与花岗岩有关的成矿系统多发育在上地壳或距地表 5 ~ 15 km 范围内;与陆相或海底的火山-次火山活动有关的热液矿床,其赋存深度较浅,可延伸至地下 3 km 左右(图 2-2)。

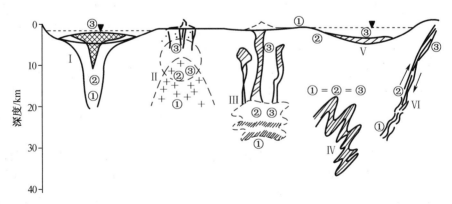

　　Ⅰ—VMS、SEDEX 成矿系统;Ⅱ—花岗岩类岩浆热液成矿系统;Ⅲ—镁铁-超镁铁质岩浆成矿系统;
　　Ⅳ—变质-受变质成矿系统;Ⅴ—沉积成矿系统;Ⅵ—韧性剪切带有关成矿系统;
　　①—矿源场;②—中介场;③—储矿场。

图 2-2　主要成矿系统发育深度概图

铀矿床形成的深度目前尚未研究清楚。研究表明,热液型铀矿成矿期温度一般为120~280 ℃之间,以中低温为主,个别铀矿床可能是高温热液作用的产物,如3075矿床(混合花岗岩型),成矿温度达340~360 ℃;成矿压力一般为480~800 Pa,热液交代晶质铀矿型矿床成矿压力较大,可达2 300 Pa。由此估算的成矿深度介于600~1 200 m,最大估算深度达2 000 m(杜乐天,2001)(表2-3)。多数热液型铀矿床中铀主要以沥青铀矿形式存在。赋矿岩浆岩以具有中粗粒或中粒斑状结构的浅成花岗岩,或火山岩、次火山岩体为主。基于上述认识,通常认为内生热液型铀矿床多与浅成、超浅成岩浆岩体相关,但也有少数铀矿床形成深度较大,成矿温度较高,与深成岩体有关。

表 2-3　热液型铀矿成矿期成矿温度与成矿压力统计表

分类		矿床或类型	温度/℃	压力/Pa	成矿深度/m
国内	花岗岩型	322	210~238		
		324	109~204		
		302	120~280	800	
		305	170~300		
		270	150		
		362	140~170		
		621	230~320	700	
		701	155~200		
	火山岩型	6051	160~230		
		681	150~220	500	600
		65	182~215		
		661	180~220		
		665	150~250		
		670	156~160		
		60	110~190		
		702	110~240		
	其他	3075(混合花岗岩型)	340~360		
国外		法国利木赞		700~800	
		苏联-铀-钼-萤石型		480~500	
		铀-硫化物型		480~500	
		铀-钼-硫化物		200~650	500~1 200
		铀-碳酸盐型		500	
		热液交代晶质铀矿型		1 250~2 300	
		热液交代沥青铀矿型		500~1 150	1 000~2 000

最新铀矿勘查成矿成果表明,俄罗斯的Streltsovka矿田铀矿化垂幅达已达2 600 m,乌克兰的米丘林钠交代铀矿床矿化垂幅达1 000多米;我国诸广的棉花坑铀矿床矿化垂幅1 000 m,尚未封底,相山的邹家山铀矿床矿化垂幅700~800 m也未封底,且铀矿石品位存在越深越富的趋势。由此推测热液型铀矿床形成深度估计可达地表以下3 km左右,甚至更深。

4. 岩浆岩形成时代与演化特征

产矿岩浆岩的时代具有区域性分布特征,即在不同的地区(不同大地构造背景),产铀岩浆岩形成的时代是不同的。在同一地区或同一大地构造环境中可能产有不同时代的岩浆岩,但铀矿化往往只与其中某一个时代的岩浆岩有关。

据目前掌握的资料看,世界产铀花岗岩主要分布在三个时期:前寒武纪尤其是太古代至元古代早期、晚古生代和中新生代。例如,欧洲产铀岩体局限在海西期花岗岩,空间上定位于中间地块周围的隆起带;美国产铀花岗岩局限在第三纪花岗岩,空间上局限在科罗拉多地块东西两侧。我国是一个花岗岩十分发育的地区,花岗岩发育时代有吕梁期、晋宁期、雪峰期、加里东期、印支—燕山期,但铀矿主要产于华南地区的印支—燕山期花岗岩中;华北陆块北缘以吕梁期花岗岩为主,龙首山造山带、北秦岭造山带和雪峰造山带则以加里东期花岗岩为特征。

火山岩型铀矿均产于陆相中酸性火山岩中。产铀的火山岩时代分布比较广,时间上,从元古代、晚古生代、中生代至新生代均有,但主要为古生代和中新生代。如欧洲(法国及苏联等国)以海西期火山岩为主;我国华北南部及川西地区产铀火山岩以元古代为主,新疆准噶尔地区以晚古生代陆相火山岩为主,东部大陆边缘产铀火山岩则主要为中生代产物。

与铀矿化有关的花岗岩体在形成过程中有一个共同演化特征,即呈多期多阶段多次侵入的大型复式岩体;与铀矿化有关的火山岩体则为由多期次喷发所构成的复杂地质体。不论产铀花岗岩体或火山岩体,其岩浆活动晚期叠加的中基性脉岩(辉绿岩脉、煌斑岩脉或正长岩脉)或花岗斑岩脉都相当发育,且中基性脉岩均表现出富集地幔地球化学组成特点(王正其 等,2013a,2007d;邓一潇 等,2019)。我国南方与铀矿化有关的岩浆岩体,主要是在印支—燕山期由多阶段侵入或多次喷发而成的。例如诸广岩体,其侵入活动早在加里东期就已经开始,经过海西期、印支期,直到燕山晚期基性脉岩侵入才结束。与铀矿化有关的、不同时代的火山岩体也有类似的演化特点,往往初期为酸性或超酸性岩浆喷发,中期以后逐渐发展成偏中性酸性富碱岩浆的喷发和超浅成侵入,同时铀矿化的分布在空间上与火山活动晚期所形成的酸性火山岩体或脉体有密切的关系。实践也证明,不同地区产出的火山岩型铀矿,往往与火山盆地内较晚期形成的酸性次火山岩体在空间上、成因上存在密切关系,如相山矿田内的横涧矿床,新路盆地的大桥坞矿床。说明动力学背景由挤压转向拉张伸展,叠加幔源岩浆活动是酸性岩浆岩产铀的一个重要条件,反映了岩浆岩铀成矿可能与深部壳幔作用源区或幔源热液之间存在内在的成因联系。

5. 成岩时代与成矿时代的关系

尽管不同构造背景下产铀酸性岩浆岩体形成时代有早有晚,但在一个矿田或一个矿化集中区内,热液型铀成矿时代却比较集中。与酸性岩浆岩有关的热液型铀矿床(花岗岩型或火山岩型),其成矿时代往往与酸性岩浆岩体的形成时代无内在联系,铀矿成矿时代与相应的酸性岩浆岩围岩之间存在较为明显的矿岩时差(数千万年到数亿年不等)。例如,产于辽东的连山关铀矿床是我国发现的最老铀矿床,含矿围岩片麻状黑云母混合花岗岩与红色混合花岗岩成岩年龄分别为 2 417~2 500 Ma、2 333~2 339 Ma,它的铀成矿年龄为 1 950 Ma;广西产铀摩天岭岩体成岩年龄为 760 Ma,其中发育的达亮铀矿床成矿年龄为 328 Ma;粤北下庄地区、诸广地区花岗岩型铀矿床,赋矿围岩花岗岩成岩年龄分别为 258~121 Ma、281~138 Ma,基性脉岩(辉绿岩)成岩年龄分别为 110~90 Ma、103 Ma,铀成矿年龄则基本相近,主要集中于 96~70 Ma;相山火山岩型铀矿田内,矿床的赋矿围岩火山岩年龄主要为 135~128 Ma,基性脉岩(煌斑岩)年龄为 125 Ma,铀成矿年龄集中于 90~86 Ma;江西桃山大布花岗岩型铀矿以及浙西新路地区、安徽黄梅尖地区、新疆白杨河地区的火山岩型铀矿均表现出类似的特点(表 2-4)。由此可见,与火山岩或花岗岩相关的热液型铀矿,铀成矿时代明显晚于相对应的赋矿酸性岩浆岩的成岩时代;铀成矿时代与矿田或矿区内发育的基性脉岩侵入时代有一定对应关系,总体表现出基本接近或滞后于基性脉岩的侵入时代(王正其 等,2016b,2007c)。

此外,空间上,热液型铀矿田(区)通常毗邻发育拉张型沉积盆地,铀成矿时代与沉积盆地发育早期基本对应。如,粤北诸广铀矿田毗邻南雄盆地(始于晚白垩纪),浙西新路与大洲铀矿区毗邻金衢盆地(始于晚白垩纪),相山铀矿田毗邻永丰-崇仁盆地(始于晚白垩纪);新疆白杨河铀矿床毗邻和什托洛盖盆地(始于晚三叠纪)铀成矿阶段。法国花岗岩型铀矿也有类似情况,产矿岩体形成于石炭纪,而铀矿形成于二叠纪红盆发育期。

表 2-4　典型热液型铀矿田赋矿围岩年龄与成矿年龄统计

矿田或矿区	成矿类型	酸性岩浆岩年龄/Ma	基性脉岩年龄/Ma	铀成矿年龄/Ma
下庄铀矿田	花岗岩型	258~121	110~90	90~70
诸广铀矿田		281~138	103	96~70
桃山大布铀矿床		144~132		72~65
相山铀矿田	火山岩型	135~128	125	90~86
新路铀矿区		135~125	93	75~52
黄梅尖铀矿区		136~121	107	108~71
白杨河铀矿床		300~293	254	224~198

与酸性岩浆岩有关的铀矿为伟晶花岗岩型铀矿(如我国的红石泉矿床、美国的波坎山矿床、纳米比亚的罗辛矿床等)与伟晶岩型铀矿(如我国光石沟矿床、加拿大班克罗夫特矿区),前者赋矿主岩为伟晶花岗岩或白岗岩,后者赋矿主岩为花岗伟晶岩或霞石正长伟晶岩,通常以小岩体、岩株、岩脉或与区域变质岩的片麻理产状基本一致的脉状形式产出,它们的铀成矿年龄与主岩年龄基本一致,这反映出铀成矿与深熔岩浆演化及其高度分异作用密切相关。

2.2.2　构造条件

构造运动是地壳物质运动的驱动力。构造运动的结果是形成形式各异、大小不等的构造形迹。这些构造形迹往往成为控制各类矿床形成、富集及空间分布的重要因素。实践证明,无论内生还是外生矿床,它们的形成与分布无不受到一定构造条件的控制。构造不仅为含矿溶液提供运移通道和聚集场所,还为成矿物质的重新分配和富集创造了必要的物理化学条件。因此,构造条件是控制矿床形成和分布的重要因素之一。

就构造发育的规模而言,可以分为全球性构造、区域性构造及矿田、矿床、矿体层次的构造。不同级别、不同规模的构造,对成矿起着不同的控制作用,它们分别控制了矿带、矿田、矿床及矿体的产出和展布。就构造在成矿过程中的作用而言,可以分为导矿、散矿和容矿构造。从构造运动与矿化的时间关系而言,可以分为成矿前、成矿期和成矿后构造,它们对成矿物质的集散起着不同的作用。

1. 大地构造环境对铀成矿区的控制

大地构造环境是指区域所处的地球动力学背景。近年来,从地球动力学背景角度研究和评价区域铀成矿潜力,已逐渐发展成为铀成矿地质条件研究的重要内容和发展方向。大量的资料表明,大地构造环境与大范围的铀成矿区(带)之间有某种固定的联系。大地构造环境控制了大的成矿区域(成矿域、成矿省或成矿带)的形成和展布,且不同成矿区域常具有特定的成矿年代和成矿作用类型。因此大地构造环境的研究,对指导战略性的区域铀成矿预测及找矿具有重要意义。

挤压和拉张是人们用来描述地块活动时动力学状态的两种最基本力学作用方式。挤压通常被认为指示挤压造山作用,它伴随构造推覆、地壳增厚以及大规模的壳内变质、变形和岩浆作用;拉张通常伴随地壳的减薄或地幔的上隆,以伸展运动为其主要运动形式。实践证明,典型的造山期没有内生铀矿床生成,而典型的拉张环境,如大洋中脊也形成不了铀矿床,只有大陆环境下的各类拉张作用才能形成铀矿床。具有工业意义的铀矿床主要赋存在各类型大陆地壳范围内。动力学状态的稳-动相互转化环境是铀成矿作用发生与铀矿床发育的基本条件。

根据对国内外资料的综合分析,铀成矿区(带)主要与以下大地构造环境关系密切。

(1)前寒武纪稳定克拉通内部或边缘活动带

稳定克拉通的形成标志着地壳演化成熟度较高,使地壳向富钾、富硅、富铀特征转化,因而稳定克拉通地壳通常发育富铀地质体。在此背景下,叠加断裂构造作用、岩浆侵入和火山活动,在有利的成矿流体作用下铀能够被活化并富集成矿。铀矿赋矿层位为前寒武纪地层。

与此类构造环境相关的铀成矿区域包括两类,一类与太古—元古宙碎屑岩建造相关,如加拿大布兰德河-埃利奥特湖地区、非洲维特瓦特斯兰德地区的石英卵石砾岩型铀矿及非洲加蓬弗朗斯维尔盆地的砂岩型铀矿;另一类与古老稳定陆块或地盾内部活动带、边缘褶皱带以及褶皱带内部的中间隆起带相关。据活动带力学特点,后一类可进一步分为与挤压活化相关、与大规模走滑剪切活化相关和与伸展活化相关等三个亚类。后一类典型矿床实例分别为我国红石泉白岗岩型铀矿,纳米比亚的罗辛伟晶花岗岩型铀矿,我国光石沟地区与加拿大班克罗夫特矿区的伟晶岩型铀矿,加拿大北萨喀彻温地区、北澳的派因·克里克地区的元古宙不整合面型铀矿,也包括南澳地区奥林匹克坝角砾杂岩型铀矿。分布于格陵兰、俄罗斯波罗的地盾、巴西的波苏斯迪—卡尔达斯、南非的皮兰斯堡和我国的赛马地区的碱性岩型铀矿床也与该类型区域构造环境相关。

(2)显生宙造山带内的伸展活动带

造山带是指挤压构造体制下生成的线状地壳变形带,它标志着地槽或裂谷演化的终结,是岩石圈板块碰撞的直接产物。造山运动过程往往伴随较强烈的逆冲-褶皱变形、岩浆侵入、火山活动和区域变质作用,发育一系列的深大断裂和区域性大断裂。

在空间上,铀矿床的分布与稳定地块或活动大陆边缘的显生宙造山带关系密切。需要说明的是,对分布于显生宙造山带范围内的铀矿化研究表明,铀矿床虽然产于造山带中,但造山作用主期一般不形成铀矿床,铀成矿作用通常发生在后造山(伸展)阶段。铀成矿区与造山带内的区域性或局部性后造山伸展活动带发育范围基本对应。铀矿往往产于造山带中的中间地块内部或边缘部位,或濒临中新生代红盆附近。

伸展活动带的背景可以是加里东造山带,也可以是海西造山带和印支—燕山造山带。按活动带的构造环境性质,可分为内碰撞造山带内的后造山伸展活动带和俯冲造山带内侧的大陆火山岩带内的伸展活化带。前者以中欧海西期碰撞带为代表,形成与钾质花岗岩相关的铀矿,如法国中央地块铀成矿省;后者有环太平洋碰撞带和古欧亚大陆碰撞带,形成与古生代或中生代花岗岩、火山岩相关的铀矿,如哈萨克斯坦境内位于柯克契塔夫中间地块内部或边缘的铀-多金属成矿带,我国华南铀成矿省、华北陆块北缘铀成矿省与新疆的天山成矿带和西准噶尔的雪米斯坦成矿带等。

在这个构造单元内,铀和其他金属内生矿床主要为后造山阶段的构造-岩浆活动的产物,铀成矿类型主要是与火山岩、花岗岩相关的热液型,其次是碳硅泥岩型;成矿年龄包括加里东期、海西期和燕山期。

(3)稳定地台内、外边缘拗陷盆地或造山带内的山间盆地

美国三大产出砂岩型铀矿的中新生代盆地(群)的发育均与北美稳定地台背景相关。科罗拉多高原盆地产于北美地台科迪勒拉隆起带内,为相对稳定的内陆盆地;得克萨斯海岸平原盆地发育于北美地台南部边缘活动带;怀俄明盆地群则是分布于北美地台科迪勒拉隆起带和落基山拉勒米隆起带之间的一系列山间盆地。我国的鄂尔多斯盆地是发育在华北克拉通之上的内陆盆地。

此外,以发育卷状砂岩型铀矿著称的中央克兹勒库姆盆地、楚·萨雷苏-锡尔河盆地等是受新生代碰撞造山作用影响的年轻地台边缘部位沉积盆地;而我国伊犁盆地是天山造山带内稳定微地块基础上发育的山间盆地。

在原型盆地的基础上,经历后期的盆地动力学体制转化过程是产铀中新生代盆地的一个共同特征,也是必要条件。体制转化导致原型盆地适度隆起、倾斜,构筑盆地的渗入型水动力状态,储矿砂体与地表连通,促成层间氧化带的形成和发育,从而形成不同类型的砂岩型铀矿。

我国陆壳固结成熟晚,所处的特定的地质背景决定了其大地构造环境、性质及其演化过程,也决定了铀成矿时代、成矿作用特点和找铀方向(陈跃辉 等,1997)。内生铀成矿作用通常与显生宙造山带内的伸展活动带相关。黄净白等(2005a,2005b)在分析大地构造环境及区域铀成矿特征基础上,将我国成矿单元划分为滨太平洋成矿域、古欧亚大陆成矿域和特提斯—喜马拉雅成矿域。

滨太平洋成矿域包括我国大陆东半部。区内受太平洋板块俯冲作用影响,中生代以来构造岩浆活动频繁,形成了一系列叠加在古生代、元古代构造岩浆活动带之上的中生代构造岩浆活动造山带。除在个别吕梁期花岗岩(如华北陆块北缘)、加里东期花岗岩(如北秦岭褶皱带)见到相应成矿时代的热液型铀矿床之外,铀矿主要产于中生代构造岩浆活动带,成矿作用的发生与后造山伸展构造活动或地幔上隆相关。铀成矿类型以火山岩型、花岗岩型为主,如赣杭火山岩型成矿带、沽源—红山子火山岩型铀成矿带、桃山—诸广花岗岩型成矿带等。

铀成矿时代基本上为中新生代。区内产于稳定地台边缘的碳硅泥岩型铀矿床也是"古铀新造"的产物,即震旦纪或古生代含铀地层,在中新生代活化背景下,由热水(热液)或下降水再造而成矿。砂岩型铀矿分布于成矿域的北部与稳定地块背景相关的诸盆地中。古欧亚大陆成矿域包括塔里木陆块、准噶尔陆块、柴达木陆块和华北陆块西部的阿拉善地块及陆块南北两侧的造山带,南部的秦—祁—昆造山带和北部的天山—兴安造山带的西半部。成矿域内地壳主要是由大小不等的前寒武纪古陆块扩大增生而成。在这个成矿域内,铀-多金属内生矿床均为古生代构造-岩浆活动的产物,成矿区往往位于造山带中的中间地块内部或边缘;成矿类型主要为火山岩型(如白杨河矿床)、伟晶岩型(光石沟地区)和产于花岗岩中的自岗岩型(龙首山地区),成矿年龄主要属加里东期或海西期,缺失中新生代内生矿床。砂岩型铀矿往往发育于造山带内及其两侧发育的中新生代盆地中。

特提斯成矿域包括喜马拉雅山脉向北至南昆仑山脉,西至班公湖东到滇西地区。除在滇西新第三纪走滑拉分盆地内发现了砂岩型和煤岩型铀矿外,大部分地区尚属空白区。

近年来,从地球动力学背景角度研究和评价区域铀成矿潜力,如从热点构造,或热隆构造,或拆离构造等角度探讨其对铀成矿的控制作用和内在成因联系,重新审视内生铀矿床成矿作用过程及其成矿机理问题,已逐渐成为铀成矿地质条件研究的重要内容和发展方向。

2. 铀矿田的构造条件

矿田是指在成矿地质背景、物质成分和成因上相近似的一系列矿床和矿点的集中分布区。铀矿田的形成与分布往往受具有丰富的铀源、成矿流体、地质构造等多种因素复合的成矿系统控制。控制矿田的构造规模一般属区域二、三级。矿田构造条件因铀矿类型不同而有显著区别。

(1)花岗岩型铀矿田的构造条件

花岗岩型铀矿田主要受产铀岩体活动中心区和不同方向拉张性大断裂的复合控制。矿田主控构造有双断裂夹持、单条断裂、数条平行断裂、断裂相互交切以及断裂与褶皱结合等多种形式,主控断裂常为延伸几十至几百千米的断裂带,往往是断块的边界断裂,具有长期活动历史,控制地层、岩体和铀矿化的分布,它们常以大石英脉-硅化水云母化带、碱交代岩带和糜棱碎裂岩带的形式产出。其中双断裂带夹持是较常见的花岗岩型铀矿田构造形式,它是指两条或两条以上同时形成且大致平行、具有合适间距和有垂向运动差异的断裂带所夹持的地段。我国诸广岩体、贵东岩体中的铀矿田即属于此类型(图2-3)。

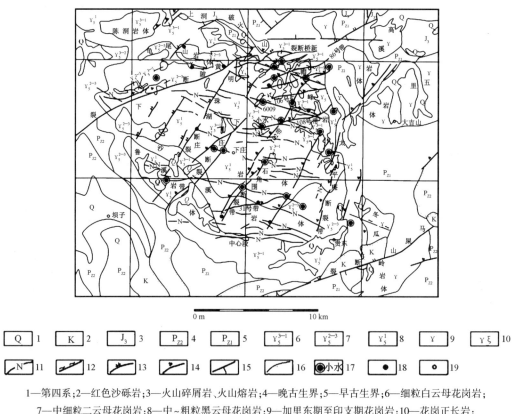

1—第四系;2—红色沙砾岩;3—火山碎屑岩、火山熔岩;4—晚古生界;5—早古生界;6—细粒白云母花岗岩;
7—中细粒二云母花岗岩;8—中~粗粒黑云母花岗岩;9—加里东期至印支期花岗岩;10—花岗正长岩;
11—中基性脉岩;12—糜棱岩;13—石英断裂带;14—硅化断裂带;15—断裂构造;16—地层不整合界线;
17—铀矿床及其编号;18—铀矿点;19—地名。

图2-3 贵东铀矿田地质构造简图

根据夹持区的构造,组合形式可分为双曲线型、井字型、似菱型、棋格型、侧列对称型、多字型、菱帚复合型、正态曲线型和梯形型等(图 2-4)。受单条大断裂控制的花岗岩型铀矿田,矿化主要集中分布在断裂产状变异地段。

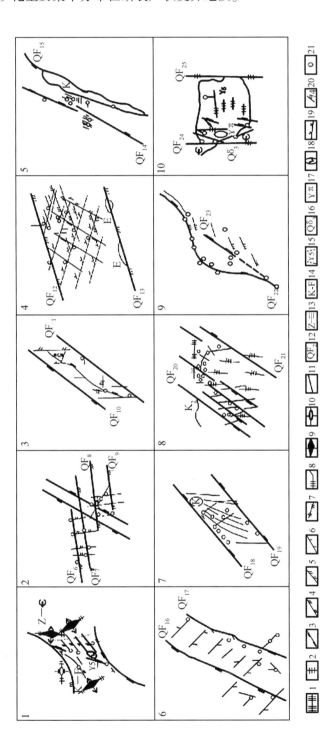

图2-4 矿田构造形态分类图

(资料来源:王增亮 等,1990)

1—东西向断裂;2—南北向断裂;3—扭动断裂;4—正扭性断裂;5—张扭性断裂;
6—张性断裂;7—北西西向断裂;8—复合断裂;9—背斜;10—向斜;11—性质不明断裂;
12—石英断裂;13—震旦系;14—白垩系;15—花岗岩体;16—石英闪长岩;
17—花岗斑岩;18—碱交代岩;19—中基性岩脉;20—断裂产状;21—铀矿床及矿点。

（2）火山岩型铀矿田的构造条件

大型火山机构是指大型的破火山口和火山洼地。火山岩型铀矿田往往受这类大型火山机构的控制。在酸性岩浆活动带内,产铀大型火山机构主要分布在火山岩带内相对隆起地段,一般受两组或两组以上的区域性基底断裂的控制,往往位于两组断裂的交汇部位。火山机构形成后,这些区域性基底断裂通常发生继承性构造叠加活动,因而往往既是控岩构造,又是控矿构造。产铀火山盆地的内部结构构造比较复杂,包括火山通道构造、火山塌陷构造、角砾岩筒构造等(图2-5)。在火山机构的邻近地区还常常发育着火山期后由地壳拉张而形成的中生代断陷红盆。例如我国华东地区的相山、盛源、小丘源等铀矿田均属受大型火山机构控制的矿田,附近均发育断陷红盆。

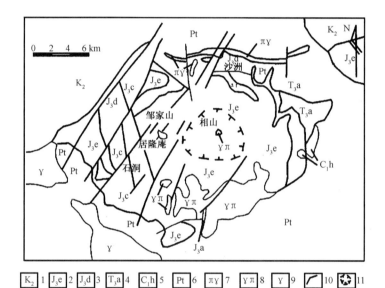

1—上白垩统;2—鹅湖岭组;3—打鼓顶组;4—安源组;5—华山岭组;6—变质岩;
7—次花岗闪长斑岩;8—次斑状花岗闪长岩;9—燕山期花岗岩;10—断裂;11—火山颈(推测)。

图2-5 相山铀矿田地质略图

火山岩型铀矿田也可受次火山岩体的控制。次火山岩的岩性一般为流纹斑岩、微晶花岗斑岩或霏细斑岩等。该类次火山岩体常沿深断裂侵入,其规模一般为数平方千米。围岩可以是火山岩、沉积岩和沉积变质岩,例如520矿田受沿东西向深断裂侵入的微晶花岗斑岩控制,矿化赋存于岩体内外接触带及其内部(图2-6)。需要说明的是,花岗岩型和火山岩型铀矿田产出的构造背景具有一定程度的相似性。在陆-陆碰撞形成的延伸规模巨大的花岗岩带或火山岩带内,铀矿田的发育通常仅与碰撞造山带内晚期形成的构造隆起区(又称为热点隆起区)或其边缘,与区域性线状断裂构造的叠加区密切相关。铀矿田产于上述具有伸展构造动力学背景并不是偶然的,这些地带往往是深部壳幔作用或热点构造活动的强烈区域,是构造的薄弱区,也是深部壳幔作用物质、热动力以及成矿流体的优先逸出和释放区。在铀矿田构造单元区,共性表现出火山作用或岩浆活动的继承性和多期性,并在岩浆作用晚期发育基性脉岩(辉绿岩、煌斑岩、正长岩等)的侵入,以及深部莫霍面有明显抬升,在现代地形上表现为相对隆起等特点,反映其铀成矿作用可能与地幔物质上升及其诱发壳幔作用与热隆升的深部地球动力学有关。

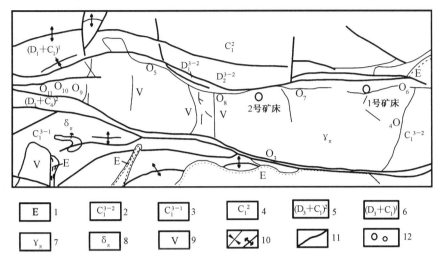

1—老第三纪红色硅质黏土;2—石英斑岩夹凝灰岩;3—中酸性熔岩;4—安山玢岩、安山岩;
5—砾岩、砂岩夹煤层;6—砾岩、砂岩、页岩、灰岩;7—微晶花岗斑岩;8—闪长玢岩;9—辉绿岩脉;
10—褶皱构造;11—断层;12—矿床及矿点编号。

图 2-6　520 矿田地质示意图

(3)砂岩型铀矿田的构造条件

砂岩型铀矿田的构造条件主要指盆地形成的时代、水动力系统、盆地演化、盖层发育状况以及后期改造程度等。

砂岩型铀矿田主要受中新生代盆地控制。从成矿角度而言,各类型盆地均能形成砂岩型铀矿,以内克拉通盆地、造山带内的山间盆地和中间地块盆地,以及活动大陆边缘造山带内的断陷盆地和断陷火山盆地等盆地类型为佳。产铀盆地(或在演化过程中某个相当长的时期内)属渗入型水动力系统,补给、径流、排泄体系完善。铀矿田一般分布于盆地构造活动相对稳定边缘地带的单斜构造区,各矿床与盆地边缘大致呈平行的带状展布,如我国的伊犁盆地南缘砂岩型铀矿田(图 2-7);河谷型盆地中的铀矿则可能主要发育于盆地(拗陷)中心地带,如我国的二连盆地、美国的怀俄明盆地。在赋矿地层形成后,需经历适度的挤压构造改造,使得含矿砂体与地表建立水动力系统联系,但后期构造运动相对平稳,断裂构造、褶皱构造不发育;赋铀地层产状平缓,与辫状河流沉积体系、辫状三角洲或扇三角洲沉积体系的发育空间关系密切。

盆地规模大小不一,小者数十平方千米,大者数百平方千米,形态为椭圆形或半圆形。一般而言,大型盆地沉积作用分异完善,砂体规模大且稳定,可成大矿;小型盆地则往往沉积相带分异差,砂体性质与规模受到制约,往往不利于形成大矿。

(4)碳硅泥岩型铀矿田的构造条件

我国碳硅泥岩型铀矿田主要受地台边缘盖层所形成的向斜构造及邻区显生宙地槽褶皱带控制。前者如扬子地台东南缘、华北地台南缘及塔里木地台北缘;后者包括华南加里东造山带、秦岭造山带和天山造山带等。产铀构造带主要由不同时代(震旦纪至二叠纪)的含铀碳硅泥岩建造,含铀磷块岩建造,含铀炭质页岩建造及含铀碳酸盐建造,含铀碳酸盐-硅质岩建造等富铀地层构成;富铀地层不整合覆盖于基底前震旦系浅变质岩之上,地层产状有陡有缓,缓倾斜富铀岩系更有利于成矿。富铀地层遭受区域性断裂切割或层间破碎带的发育是成矿的必要条件(图2-8),切割形式有横(斜)切式和纵切式两类。铀矿田的发育与燕山晚期或喜马拉雅早期构造活化改造关系密不可分。

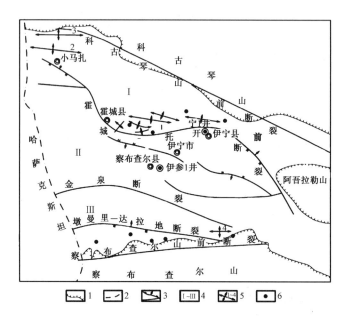

1—盆地边界;2—国境线;3—断裂;4—构造单元(I.北部褶皱带;II.中央凹陷带;III.南部斜坡带);
5—背斜(1.北部背斜带;2.霍尔果斯背斜;3.察布查尔河背斜);6—铀矿床及矿点。

图2-7 伊犁盆地砂岩型铀矿田地质构造略图

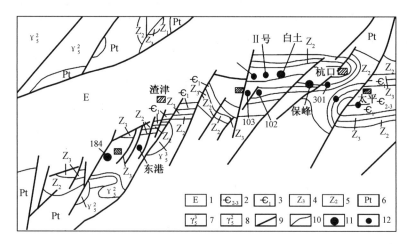

1—第三系;2—寒武系中上统;3—寒武系下统;4—震旦系上统;5—震旦系中统;6—前震旦双桥山群;
7—燕山晚期花岗岩;8—燕山早期花岗岩;9—断层;10—地质界线;11—矿床;12—矿点。

图2-8 向斜翼部与切层断裂联合控制铀矿田

稳定地块内部一些特殊形式的岩溶构造发育区对该类型铀矿田具有重要控制作用,如美国科罗拉多高原的溶塌角砾型铀矿。

(5)不整合面型铀矿田的构造条件

这是一种较为特殊的铀矿田构造形式。不整合面型铀矿田主要受太古代花岗岩-片麻岩穹隆边缘元古代活动带的冒地槽凹陷带控制,凹陷带往往叠加区域性剪切构造带或顺层断裂带,以加拿大萨斯喀彻温北部阿萨巴斯卡盆地(Athabasca Basin)和澳大利亚北部的阿利盖特河(Alligator River)地区为典型代表。

该类型铀矿田在区域上存在"三层构造层",古老的花岗岩-片麻岩穹隆构成太古界结晶基底,主要由遭受较强烈变质作用的片岩、片麻岩以及混合岩化花岗杂岩组成;早元古界是一套几乎未受变质的含有机质泥岩、碳酸盐岩、硅质岩夹铁镁质火山岩,产状平缓,不整合覆盖于太古界变质岩之上,一些地段遭受强烈风化剥蚀,使不整合面和基底变质岩直接出露地表;凹陷带上覆中元古界陆相地台型红色碎屑岩建造。矿田受太古界、早元古界不整合面以及晚太古代花岗杂岩体的控制;在成矿期或成矿前期,矿田范围内存在明显的火山活动和基性脉岩的侵入事件。铀矿化主要赋存在不整合面及其以下数百米范围内。

3. 铀矿床的构造条件

控制铀矿床产出与分布的构造称为控矿构造。控制铀矿床的构造往往与区域性构造有密切的成因联系,多属区域性三、四级构造或局部性构造,它们对矿床、矿体的产出和空间分布起着直接的控制作用。铀矿床定位的构造类型很多,主要包括断裂构造、褶皱构造、火山构造、岩体侵入接触带、区域性不整合面以及由上述不同性质构造组合而成的构造形式。不同矿化类型铀矿床的定位构造类型或组合形式既有相似性,也存在差异性。

控制花岗岩型铀矿床的构造类型通常是具有一定规模的线状断裂,并与区域性大断裂相连通,处于半封闭状态。构造性质可以为压性和压扭性、张性和张扭性,常以蚀变(酸、碱蚀变)角砾岩带、碎裂岩带和裂隙带等形式产出。常见的铀矿床定位有利构造部位有:主干断裂带的弧形弯曲、分枝和侧裂部位;双断裂带的楔形夹持部位(图 2-3);两断裂带及其之间的次级断裂带和碎裂岩带发育部位(图 2-9);不同方向的断裂交叉复合部位;断裂与岩体、岩体与岩体的联合圈围部位;断裂旁侧、顶部和端部的次级断裂及束状、帚状和网格状裂隙发育部位(图 2-10);菱形或棋盘格状断裂节点或裂隙带发育部位;硅化断裂带穿切中基性岩墙和碱交代岩部位(图 2-11);岩体侵入接触带;靠近岩体的层间破碎带和褶皱轴部的断裂带等。

与火山岩型铀矿床定位有关的控矿构造通常是火山机构派生的断裂构造(环形构造、放射状构造、次火山岩体、爆发岩筒),或由区域构造运动引发而重新裂开的基底断裂和火山通道构造,以及在火山盆地中派生的断裂。这些构造往往具有多期次、继承性活动特点,贯穿性好,切割深度大,派生裂隙多。常见的火山岩型铀矿床控矿构造类型或组合形式包括:火山盆地边部的环状构造与区域断裂的复合部位(图 2-12),环状构造包括环状断裂、环状岩墙和次火山岩体;火山管道(火山口、火山颈)边部的环状或放射状构造;爆发岩筒的内部及其边部的环状构造(图 2-13);火山岩体内,由火山管道和爆发岩筒构成的复成因环状构造;火山口外围熔岩、火山碎屑岩层间构造(图 2-14)。

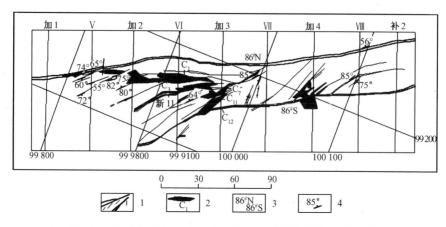

1—主断裂带及其次级构造;2—铀矿体及编号;3—断裂带编号;4—构造产状。

图 2-9　330 矿床主干断裂之间次级断裂控矿

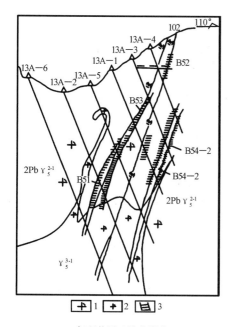

1—似斑状黑云母花岗岩;

2—不等粒二云母花岗岩;3—矿体。

图 2-10　主干断裂及平行次级断裂控矿

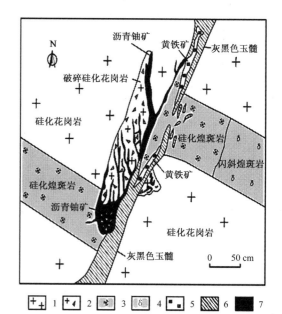

1—硅化花岗岩;2—破碎硅化花岗岩;3—硅化煌斑岩;

4—闪斜煌斑岩;5—黄铁矿;6—灰黑色玉髓;7—沥青铀矿。

图 2-11　硅化带与基性岩脉交代部位控矿

此外,在一些火山机构边缘发育的推覆构造对铀矿床的分布起着重要的控制作用。这种推覆构造是在火山机构形成过程中,在岩浆上升、地面隆起而产生的侧向压力作用下,由基底逆断层演化而成。推覆构造往往具有多层结构,上部为火山岩和推覆体,中部为基底岩墙(充填于推覆断裂带中),下部为基底变质岩和陡倾斜岩墙。铀矿体主要分布在板状岩墙的内外接触带,多属盲构造、盲矿体。

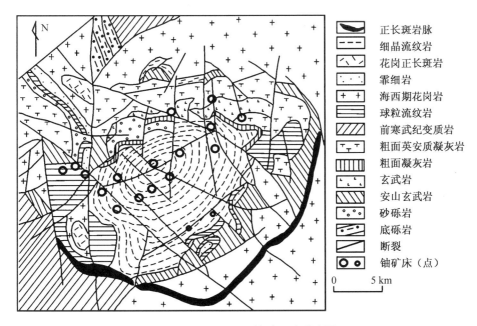

图 2-12　Streltsovka 铀矿田地质略图

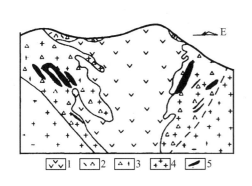

1—角闪安山岩；2—凝灰角砾岩；3—隐爆角砾岩；
4—花岗岩；5—铀矿体。

图 2-13　爆发岩筒与铀矿化关系图

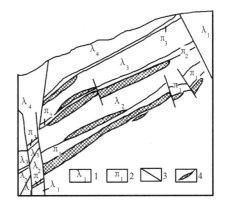

1—流纹岩及层序号；2—绿色蚀变带及编号；
3—断裂；4—铀矿体。

图 2-14　661 铀床地质剖面图

对碳硅泥岩型铀矿床而言，沉积-成岩亚型铀矿床主要分布于地台边缘的古隆起(古陆、古岛弧、水下隆起)边部拗陷带内次一级的海湾凹陷、半局限凹陷部位，此类构造区发育晚震旦世陡山陀期及早寒武世碳酸盐岩-硅质岩沉积建造。后生改造形成的碳硅泥岩型铀矿床主要受叠置于含铀沉积建造之上的褶皱和断裂构造以及一些由溶解作用形成的岩溶构造控制。

根据目前已知主要的碳硅泥岩型铀矿床与控矿构造的关系，碳硅泥岩型铀矿床的控矿构造形式可分为断裂型、褶皱-断裂型和岩溶型等三类(表 2-5)。断裂型控矿形式是指铀矿床的产出与分布主要受断裂构造控制，此类矿床虽也产在背斜或向斜的翼部，但与褶皱构造之间无紧密成因联系，而将矿床的形成和展布与褶皱及断裂构造均存在密切成因联系的构造形式列入褶皱-断裂型控矿。一般来说，褶皱构造区叠加线型构造、层间构造、切层构造对成矿更为有利,是重要的控矿构造组合形式。岩溶型构造则是碳酸盐岩(主要是灰岩)地层中的重要控(储)矿构造。

表2-5 碳硅泥岩型铀矿床控矿构造类型

类型	亚型		控矿构造组合形式	实例
断裂型	切层断裂		层间破碎带或层间裂隙	大椿
	切层断裂		切层断裂及密集裂隙	白土
	联合断裂		切层大断裂及层间构造	董坑
褶皱-断裂型	向斜-断裂	向斜-断裂	向斜及顺层间断裂	矿山脚
		向斜-切层断裂	向斜及多组切层断裂破碎带	黄材
		向斜-联合断裂	向斜及斜切向斜的大断裂	产子坪
	背斜-断裂	背斜-层间断裂	背斜及顺层断裂	中长沟
		背斜-切层断裂	背斜及叠瓦状切层断裂	金银寨
		背斜-联合断裂	宽缓背斜及联合断裂	114
		褶断地垒-层间断裂	褶断地垒及层间断裂	大新
岩溶型或断裂岩溶型			断裂构造与岩溶构造	垒头

不整合面型铀矿床是指在空间上与不整合面之间表现出密切关系的一类铀矿床。该类型铀矿床产于太古界至下元古代早期克拉通盆地内的沉积物与下伏变质岩系地层之间的不整合面及其附近,其最大特点是矿床产出与分布严格受特定的区域不整合面控制(图2-15),矿化赋存在晚太古界至早元古界侵蚀不整合面以下的变质岩中,受基底断裂构造(角砾岩化断裂带、剪切带和断层塌陷构造)控制。含矿主岩为石英-绿泥石片岩、块状赤铁矿-绿泥石片岩,少数情况下为石墨片岩。矿床中含矿主岩有明显的退化变质现象,如基性角闪岩变成绿泥石片岩。

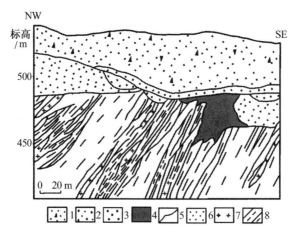

1—砂和细砾层;2—漂砾矿体;3—冰川沉积层;4—块状和浸染状矿体;

5—片理化区;6—阿萨巴斯卡群砂岩建造;7—伟晶岩;8—片麻岩。

图2-15 盖特纳矿床地质剖面图

石英卵石砾岩型铀矿床的发育也与不整合面相关。与前述不整合面型铀矿床不同的是,该类型铀矿产于太古至元古代以碎屑岩建造为特征的稳定型盖层内,矿化受盖层内部不整合面或沉积间断面控制,赋矿主岩为石英–卵石砾岩或砂岩,产于南非维特瓦特斯兰德盆地和加拿大布兰德河–埃利奥特盆地的铀矿床为其典型。据研究,石英卵石砾岩型铀矿形成于 2.2 Ga 以前,是在缺氧条件的河流环境中,晶质铀矿和自然金等呈颗粒状碎屑搬运,沉积聚集而成,在沉积间断面上河流沉积作用的产物。

砂岩型铀矿床大多受地层、岩性岩相及构造环境等因素控制。砂岩型铀矿化类型与盆地构造类型有关,卷状亚型砂岩型铀矿主要产于中、新生代活动的内克拉通沉降盆地和山间沉陷盆地;板状亚型主要产于板块之间活动带内山间盆地;底河道亚型则主要分布在内克拉通盆地边缘或河谷型盆地的河流沉积地段。一般而言,砂岩型铀矿发育在层间氧化–还原界面附近,定位在盆地构造活动相对稳定的一侧边缘斜坡带上(图 2-9),往往受区域性排泄区和局部性排泄源分布状况制约。在一些盆地,砂岩型铀矿床的定位与区域性断裂构造有关,这些区域性断裂构造通常构成含矿砂体下部的还原性物质上升的通道,导致砂体遭受"二次还原"而控制砂岩型铀成矿的发生。此外,盆地基底不整合面往往也赋存砂岩型铀矿,如 6710 矿床。

4. 铀矿体的构造条件

含矿构造(又称赋矿构造、储矿构造)是指那些直接接受矿质沉淀、富集的构造。它与控矿构造有相似性,且两者之间往往具有成生联系,但通常规模较小,是控矿构造的组成部分或次级构造。含矿构造的种类很多,有断裂构造、原生节理、侵入接触面构造、火山爆发碎裂带、层间破碎带以及不整合面等。含矿构造中并不是到处都有矿化富集,矿体往往只出现在含矿构造的某些特定部位。矿体赋存的有利部位可以是单一构造因素的变异地段,也可以是多种构造因素的复合地段。

众多已知铀矿床研究表明,下列构造形式或构造部位对铀矿体赋存是有利的。

对受断裂构造控制的铀矿体而言,断裂构造的变异部位是铀矿体发育的有利部位。此类变异部位包括含矿断裂的局部膨胀或张开部位;含矿断裂产状在平面上或剖面上的变异部位;含矿断裂的分枝复合部位或两组以上断裂交叉部位;含矿断裂尖灭再现或侧现部位(图 2-16、图 2-17)。

对受断裂构造与其他地质因素复合控制的铀矿体而言,含矿断裂与中基性岩脉交切部位(图 2-11),含矿断裂与碱交代岩复合部位,含矿断裂穿切花岗斑岩或石英斑岩部位,含矿断裂与富铀层位复合部位,含矿断裂与岩体接触面复合部位等是铀矿体发育的潜在部位(图 2-18、图 2-19)。

对受火山构造控制的铀矿体而言,最有潜力发育铀矿体的部位有环状构造曲率半径小的部位;环状岩墙原生节理发育部位;环状构造与线性断裂构造的复合部位(图 2-20);放射状构造形态变异及其与其他构造的交切复合部位;隐爆角砾岩带或隐爆角砾岩筒环状岩墙的顶部及边部(图 2-21)。

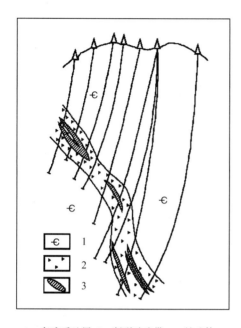

1—寒武系地层;2—断裂破碎带;3—铀矿体。

图 2-16　断裂膨胀部位控矿示意图

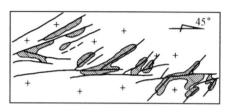

(a)102矿床中段平面图

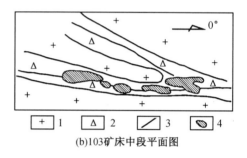

(b)103矿床中段平面图

1—花岗岩;2—碎裂花岗岩;3—断裂;4—铀矿体。

图 2-17　断裂交叉部位控矿示意图

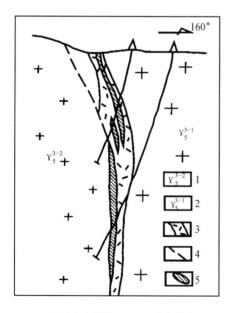

1—黑云母花岗岩;2—二云母花岗岩;
3—绿色蚀变带;4—断裂;5—铀矿体。

图 2-18　断裂构造与接触面复合部位控矿

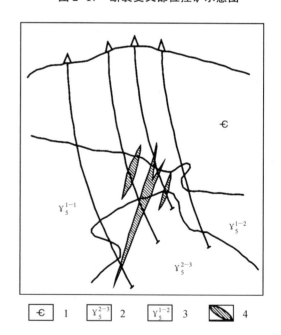

1—寒武系;2—粗粒黑云母花岗岩;
3—细粒黑云母花岗岩;4—铀矿体。

图 2-19　岩体接触面变异部位(内凹、外凸)控矿

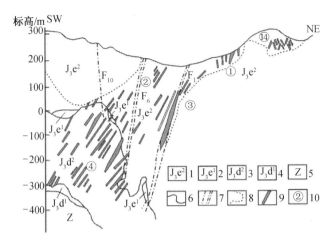

1—流纹质碎斑熔岩；2—凝灰质砂岩；3—流纹英安岩；4—砂岩、沙砾岩、熔结凝灰岩；
5—石英云母片岩、千枚岩；6—喷发不整合面及塌陷边坡；7—断裂；
8—水云母化范围；9—铀矿体；10—矿化带编号。

图 2-20   相山矿田某矿床综合剖面图

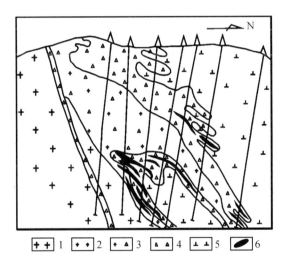

1—似斑状黑云母花岗岩；2—细粒黑云母花岗岩；3—震碎花岗岩；
4—隐爆角砾状花岗岩；5—安山岩；6—铀矿体。

图 2-21   隐爆角砾岩筒控矿示意图

与褶皱构造相关的铀矿体通常赋存在褶皱构造转折端裂隙发育部位；褶皱构造翼部地层倾角变异部位；褶皱构造与切层断裂交会部位附近的有利层位或层间破碎带中；褶皱构造中顺层大断裂的膨胀、张开部位。

与不整合面相关的铀矿体往往受波状不整合面的凹槽内，特别是槽中有凸、凸中有槽的部位，以及阶状不整合面的阶面低洼平缓部位等控制，陡坎部位则矿化变贫或尖灭。

需要明确的是，以上介绍的不同层次的铀成矿构造条件，是在前人铀矿勘查实践中取得的成果与认识基础上，通过归纳、分析、总结而取得的。随着铀成矿理论的发展和生产实践的深入，这方面的内容也会进一步得到补充和完善。另外，无论是成矿区、矿田，还是矿床或矿体的构造条件，都可以用"过渡、复合、变异"这六个字加以抽象、概括。因而，就某种程度而言,不同地质构造单元的过渡地区(带),特别是各种地质构造因素的复合、变异部位都应在铀矿勘查工作中引起重视。此外,铀成矿通常是多种地质因素共同耦合作用的产物,构造条件仅仅是铀成矿条件分析的一个方面,具体工作中需结合其他地质条件进行综合分析与评判。

5. 构造条件分析中应注意的几个问题

(1)注意识别矿区或矿田中的导矿构造、含矿(容矿)构造和控矿(散矿)构造

导矿构造是含矿热液向上运移的通道。内生铀矿床的空间分布往往受导矿构造的控制。导矿构造常常是矿田范围内规模较大、活动历史较长的构造。导矿构造中往往很少有工业矿化的富集,但经常保留了含矿溶液通过的痕迹,如形成弱矿化现象、发育与成矿有关的围岩蚀变现象以及伴随一些微量元素含量的增高现象等,这些是判别导矿构造的重要标志。

含矿构造是矿体直接赋存的构造,其规模一般较小。如其中有矿化直接出露,则含矿构造易于识别。反之,则要根据构造性质、构造充填物特征、围岩蚀变类型及其蚀变组合、地球化学晕圈及元素、地球化学组合特点等才能予以确定,也可根据成矿规律加以分析甄别。确定含矿构造是进一步分析有利成矿部位和预测隐伏矿体的基础。

控矿构造是指对矿体组合与分布起着重要制约作用的构造。控矿构造规模一般介于导矿构造与含矿构造之间,对含矿溶液的分散起沟通作用。有时控矿构造本身也可以赋存矿体,两者合而为一,与含矿构造之间没有明确的界定。控矿构造的类型很多,如区域性断裂的次级断裂、碎裂岩带、岩体接触面、不整合面以及渗透性好的岩层等均可成为控矿构造。控矿构造有时可能是隐伏构造。

分别确定并查明上述三类构造的性质、空间展布等特征对勘查工作有重要的指导意义。

(2)注意识别成矿前构造、成矿期构造和成矿后构造

这三类构造是根据构造形成时间与成矿作用之间的先后关系予以分类的。成矿前构造由于形成于成矿作用之前,对矿床的形成和分布常常起到重要的控制作用,既可能成为导矿构造,也可能成为控矿或含矿构造。成矿期构造与成矿作用是相伴而成的,因而是重要的控矿和含矿构造。成矿后构造则往往对已形成的矿体起到一定的破坏作用。

同是成矿前构造,由于不同方位(组)断裂构造性质差异,在成矿作用中所起的作用也会不同。一部分断裂构造可能构成导矿、控矿或含矿构造,而另一部分构造中有可能不存在任何成矿痕迹,甚至起相反的屏蔽作用。研究中要注意识别构造活动的继承性和多期次。

(3)注意研究成矿构造的空间分布规律

无论铀矿还是其他金属矿产,成矿构造的空间分布会具有一定的方向性、等距性和对称性。

由于成矿作用是在一定构造作用背景下发生和形成的,往往具有统一的应力场条件,因而一个矿田或矿床内的控矿构造,尤其是含矿构造的分布常常具有一定的方向性(主导性方位),控制矿体在空间上沿大致相同的方向延伸。

许多现象表明,矿体、矿床,甚至矿田、成矿带在空间上有时具有大致等间距或倍数分布的特点。当向斜或背斜构造对成矿起重要控制作用时,矿床或矿体在空间上的分布往往表现出一定的对称性。对于这种现象,要注意灵活应用,具体分析,切勿生搬硬套。

2.2.3　地层、岩性与岩相古地理条件

地层、岩性、岩相古地理因素对各种外生矿产及部分内生矿产形成具有十分重要的控制作用。事实表明，不同类型矿产资源的形成与产出往往与一定时代的地层有密切共生关系，这种对应关系在外生矿产中表现得尤为明显，如碳硅泥岩型铀矿和砂岩型铀矿。虽说铀矿床形成的条件较为复杂，铀成矿时代与含矿主岩的形成时代之间往往存在较大的时差，然而不同类型铀矿床的含矿主岩在形成时代上具有一定的分布规律，且与铀矿形成时代之间表现出一定的对应规律性，从而对铀矿勘查的区域评价工作具有重要的指导价值。

1. 地层时代条件

全球铀成矿时代大致可划分为晚太古代至早元古代早期（2 600~2 200 Ma），早元古代末期至中元古代早期（1 800~1 700 Ma），中元古代中、晚期（1 600~1 000 Ma），晚元古代（1 000~570 Ma），古生代（570~340 Ma）和中、新生代（230 Ma~现在）等六个阶段。研究发现，随着地质时代的变迁，铀矿类型也在不断变化，不同成矿阶段形成的铀矿化类型并不相同，如石英卵石砾岩型铀矿仅形成于晚太古代至早元古代早期；早中元古代时代则主要形成不整合面型铀矿、岩浆型铀矿；古生代至新生代主要形成砂岩型以及与花岗岩型和火山岩型相关的热液型铀矿。

全球铀矿资源分布统计表明，目前世界上已发现的铀矿资源有一半以上是产在前寒武系地层中，且具有矿床规模大，优势矿化类型突出的特点。显然，前寒武系地层的存在对铀成矿而言是一个重要的有利条件。不同时代地层中也表现出其优势的铀矿化类型。Dahlkamp（1993）对一些国家的铀矿化类型与地层时代进行了统计，得出了以下结论。

①新生代：以第三纪钙结岩或硅质胶结砾岩型铀矿床为主，其次是卷状砂岩型铀矿床，偶尔出现准整合砂岩型铀矿床。

②中生代：以准整合砂岩型铀矿床为主，其次为卷状和构造-岩性控制的砂岩型铀矿床，少量为与燕山期造山带相关的热液脉型铀矿床。

③古生代：产出准整合砂岩型铀矿床，与海西期褶皱带有关的热液脉型铀矿床和不整合型铀矿床。

④晚元古代：以侵入体内型（罗辛型）铀矿床为主，少量为热液脉状铀矿床。

⑤早中元古代：以不整合型铀矿床为主，少量为构造-岩性控制的砂岩型铀矿床。

⑥晚太古代至早元古代：该时代地层只有石英卵石砾岩型铀矿床产出。

不同的大地构造背景，不同地层时代对应的优势铀矿化类型不尽一致，我国各地质时代分布的铀矿类型大体如下。

①新生代：该时期发育的铀矿床主要为第三纪砂岩型铀矿床和含铀煤型铀矿床。

②中生代：以砂岩型、花岗岩型和火山岩型铀矿床为主，尚有含铀煤型和泥岩型铀矿床。

③古生代：晚古生代主要是碳酸盐型、碳硅泥岩型铀矿床，早古生代有碳硅泥岩型、碳酸盐型和磷块岩型铀矿床。

④晚元古代（震旦纪）：北方铀矿化主要见于石英岩中，南方为碳硅泥岩型铀矿床。

⑤太古代至早元古代：主要是含铁石英岩中的铀矿化。

我国外生铀矿床含矿主岩的地层时代分布非常广泛，从前震旦系、震旦纪到第三纪，甚至第四纪均有铀矿化出现，但主要集中在中新生代，特别是中生代砂岩型铀矿床，这是自20

世纪90年代以来我国在北方盆地区铀矿勘查工作取得的重大突破和重要成果。

从上述可知,就一定程度而言,一个区域出露的地层时代不仅可以作为铀成矿条件评价的依据,而且可以进一步预测该区可能出现的矿化类型。

在分析和应用地层时代条件时应注意以下问题:

①除了不整合面型、石英卵石砾岩型铀矿床只产于早元古代地层外,其余铀矿化类型在各地质时代可重复出现,但同一类型矿床在不同地区所赋存的地层时代有较大差别。如砂岩型铀矿床,美国的科罗拉多高原区以上侏罗统为主,怀俄明地区则主要赋存在始新统地层中;我国北方赋矿层位以下、中侏罗统和下白垩统为特点;中亚地区主要产于白垩纪至第三纪地层中。我国东部地区的火山岩型铀矿主要与晚侏罗世至早白垩世火山岩相关,天山—准噶尔地区火山岩型铀矿则主要产于二叠纪火山岩中。

②由于动力学背景及地质演化历史差异,不同地区出现的优势铀矿化类型和成矿时代也不相同。如美国以中新生代砂岩型铀矿床为主;加拿大以早中元古代不整合面型铀矿床为主;南非以石英卵石砾岩型铀矿床为主;而我国则以花岗岩型和火山岩型铀矿床为典型。自20世纪90年代以来,砂岩型铀矿的开发先后在我国的伊犁盆地、吐哈盆地、鄂尔多斯盆地、二连盆地和松辽盆地等取得了较大的突破。

③一个地区发育的同一类型铀矿可赋存在同一地区不同时代的地层中,即具有多层含矿特点。这种现象在外生铀矿中尤为突出,如我国的碳硅泥岩型铀矿在震旦纪至二叠纪地层中均有赋存。

④同一地区含矿主岩的时代可以相差很大,但成矿时代十分接近,通常与该区构造伸展活化时期相当。例如我国的碳硅泥岩型铀矿成矿时代集中于燕山至喜山运动时期。

2. 岩性条件

铀成矿作用对岩性常常有明显的选择性。在铀成矿地质条件分析中,岩性条件的分析是重要内容之一。岩性对铀成矿的影响,主要表现为岩石物理性质和化学性质两个方面,以及它们对成矿作用的综合影响。

岩石物理性质主要是岩石的机械强度、破碎(或松散)程度和有效孔隙度。一般而言,机械强度小而易碎的岩石,在应力作用下容易产生断裂和裂隙,为含矿流体的运移和聚集创造了空间条件;破碎(或松散)程度愈强,有效孔隙度愈大,则成矿流体可渗透性愈好,流体运移速度愈快,流体运移量愈大,水岩作用也愈彻底,从而对铀成矿起到积极作用。相反,机械强度大又具有柔性的岩石,其透水性能差,在构造作用下不易破碎,对成矿流体往往起屏蔽作用,含矿可能性也小。当不同机械强度的岩层、不同渗透性能的岩层相互组合时,又可形成有利于矿液运移的稳定通道,或形成由不透水层隔挡的容矿层位或空间,或有形成集中交代的特定条件而有利于集中成矿。

研究表明,机械性质不均一的岩石或脆性岩石与柔性岩石的互层组合有利于铀成矿。在这种岩性组合中,脆性岩石在构造作用下往往易产生构造破裂或层间破碎,成为成矿流体运移和矿质元素的聚集场所,柔性岩石则由于不发生破裂而对成矿流体起到屏蔽作用。孔隙度大、透水性好的岩石与孔隙度小、透水性差的岩石成互层,有利于铀矿化在孔隙度大的岩石中富集。如卷状砂岩型铀矿赋存在上、下为基本不透水的泥岩类隔水层的疏松砂岩中,要求砂岩具备一定程度的孔隙度和渗透率。

岩石的化学性质主要是指岩石与含矿流体发生化学反应的活泼性。岩石的化学性质与岩石的矿物、胶结物的种类及化学成分有关。化学反应是成矿作用的一种重要方式,活泼性强的岩石与矿液易发生化学反应,有利于促使铀元素活化或矿质沉淀与富集。相反,化学活泼性较差的岩石,则不利于流体获取岩石中的矿质元素,也不利于流体性质发生改变和形成铀元素的沉淀成矿所需的地球化学条件。对内生矿床而言,在化学活泼性强的岩石中易形成交代型矿床,而在化学活泼性差的岩石中,一般多形成充填型脉状矿床。

一般来说,含有铀的吸附剂和还原剂的岩石、矿物和化学成分比较复杂的岩石、红色氧化岩层中所夹的浅色层、未变质或变质程度不深的泥质岩石有利于铀成矿。实践证明,对内生铀矿床有利的岩石主要有斑状花岗岩、花岗斑岩、流纹斑岩、凝灰岩、煌斑岩以及含铁、镁、磷、炭质较高的沉积岩和变质岩等。对外生铀矿床有利的岩石包括细/粗粒的碎屑岩,含黄铁矿、磷质、炭化植物碎屑或腐殖质的岩石,有机岩、碳硅泥岩组合以及红色碎屑岩层中的灰色夹层等。如我国伊犁盆地层间氧化带砂岩型铀成矿与含矿砂体中富含炭化植物碎屑和黄铁矿密切相关,美国格兰茨矿带砂岩型铀矿与砂体中呈分散状态的腐殖质具有密切的成因联系。

不同成因类型铀矿床的矿体赋存围岩岩性通常存在较大的差异。如伟晶岩型铀矿主要赋存在深变质岩中顺层侵入的花岗伟晶岩内;碱性岩型铀矿赋矿岩性主要为钠质碱性岩(霞石正长岩类);碳硅泥岩型铀矿主要与海相含铀硅质岩建造、磷块岩建造、碳质硅质泥岩建造、碳质页岩建造、碳酸盐岩建造等相关;砂岩型铀矿则主要赋存于疏松、渗透性良好的含碳屑中-粗粒砂岩、含砾粗砂岩或砂砾岩中。热液型铀矿(火山岩型、花岗岩型)赋矿围岩通常不具有明显的岩性专属性,即同一矿床铀矿体赋矿岩性可以是不同期次形成的凝灰岩、流纹(斑)岩、花岗斑岩、石英斑岩、火山喷发间歇期形成的沉积碎屑岩,或不同期次侵入形成的酸性-中性-基性岩(脉),或与其毗邻的外接触带基底变质岩等;这与该类型铀成矿作用及成矿时代"相对独立于"火山岩或花岗岩的成岩作用有关。

3. 岩相古地理条件

一些铀矿床,特别是外生铀矿床(如砂岩型、泥岩型、含铀煤型铀矿)通常受特定的沉积体系及其由此形成的岩性组合控制。沉积体系是指由沉积环境和沉积过程联系起来的成因相三维组合,沉积体系的发育类型与发育状况制约于岩相古地理环境。因此,岩相古地理环境及其沉积体系类型的研究对铀成矿条件分析和成矿预测具有重要意义。

外生铀矿床可以形成于海相、海陆过渡相和陆相沉积环境形成的地层中。其中海相沉积环境中处于封闭、半封闭条件的海湾沉积体系、潟湖沉积体系、浅海沉积体系产物与铀成矿关系最为密切,与之有关的铀矿化类型有碳硅泥岩型、黑色页岩型和磷块岩型。我国产出碳硅泥岩型铀矿的地层,主要形成于地台或准地台型古陆边缘浅海、海湾和地槽区相对平静的浅海环境。

海陆过渡相和陆相沉积环境主要包括滨海冲积平原、冲积扇前缘的网状河流的环境、基底古河道河谷平原、滨湖三角洲环境、沼泽和湖泊环境等。与之有关的铀矿化类型主要是砂岩型、含铀煤型及含铀泥灰岩型。其中砂岩型铀矿主要与低弯度曲流河沉积体系、辫状河流沉积体系、辫状三角洲沉积体系、扇三角洲沉积体系、滨湖三角洲沉积体系及滨海沉积体系关系密切。上述体系沉积形成的砂体通常具有层状砂体、板状砂体、似层状砂体或带状砂体特征,该类型砂体往往具有良好的渗透性、连通性和成层性,具备泥-砂-泥互层结构,对层间氧化带发育及其砂岩型铀成矿十分有利。

2.2.4 围岩蚀变条件

围岩蚀变系指岩石在成矿流体作用下,由于岩石与流体之间发生化学反应导致部分化学组分的带入、带出,引起原有岩石的矿物组成、化学成分及物理性质等发生一系列的变化。围岩蚀变可以发生在成矿前,也可以发生在成矿期或成矿后,是成矿作用的重要组成部分。由于导致不同种类矿床形成的成矿流体性质(温度、压力、pH 值、Eh 值等)与化学组成有差异,往往伴生不同的围岩蚀变类型、蚀变组合或蚀变分带现象,如钨、锡、铍、钼等矿床常发育云英岩化,而矽卡岩化则通常与铁、铜及多金属矿关系密切。

实践业已证明,热液型铀矿床总是定位在热液蚀变场范围内。由于热液蚀变过程伴随着成矿热液与其通道附近围岩之间的能量和物质交换,从而导致两者的成分和性质(温度、压力、Eh 值、pH 值等)发生一系列的变化:改变围岩的物理力学性质,增高岩石的有效孔隙度,降低抗压抗剪强度,使得岩石在应力作用下容易破碎,有利于含铀成矿热液的渗透和聚集;改变围岩中铀的赋存状态,增加活性铀,有利于铀的活化和迁移;改变成矿热液和蚀变围岩的地球化学性质,为铀的析出、沉淀和富集提供有利的地球化学环境。因此,热液蚀变是热液型铀矿成矿至关重要的必要条件。构造(断裂)是成矿热液最易汇流和通过的通道,构造与热液蚀变的叠合区(带)对铀成矿更为有利。

研究显示,与热液型铀成矿相关的热液蚀变作用有酸性热液蚀变和碱性热液蚀变两种。

酸性热液与围岩作用产生酸性热液蚀变,其实质是一种氢交代和岩石的水解作用,岩石中碱金属和碱土金属如钾、钠、钙、镁、铁和锰等逐渐溶解,进入热液,岩石的主要造岩矿物从架状结构转为层状结构,矿物中结构水增加,溶液的 pH 值增大。花岗岩型铀矿区,成矿前酸性热液蚀变主要表现为石英的次生加大,斜长石的水云母化、黑云母绿泥石化,蚀变岩石为灰绿色;成矿期蚀变主要分布在矿脉两壁,以强烈的红色或黑色微晶石英硅化、水云母化、绿泥石化、黄铁矿化和赤铁矿化为特征;成矿后蚀变一般较弱,表现为水云母进一步水解,部分变为高岭石。酸性热液蚀变通常具有明显的水平分带现象,从矿带向外常见的分带是硅化、萤石化、赤铁矿化;强水云母化、绿泥石化、黄铁矿化;弱水云母化、绿泥石化。当矿化与中基性岩墙伴生时,则往往出现强烈的碳酸盐化(脉)。

碱性热液(以富含碱金属离子为特征)与围岩作用产生碱性热液蚀变,主要包括钾交代、钠交代、钾钠混合交代三种类型。花岗岩地区碱性热液蚀变作用的地球化学共性是,钾、钠交代作用可相互更替,一个时期以一种作用为主,斜长石首先被交代;石英被溶解,留下空洞被钠长石、方解石等新生矿物充填;被溶解的 SiO_2 部分沉淀在碱交代岩的顶部和边缘,形成硅化帽;富含碳酸盐矿物;富集高价亲氧元素(如铝、高价铁、稀土、铀等);pH 值高使得 Eh 值增高,有利于低价铁氧化为高价铁,把岩石染成红色。与深断裂有成因联系的碱性热液蚀变,其碱汁可能来源于地幔或地壳深部,形成的碱交代岩沿深断裂及其次级断裂分布规模大,延伸长,在碎裂碱交代岩中往往发育铀矿化。

火山岩型铀矿区,水云母化、高岭石化、蒙脱石化和钠长石化等往往形成面积规模较大的蚀变场;铀成矿与酸性热液蚀变——迪开石化、水云母化、萤石化等(有时有硅化)和碱性热液蚀变——钠长石化(有时伴有绿泥石化、碳酸盐化等)关系密切。

表生后生型铀成矿作用伴生的围岩蚀变主要以氧化作用为主。层间氧化带砂岩型铀矿,成矿作用过程发生的蚀变主要以褐铁矿化、赤铁矿化为典型,同时往往伴生高岭土化等,铀矿体通常赋存在氧化带的前缘部位,即氧化-还原过渡带。

围岩蚀变形成的蚀变围岩特征通常是铀矿的重要找矿信息和找矿标志(详见第 3 章)。

2.2.5　古气候条件

气候条件影响岩石风化作用的性质和程度,影响岩相古地理环境的发育状况,影响沉积岩层的物质成分和化学性质,特别是影响着沉积岩层中有机质的种类、数量和分布,影响表生水系的水化学性质、水中铀浓度,制约表生环境下铀的活化、运移和富集条件。

外生铀矿床的形成和分布无不与古气候条件有关。古气候条件对外生铀成矿作用的影响主要体现在以下几个方面:①影响铀在表生作用下的迁移、富集形式和规律。②影响沉积物的成分和性质,特别是有机质的含量和分布。③制约表生地球化学环境条件,影响岩石的风化性质和风化程度,从而影响铀源的供给状况。据研究,不同气候条件下,外生铀矿床形成的可能性、矿床类型及规模等存在差异。

一般来说,同生沉积型铀矿与温湿、湿热的古气候或湿热-干热古气候的转换相关,在该气候条件下易形成相对还原的局部环境,从而有利于水中铀沉淀富集形成富铀地层或铀矿,如泥岩型铀矿、含铀煤型铀矿、磷块岩型铀矿床和部分碳硅泥岩富铀地层和铀矿。表生后生型铀矿床则主要形成于沉积成岩期后的干旱、半干旱古气候条件,该气候条件有利于铀的活化、浓集,也利于表生环境下形成不同性质的氧化(潜水氧化带、层间氧化带)或还原地球化学分带,强化氧化带岩石中铀的活化迁移,并于氧化-还原过渡带沉淀、富集成矿。绝大多数后生铀矿床分布于干旱气候带范围,主要形成于沉积成岩期后的炎热干旱气候期;如绝大多数的砂岩型铀矿和碳硅泥岩型铀矿,晚古生代、早古生代和部分元古代铀矿床基本上都发育在当时的干旱气候带范围内。

需要注意的是,部分内生铀矿化类型的成矿期与炎热、干旱古气候发育期相吻合,如我国的花岗岩型与火山岩型铀矿。

2.2.6　变质作用条件

在地球上,前震旦纪古陆、地盾、地块都由区域变质岩系组成。震旦纪以后的区域变质岩系都和各个时代的造山带有关。变质作用系指原有岩石(沉积岩、岩浆岩、变质岩)在特定的地质环境和物理化学条件下形成新的矿物组合和结构、构造的变化过程。它是在温度、压力、应力(定向压力)发生变化和化学性质较为活泼的流体参与作用下发生的,实质是使原岩达到或接近新的平衡。该过程会引起岩石中铀元素的活化再分配,特别是区域变质作用是引起铀在地壳中演化的重要因素,与铀成矿作用有着密切关系。

研究表明,浅变质带中铀含量相对较高,随着变质程度加深,铀含量呈递减趋势。C. B. 麦尔古诺夫等(1975)指出,随着变质程度的加深,铀、钍含量呈现明显降低的趋势,对深变质的混合岩来说,铀含量只有原岩的 1/9,钍含量只有原岩的 1/3;但到了超变质阶段,原地花岗岩中,铀、钍含量又趋向升高。有研究表明,原岩在低级变质过程中,铀的活动性比钍强,容易发生活化并向温度、压力较低的方向迁移;铀在变质作用过程中活化迁移与脱水作用、去 CO_2 作用形成的富含 CO_2 的变质流体、矿物重结晶作用及碱交代作用等因素相关。浅变质阶段,铀主要随 H_2O、CO_2 一起迁移;在胶体矿物重结晶和有机物碳化过程中,其中的吸附铀被解析而转入变质流体;深变质阶段铀的转移则与矿物重结晶发生自洁作用及深源碱交代作用相关;超变质阶段(混合岩化、花岗岩化)铀的地球化学行为与岩浆作用相似,即在晚期酸性分异产物(浅色花岗岩、伟晶岩)中趋向富集。

目前由变质作用形成铀矿床不很典型。铀矿(层)通常发育在太古代克拉通盆地的区域不整合面或沉积间断面中,如南非维特瓦特斯兰德盆地(Witwatersrand Basin)和加拿大的埃利奥特湖(Elliot Lake)铀矿床。此外,在古老地盾区混合岩化地层的走向断裂或层间破碎带中也有部分铀矿产出,如我国的连山关铀矿床。酸性岩体接触变质带与线状断裂、层间破碎叠合区域也应引起重视。总体而言,对于受变质铀矿床和变成铀矿床来说,在矿床形成以后遭受变质的程度不能太深,否则铀矿化可能遭受活化转移,不利于铀矿化的保存。

2.2.7 表生作用条件

表生作用涉及的地质作用类型与作用方式较多。与铀成矿关系密切的表生作用条件主要包括风化作用、潜水氧化作用和层间氧化作用。它们是表生体系下水动力作用的不同表现形式。

铀是一个变价元素,在表生作用下易于氧化,由 U^{4+} 转化为 U^{6+}。在表生风化作用下,岩石遭到破坏和分解,铀便从其中分离出来,大部分变成可溶性盐类溶于水中,随水流迁移;在搬运过程中如遇合适的物理化学条件,铀又可被还原或吸附而重新沉淀富集,形成富铀地层或同生沉积型铀矿床。加拿大帕莉莱(Prairie Flats)现代表生铀矿床是该类型作用形成的典型矿例(王正其 等,2004)。未被地表水系带走的一部分铀仍残留在风化壳中,有时可形成(古)风化壳型铀矿床,例如美国佛罗里达州的磷块岩型铀矿床,就是风化导致的次生富集作用结果。因此,风化作用可以使原有的矿体遭到破坏,也可使分散状态的铀重新聚集形成新的矿床。

地表水在表生作用条件下运移的过程,由于自身重力作用,存在垂直方向的渗透和运移,从而形成潜水氧化带,由地表向深处依次发育:完全氧化带、淋滤带、不完全氧化带、氧化-还原过渡带和原生带。当表生含氧、含铀水运移至潜水氧化带中的氧化-还原过渡带时,在其他条件具备的前提下可形成潜水氧化带型(淋滤型)铀矿床。一般而言,表层沉积物疏松,潜水氧化带发育愈完全,发育深度愈大,愈有利于铀成矿。

在中新生代盆地区,表生作用形成的含氧、含铀地表水在一定条件下可以转化为层间水或层间承压水;在补-径-排水动力系统完善的条件下,含氧、含铀水在渗透性良好,且含有一定含量还原剂的灰色砂岩层持续渗透运移,与还原态砂岩发生氧化反应形成一定规模的层间氧化带;在该条件下,层间氧化带尖灭部位(氧化-还原带)往往发育有砂岩型铀矿(图2-22)。此时,层间氧化带是良好的深部砂岩型铀成矿预测和找矿的评判依据。

需要说明的是,通常只有在炎热干旱或半干旱气候条件下,上述表生作用才有可能导致铀矿床形成。在这种气候条件下,岩石机械风化强烈,有利于岩石中铀的活化;蒸发作用强,植被发育差,有利于提高水中铀含量和保持地下水的氧逸度,从而有利于含氧、含铀水进行较大距离的迁移或渗入较大的深度进而发生较大规模的铀成矿作用。

此外,表生蒸发作用在一定条件下可形成钙结岩型铀矿床。

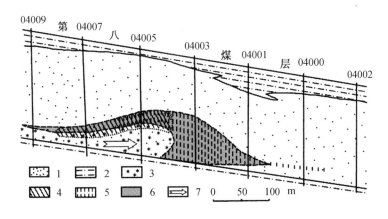

1—砂体;2—隔水层;3—氧化带;4—Se 富集体;

5—Re 富集体;6—U 矿体;7—层间水径流方向。

图 2-22 伊犁盆地层间氧化带砂岩型铀矿体剖面示意图

2.2.8 区域地球化学因素

区域地球化学因素是指在一定地区内,有利于某种矿产形成与分布的地球化学因素的总和,包括区域内成矿元素的丰度,元素在空间分布上的区域性特点,元素的存在形式和共生组合规律,以及在不同地质作用(包括成矿作用)下元素的迁移、富集规律等。与铀成矿相关的区域地球化学因素主要包括以下三个方面。

1. 元素丰度

从元素的区域克拉克值与地壳克拉克值的对比可以看出,金属元素在地壳各部分的分布是不均匀的,往往有一种或一组金属元素在某一地区或岩体中有相对富集的现象。有人把地球化学性质相似的一组元素相对集中的地区称为地球化学域或地球化学省。元素相对集中主要取决于地区的岩石类型和地质发展历史。

研究表明,某种矿产的区域分布规律与成矿元素丰度的分布特点有关,铀矿也不例外。我国花岗岩型铀矿床,产矿岩体的铀含量一般大于 9.0×10^{-6},比正常花岗岩的铀含量(4.0×10^{-6})高出一倍以上,且基底岩石通常也具有较高的铀含量。外生铀矿床产出层位或蚀源区岩石中的铀含量一般普遍增高,增高区的范围有时可长达数十至数百千米。

我国各地质时代地层可分为富铀地层、中等含铀地层和贫铀地层三种。富铀地层是指地层中平均铀含量高于地壳铀克拉克值数倍以上者。中等含铀地层是指地层中铀含量为地壳铀克拉克值 1~2 倍的地层。贫铀地层是指地层中铀含量低于地壳铀克拉克值的地层。铀矿床及其铀矿体的定位,在空间上通常与富铀地层分布范围一致,其次是中等含铀地层。例如"江南古陆"两侧的震旦系—寒武系地层,平均铀含量高达 $26 \times 10^{-6} \sim 36 \times 10^{-6}$;淮阳地盾北侧的寒武系地层、南秦岭地槽区志留系地层中的白龙江群,平均铀含量为 $18 \times 10^{-6} \sim 30 \times 10^{-6}$。与之相对应,上述地区不仅发育较多的铀矿床,而且矿化类型也存在多元化现象。

2. 元素的共生组合

某些元素在地球化学性质上具有相似性,因而在同一地球化学环境及地质作用条件下,它们往往表现出一定序列的活动规律。在成矿过程中,它们往往成群出现,形成一些特定的元素、矿物或矿床的共生组合。这便是利用元素、矿物、矿床共生组合规律或成矿系列进行找矿的理论依据。

在我国,已发现与铀共生或伴生的元素有钼、铍、银、铜、镍、铅、锌、锑、汞、矾、硒、铼等21种。结合目前世界上铀矿床中常见的共生或伴生金属种类,有以下几种铀矿化类型:铀-铜、锌、钼矿床,铀-银、铋、镍、钴、铍矿床,铀-铝矿床,铀-汞矿床,铀-磷矿床,金-铀矿床,铀-钍矿床,铀-稀土矿床,铀-锗矿床和铀-硒、铼矿床等(图2-22)。此外,我国内生铀矿与钨、锡、铌、钽、稀土和萤石等矿床存在区域上的共存。

元素共生组合特征在矿产勘查工作中具有重要意义,不仅可应用于区域铀成矿条件评价以及成矿规律、矿床成因的研究,也可应用于矿床开发与利用的综合评价。在地球化学找矿中常利用共生指示元素进行异常评价。

3. 元素的存在形式

岩石中成矿元素的存在形式对元素在后期改造过程中的活动和迁移能力起着决定性的作用。元素的存在形式和元素丰度是评价岩石能否成为矿源层(体)的重要指标。一般而言,以类质同象形式存在于矿物晶格中的铀不易遭到破坏,因而不利于成矿;以独立铀矿物、分散吸附状态和矿物液态包裹体等形式存在的铀(活性铀),在后期地质作用中易于活化迁移,可能构成矿源层(体)而有利于铀成矿。因此,评价某个地区或地质体是否有利于成矿,不但要考虑铀的丰度,而且要考虑活性铀所占的比例。

以上从单个成矿地质条件角度分析了其与铀成矿之间潜在的内在成因联系。这些铀成矿地质条件是在目前已发现铀矿床的成矿规律与控制因素研究认识基础上分析、总结和归纳得出的,与铀矿化存在与否并不存在必然的联系,它的作用体现在宏观上指导潜在远景区或找矿部位的预测工作。随着勘查与研究工作的进一步深入和新的成矿理论建立,成矿地质条件及其在铀成矿中的作用也将会得到进一步完善和补充,甚至出现新的铀成矿地质条件。特别需要说明的是,铀成矿作用的发生和铀矿床的形成通常不是由单一因素决定的,而是多种地质条件综合作用的产物。因此,在开展铀成矿地质条件分析工作中不能把各种地质条件彼此孤立,而应根据现代铀成矿理论和成矿规律认识,运用成矿系统理论和联系的哲学思维,进行综合应用和综合分析。此外,不同勘查阶段成矿地质条件研究的目的与任务并不一致,因而不同工作阶段所运用的成矿条件也应有区别,注意其应用的层次性;不同铀矿化类型成矿作用与过程的主要控制因素往往存在较大区别,在分析时应根据矿床类型,分清主次,区别对待,抓住主要成矿地质条件加以分析研究。

2.3 成矿地质条件分析应注意的问题

成矿地质条件分析是成矿预测的基础,贯穿找矿工作的整个过程,从区域找矿选区,到成矿远景区内实施普查或详查,乃至勘探工作中具体勘查工程的部署和设计,均需要必要的成矿地质研究。需要说明的是,前述的八个方面的地质条件,是指在成矿预测工作中成矿地质条件分析通常会涉及的一般地质条件,在具体开展成矿地质条件研究时,应注意以下问题:

(1)找矿目标对象不同,成矿地质条件的研究内容会有差异

找矿目标对象不同,一方面是指寻找的不同矿产资源种类,另一方面也包括同一矿产

种类,但成矿类型或者说成矿作用机理存在差异的目标对象。前者比较好理解,不同矿产资源种类,如 U、W、Fe、Cr、Cu、Mo、Sn、Co、Au、K、Li 等金属矿产或石油天然气等非金属矿产,由于元素间地球化学性质及其地球化学行为存在不同程度的差异,它们成矿依赖的地质环境显然会有不同程度的区别,成矿流体来源与性质以及制约成矿物质活化、迁移、富集成矿的物理化学条件存在差异,成矿预测工作中成矿地质条件研究内容自然应区别对待。后者同一矿产种类但不同的成矿类型,其成矿作用机理、成矿作用发育所依赖的地质构造环境以及制约成矿作用过程的地质要素往往存在较大差异,与之相应的成矿远景区确定以及成矿潜力评价时,成矿地质条件研究内容也应根据具体目标对象,做出合理的选择,以便使成矿地质条件分析有的放矢,体现针对性、有效性。

就铀矿而言,成矿类型具有多样化特点,有内生与外生、同生与后生之分。内生铀矿又包括与火山岩或花岗岩相关的热液型铀矿、伟晶岩型铀矿、白岗岩型铀矿、碱交代型铀矿、不整合面型铀矿等;外生铀矿可进一步分为层间氧化带砂岩型铀矿、潜水氧化带型铀矿、潜水–顺层氧化带型铀矿以及泥岩型、含铀煤型、碳硅泥岩型、蒸发岩型等铀矿类型。此外,铀矿还包括内生、外生共同作用形成的铀成矿类型,如部分碳硅泥岩型铀矿、部分砂岩型铀矿等。正如本章 2.1 节内容所述,不同铀成矿类型发育的地质环境、成矿作用过程与成矿机理、制约因素等有着较大的区别。一般而言,对于与火山岩或花岗岩相关的热液型铀矿,成矿地质条件研究内容通常主要聚焦于有利的大地构造背景、基底组成、岩石圈地幔性质及其壳幔结构、酸性岩浆岩(火山岩或花岗岩)组成及其成因类型、岩浆活动时代与演化历史、岩浆岩本身的含铀性、断裂构造的性质与组合形式、火山机构发育特点、流体活动状况及其热液蚀变类型、蚀变规模等。对于同为内生铀矿的伟晶岩型铀矿而言,成矿地质条件关注重点则主要是古老变质地块、变质作用性质与变质程度、变质岩原岩性质、伟晶岩岩石学特征及成因类型、伟晶岩产出形式及其发育状况、断裂构造与花岗质岩浆岩活动的叠加情况等。对于中新生代盆地内潜在的外生型铀矿而言,成矿地质条件研究的重点通常为盆地性质与结构、盆地构造环境与构造形式、地层结构与组成、古气候及其演化、岩相古地理、砂体发育状况及其物性特点、蚀源区含铀性、潜水氧化带及层间氧化带发育状况、还原剂与吸附剂、盆地水动力状况、保矿条件等。对于碳硅泥岩型铀矿成矿预测,成矿地质条件研究内容则主要偏重于稳定地块的边缘活动区、碳酸盐岩–硅质岩–泥岩的组合情况、岩石中铀的预富集程度、成岩后褶皱断裂构造的改造以及层间破碎带发育状况、风化淋滤作用以及热液活动的叠加情况等。

(2)客观认识成矿理论与成矿地质条件研究之间的关系

成矿理论是在已发现某类型矿床形成的地质环境、成矿地质特征及其成矿规律研究基础上,对成矿物质来源、成矿作用过程、元素富集机制及其控制因素等的高度概括。成矿地质条件研究内容的确定及其运用过程,是理论指导找矿的具体体现。在一定地质环境的找矿工作中,需以潜在成矿类型相适应的成矿理论为指导,从制约成矿作用发生与发育的相关地质因素(控矿因素)角度,推导并选择必要的、有针对性的成矿地质条件研究内容,并以此为依据来评价研究区的成矿潜力。没有成矿理论为指导,成矿地质条件研究就会出现"胡子眉毛一把抓"的情况;正确的成矿理论是保证成矿地质条件研究内容合理、有效的前提基础。不同的铀矿成矿类型,由于它们各自的铀成矿作用机制存在较大差异,制约成矿作用的地质要素各有特点,这就要求在具体工作中,成矿地质条件研究内容不能一言而概之,应区别对待。

需要指出的是,或由于地质现象的隐蔽性,或地质调查工作的系统性欠缺,或认识的片面性,或因为研究程度不够等原因,不同成矿理论对相关地质现象或地质要素及其与铀成矿作用之间的内在成因关系存在不同的解读;再者,即使同一类型铀矿床,在不同地区的成矿控制因素也会有各自的特点。此类种种原因,都会使得已有的成矿理论往往存在阶段性、片面性或不完善性等属性,导致对制约成矿系统以及成矿作用过程的相关地质因素认识不够全面,对相关地质现象或地质因素在成矿作用中的真实含义及其内在成因意义认识不详,甚至出现将关键控矿地质要素忽视,或将对成矿过程起着关键控制作用的地质要素视为非重要因素,反而将次要的、非主流的地质要素视为关键制约因素的情形。在这种情况下,如果一味"迷信"已有的成矿理论,就有可能造成成矿地质条件研究的内容出现偏差,进而诱发错误的认识或存在将找矿方向引入歧途的风险。

上述情形在以往的铀矿找矿实践中多有发生。譬如,新疆伊犁盆地是我国最早开展层间氧化带砂岩型铀矿勘查的地区。事实上,伊犁盆地最先找到的是达拉地含铀煤型铀矿床(509 矿床,1955—1957 年),在此基础上,依次发现并落实蒙其古尔(510)、扎吉斯坦(511)等两个含铀煤型铀矿床和库捷尔太砂岩型铀矿床。在对含铀煤型铀矿进行揭露控制的过程中,发现砂岩中也存在铀矿化现象,认为砂岩型铀矿主要为同生成矿作用的产物(同生型)。基于同生铀成矿理论,认为砂岩型铀矿主要受灰色(有利色)砂岩控制,在进行成矿地质条件研究时,主要考虑的是沉积期的古气候(潮湿的古气候)以及岩相古地理等相关地质因素,而将砂岩层中发育的"黄色"砂岩仅视为"成矿不利色","钻遇即止,钻遇即撤";受此影响,勘查工程部署方案不尽合理,使得该阶段发现的砂岩型铀矿往往呈现出厚度小、品位低、空间上连续性差的特点,找矿工作未能得到有效突破。直到 20 世纪 90 年代初,认识到伊犁盆地砂岩型铀矿主要是层间氧化作用的产物,砂岩层中发育的"黄色"砂岩是地层沉积成岩后遭受掀斜改造,表生含氧渗入水在砂岩层间径流过程与原生灰色砂岩发生层间氧化作用的结果,砂岩型铀成矿作用具有后生成因特点,其发生、发育与定位严格受层间氧化带控制。以此理论(层间氧化带砂岩型铀成矿理论)为指导,伊犁盆地砂岩型铀矿不仅在规模上,而且在找矿空间和找矿层位上得以迅速突破。与成矿理论认识进展同步,砂岩型铀成矿地质条件研究也赋予了全新的内容,增加了诸如"补给-径流-排泄水动力体系""适度的构造掀斜改造""层间氧化带""泥-砂-泥地层结构""砂体渗透性""还原剂与吸附剂"等地质因素,从"动态"的视野对"古气候条件"这一要素赋予了新的内涵,不仅要求盆地在沉积演化进程中曾经历温暖潮湿的气候期,还需要满足盆地在沉积成岩-适度改造后,发育较长时期的干旱-半干旱的古气候演化历史。

花岗岩型铀矿已成为我国最重要四大铀成矿类型之一,希望矿床是我国最早发现并探明的花岗岩型铀矿(1957—1961 年),回顾其找矿历史,同样对如何正确开展成矿地质条件研究具有重要的借鉴和启示意义。在 20 世纪 50 年代中期,受花岗岩外接触带铀成矿理论的制约,苏联专家指出,花岗岩地区的铀矿找矿重点应放在花岗岩体外带的变质岩系,将花岗岩体内部视为铀成矿的"禁区",认为花岗岩体内部不利于铀成矿,没有必要开展找矿工作。我国铀矿技术人员本着实事求是的精神,于 1956 年基于地表发现的铀偏高场的追索,进入花岗岩体内部开展找矿工作,在下庄地区新桥-下庄一带率先发现铀矿化现象,并命名为"希望矿点"。通过随后开展的系统勘查工作,于 1961 年落实了希望矿床。"希望矿床"的发现,对花岗岩区找矿指导思想产生了巨大影响,打开了花岗岩型铀矿找矿的新局面,相继在下庄地区、诸广地区花岗岩体内部探明了多个铀矿床。在此基础上,提出了以"浅源、浅成、低温热液"为基本思想的花岗岩型铀成矿理论,并从区域构造环境、花岗岩含铀性、含铀花岗岩岩石学、岩石地球化学及其成因类型、矿床或矿体定位构造及其构造组合、围岩蚀变等角度,逐步建立了与之相适应的成矿地质条件研究内容。可以说,这是与花岗岩型铀矿找矿相关的成矿地质条件研究的一次革命性的飞跃,对花岗岩型铀矿区域找矿选区起到了重要的指导作用。

但是,随着铀矿勘查与研究工作的深入,发现与含铀花岗岩产于相似的地质构造环境,且具有相似岩石学、岩石地球化学组成特征的花岗岩体并非都发育有铀成矿作用,如何甄别?同时也发现花岗岩型铀矿与火山岩型铀成矿作用具有相似性,两者在矿石类型、蚀变类型、矿岩时差等方面存在较好的可比性,特别是通过对成矿物质来源示踪和成矿流体性质的深入研究,发现了较多的地质事实与地球化学证据难以用"浅源、浅成、低温热液"成矿思想予以解释,由此引发了对与花岗岩或火山岩相关的热液型铀矿成矿作用思想的重新思考,提出了"热液型铀成矿作用与幔源物质(流体)参与密切相关"的深源铀成矿作用理论(王正其,2016b,2013b;李子颖 等,2014a,2014b,2015a),并对"铀以六价氧化态活化迁移,以四价还原态沉淀成矿"与花岗岩或火山岩相关的热液型铀矿的适用性提出了质疑(王正其 等,2007e;李丽荣 等,2021)。此种情形下,花岗岩型铀矿成矿地质条件研究内容,或许需要从岩石圈地幔性质与组成、深部壳幔作用过程以及由此诱发的岩浆作用与构造演化的动态角度予以重新梳理与完善。

综上启发,客观认识成矿理论与成矿地质条件研究之间的关系是十分必要的。不遵循已有成矿理论或固守、迷信已有成矿理论,来开展成矿地质条件研究的做法都是不可取的。实际工作中,一方面,我们应该以合适的成矿理论作为确定成矿地质条件研究内容的理论基础,以使得成矿地质条件研究内容具有针对性,做到研究工作有的放矢;另一方面,也应该在系统全面的地质调查与研究的基础上,坚持实事求是的精神,避免盲从和墨守成规。当出现地质事实或地质现象与成矿理论不相符情形时,要以理性务实的态度,敢于求变,敢于创新。

(3)应明确成矿地质要素在铀成矿过程中的角色和作用

成矿作用发生及其矿床的发育是成矿系统中相关地质要素耦合作用的产物,这些地质要素就是成矿地质条件。我们可以将成矿系统比喻为由若干地质作用环节构成的成矿作用链,每一个环节由一个或若干地质要素组合而成,每一个环节的地质要素都有其特定的作用与功能,在成矿作用链中必不可少,缺一不可。换言之,构成成矿作用链中的每一个环节的地质要素的作用都有其特殊性,而且其对成矿作用发挥的效应也不是孤立的;只有不同环节承前启后,有效衔接,环环相扣,成矿地质要素才能发挥其应有的特色作用,这个成矿系统才是完整和有效的。

典型的层间氧化带砂岩型铀矿成矿作用系统中,至少涉及盆地类型、构造环境、沉积期潮湿古气候、岩相古地理、砂体及其泥-砂-砂结构、适度的构造掀斜改造、补-径-排水动力系统、表生水渗入期的干旱气候、含氧含铀水渗入、层间氧化带、砂体物性特点、铀还原沉淀富集需要的地球化学障等10余项成矿地质条件。在层间氧化带砂岩型铀成矿系统中,以上每一项地质条件在成矿作用链中都占据特定成矿作用环节,并起到与自身特定角色相对应的作用,不可或缺(图2-23),只要其中一个环节的要素条件不具备,这个成矿作用系统就会受到破坏,对铀成矿而言就是无效的;同时,每一个环节地质要素的作用及其效果,并不是孤立产生和独立体现的,需要要素之间相互衔接、相互配合、相互叠加。譬如,在有利的盆地类型和构造环境下,基于潮湿的古气候条件和合适的岩相古地理背景,形成了规模良好并具备泥-砂-泥结构的砂体条件。那么这样的砂体一定能够发育铀成矿吗?答案显然是否定的。只有在经过后期适度的掀斜改造,配合以干旱的气候条件、补-径-排水动力条件,地表水含氧或含铀水能持续渗入并发育层间氧化带的砂体,才有可能形成良好的铀矿化。那么具备层间氧化带的砂体中一定发育铀矿化吗?答案同样是否定的,它不仅需要具备表生水长期的补给渗入以及径流水中有足够的铀源供给等前提要素条件,还需要后续要素——砂体物性和地球化学障(还原剂、吸附剂等)等相关要素作用的叠加,使得水中迁移的铀能被还原或吸附沉淀下来,砂岩型铀成矿作用及铀矿体才得以发生、发育。

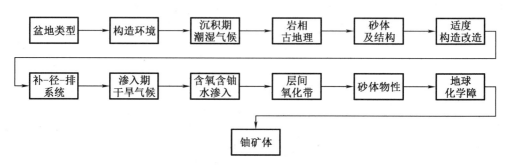

图 2-23 层间氧化带砂岩型铀成矿系统地质要素链示意图

由此可见,对成矿作用而言,一个地质条件要素之所以有效,是因为在其作用的前序环节条件具备,后续环节作用有延续。地质条件要素之间合理配置、彼此衔接、互为制约、承前启后,成矿作用得以延续,成矿系统才会有效。这就要求在成矿地质条件研究实践工作中,不能孤立地看待相关的地质要素是否具备,而要从完整的成矿系统作用链要素配置的视野,厘清不同环节地质条件要素构成,明晰不同环节地质条件要素在成矿过程中所起的作用以及相互衔接与互为制约的关系。只有这样,成矿地质研究工作才会更具全面性、系统性、针对性和有效性。

此外,成矿系统表现出的多环节地质要素相互衔接和耦合作用的特点,启发我们在开展不同阶段或不同精度的成矿地质条件研究时,地质要素应用要有层次性,重点要突出。

综上,在具体实践中,首先应根据研究区的地质环境初步确定潜在的铀成矿类型,而后以相应的铀成矿地质理论为指导,从前述的八个方面的地质条件中选择并确定与之相适应的铀成矿地质条件,地质条件应予以分解细化,做到具体化,突出针对性。在这个过程中,既不应无视已有的铀成矿地质理论,也不该盲目固守已有成矿理论,应在充分地质调查的基础上,坚持实事求是,基于地质事实或地质现象敢于求变,敢于创新,丰富和完善成矿地质条件研究内容体系。在开展具体的地质条件分析时,不应孤立地看待某个地质条件是否具备或起作用,而要从成矿系统的视野,厘清成矿作用链中不同环节地质条件要素的合理配置、不同环节地质条件要素的作用以及要素作用之间的有机衔接和联系。这是全面、系统、有效开展成矿地质条件研究的基础保证。

第 3 章　铀矿找矿信息

3.1　概　　述

找矿信息是指能够直接或间接地指示矿化存在或可能存在的一切现象和线索的总称，又称为找矿标志。找矿信息是成矿现象的具体反映，它既可以是人们直接观察到的，也可以是用仪器设备及其他实验手段获取的。矿床或矿体的发现，往往是从对各种找矿信息的认识和评价开始的。通过对找矿信息的发现和研究，可以迅速有效地缩小找矿工作靶区，发现矿床、矿体的具体产出位置，并为后续的勘查工作的决策及方法手段的合理选择提供依据。现今矿产勘查工作中应用的各种找矿方法实质上就是通过对找矿信息的获取与研究而达到找矿的目的。

铀矿找矿信息是指用来指示潜在工业铀矿化存在的直接或间接标志，有宏观找矿信息和微观找矿信息、直接找矿信息和间接找矿信息、强异常信息和弱异常信息等之分。按铀矿找矿信息的性质与特征，可划分为以下四大类。

地质信息：包括遥感地质信息、露头信息和矿物学标志等。其中遥感地质信息是指通过对遥感照片或遥感数据解译得到的与铀成矿有关的地质信息。露头信息是指在地表露头上显示的各类与铀成矿作用相关的地质信息，如铀矿体露头、围岩蚀变信息、围岩颜色信息、特殊地形信息等。矿物学标志是指能够为铀成矿预测工作提供重要信息的矿物特征。

地球化学信息：主要是指成矿元素及其伴生指示元素形成的各种地球化学分散晕，包括与铀成矿作用相关的原生晕、次生晕和水化学分散晕；也包括成矿流体本身及成矿作用形成的元素比值或地球化学异常组合特征等。

地球物理信息：是指在地球物理探矿中所发现的各种物探异常，包括放射性地球物理信息和非放射性地球物理信息两类。

生物信息：主要是指在矿床（体）赋存地区，植物因吸收了成矿元素及其伴生指示元素所表现出的植物群落的发育特征、植物生态变异等情况。

目前对铀矿找矿信息的研究，正在宏观和微观两个方面深入发展。随着露头矿或埋藏不深的浅地表矿被发现，后续找矿对象主要为埋藏较深的隐伏矿，找矿难度的日益增大，对各种找矿信息，特别是与成矿作用存在内在成因联系的间接信息和深部成矿弱信息识别与提取技术途径的研究越来越受到重视。与矿化的内在成因联系的研究有必要进一步加强，成矿弱信息识别与定量提取分析以及多元、多维度找矿信息的综合运用是今后研究中值得重视的发展方向。

3.2 地 质 信 息

3.2.1 遥感地质信息

凡利用遥感仪器,在不直接接触地质体的情况下,从卫星或飞机上远距离探测地质体所得到的各种与成矿有关的地质信息,称为遥感地质信息。这种信息包括反映地质体空间形态和分布特征的信息,反映地质体在电磁波不同波段上的光谱特征信息和地质体对电磁波的反射或辐射能力随时间变化的信息等。

遥感地质信息可分为卫星地质信息和航空地质信息两类。它们通常以不同特征的遥感影像来体现。通过遥感影像解译获取的遥感地质信息是一种间接找矿信息,在区域地质背景研究、构造特征研究、铀成矿控制因素分析等方面具有明显的优越性,间接服务于铀矿成矿预测和勘查工作。

遥感影像不但对直接出露于地表的各种线型、环型构造和盆地有明显的反映,而且对一些隐伏、半隐伏构造能够起到一定的透视作用。因而,通过对遥感地质影像的解译,能够从整体上了解和认识区域构造格架,有助于判明构造发育状况、构造性质、形态与规模、展布特点以及不同构造体系之间的相互关系等;有助于识别地质体(矿体)的空间展布、岩性特征、不同地质体的空间关系及其边界特征;有助于识别蚀变带,圈定与分析蚀变带的发育范围和空间分布特征;可以从中取得与地质、矿产相关联的多种辅助信息,如地貌、水文、土壤、植被及光谱反射率等。在上述遥感地质信息解译的基础上,建立已知铀矿区的遥感信息数学地质模型,通过对比已知区与未知区遥感信息,可以较为有效地指导圈定潜在的铀成矿远景区,从而指导铀矿勘查工作的部署。

在美国科罗拉多地区,利用遥感影像来预测和圈定溶塌角砾岩型铀成矿远景区(段)取得了良好的效果。其具体做法是,首先利用遥感影像圈定存在弧形或环形构造(潜在的溶塌角砾岩筒,collapse breccia pipe),在此基础上,结合地球化学特征研究来综合评判弧形或环形构造的铀成矿潜力(图3-1)。实践证明,这种做法可以最大限度地快速缩小找矿靶区范围,提高铀矿勘查目标的准确率。

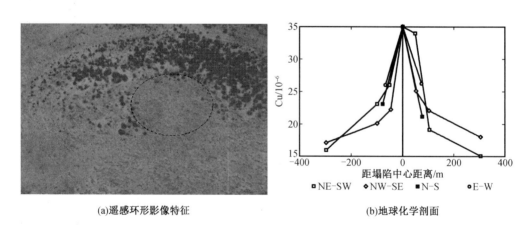

(a)遥感环形影像特征　　　　　　　　　　(b)地球化学剖面

图3-1　美国科罗拉多地区利用遥感影像寻找溶塌角砾岩型铀矿

近年来,随着现代对地观测系统和遥感物理学理论的不断完善,以及机载与星载遥感传感器研制技术的日臻成熟,高分辨率(高光谱、高空间和高时相)遥感技术在资源勘查领域得到了广泛应用。在铀矿地质领域,基于遥感数据融合技术,综合利用能谱信息、光谱信息、微波信息及 DEM 地理信息,开展了遥感信息单参量分析技术、航空放射性数据和 DEM 数据支持下的铀含矿层快速识别,以及铀成矿要素高光谱信息识别技术的研究和尝试。初步研究显示,高分辨率新型遥感传感器为铀资源"信息找矿"提供了有效的地学数据采集手段,对其获取的海量遥感影像数据进行定量化的数据处理分析,可获得研究区主要铀成矿要素的光谱特征和微波信息,进而分析和圈定铀成矿要素空间分布范围,为铀成矿预测与铀矿勘查工作提供依据。

3.2.2　矿化露头信息

矿化露头可以直接指示矿产的种类、可能的规模大小、存在的空间位置及产出特征等,是最重要的直接找矿信息。由于矿产露头在地表或近地表环境,常经受表生地质作用的改造,因此据其经受表生地质作用改造的程度,可分为原生露头和氧化露头两类。一般来说,物理化学性质稳定,矿石和脉石较坚硬的矿体在地表易保存其原生露头。对大多数表生地球化学性质活泼的金属矿产或含较多硫化物矿物的矿体,在地表易遭受不同程度的氧化淋滤改造,多以氧化露头形式呈现。

铀矿原生露头是指铀矿体出露在地表或近地表,但未经或经微弱的表生地质作用改造的矿化露头。铀矿体出露地表后,由于矿石未受到氧化,其颜色、物质成分和结构构造基本保持原来特点,露头上能见到沥青铀矿、晶质铀矿,或其他伴生的特征性矿物等。依据铀矿原生露头的物质成分、分布范围和周围地质条件可以判断矿床类型、矿体产状和矿石质量等,因此铀矿原生露头是寻找原生矿体的直接标志。一般而言,铀矿原生露头仅出现在高寒干旱地区或剥蚀速度大于氧化速度的地区。目前较为常见的典型铀矿原生露头多产于花岗岩或火山岩中,且矿物组合以沥青铀矿+萤石(或碳酸盐矿物)+黄铁矿的铀矿体为主。

在表生环境下,铀元素的地球化学性质极为活泼,且铀矿体通常伴生较多的黄铁矿,易在地表或近地表遭受不同程度的氧化,使矿石颜色、矿物成分、结构构造均发生不同程度的破坏和变化,因而铀矿露头多为不同程度的氧化露头。在铀矿氧化露头上,除了矿石由于遭受氧化作用而变成红色或褐红色外,典型的现象是常常生成各种类型的次生铀矿物。因其往往具有特征的颜色,色彩鲜艳(常称之为"铀帽"),易于与其他矿产的氧化露头区别而成为一种重要的铀矿找矿信息。根据氧化露头上次生铀矿物的种类和产状特点,可对矿点的成矿远景和深部矿化特征做出初步评价。

铀矿氧化露头中次生铀矿物的共生组合一般有以下几种类型:铀酰氢氧化物-铀酰硅酸盐型;铀酰硅酸盐型;铀酰硅酸盐-铀酰磷酸盐、铀酰砷酸盐型(铀云母);铀酰磷酸盐、铀酰砷酸盐型;铀酰磷酸盐、铀酰砷酸盐-褐铁矿型。前两种组合一般为单铀型铀矿床氧化露头的特征,第三种组合,后两种组合为硫化物铀矿床氧化露头的特征则为过渡类型铀矿床氧化露头的特征。

铀酰氢氧化物多呈黄、橙及橙红色,如柱铀矿、板铅铀矿等,一般是由原生铀矿物就地氧化而成的,均分布在原生矿体内,往往呈沥青铀矿假象。根据它们在地表的出露情况,对矿化规模,矿石品位等可做出一定程度的评价。

铀酰硅酸盐类矿物,一般为浅黄和黄色,当含铜时呈绿色,含铅时呈橙黄色,如硅铅铀矿、硅钙铀矿、β 硅钙铀矿等,是弱碱性条件下原生铀矿物氧化的产物。此类矿物常以针状、纤维状集合体形式分布在矿体附近围岩的裂隙和空洞中,呈脉状、浸染状产出。有时也可见到由原生矿石氧化而成的、保持原生矿石构造的硅钙铀矿。铀的硅酸盐类矿物也是寻找原生铀矿床的重要找矿信息。

铀酰磷酸盐、铀酰砷酸盐类(铀云母)矿物,如铜铀云母、钙铀云母、钙砷铀云母等,是原生铀矿物氧化迁移,在有磷酸根或砷酸根离子的条件下沉淀而成的,多为鲜艳的黄色及浅黄绿色,含铜时呈鲜艳的绿色,含锰时呈红褐色。它们是铀矿床氧化带中常见且分布最广的次生铀矿物,常以零星片状铀云母类矿物形式分布于岩石裂隙或风化壳中。由于它们的形成位置常离矿体较远,影响其生成的因素较多,故对其找矿意义,必须结合其他找矿信息(如近矿围岩蚀变等)进行综合评价。

在干旱地区的地表氧化带,常常可以见到一些铀的硫酸盐、碳酸盐、矾酸盐矿物,如铜铀矾、水铀矾、板碳铀矿、水碳铀矿等。它们多半是由蒸发浓集作用而形成的,是蒸发岩型(钙结岩型)铀矿较为可靠的找矿信息,往往构成该类型铀矿主要的工业铀矿物。

在铀矿床氧化带中还经常见到一些含铀矿物,如含铀的褐铁矿、玉髓、玻璃蛋白石、水铝英石以及含铀有机物等,它们均可作为找矿信息。

另外,在一些地形陡峻的山区,铀矿体露头遭剥蚀后,比较致密坚硬的矿石碎块在重力作用下或经地表水冲刷,搬运到山坡和河谷中形成铀矿矿砾和矿砂。据此可结合地形条件追索原生铀矿体。

需要引起注意的是,原生露头信息还应注意"主流"与"非主流"成矿现象的识别和区分。所谓"主流"成矿现象是指主要成矿期成矿作用形成的矿化现象;"非主流"成矿现象是指主要成矿期后,由于构造-热液事件对原矿体改造形成的矿化现象。特别是在层控型矿床(如沉积成岩型、沉积-改造型)中,由于后期构造-热液事件的叠加,往往在与构造-热液事件具有成因联系的系列裂隙面或节理面上,"非主流"成矿现象常有发育,甚至比"主流"成矿现象表现得更明显,矿化强度更强烈,更易被识别和发现,因此往往具有较大的迷惑性。由于"非主流"成矿现象通常与主要成矿期形成的"主流"矿体在产状、空间展布及其制约因素上存在较大的差异,如果不加以识别与区分,找矿方向及其探矿工程部署工作容易被"非主流"成矿现象引入歧途,甚至得出错误的判断与结论。对此,实际工作中应引起充分的重视,需将从宏观多角度全面仔细观察与微观研究相结合,予以识别,去伪存真。

3.2.3 蚀变围岩信息

在内外生成矿作用过程中,矿体围岩在成矿流体作用下常发生矿物成分、化学组分及物理性质(如颜色)等诸方面的变化,这种作用称为围岩蚀变。由于蚀变岩石通常与未蚀变岩石之间存在明显的颜色区别,且分布范围远比矿体规模大得多,容易被发现,更为重要的是蚀变围岩常常比矿体先暴露于地表,对寻找矿体、缩小找矿范围,乃至预测潜在成矿范围与隐伏矿体具有重要价值。围岩的性质和热液的性质是影响蚀变类型的主要因素,不同的蚀变类型常对应一定的矿产种类,因而可以指示矿体或盲矿体的可能存在和分布范围,并依据蚀变岩石特征可以对可能存在的盲矿的矿种及其矿化类型做出推断。主要围岩蚀变类型及与其相关矿产种类见表3-1。

表 3-1　主要围岩蚀变类型及其相关矿产种类

含矿热液温度	围岩蚀变类型	围岩条件					矿产种类	
		沉积岩和变质岩		岩浆岩				
		碳酸盐类	硅酸质	超基性基性	中性	酸性	金属	非金属
汽化—高温阶段	云英岩化		++			+++	W、Sn、Mo、Bi	
	钠长石化					+++	Nb、Be、Ta、U	
	矽卡岩化	+++			++	++	Fe、Cu、Pb、Zn、Mo、Sn、W	金云母
	方柱石化	++				++		
	电气石化					++	Sn	
中低温热液	次生石英岩化				++	+++	Cu、Mo、Au	明矾石、叶蜡石
	黄铁绢英岩化					+++	Au、Cu、Pb、Zn	
	硅化	++	++		++	++	Cu、Au、Hg、Sb、U	
	绢云母化		+++		++	+++	Cu、Mo、Au、Pb、Zn、As	
	绿泥石化		++	++	+++	+	Au、Cu、Pb、Zn、Sn、Cr、U	
	蛇纹石化	++		+++			Cr	石棉
	碳酸盐化		++	+++	++	+	Au、Cu、Pb、Zn、Nb、Ta、U、REE	
	青盘岩化		+	++	+++		Au、Ag、As、Sb	
	滑石菱镁岩化						Ni、Co	滑石
	重晶石化						Pb、Zn	重晶石

注:+++最常见,++常见,+少见。

围岩蚀变既是重要的找矿信息,同时也是内外生矿床成矿作用发生、发育的必要条件。

需指出的是,并非有围岩蚀变一定有矿产形成,为了准确、充分地应用围岩蚀变在找矿中的指示作用,预测找矿工作中对围岩蚀变一般需进行以下四方面的研究工作。

(1)研究蚀变岩的成因及其与矿化的关系

有的蚀变类型具有多种成因,有的成因具有找矿指示意义,有的则无或只次要意义,因此对蚀变岩石必须查明其成因及其与找矿的关系。例如,动力变质作用和热液作用皆可形成绿泥石化,前者基本无找矿意义,而后者则是找寻 Cu、Au 等多金属矿产的重要标志。另外,由无水硅酸盐矿物(如石榴石、辉石、硅灰石、符山石等)组成的矽卡岩,与硫化物矿床的关系并不密切,但由绿帘石、阳起石等含水硅酸盐构成的矽卡岩则与硫化物矿床关系密切。

(2)研究蚀变的时空分布与矿化的关系

与成矿有关的围岩蚀变的时空分布有重要的找矿指示意义,特别是蚀变的空间分带常常和一定的矿化分带相对应。通过对蚀变分带的深入研究,建立蚀变模型,可以较好地指导同类矿产的勘查工作。

(3)研究蚀变的强度和规模与工业矿体的关系

蚀变的强弱和规模通常与矿化的强弱和规模之间存在直接的对应关系,蚀变的规模越大,则有关的工业矿体的规模一般也相应较大。这种情况在我国粤北贵东地区花岗岩型铀矿中表现得较为典型。因此,在找矿工作中,通过研究蚀变的强度及规模特征,可以对潜在的矿产的相应特征进行判断。

(4)研究不同的蚀变类型与矿化的关系

围岩蚀变的类型很多,其中有的类型没有明确的找矿指示意义,但有的类型则与一定种类的矿产具有较密切的成因联系。因此,必须查明不同类型的蚀变及蚀变组合与矿化的对应关系,即围岩蚀变的成矿专属性问题。这其中既包括对已知的围岩蚀变成矿专属性的总结,也包括要重视发掘尚未认识到的围岩蚀变成矿专属性方面。

与内生铀矿床有关的围岩蚀变有以下几种类型:

(1)红化

红化(也称赤铁矿化)是内生铀矿床中常见的、特有的围岩蚀变。通常认为是赤铁矿以极微小的颗粒分散在铀矿脉两侧或铀矿化体周围的岩石中,将围岩染成均匀的赤红色。红化往往以硅质脉型(或硅化带型)、萤石型或碳酸盐型铀矿脉为中心,或以破碎带或裂隙面为中心两侧对称发育,红化强度由中心向外侧逐渐减弱,直至渐变过渡为蚀变围岩。红化蚀变岩石的颜色和分布范围往往与铀矿化的强度、规模呈正相关关系。红化的范围往往与铀矿化范围相一致,红化规模越大,铀矿化规模大;红化强度越大(颜色变深),铀矿石品位越高。

此红化并非通常意义上的铀矿石或其周围蚀变围岩中的黄铁矿晶体被氧化所致,而是指存在于岩矿石的隐晶质基质或长石矿物晶体内部被极微粒、云雾状"红色"浸染的现象,铀矿石或其周围岩石中的黄铁矿通常保存完好。对红化的成因尚有争议,王正其等(2016a,2016b)认为,红化现象更可能是由铀成矿作用发育及其形成的铀矿物具有辐射性导致铀矿物周缘的基质或长石矿物内部的铁离子被氧化所致。并非所有的红化现象都有铀矿化。但由于其特殊的颜色与内生型铀矿化密切的关系,可作为野外铀矿勘查的明显标志。

(2)硅化

硅化是酸性热液蚀变的一种,为花岗岩型铀矿床常见的近矿围岩蚀变,在铀-硅质脉型矿床中尤为发育。通常以沿断裂破碎带充填-交代形式体现;当以脉状充填方式为特征时,与两侧蚀变围岩之间界线往往较为清晰。硅化经常发育在含矿硅质脉及其旁侧,其影响宽度由数十厘米至数米不等。与铀矿化关系最为密切的是多孔状、杂色(褐红色)玉髓状微晶或隐晶质石英脉。在表生淋滤-氧化作用下,在孔隙或裂隙中往往发育色彩鲜艳的次生铀矿物,是该类型铀矿床的直接找矿信息。硅化带或硅质脉的强度、规模对评价铀矿化规模有指示意义。

(3)萤石化

萤石化在内生铀矿床,特别是在火山岩型、花岗岩型铀矿床中普遍发育。与铀矿化有密切关系的萤石化,其特征是颜色呈紫黑色,萤石颗粒细小,一般为 $0.1 \sim 0.01$ mm。在花岗岩或火山岩中发育的沥青铀矿-萤石型矿体中,紫黑色萤石常呈规模不等的脉状或网脉状,分布于铀矿体内及其两侧的破碎岩石裂隙中;脉体本身往往就是铀矿体,紫黑色萤石及与其共生的细粒黄铁矿常成为铀矿石的主要脉石矿物。色浅、粒粗的萤石与铀矿化无关。

具有沥青铀矿-萤石型矿物组合的铀矿石遭受的表生风化改造作用往往不明显,多以铀矿原生露头形式出露地表。

(4)碳酸盐化

花岗岩或火山岩中常发育沥青铀矿-碳酸盐矿物组合型铀矿,碳酸盐化是其中主要的围岩蚀变,在碱交代型铀矿床中也甚发育。与铀成矿作用相关的碳酸盐矿物常呈特征的玫瑰红色,也可见白色团块和斑点;多以脉状充填方式产出,也有交代斜长石,或交代石英和早期生成的绿泥石而成。当该类型铀矿以脉状充填方式产出时,其中心部位往往肉眼可见沥青铀矿。

具有沥青铀矿-碳酸盐矿物组合型的铀矿石遭受的表生风化改造作用往往不明显,多以铀矿原生露头形式出露地表。

（5）钠长石化和钾长石化

钠长石化和钾长石化又称碱交代,是热液型铀矿床的主要蚀变类型。这种蚀变不仅在我国花岗岩型和火山岩型铀矿床中极为常见,在国外(如法国、苏联、加拿大等国)一些铀矿床中分布也相当普遍,也是一种直接的内生铀矿找矿信息。

常见的碱交代基本上有三种:钠交代(即钠长石化)、钾交代(即钾长石化)和钾钠混合交代。前两种交代作用常沿区域性大断裂分布,对岩石没有选择性。钾钠混合交代主要出现在花岗岩体内部,不超出岩体。碱交代的结果,使酸性侵入岩中 SiO_2 含量减少,石英颗粒消失,岩石孔隙度增大。在钠交代岩中,原岩去钾;在钾交代岩中,岩石少钠。钠、钾两者互不相容。钾钠混合交代实际上是钾交代和钠交代相互更替不彻底而叠加在一起的结果。碱交代岩经常呈红色。

并非所有的碱交代岩都有铀矿化。与铀矿化相关的碱交代岩的特征一般是颜色赤红,岩石强烈破碎,碱交代比较彻底,残存石英极少或完全消失,形成孔隙空间为碳酸盐、绿泥石、绢云母和硫化物等矿物充填,或为后期沥青铀矿充填而成富铀矿石。

（6）水云母化

水云母化是花岗岩型和酸性火山岩型铀矿床中典型的脉旁蚀变,往往呈宽带状或面型展布。它主要是成矿流体交代长石(斜长石)的产物;当斜长石被完全交代,也可由成矿流体进一步交代钾质长石(正长石、微斜长石等)形成。水云母化集合体的特征是草黄绿色、颗粒极细、质软(指甲可划动),光泽似蜡,有时可见被交代长石的残留核心,往往伴生有细分散状的黄铁矿。因水云母化蚀变岩颜色与未蚀变花岗岩或火山岩的颜色差异明显,沿含矿带带状展布且呈草黄绿色,常被称为"绿色蚀变带(场)"。当黄铁矿氧化后,可将水云母染成红褐色,如有绿泥石混入,则变成黑绿色、暗绿色。水云母进一步受矿后热液或表生水的浸泡,就会水解成高岭土,并由黄绿色变为灰白至浅绿色。

水云母化主要是成矿期的蚀变。但在成矿前的灰绿色蚀变中,也有部分斜长石变成水云母。有人把水云母化称为绢云母化,实际上两者在成因上和矿物学上是有很大差别的。绢云母化是有色金属热液矿脉旁的典型蚀变。只有水云母化才与铀矿化有密切关系。对于我国东部中生代构造-岩浆活动区内发育的与花岗岩或火山岩相关的铀矿床而言,水云母化是一种共同而普遍的蚀变现象,往往形成一定规模的水云母蚀变带(场),铀矿体分布于蚀变带(场)内,是一种良好的直接找矿信息。

水云母化蚀变一般以含矿构造带或铀矿脉为中心,两侧呈对称状分布。蚀变强度由中心向两侧由强变弱,与外侧未蚀变岩石之间通常呈渐变的过渡关系。水云母化蚀变强度和规模越大,说明成矿流体供给充分,往往预示潜在铀矿化强度与成矿规模也越大。

（7）黄铁细晶岩化

黄铁细晶岩化是中酸性岩(火成岩、变质岩)特有的蚀变现象。酸性岩在中低温热液的作用下,长石发生分解,形成绢云母和石英,并有黄铁矿呈浸染状分布。蚀变岩石外貌一般呈黄绿色。与铀矿化有关的黄铁细晶岩化一般呈带状分布,受断裂构造控制比较明显。蚀变带的宽度取决于构造带的宽度,一般为数米至数十米,在裂隙发育的角砾岩带中,可达两三百米。

黄铁细晶岩化一般是成矿前阶段的产物,经过黄铁细晶岩化的岩石,往往其孔隙度增加,为矿质聚集创造了良好的空间条件。分布于黄铁细晶岩化岩石中的铀矿体,其规模在一定程度上与蚀变带的范围成正比。

(8)绿泥石化

绿泥石化是组成矿前期绿色蚀变带的重要成分,经常与水云母化、硅化共生。绿泥石主要由围岩中的黑云母等暗色矿物蚀变而成,其颜色一般比水云母深,多呈暗绿色。在不完全交代情况下,亦可见残留的暗色矿物核心。

与热液蚀变有关的绿泥石化,一般受断裂构造控制,呈带状分布,往往具有明显的分带现象,由蚀变带中心向两边,一般可分为石英-绢云母-绿泥石化带→绢云母-绿泥石化带→轻微绿泥石化带→未蚀变岩石。

以上分别介绍了与内生铀矿有关的主要围岩蚀变类型。对于同生沉积型铀矿(如泥岩型、含铀煤型铀矿),围岩蚀变现象通常不发育。对于沉积-改造型铀矿,如碳硅泥岩型铀矿,往往在地温、上覆地层压力、构造或后期流体的综合作用下,发生层内物质的交换与析出,从而发育不同程度的硅化、碳酸盐化、水云母化等现象。对表生-后生型铀矿,特别是层间氧化带砂岩型铀矿,由于表生含氧水的不断补给、径流,与砂岩之间不断发生氧化作用,蚀变类型以层间氧化作用为典型,主要为水针铁矿化、赤铁矿化、褐铁矿化,砂岩颜色由灰色或暗灰色变成黄色、褐黄色或褐红色,部分伴生有高岭土化(砂岩被漂白)、碳酸盐化现象。

由于成矿热液的脉动式活动和多次叠加,以及成矿流体成分随时间不断演变,铀矿体围岩蚀变类型往往是多种(期)蚀变的叠加,由于围岩岩性以及成矿流体成分、性质的差异,同一矿床(体)不同部位的围岩蚀变类型也可能不同;不同类型的铀成矿作用,乃至同一成矿类型的不同铀矿床,往往伴生有一套相应的围岩蚀变组合。因此,利用围岩蚀变信息开展铀矿找矿,不仅要考虑不同蚀变类型与铀矿化的关系,而且要考虑围岩蚀变的组合以及它们在空间(平面和剖面)上的分带规律,这样才能更有效地指导铀矿勘查工作。

从上面围岩蚀变的叙述中可以看出,伴随蚀变作用,围岩的颜色均发生不同程度的变化。从这个角度而言,围岩颜色的变化常可为铀矿找矿提供信息。在运用围岩蚀变信息开展找矿实践中,要注意蚀变带(场)与铀矿体之间的空间位置关系及其指示意义。对于内生铀矿床而言,绿色蚀变带(场)即为成矿流体作用带(场),据此可预测潜在铀矿体赋存的空间范围,铀矿体发育于蚀变带(场)范围内或其中心部位。通常情况是,同生沉积形成的铀矿赋存层位往往与地层剖面中的灰色、暗深色细碎屑岩层位相关;表生-后生作用下形成的铀矿一般产在"氧化色体"转变为"灰色体"的过渡部位,特别是层间氧化带砂岩型铀矿,富含有机质的砂体发生层间氧化作用导致砂岩蚀变及其颜色变化信息(暗灰色、灰色变为黄色或褐黄色、褐红色)则是预测潜在砂岩型铀矿赋矿层位及铀矿体赋存部位,或砂体中是否发育盲铀矿体的一种重要和有效的信息,指示铀矿体往往发育于层间氧化带前锋线附近(氧化带尖灭的前缘部位)或其上、下两翼。此外,运用蚀变岩石颜色信息开展铀矿找矿工作时,应注意后期外来还原剂带来的"二次"还原作用导致的岩石颜色变化,如鄂尔多斯北缘砂岩型铀矿,由于遭受烃类气体的"二次"还原作用,氧化带砂岩呈绿色。

3.2.4　标型矿物信息

标型矿物信息是指能够为预测和找矿工作提供信息的矿物特征。它包括特殊种类的矿物和矿物标型两方面的内容。前者已形成了传统的重砂找矿方法,后者是近 20 年来随着现代测试技术水平的提高,使大量存在于矿物中的地质找矿信息能得以充分揭示而逐步发展起来,并取得了较大的进展,目前已形成矿物学的分支学科——找矿矿物学。

在不同类型的矿床中,常常有某些特殊种类的特征矿物出现。由于某些种类的矿物本身就是重要的矿石矿物,或者常与一些矿产之间具有密切的共生关系,因而特殊种类矿物对于寻找有关的矿产常起到重要的指示作用。例如,水系沉积物中的沙金常指示物源地有原生金矿的存在,镁铝榴石、铬透辉石、含镁钛铁矿因常与金刚石共生而对找寻金刚石矿产具有指示意义。

在不同物理化学条件下形成的同种矿物,在物理、化学等特征方面也会表现出不同程度的差异,这种差异称为矿物标型。矿物标型特征研究可以提供以下几方面的找矿信息:

(1)对地质体进行含矿性评价

利用矿物标型可以较简捷地判断地质体是否有矿。例如,金伯利岩中的紫色镁铝榴石中 Cr_2O_3 含量≥2.5%时,可以判断该岩体为含金刚石的成矿岩体;铬尖晶石中 FeO 含量>22%,其所在的超基性岩体通常具铂、钯矿化;再如,金矿床中石英呈烟灰色时,所在的石英脉含金性一般较好。

(2)指示可能发现的矿化类型及具体矿种

预测工作区可能发育的矿种及其矿化类型,是评价矿点和圈定预测远景区的重要工作内容。利用矿物的不同标型预测矿床成因特点已积累了许多资料,是目前应用很广的一个方面。矿物标型特征和矿物共生组合特点,可以提供良好的矿床类型信息。例如,不同成因类型矿床中的磁铁矿,其化学组分差别很大,与基性、超基性岩有关的岩浆矿床中,磁铁矿一般含 TiO_2 很高,而其他类型的矿床中则含 TiO_2 很低,同一矿床从早期到晚期也呈规律性变化;根据辉钼矿中铼的含量,可以为区分斑岩铜矿与斑岩钼矿提供资料;电气石的标型变化作为不同成因的锡石矿床的标志;伟晶岩中玫瑰色和紫色矿物(云母、电气石、绿柱石等)的出现是锂、铯矿化的标志;花岗岩中绿色天河石、褐绿色锂云母的出现,说明可能有锂矿化的存在。

(3)反映成矿的物理、化学条件,指示矿床剥蚀深度

利用矿物标型特征及其空间变化,可以研究并推测矿物形成时的物理、化学条件及空间变化特征;另外,矿床形成时在垂直方向上存在着温度、压差、挥发分逸出度、成矿介质的酸碱度、氧化-还原电位等规律性的变化,这些变化可以从矿物的结晶形态变化、混入杂质的组成及含量变化、有关元素的比值变化、挥发分的含量变化、不同价态的阳离子比值、气液包裹体成分、温度梯度等诸方面得到一定程度的反映,从而进行矿床分带,指导盲矿找寻,或对矿床剥蚀深度作出判断,评价已知矿体深部的找矿潜力。

譬如,黄铁矿是金矿床的主要载金矿物之一。根据叶夫济科娃和陈光远等(1988)的研究,黄铁矿的晶形直接反映成矿时的温度、压力条件及成矿物质的富集特征,黄铁矿晶形的变化,可较好反映成矿流体的物理、化学条件与成矿空间的形成深度。一般认为,金矿体上部的黄铁矿常以八面体为主,中部以五角十二面体及其聚形为主,而下部则以立方体为主。依据金矿体不同部位黄铁矿晶形的变化规律,可以对矿体剥蚀深度及其深部找矿潜力做出

定性判断。此外,黄铁矿的热电性也具有重要的标型意义,基本的规律是从金矿体上部到下部,热电系数逐渐变小,到矿体尾部一般大量出现电子导型(N 型)黄铁矿。

在铀矿找矿和评价工作中,也开展了很多的标型矿物和矿物标型特征的研究及探索。例如,花岗岩中含较高含量的晶质铀矿、锆石晶体通常呈混浊状(U^{4+} 替代 Zr^{4+} 所致,又称浊化铀)、副矿物总量明显减少是产铀花岗岩体的重要评价指标(杜乐天,2001);结晶颗粒较大、白色的石英脉不含铀矿,与铀成矿关系密切的石英脉通常为玉髓状,颜色为褐红色或暗灰色;研究也表明,花岗岩或火山岩中长石变成深红色,SiO_2 含量显著减少,说明可能存在发育碱交代型铀矿化;颗粒细小的紫黑色萤石与黄铁矿共生,是沥青铀矿+萤石型脉状充填型铀矿化类型发育的重要标志;玫瑰红色碳酸盐矿物的出现,则表明存在的铀矿化类型属于沥青铀矿+碳酸盐型铀矿(王正其 等,2007e);一般而言,长石发红、石英变黑、萤石呈紫黑色,方解石呈玫瑰色,黄铁矿呈胶状结构等矿物标型特征对铀矿床而言具有特殊的找矿意义。

以上阐述了主要类型的地质找矿信息。由于矿石与围岩的机械物理性质不同,两者之间抵抗风化和剥蚀的能力存在差异,往往可形成特殊的地形地貌特征,因而特殊的地貌特征可提供一种直观性的找矿信息。一般而言,硅化带型铀矿常与正地形相关;碎裂蚀变岩型铀矿则往往沿地形相对低洼地带展布;碳硅泥岩型铀矿一般分布于盆地边缘,也处于地形上的相对低洼区。

3.3 地球化学信息

地球化学信息主要是指各种地球化学分散晕,它们是在成矿作用过程中,或成矿以后各种地质作用导致成矿元素及其伴生元素在矿体周围的岩石、地表的疏松堆积物、水体、植物体及空气中形成相对富集的高含量地带。分散晕的形成与矿床通常有着直接的空间关系,其分布范围一般比矿体规模大几倍甚至几百倍。因而,分散晕是良好的找矿信息,部分分散晕是寻找深部盲矿体的重要信息。

地球化学信息在各类矿产勘查工作中应用非常广泛,与其他找矿标志相比,具有其独特的优点。首先是找矿深度大,是找寻各类矿产、特别是盲矿床的重要标志;其次,可利用不同比例尺、不同种类的化探异常进行不同程度的成矿预测工作。如区域化探异常可反映区域地球化学场特征、区域内的主要异常及其形态展布,反映主要成矿带和矿化集中区或主要矿源层的展布及主要控矿因素与矿化的内在联系,从而有助于提高勘查人员的识别能力,为评价区域总的成矿前景和矿产潜力指明方向。另外,地球化学信息是发现新类型矿床及难识别矿床的重要途径。以成矿元素作为指示元素而圈定的地化异常是一种直接的找矿标志;不同级别的地化异常反映了成矿元素逐步地富集趋势,在找矿工作中从正常场—低异常区—高异常区—浓集中心—工业矿床,可以直接进行矿产的勘查与评价工作。一些新类型的金属矿产就是通过对不同级别化探异常的逐步评价而发现的。地化异常除了以成矿元素作为指示元素外,还可根据与成矿元素具有成因联系的非成矿元素作为指示元素进行异常的提取及评价工作。

依据成因,可将分散晕划分为原生分散晕、次生分散晕等。从研究、分析地球化学分散晕的途径入手而达到提取找矿信息的目的,目前已形成了较为成熟的各种专门性的地球化学找矿方法。

3.3.1　原生分散晕

原生分散晕是指在矿体形成的同时,成矿流体向矿体周围的岩石中扩散、渗透,将一部分成矿物质带入围岩或导致围岩中部分元素活化迁移,形成成矿元素及与之具成因联系的非成矿元素(伴生元素)的含量异常带。其异常信息的获取途径是基岩,在地球化学找矿中又称为岩石地球化学异常。含量异常可以是正异常,也可以是负异常。

原生分散晕主要发育在热液型矿床中,常常受断裂构造控制,呈带状分布,其分布的宽度范围通常是矿体规模的几倍或几百倍,空间范围与围岩蚀变的发育范围存在一定的对应关系。围岩的透水性越好,化学性质越不活泼,原生晕越发育,分布范围越广。垂向上,原生晕的分布位置上限通常高出矿体 100 m 甚至数百米,因而原生晕常常是隐伏矿体的重要找矿信息;此外,在矿体垂向上(由矿体顶部至矿体尾部),不同部位的原生分散晕中异常元素组合存在差异,这种差异可作为评价已知矿体剥蚀深度及深部找矿潜力的重要依据。

由成矿元素形成的原生分散晕,对找矿具有直接指示意义;由非成矿元素组成的原生分散晕,对找矿往往具有间接的指示作用,不容忽视。从分散晕的元素异常强度角度,可将原生分散晕分为强异常元素分散晕和弱异常元素分散晕。强异常元素分散晕容易被发现,其找矿指示意义不容置疑;弱异常元素分散晕又称弱异常信息,因异常微弱不易被识别或往往被忽视。实际工作中,不仅要注重由成矿元素分散晕提供的直接找矿信息,还应重视并充分挖掘由非成矿元素分散晕蕴含的间接找矿信息。对于埋藏较深的热液型盲矿体而言,近地表成矿元素本身异常强度往往十分微弱甚至无异常,然与之有成因联系的、地球化学性质较为活跃的非成矿元素分散晕信息,通常具有较好的找矿指示价值,如热液型金矿体,在其前缘部位往往发育范围相当大的 As、Hg、Sb、Bi 等元素异常晕,对深部金矿体的预测具有重要指示意义。加强弱异常信息的开发、解释及其提取技术研究,应引起重视。

对热液型铀矿,伴生元素分散晕特征及其找矿应用相对薄弱。目前在铀矿找矿领域,应用较多的是利用成矿元素铀异常信息,以及与之存在密切成因联系的 Th、K 等元素异常信息。近年来,有学者对粤北棉花坑花岗岩型铀矿床垂向元素地球化学分带特征开展过探索性研究,初步揭示从矿体深部(标高约−500 m)到浅部(−100 m),稀土元素以 Eu 元素为界,原子序数小于 Eu 的 LREE 元素含量总体呈现递减趋势;原子序数大于 Eu 的 HREE 元素含量总体呈现递增趋势;Rb 含量及 Rb/Sr 含量比值趋势性递增,Sr 含量变化不明显;未见 Nb、Ta、Zr、Hf 等元素含量明显变化(王正其,2018)。其规律性及找矿意义尚有待深入探讨。

因为 Th、K 等元素为放射性元素,异常信息通常是通过放射性仪器测量来获取的,所以又将 Th、K 等元素分散晕信息归类于放射性物理异常。相关信息及找矿意义见"地球物理信息"一节。

3.3.2　次生分散晕

次生分散晕是指矿床形成以后,矿体遭受风化剥蚀,成矿元素及伴生元素从矿石中分解出来,迁移到土壤、水系或其沉积物、植物或空气中形成的高含量区;也包括矿床形成后,由成矿元素或伴生元素放射性衰变形成的子体元素高含量区,如放射性元素衰变形成的氡子体异常区。根据异常赋存介质不同,分为土壤分散晕、水化学分散晕、水系沉积物分散晕、植物分散晕和气体分散晕等五种。其中植物分散晕是以植物为信息提取介质,目前在铀矿领域研究较为薄弱,有关内容参见"生物信息"一节。

(1)土壤分散晕

矿体遭受风化剥蚀后,成矿元素及伴生元素以碎屑和盐类形式散布在矿体露头之上及其周围土壤中而形成的高含量带称为土壤分散晕。其信息提取途径是土壤介质,在地球化学找矿中称之为土壤地球化学异常。

土壤分散晕是铀矿床主要的次生分散晕,它发育于矿体的上覆残积和坡积物中。铀晕和镭晕共存,是良好的找矿标志。

(2)水化学分散晕

矿体的风化产物以可溶性盐类的形式分散于矿体周围的地下水或地表水中,所形成的成矿元素和伴生元素的高含量区称为水化学分散晕(简称水晕)。其信息提取途径是水介质。在地球化学找矿中称之为水文地球化学异常。在地表水和地下水发育地区,水晕的分布范围往往比土壤分散晕广。

放射性水晕可分为铀晕、镭晕和氡晕三种,有时这三种晕构成混合晕。三种元素以铀在水中的迁移能力最强,铀晕的分布可远离矿体 1 000～5 000 m。镭晕的分布范围一般不超过 1 000 m。氡的半衰期短,氡晕一般离矿体数百米就大为减弱。

地下水在铀矿体的径流过程中,一部分放射性元素会溶解于水并被地下水携带、迁移,致使水中铀、镭、氡含量明显升高,这部分水在一定条件下会以泉水的形式重新出露地表,并在地表形成放射性水化学异常。故放射性水晕是铀矿隐伏矿体的良好找矿信息。中新生代盆地区的一个相对独立的构造单元内,如果发育区域性排泄区和局部性排泄源,且排泄水中具有放射性水化学异常,对研究区区域性层间氧化带预测及砂岩型铀矿的勘查工作具有重要指导意义。

(3)水系沉积物分散晕

在水系作用下,由于矿体及元素分散晕(包括元素晕、次生晕)遭受冲刷和溶解,在流经矿床或其附近的地表水系沉积物中形成的成矿元素或非成矿元素异常地带,称为水系沉积物(底沉积)分散晕。因该类型异常地带通常沿水系呈狭长线状延伸分散,故常称之为分散流。分散流的形成动力主要包括机械冲刷搬运和化学溶解,据之又分为机械分散流和化学分散流。其信息提取途径是现代水系中的活动性沉积物。在地球化学找矿中称之为水系沉积物(底沉积)地球化学异常。

水系沉积物地球化学异常通常具有线状延伸(受地表水系形态及其空间展布影响)、迁移距离远(几千米～几十千米)、分布范围大、异常强度弱且变化平缓等特点。

水系沉积物地球化学异常广泛应用于 Au、Ag、Cu、Pb、Zn、W、Mo、Sn、Cr、Ni、Co、Pt、Pd 等有色金属元素和稀有金属元素成矿远景靶区的寻找和圈定。由于铀元素是亲氧元素,地表水中富含游离氧,在表生条件下铀极易溶解于水,被水活化、携带,迁移至相对还原环境沉积的泥质沉积物(如沼泽环境)中形成富集,在水系河道砂质沉积物中难以形成富集异常,故很少运用水系沉积物地球化学异常开展铀矿找矿工作。

(4)气体分散晕

矿体中易挥发和扩散的物质,以气体状态散布于矿体上部的地表疏松覆盖层或大气中所形成的高含量带,称为气体分散晕(简称气晕)。其信息提取途径是土壤中的游离气体或空气。在地球化学找矿中称之为气体地球化学异常。

氡子体是铀的衰变产物,它可沿着矿体周围岩石的裂隙或孔隙,扩散到上覆地表疏松覆盖层中形成氡异常。关于氡气的扩散能力,通常的观点是在残积和坡积物中可达 10 m,但也有学者提出其扩散能力远大于此深度。找矿中常用射气仪测量土壤或破碎岩石中的氡气,利用氡气异常可指导寻找隐伏铀矿体。

近年来,随着找矿工作目标转向深部,以及微量测量技术的发展,诞生了一大批新的深穿透勘查地球化学新技术,如分量化探法、地电提取测量法、活动态金属离子法、酶提取法、综合气体(H_2S、热释 CO_2、CH_4 等)测量、地气法(又称纳米物质测量)、热释汞量法、离子晕法,等等。深穿透地球化学技术的基本原理是地气流可能以微气泡形式携带超微细金属颗粒或纳米金属微粒到达地表,部分微粒滞留在土壤气体里,部分微粒卸载后被土壤地球化学障所捕获(王求学 等,2011a,2011b)。通过在隐伏矿地表采样,采用高精度测试技术或偏提取技术等手段,获取土壤气体或土壤中存在的痕量、超痕量弱地球化学异常信息,以指导深部隐伏矿体的寻找。深穿透勘查地球化学技术将找矿探测深度延伸至 500 m 以上。随着基础理论与偏提取技术研究的深入,气体分散晕找矿信息的种类和应用前景将会进一步扩大。

3.4　地球物理信息

地球物理信息主要是指不同类型仪器测量获取的各类物探异常,如磁异常、电性异常、重力异常、放射性异常等。地球物理信息对各种金属矿产、能源矿产的勘查工作具有广泛的指示作用,其主要反映地表以下至深部的矿化信息,对地表以下的地质体具有"透视"的功能,因而是预测、找寻盲矿床(体)的重要途径之一。

物探异常的实质是反映埋藏于地下的矿体和围岩的物性特征差异。因此,地球物理信息往往是一种良好的找矿信息。从铀矿勘查角度出发,通常将地球物理信息分为放射性异常信息和非放射性(普通物探)异常信息两类。铀是放射性元素,因此放射性异常是铀矿床(点)预测和勘查工作最直接、最重要的矿化信息。有统计表明,20 世纪 50—80 年代已勘查的铀矿床,94.4%是在地面放射性方法、航空伽马能谱测量获取的放射性异常信息基础上发现的。非放射性异常可以解决与铀矿成矿有关的地质环境、构造条件、物质组成等问题,所以是铀矿勘查的间接找矿信息。

3.4.1　放射性异常

根据仪器所测量的射线种类不同,可将放射性异常分为异常点(带)(包括 γ 异常、γ+β 异常等)、射气异常和 α 径迹异常、地面能谱异常和航空能谱异常(包括 U、Th、K 等元素)等。

1. 异常点(带)

铀系元素在自然衰变过程中,都自发地放出一定的射线。铀元素主要放出 β 射线,镭元素则放出 γ 射线。在铀镭平衡的情况下,根据 γ 射线照射量率可计算出矿石中的铀含量。一旦铀镭平衡遭到破坏,则 γ 射线照射量率就不能代表矿石中的铀含量,而需要测量 γ+β 总照射量率与 γ 射线照射量率之差,即用 β 射线照射量率来换算矿石中的铀含量。因此异常点(带)有 γ 异常和 γ+β 异常之分。铀在各种岩石中均有分布,各种岩石放射性测量值(γ 射线照射量率、伽马能谱)的平均值称为放射性背景值。一般规定,放射性测量值高于岩石放射性背景值 3 倍时,即为放射性异常。凡放射性测量值高于围岩本底 3 倍以上,且受一定岩性或构造控制,性质为铀或铀钍混合(以铀为主)的异常,称为放射性异常点。当异常分布受一定的岩层或构造控制,沿走向分布比较连续,其长度大于 20 m,或者受一定层位(岩性)或构造控制的断续异常,总长度大于 40 m 者、长度矿化系数在 50% 以上者,均称为放射性异常带。

在找矿中,除了放射性异常具有找矿意义外,有时放射性偏高场也具有一定的找矿价值。偏高场是指放射性测量值未达到异常标准,但比围岩平均木底高出 1~2 倍,明显受构造或岩层控制,分布有一定规模的放射性场。

2. 射气异常

铀和钍在其自发衰变过程中,都有一代子体为放射性气体,即氡射气和钍射气。氡、钍射气扩散到矿体周围的破碎岩石和地表土壤层中,均能形成气晕。当气晕中射气浓度达到围岩射气浓度本底的 3 倍以上,且性质为氡或氡钍混合(以氡为主)者,称为射气异常。射气异常明显受岩层或构造控制,走向分布连续长度在 50 m 以上者,称为射气异常带。射气浓度可用专门的射气仪在野外直接测定。

3. α 径迹异常

在铀的天然衰变系列中,许多子体的衰变都放出 α 射线。氡射气也以 α 衰变形式继续衰变。因此,在铀矿体周围及其上覆疏松盖层中,由于氡射气的衰变常产生大量的 α 粒子。在实际工作中可用埋胶片等方法测量岩石和土壤中 α 粒子的径迹密度。胶片单位面积上 α 径迹密度达到围岩本底的 3 倍以上者,称为 α 径迹密度异常。

除以上放射性异常信息外,由于物探仪器研制工作的不断发展,又出现了许多新的放射性异常信息,如 γ 能谱异常,^{210}Po、α 卡、活性炭异常信息等。物探仪器的进一步发展,将会给找矿提供更多的放射性异常信息。

需要说明的是,在运用放射性地球物理信息进行铀矿找矿工作中,应注意区分原生放射性异常信息和次生放射性异常信息;对次生放射性异常信息,应注意识别其成因与找矿意义。

3.4.2 非放射性地球物理异常

非放射性地球物理异常(又称普通物探异常)包括磁性异常、重力异常、各种电性异常(电阻率、自然电位、激发异常)、地震波速异常等。

非放射性地球物理异常虽不像放射性异常那样能够直接反映铀矿化的存在,但能够反映岩石或构造在地球物理性质上的特征差异,我们可以利用这些物理特征差异来间接寻找铀矿体或解决与成矿有关的地质环境、构造条件、物质组成等问题。目前在找铀矿勘查工作中应用较为广泛且有效的非放射性物探异常信息主要包括:①激发激化异常信息,利用这种异常信息可以寻找含硫化物铀矿床,由于某些铀矿床经常含有较丰富的浸染状黄铁矿等硫化物,导电性能好,容易产生激发激化异常,因此激发激化异常是寻找这类铀矿床的重要地球物理信息。例如 2011 矿床,铀矿化赋存于花岗碎裂岩中。在详查阶段,采用激发激化法得知,与围岩(斜长片麻岩等)比较,花岗碎裂岩为低磁异常,根据这一特点推断了花岗碎裂岩带的产状和延伸范围,发现了铀矿体。②电阻率异常信息。某矿区的含矿层(寒武系富含炭质和黄铁矿的地层)比上覆和下伏岩石导电性能好,利用这个特点,进行了电阻率测定,发现了低阻异常,预测了隐伏于断陷盆地深部的矿化层位。在花岗岩地区,可利用硅化断裂带所表现的高阻异常寻找与硅化断裂带有关的铀矿床。③电性异常信息。在某矿床,应用电性异常寻找花岗岩中与铀矿化有密切联系的紫色岩带和追索断裂构造获得成功。④磁测异常信息。可应用磁测资料,推测隐伏断裂构造的存在部位,为预测、发现和勘查隐伏铀矿提供信息。

需要说明的是,虽然非放射性物探异常是间接找矿信息,且目前发现的绝大部分铀矿床也都是在放射性异常信息的基础上发现的,但由于隐伏盲铀矿深埋地下,产生的放射性异常信息非常微弱,因此相信非放射性异常信息在铀矿勘查工作中的指导作用会逐步显现和扩大。如研究显示,我国华南和东北地区几乎所有的热液型铀矿床都分布在重力剩余异常的"零"值线附近、重力梯度带上以及低(负)磁异常区的边缘(舒孝敬,2004);赣杭火山岩型铀成矿带内的75%的铀矿床分布在重力梯度带或其边缘,区内磁场升高带内的"负向"或相对降低磁场区是铀矿化的有利区(冯必达 等,1992)。上述非放射性物探异常信息对区域铀矿成矿预测有着重要的指示意义。奥林匹克坝 Cu-U-Au-Ag 巨型矿床就是结合重、磁异常发现并扩大的。此外,引起非放射性物探异常的因素是多方面的,而且受地质体的埋深大小及地形地貌特征影响较大,因而物探异常本身往往具有多解性。在应用地球物理信息时,必须结合地质、地貌等多方面的具体特征进行分析,以求对物探异常所反映的信息做出正确的解释。

随着地质找矿工作的不断深入,研究并寻找隐伏矿床已成为今后勘查工作的主要任务。面对矿床埋藏深度大、地表可获取的信息弱的特点,依靠科学技术进步,转变传统找矿观念已成为当务之急。发展探测深度大、分辨能力强的物化探方法,并借助计算机及信息技术,注重地表与深部信息、宏观与微观信息、单参数和多参数的结合,从超时空、多层次、多参数、多方位的角度对获取的各类物化探直接或间接找矿信息进行综合研究、开发和提取,将是找矿信息发展的一个重要趋势。

3.5　生　物　信　息

生物的生存状况受环境条件影响较大,一些特殊生物的存在可以在一定程度上反映地下的地质特征及可能的矿化特征,因而可以作为指示找矿的信息。生物信息主要以植物信息为主,动物则因其活动性及微量的金属元素就会导致其中毒死亡而使其信息难以利用。

应用植物信息作为找矿的依据是因为植物的生长受土壤及地下水中微量元素成分的影响。当地下的金属盲矿体经表生作用改造及地下水的溶解作用后常使表层的土壤中也富含此类金属元素时,常常会影响植物群落或种属的发育和兴衰,甚至引起植物的生态变异。植物体内金属元素的异常和植物群落或种属的发育特征及生态变异现象,往往可以对找矿起到较好的指示作用。

生物找矿信息主要包括以下几类:

(1)特殊植物信息

特殊植物也叫矿床的指示植物。一些喜好性植物具有在富含某种金属元素的土壤中生长的特殊习性,凡这些元素富集的地区,喜好性植物的生长就十分发育。因此,可将这些喜好性植物作为某些元素矿床存在的指示植物。例如我国长江中下游各铜矿区常常发育一种叫海洲香薷(铜草)的植物,它是目前公认的本地区内找铜的一种指示植物。一种叫紫云英的植物喜吸收硒,美国科罗拉多高原的钾钒铀矿中经常有硒伴生,因而在这一地区根据紫云英的分布和发育程度,使间接寻找铀矿床也取得了较好的效果。

目前发现,大部分指示植物属草本植物,包括豆科、石竹科和唇形科等,可以作为铜、铀、镍、锰、锌、铁等多种金属矿床的指示植物,其品种可达120种以上。

(2)植物生态变异信息

有些植物因含某种元素而产生生态变异现象而具有间接的指示找矿意义。土壤中某些元素的含量过多或不足,可引起植物形态和生理的变化。如某些植物的失绿病(叶片发黄)、矮小症、庞大症、果实变形以及花色改变等,均可作为某些矿床的找矿信息。例如锰矿赋存地区,由于土壤中锰质增高,使石松属和紫菀属植物的颜色加深,使扁桃花的花冠颜色由白变为粉红色等;Th含量0.1%的白杨树可高于一般树数倍,高度可达百余米。

(3)植物群落特征信息

土壤中某些元素含量的增加可影响某些植物群落的兴衰。如硫化物金属矿床附近,由于地下水中酸度增高,而使植物群落枯萎;含磷层附近,植物群落往往生长得特别茂盛;盐类和石膏矿床上植物群落一般比较矮小。

生物信息一般都是间接找矿信息,可作为区域成矿预测的依据之一。由于植物的生长受多方面环境条件的影响,对生物异常的解释、评价常常是多解的,因此生物信息目前在铀矿找矿中尚未得到广泛应用。近年来,包括我国在内的一些国家,在利用遥感高光谱数据解译、分析植物的发育特征来指导找矿方面,已开展了一定程度的尝试工作。

目前,生物信息的研究趋势是:由宏观生物向微体生物,如藻类、细菌、真菌类发展;由现代生物向已绝迹并已成为化石的古生物发展。并且在研究、揭示生物信息的指示找矿机理方面,一改过去的把生物视为环境的被动产物的片面看法,而是更多地注意生物对环境的主动改造作用,即把生物本身视为一种重要的致矿因素,在此基础上总结、发掘新的生物找矿信息。生物致矿作用的揭示给生物找矿信息的研究开拓了新的空间,但目前这方面的研究程度非常有限。

3.6　铀矿找矿信息提取研究案例

隐伏或深埋地下的矿产资源勘查工作,其实质是依据在地表能用肉眼或借助一定手段观察到的宏观、微观地质现象,以及借助实验测试手段或仪器设备获取的地球物理、地球化学等各类找矿信息,寻找在地表看不到的、赋存于地下深部的潜在矿体。因此,找矿信息的提取与识别,找矿信息的成因意义及其找矿指示意义的理性分析,显得尤为重要,对成矿远景区的预测、成矿部位的分析、找矿方向的确定、勘查工程的部署均具有重要指导意义。

找矿信息有直接找矿信息与间接找矿信息、强异常找矿信息与弱异常找矿信息之分。实际工作中,直接找矿信息,特别是强异常的直接找矿信息易于发现并受到重视。一些间接找矿信息或弱异常找矿信息则容易被忽视。异常找矿信息的强与弱,受多种地质因素影响,特别是矿体的埋藏深度对其影响显著。对铀矿找矿而言,通过不同手段不同仪器类型测量获得的铀异常信息(包括能谱异常、γ 异常、$\gamma+\beta$ 异常、射气异常等)是最直接的找矿信息,对铀矿的发现与勘查具有重要的指示意义。如果铀矿体出露地表或为浅埋藏矿,地表或航空放射性测量方法往往能够获得较为明显的铀异常信息,对铀矿找矿无疑是十分有效的;反之,如果是深埋地下的隐伏铀矿体,常规的放射性测量方法则难以获得明显的铀异常信息,甚至测量值接近背景值,此种情况下,其找矿优势与指示意义微乎其微。

众所周知,随着铀矿找矿工作的深入开展,易于发现的露头矿和浅埋藏矿已越来越少,找矿目标已逐渐转为地表难以发现的、被厚层基岩所覆盖的隐伏矿以及被厚层风化植被或为外来厚层堆积物覆盖的掩埋矿,相应地,可获取的常规铀矿找矿信息十分有限,找矿难度越来越大。如何通过获取新的找矿信息来破解寻找隐伏矿的难题显得十分迫切,逐渐被世界各国重视。其中,加强提取反映深部成矿信息的新方法和新技术研究以及通过基础理论研究对既有数据进行再开发,提取有益成矿信息成为两个重要的研究方向。

以下是一个基于花岗岩型铀成矿基础理论与对航空 γ 能谱测量数据再开发,提取对花岗岩型铀矿有益找矿信息的研究案例,旨在启发或促进从成矿作用系统角度开展创新性找矿信息提取研究的思维与能力(王正其 等,2008;王如意 等,2010)。

1. 问题提出

因易遭受表生风化改造,花岗岩地区往往广泛发育良好的植被和厚度不等的土壤风化层,给地表地质调查、新鲜花岗岩露头地质特征信息的获得和铀矿找矿带来了很大的难度。

航空 γ 能谱测量成果为花岗岩型铀矿找矿立下了汗马功劳。航空 γ 能谱测量是将 γ 能谱仪安装在飞机上,在空中按一定高度和测线间距实施的连续放射性测量工作,同时获得 U、Th、K 含量三道基础数据。因其获得的铀含量数据对铀矿找矿具有直接显著的指示意义,且具有测量快速、相对经济、易于识别的特点,故航空 γ 能谱测量工作及其成果的运用,对寻找出露地表或近地表发育的铀矿床发挥了重要的作用。

回顾航空 γ 能谱测量铀矿找矿历史,不难发现,前人重点聚焦于航空 γ 能谱测量获得的 U 含量的高值点或高值区(带)的直接找矿值,而忽略了 Th、K 蕴含的间接成矿信息及其找矿意义。如果铀矿(化)体出露地表或埋藏较浅,在航空放射性铀测量成果中能较好地呈现 U 含量高值点或高值带(区);反之,如果铀矿体是深埋地下的盲矿体,则测量成果难以在航空放射性铀测量值中得以良好反映。显然,仅仅依赖于航空 γ 能谱测量获得的 U 含量高值,对于深埋地下的隐伏花岗岩型铀矿的识别作用微乎其微。

除高铀测量数据外,基于已有的航空放射性测量获得的 U、Th、K 基础数据,挖掘开发对无明显高铀值的花岗岩岩体区的铀成矿作用发育与否及其铀成矿潜力评价的有益找矿信息,无疑具有重要的经济意义和实践价值,是一条实现提升航空放射性测量数据利用价值、提高深部找矿效率、应用广泛且经济找矿的研究途径。为此,在核工业航测遥感中心的支持下,王正其等(2008)以下庄花岗岩型铀矿田为研究对象,针对航空 γ 能谱测量获得的海量 U、Th、K 航空放射性测量基础数据开展了数据再开发与找矿信息提取研究工作,取得了一些值得借鉴的认识。

2. 成矿地质特征

下庄花岗岩型铀矿田位于粤北地区贵东杂岩体的东部,面积约 250 km²,是一个由鲁溪岩体、下庄岩体、冒峰岩体、笋洞岩体、岩庄岩体、冒峰岩体等组成的多期、多阶段岩浆活动形成的印支—燕山期复式花岗岩体(图 3-2);岩性主要为中-粗粒斑状或似斑状黑云母花岗岩、中细粒二云母花岗岩和细粒白云母花岗岩等;成岩年龄主要介于 258~121 Ma。复式花岗岩体内发育系列 NWW 向展布的基性岩脉(辉绿岩、煌斑岩),成岩年龄约 110 Ma,为燕山晚期产物。矿田内断裂构造非常发育,往往成群、成组出现,其中以 NNE 向、NWW 向 2 组断裂构造最为重要,相互交织、切割构成下庄铀矿田棋盘格子状的构造格局。花岗岩体基底为寒武纪—石炭纪的浅变质岩系或陆相及海相碎屑岩系;外围发育 K_2-E 红色断陷盆地。

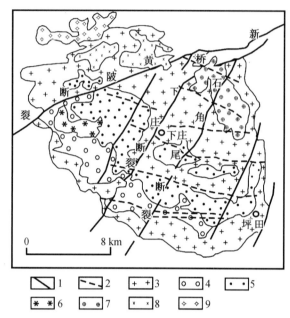

1—断裂构造;2—中基性脉岩;3—下庄岩体;4—鲁溪岩体;5—笋洞岩体;
6—岩庄岩体;7—冒峰岩体;8—龟尾山岩体;9—陈洞岩体。

图 3-2　下庄矿田地质简图(凌洪飞 等,2005)

下庄矿田内已探明 20 余个规模不等的铀矿床。除了坪田矿床等个别铀矿床产于花岗岩外接触带外,绝大多数铀矿床主要位于复式花岗岩体内部。空间上,铀矿床主要分布于 NNE 向展布的新桥-下庄硅化断裂带及其东侧(上盘);矿床的发育和定位主要受 NNE 向硅化断裂带,或 NNE 向硅化断裂带与 NWW 向展布的辉绿岩脉交汇复合部位控制。铀矿体主要赋存于 NNE 向断裂带及与之平行的裂隙中,在 NWW 向断裂或裂隙中也有发育。赋矿围岩主要包括中-粗粒斑状黑云母花岗岩、中细粒二云母花岗岩、细粒黑云母花岗岩和基性脉岩等。揭露工作表明,典型的成矿围岩蚀变有硅化、萤石化、碳酸盐化、红化、水云母(伊利石)化、绿泥石化、黄铁矿化等。其中,硅化、萤石化、碳酸盐化、红化等往往伴随有不同程度的铀矿化,主要发育于铀矿体及其邻近部位;水云母化蚀变场广泛表现出带状或面状展布特点,其宽度通常是矿体厚度的几十倍,乃至上百倍,呈对称状发育于铀矿体的两侧,呈现出以含矿带为中心,由内向外蚀变强度逐渐由强转弱的变化趋势;水云母化蚀变强度及蚀变规模与铀矿化的强度、规模往往具有正相关关系,预示水云母化蚀变场与铀成矿作用具有密切的成因关系,其蚀变空间位置、蚀变范围、蚀变强度,对区域内成矿流体作用场的范围、作用中心及由此形成的潜在铀成矿远景部位的圈定具有重要的指示价值。

依据矿体产出形式及成矿期新生脉石矿物组成,铀矿石主要可分为硅质脉型(或硅化带型)、萤石脉型、碳酸盐脉型和蚀变岩型(红化型)等 4 种类型;4 种矿石类型往往是同体共生,即一个铀矿体通常由 2 种、3 种或 4 种矿石类型构成,中心为充填型脉状铀矿石,两侧对称产出蚀变岩型(红化型)铀矿石。铀成矿时代为 100 ~ 85 Ma,与赋矿花岗岩之间存在较大的矿岩时差。

关于下庄矿田花岗岩型铀成矿作用,虽然尚存在岩浆分异热液成矿,浅源、浅成、低温热液成矿,地表水深循环热水成矿,多源混合成矿,幔源流体碱交代成矿,深源(幔源)流体成矿等多种观点和争议,但随着近年来研究工作的深入,多数专家学者认识逐渐趋于一致,基本的看法是富铀成矿流体主要来自地壳深部熔融源区或具有幔源属性;在热动力驱动下,富铀成矿流体沿一定的通道(如断裂构造等)向上运移至地壳浅部,与围岩之间发生系列反应(围岩蚀变),并诱发充填成矿作用和渗滤交代成矿作用;导致成矿流体成矿物质沉淀成矿的主要诱因是成矿流体物化条件(如温度、压力、饱和度、酸碱度等)发生改变。

3. 研究思路

对热液型铀成矿作用而言,来自地下深部的成矿流体在连通的裂隙或孔洞的渗滤过程中,必然与围岩发生化学反应,伴随发生元素的带入或带出,即围岩中某些组分进入成矿流体,而成矿流体中某些组分有选择地参与到固相围岩中,形成新生矿物组合,从而导致围岩岩石的结构、构造、矿物组成及化学成分发生变化,并形成具有一定空间规模的蚀变场。换言之,蚀变场是成矿流体作用过程导致在围岩中形成的蚀变岩石场与蚀变地球化学场的综合;蚀变岩石场主要体现在岩石颜色、结构、构造及其矿物组合等方面,蚀变地球化学场则主要体现在岩石元素化学组成上,两者空间基本一致,成因互为关联,均为成矿流体作用的结果与产物,是蚀变场的两种表现形式;蚀变场空间发育范围代表了成矿流体作用范围,蚀变由弱变强或其中心部位往往预示矿质沉淀、矿体的发育部位,可为成矿远景区段的圈定、预测隐伏矿体、勘查工程部署与施工等提供重要成矿地质信息和找矿地质依据。

基于下庄岩体和冒峰岩体岩石学和岩石化学特征研究表明,构成下庄岩体和冒峰岩体的花岗岩原生色均以灰白色为特征,其中,下庄花岗岩为中-粗粒似斑状结构,矿物组成主要为微斜长石、斜长石和石英,少量黑云母、白云母、电气石、磷灰石等;冒峰花岗岩为细粒花岗结构,主要由微斜长石、斜长石和石英及少量石榴石和白云母等矿物组成。虽然岩石结构与矿物组成存在差异,然两者表现出以下共性特征:①原岩宏观上均呈灰白色;显微显示,岩石花岗结构或似斑状结构清晰,主要造岩矿物颗粒基本完整且表面"洁净",长石矿物未见或少见蚀变现象。②遭受水云母化蚀变后的蚀变岩对称分布于含铀矿带的两侧,均呈明显的、不同程度的碎裂状构造,颜色为绿色或浅绿色,绿色深浅与水云母化程度呈正相关关系。③岩石中斜长石通常已全部或部分被水云母交代,偶见水云母交代微斜长石,也可见水云母以细脉状充填于裂隙中。④化学组成分析表明,无论是下庄花岗岩还是冒峰花岗岩,与原岩灰白色花岗岩比较,遭受水云母化的蚀变岩中的 K_2O 含量明显增加,与之相对应,Na_2O 含量则相应降低(表3-2);此外,虽然下庄花岗岩与冒峰花岗岩的 U、Th 含量及 U 与 Th 含量比值特征值存在差异,然灰绿色或浅灰绿色水云母化蚀变花岗岩较相应的原岩灰白色花岗岩而言,U 含量及 U 与 Th 含量比值存在普遍升高的特点。据此认为,灰白色花岗岩基本反映了下庄花岗岩或冒峰花岗岩的原岩结构与组分特征;灰绿色或浅灰绿色水云母化蚀变花岗岩的形成与下庄地区铀成矿之间存在内在的成因联系,是铀成矿流体沿含矿断裂带上升并向断裂两侧碎裂花岗岩渗滤扩散,在此过程,成矿流体与灰白色原岩花岗岩相互作用诱发水云母化交代所致;灰绿色蚀变花岗岩的分布范围代表了成矿流体的作用范围。

表 3-2　下庄矿田蚀变前后花岗岩特征组分含量变化

特征组分		K_2O	Na_2O	Th	U	U 与 Th 含量比值
		$w(B)/10^{-2}$		$w(B)/10^{-6}$		
下庄花岗岩	灰白色	4.82	3.12	34.9	29.08	0.87
	灰绿色	5.59	1.00	25.04	36.68	1.49
冒峰花岗岩	灰白色	4.38	3.75	8.45	23.0	2.99
	灰绿色	5.28	2.18	15.47	44.1	4.08

理论上,斜长石是长石族矿物中的 Ab-An 的完全类质同象系列,其化学分子式为 $Na[AlSi_3O_8] \cdot Ca[Al_2Si_2O_8]$,为不含 K 矿物;水云母(又名伊利石)的化学分子式 $K\{Al_2[AlSi_3O_{10}(OH)_2 \cdot nH_2O]\}$,为含 K 矿物。斜长石被水云母交代的过程,实质是成矿流体中的 K^+ 置换斜长石中的 Na^+ 和 Ca^{2+},同步析出 SiO_2 等组分,其化学反应过程可表示为

$$4Na[AlSi_3O_8] \cdot Ca[Al_2Si_2O_8] + 2K^+ + 2OH^- + nH_2O ====$$
$$2K\{Al_2[AlSi_3O_{10}(OH)_2 \cdot nH_2O]\} + 8SiO_2 + Ca^{2+} + 4Na^+ + 2O_2$$

综上,下庄矿田以灰绿色或浅灰绿色为特征的蚀变花岗岩,是深部来源成矿流体与灰白色原岩花岗岩相互作用的结果;花岗岩颜色由灰白色转变为灰绿色,主要是花岗岩中斜长石为水云母交代所致;水云母交代斜长石的过程实质是成矿流体中 K^+ 置换斜长石中 Na^+、Ca^{2+},该过程会导致蚀变岩中钾含量较灰白色原岩花岗岩中钾含量(灰白色)增高。换言之,下庄花岗岩地区钾含量增高区的分布范围,基本可代表铀成矿流体作用场或蚀变场发育范围;钾含量增高场信息可构成下庄地区花岗岩型铀矿找矿的重要信息,对于圈定下庄花岗岩地区成矿流体作用场及其花岗岩型铀成矿潜力部位的确定具有重要价值。

据此认为,依据航空 γ 能谱测量获得的钾含量数据,提取花岗岩在成矿流体作用过程导致的钾含量增量值;依据钾含量增量值及其空间分布信息,可以大致确定成矿流体蚀变场的空间发育范围;钾含量增量区域的空间分布范围以及增量值的幅度信息,可构成成矿流体蚀变场及其成矿流体活动中心识别与预测的重要信息;钾含量增量的空间分布范围,大致代表成矿流体蚀变场的空间发育范围,增量值的幅值中心部位(即高幅值部位),大致预示了成矿流体的活动中心。

此外,岩石化学组分研究也表明,与灰白色原岩花岗岩比较,灰绿色水云母化蚀变花岗岩中的 U 含量及 U 含量与 Th 含量比值存在不同程度的增量现象(表 3-2)。此增量值虽然未达到明显异常程度,但启示我们应注意成矿流体作用场对应发育的 U 含量及 U 含量与 Th 含量比值的增量弱信息及其找矿意义,此弱信息对于蚀变场的圈定以及潜在隐伏铀矿体的找寻是有指示价值的。

4. 信息提取

为此提出钾增量概念,其含义是指铀成矿流体作用导致围岩花岗岩发生水云母化蚀变过程的钾迁入量,用符号 ΔK 表示。

提取方法是:首先统计各岩体单元的航空 γ 能谱测量获得的钾含量均值,作为各岩体单元的钾含量背景值;再以各测点的钾测量值减去相应岩体单元的钾含量背景值,获得各测点的钾增量值(ΔK);以各测点的钾增量值(ΔK)编制钾增量等值线,获得钾增量场(ΔK)空间分布图。如 ΔK 值大于 0,表示测点存在钾迁入,钾呈增高场。

图 3-3 为基于钾增量信息编制的下庄矿田钾增量场空间分布图。

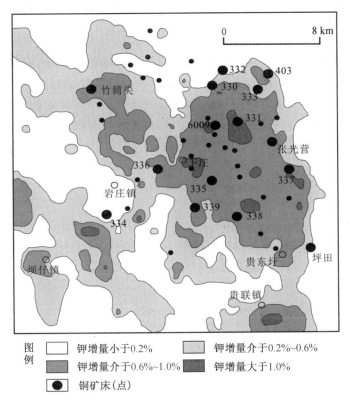

图 3-3 下庄矿田航空 γ 能谱测量钾增量场分布图(王正其 等,2008)

5. 研究认识

下庄矿田钾增量场具有分区、分带特点。分区是指以新桥-下庄断裂带为界(图 3-2),东、西两侧钾增量场特征存在较大差异,具体体现在钾增量场在新桥-下庄断裂带东、西两侧表现出不连续的特点;在断裂带东侧,钾增量场呈幅值增高(最高达到 8.0%)、面积大,具面型展布特征;而在断裂带西侧,钾增量场的幅值快速降低,总体以弱增量(幅值一般小于1.0%)为特点,且增量高场面积变小。分带是指钾增量场具有北西走向带状展布特征,从东北至西南依次为龟尾山钾增量低值带、竹筒尖-下庄-贵东圩钾增量高值带、岩庄镇-贵联镇钾增量低值带以及坝仔镇钾增量高值带等。

结合下庄矿田已知铀矿床(点)的分布,下庄矿田所有已发现的铀矿床(点)均分布于钾增量场范围内(增量大于 0.2%值域)。除了 334、332、333、坪田等铀矿床位于钾增量高值区的边缘部位(增量介于 0.2% ~ 0.6%)外,其余已发现的铀矿床或矿点,如 330、331、336、337、338、339 等铀矿床均位于钾增量高值区(增量大于 0.6%)。此外,除竹筒尖铀矿床以外,下庄地区几乎所有的铀矿床均分布于新桥-下庄断裂带及其东侧,与新桥-下庄断裂带东侧的钾增量场空间范围是基本对应的。

综上认为:下庄矿田钾增量场的形成与花岗岩成岩后富钾成矿流体对围岩发生钾质交代作用相关,是水云母化蚀变场的具体反映,与铀成矿作用之间存在内在的成因联系;钾增量场的空间分布对花岗岩地区铀成矿作用发育与否及其发育范围具有重要的指示作用。依据钾增量场信息可以大致圈定花岗岩地区成矿流体蚀变场,进而快速圈定潜在的铀成矿远景区(带),有效缩小找矿靶区;对花岗岩地区找矿空白区或无明显高铀异常的花岗岩区,开展铀成矿作用发育与否及其深部铀成矿潜力评价,提高铀矿找矿效果和找矿经济效益,无疑构成重要的找矿信息和指示意义。

显然,钾增量概念的提出及其找矿意义研究,丰富了花岗岩地区热液型铀矿找矿信息的内涵,有助于充分挖掘航空 γ 能谱测量成果中蕴含的找矿新信息,提升其在铀矿找矿中的利用价值。理论上,在钾增量信息基础上,结合开展铀增量、铀钍增量比信息的提取、对比研究和综合运用,可以更深入开发航空 γ 能谱测量成果中蕴含的铀矿找矿信息内容,进一步拓展热液型铀矿找矿信息的种类及其在成矿预测中的实践价值。

第4章 铀矿成矿预测方法

4.1 概 述

成矿预测是矿产勘查学的重要组成部分,可视为矿产勘查系统中的一个动态子系统,也是一项贯穿找矿勘查全过程的工作,即从普查工作前期(包括区域地质调查阶段)开始,到普查、详查乃至勘探工作过程、矿山开发,都应开展与工作阶段相适应的比例尺和工作内容要求的成矿预测工作。通常,国内外普遍把成矿预测作为资源勘查工作不可分割的先行步骤和提高矿产资源勘查效果的重要保障,是实现科学找矿的基本途径。

成矿预测是在科学预测理论的指导下,应用地质成矿理论和科学方法综合研究地质、地球物理、地球化学和遥感地质等方面的地质找矿信息,剖析成矿地质条件,研究成矿地质特征与空间变化趋势(地球物理、地球化学、矿物学等方面)以及制约成矿的地质要素,总结成矿规律,建立成矿模式,圈定不同级别的预测区或三维空间内的找矿靶区,正确指导不同层次、不同种类找矿工作的布局,提出勘查工作的重点区段或布置具体的勘查工程,达到提高找矿工作的科学性、有效性和提高成矿地质研究程度的一项综合性工作(赵鹏大 等,2001b)。

成矿预测的根本目的是选择成矿地质条件良好、找矿潜力较大的勘查区或成矿部位,并指导勘查工作。概括之,成矿预测的任务主要包括:

①充分研究成矿地质条件,控矿地质因素,成矿地质作用和矿床形成的地质、物理、化学环境,建立矿床的成矿模式;

②系统研究矿床形成和分布的信息标志,基于成矿地质理论,提出切实可行的找矿模型;

③系统研究成矿地质特征及其特征要素的空间趋势,总结成矿规律,在成矿模式和找矿模型的基础上,提出预测准则;

④依据预测准则,实施成矿预测工作,包括成矿地质条件分析,成矿远景区(带)或成矿部位的圈定,划分预测区(带)的级别,预测矿产资源和编制相应的预测图件;

⑤对预测的重点找矿靶区(远景区(带)或成矿部位)提出工作意见,并进一步开展工程验证评价工作。

目前,地质找矿工作已由直接依据矿化露头标志的找矿阶段转变为依据成矿地质条件和以间接矿化信息推断为主的理论找矿阶段。由于各种矿产在地壳中的分布是极不均匀的,众多的异常点、矿(化)点、矿化带或成矿带中,具有工业意义的矿化只占其中很少的一部分,因此,能否根据成矿规律和成矿信息,准确判断潜在的成矿远景区或成矿部位就成为勘查工作成败的关键。成矿预测的重要意义就在于它是实现科学找矿的重要途径。国内外长期的勘查工作实践证明,全面系统地开展成矿地质条件、成矿信息和成矿规律研究,并在此基础上开展成矿预测工作,是加强理论指导找矿,实现勘查工作的科学性、目的性和准确性,提高勘查工作经济效果和社会效益的重要基础环节。

4.2 成矿预测的基本理论与准则

4.2.1 成矿预测的基本理论

成矿预测是对发生在地质时期成矿事件的未知特征进行的估计或推断。预测的过程实质上是一种严密的科学逻辑思维过程,包括观察、分析、归纳、演绎及推理等认识环节。成矿预测方法则既是对这种思维过程的一种具体体现及反映,又是保证这种思维过程得以顺利完成的有效途径,是在一定的理论基础上,结合成矿预测的具体特点而发展起来的。这种理论基础就是在客观事物的发展变化过程中所具有的普遍规律(赵鹏大 等,2001a)。

赵鹏大等(2001b)认为成矿预测的基本理论可以概括为以下三方面:

(1)相似类比理论

相似类比理论可以看作是自然科学法则或社会人文科学领域实践应用思维的延伸。在地质学中相似类比理论赖以提出的假设前提是:在相似地质环境下应该有相似的成矿系列和矿床产出;相同的(足够大)地区范围内应该有相似的矿产资源量。前者指出在相似的地质环境和成矿地质条件下可以形成相似的矿床,据此可将已知矿床地质环境及其成矿控制因素与未知地区开展比较,由此指导未知地区开展类似矿产的成矿预测;后者为一定地区内成矿定量预测工作奠定了理论基础。

正如"将今论古""由已知到未知"的基本思维,成矿预测是在与已知矿床地质环境研究和对比中发展起来的。根据这一理论,建立矿床模型以指导成矿预测就成为首要的工作。这也是进行地质类比的基本理论依据和出发点。矿床模型是对矿床所处三维地质环境的描述。对于不同比例尺的成矿预测而言,地质环境研究的视野和广度是有差异的,对比或预测中所要考虑的地质因素在层次上、尺度上和认识深度上也要随之改变。对大比例尺成矿预测来说,尤其是要加强深部地质环境、关键制约成矿的地质要素的描述和地球物理特征的概括,因此,有人提出建立矿床的"物理-地质模型"的概念。矿床模型法实质上是成矿地质环境相似类比法。用于矿床统计预测的聚类分析法也是依据预测区与已知矿床地质特征的相似程度来判断预测区成矿远景大小的。

(2)求异理论

求异理论是在地质异常致矿理论基础上提出的。物探、化探异常作为矿床预测的重要依据是人们所熟知的,但"地质异常"的概念和意义却较少论及。应指出,地质异常是一种与周围地质环境迥然不同的地质结构。理论上,地质异常区别于一般的控矿地质要素或地质标志,它是具有一定的空间范围和时间跨度地质作用造就的地质体在某种性质上的特殊反映,它的表现形式是多样的,诸如地质物质组成异常、地质作用与演化过程异常、构造形式异常、地球物理异常、地球化学异常、生物组成异常等,既可以表现为体型,也可以表现为面型、线型、点型。

所谓体型地质异常是指在物质组成、性质、结构、构造、演化等之中的一方面或多方面与周围环境存在明显差异的地质体或地质体组合异常现象,包括元素组成(合)异常、岩性异常、岩相异常、结构构造异常、壳幔结构异常等。面型地质异常是指地质结构面或构造界面与周围环境具有明显差异,这些地质结构面或构造界面包括各类地质体的不连续界面(如不整合面、层间破碎带或层间滑动面、推覆构造面等)、特定环境下沉积形成的具有组成异常的沉积地层以及不同性质或不同成因地质体间的分界面(如岩石圈断裂带、基底或区域性断裂带、侵入接触面等)。线型地质异常通常出现在面型地质异常的交线处,几何上可以理解为有一定的延长,然宽度或延深甚小的地质异常,在成岩成矿作用中常指火山、岩浆、热液或热卤水的通道。点型地质异常一般出现在线型地质异常与面型地质异常的交点,在地质意义上它是一种三维空间均较小的地质体的体现,通常指示矿床或矿体的位置。

地质异常是可能产生特殊类型矿床或产出前所未有的新类型或新规模矿床的必要条件(赵鹏大 等,1998)。根据目前已知矿床所建立的成矿模型,只能预测与之类型相同和规模相似或更小的矿床,而不可能预测出尚未发现过的新类型矿床或迄今未曾发现过的规模巨大的矿床。因此,不能只注意与已知类型的成矿环境类比,还要注意从物质组成、地质作用与演化过程、构造形式、地球物理、地球化学、壳幔系统等角度"求异"。当我们对一个地区进行地质环境分类时,可能某个区域,或个别地段、单元、层位不能归入任何一类。这种地质异常区段或异常层位是不应轻易放过的,要对其进行成矿可能性分析并认真进行野外实地检验。

(3)定量组合控矿理论

成矿不是靠单一因素,也不是靠任意几个因素的组合,而是靠"必要和充分"因素的组合。由于我们现在尚不能对制约成矿的必要要素和充分要素有充分认识或清晰查明,因此成矿和找矿就成了非确定性事件。我们的任务是,最大限度地提高找矿概率。这就要求我们必须最大限度地查明"控矿因素定量组合",这也是矿床预测必须以提取、构置、优化各种成矿信息,并加以综合定量处理的依据。此外,还必须研究各种因素在成矿中所起作用的大小、性质和方向;研究各种成矿因素在成矿中的参与程度或合理"剂量"。也就是说,必须尽可能定量地研究成矿因素组合,而不仅限于定性分析和判断。往往在地质条件相似情况下,一些地区有矿,而另一些地区无矿,这是因为"相似的地质条件"并不一定是成矿的"充分条件",成矿更与考量的"相似的地质条件"是否概括全面以及不同地质要素之间的合理有效配置相关。一般地说,一个地区成矿概率的大小与有利地质因素组合程度有关,也与关键控矿因素是否存在以及相互配置关系相关。

上述三个理论中,相似类比理论是矿床预测的基础,它要求我们详细了解和大量占有国内外已知各类矿床的成矿条件、矿床特征和找矿标志;求异理论是成矿预测的核心,它要求在相似类比的基础上注意发现不同层次或不同尺度水平、不同类型的异常;定量组合控矿理论是成矿预测的依据,它要求我们把握一切与矿床有成因联系的地质、化学、物理和生物作用,掌握一切与成矿有关的因素及其特征。相似类比理论指导我们进行成矿环境的对比,从而在广泛的地壳范围内选择所要寻找和预测的最可能成矿环境,或者在指定的地段内,根据其地质环境判断可能寻找和预测的矿产。求异理论指导我们进行成矿背景场和地质、物探、化探及遥感等异常的分析,从而在确定的有利成矿环境或地段内进行预测靶区的选择。定量组合控矿理论指导我们进行成矿概率大小和成矿优劣程度的分析,从而在圈定的成矿远景区中评价和优选最可能成矿地段或优选可能成矿的最佳地段。三个理论之间的关系及作用可根据图 4-1 加以概略说明。

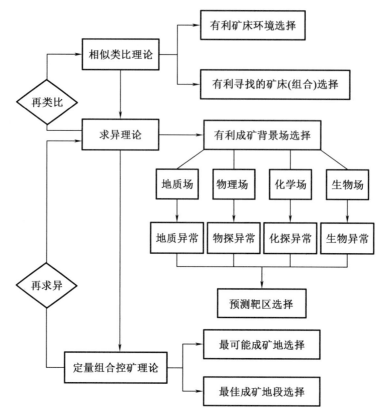

图 4-1 成矿预测理论、作用及相互关系概图(赵鹏大 等,2001)

4.2.2 成矿预测的准则

赵鹏大(1999)和朱裕生(1997)等人都曾对成矿预测的准则进行过较深入的总结,具体可概括为以下五方面:

(1)最小风险最大含矿率准则

该准则要求提交的预测成果在最小漏失隐伏矿床可能性的前提下,以最小的面积圈定找矿靶区的空间位置。成矿预测常称为风险评价,提交的预测成果要包含最小的风险、最大的可靠性。实际上,圈定的找矿靶区会出现两类常见的错误:①漏圈有矿地段;②将无矿地段误圈为找矿靶区。此准则是避免此二类错误产生的基本原则。成矿预测要求遵循此准则的目的是,使得提交的预测成果尽可能避免出现过于冒险和过于保守的两种极端错误的倾向。

在小比例尺成矿预测提交的成果中,用成矿远景区及相应的 A、B、C 三类表达(赵鹏大等,2002,2003),以表明该区、该类成矿作用的优劣,或者在该区、该类属性范围内有可能发现当前尚未发现的矿床的总概率,预测成果所包含的风险当前不会引起人们的注意。中比例尺成矿预测中提交的成矿远景区段和对这些远景区段做出相应的 A、B、C 三类属性的划分中,A 类远景区段常称为"找矿靶区",其能否见矿的风险问题成为能否发现矿床的核心问题。这一预测成果包含的风险已是大家关心的中心问题,所以中比例尺提交的预测成果中含矿率要最高,否则承担的风险太大。在大比例尺预测圈定的找矿靶区中,人们常常不是以一个面积来验证找矿靶区中包含的风险,而是用一个点(钻孔位置)或一个工程(地表槽探、坑探或钻探)来检验成果的可靠程度。这一准则在不同比例尺的成矿预测工作中的要求相差悬殊。因此,在实际工作中,应视预测比例尺的不同,将其原则性和使用的灵活性结合起来,提交可靠性较高的预测成果。

（2）优化评价准则

由于地质、物探、化探、遥感资料中包含的成矿信息具有一定的随机性和模糊性,其预测成果是在不确定条件下做出的带有某种风险的决策,但地质找矿工作则要求提交确定性的成果。为使两者统一,对圈定的成矿远景区需做可靠性评价,通常称"优化评价"。

优化评价是指预测人员根据成矿规律和对成矿控制因素的认识,有意识地干预模型的构成,对模型做有利成矿（或强化成矿信息）的定向转换（但要在不改变模型预测目标的前提下）,使模型突出其中一些有重要预测标志（或控矿因素）的信息,抑制某些成矿意义不明显或干扰较强的信息,迫使模型向成矿有利方向浓缩信息,以提高成矿预测的可靠性,逐步逼近潜在矿床,直至提出重中之重的普查区和最优找矿靶区。

优化评价准则是一项预测原则,尤其在大比例尺预测中是一项重要的原则。实施时,需要应用一些方法,它可以是地质的,也可以是数学的,选准优化的方法是优化评价准则实施的关键。

（3）综合预测评价准则

该准则包括两方面内容:对潜在矿床自身资源做综合评价;在预测和找矿中,要使用综合技术方法。

①潜在矿床自身资源的综合评价。其内容包括:共生矿产资源的预测评价;伴生矿产资源的预测评价;预测区范围内除导向矿种以外矿产的预测评价。

共生矿产是指同一矿区（或矿床）内存在的两种或多种符合各自工业指标,且具有小型（含小型）规模以上的有用组分矿产。经济价值高、资源储量规模较大的称为主矿产,其他则为共生矿产。共生矿产可分为同体共生矿产和异体共生矿产。

伴生矿产是指矿床（矿体）中与主矿产、共生矿产一起产出的,技术和经济上不具有单独开采价值（未达到矿床工业指标）,但在开采和加工主矿产时能同时合理地综合回收利用的矿石、矿物或元素。伴生矿产可分为伴生矿物矿产、伴生元素矿产和伴生矿石矿产三大类。

②预测、找矿使用的综合方法。其内容包括:预测工作中使用地质、物探、化探、遥感的综合信息,预测潜在矿床;找矿过程中使用地质、物探、化探、航卫的综合方法发现矿床,并指明使用的方法种类、方法配置和方法作用时的先后次序。

该准则要求使用最少的投资、最优的方法、手段,最短的时间,最高的效益进行预测和发现矿床。

（4）尺度对等准则

成矿预测成果一般要求采用不同层次比例尺的成果表达,据此准则,其原始资料都应与不同层次的比例尺相对应,若用大于该层次比例尺的原始资料是允许的,相反则不符合此准则。据此,在成矿预测工作中尺度对等准则包括以下内容:

①成矿预测成果比例尺与使用的地质、物探、化探、航卫资料的比例尺一致;

②在已知区建立预测模型使用的地质、物探、化探、航卫变量在预测区上均可获取;

③提交统一规定的预测成果,且其比例尺要一致;

④数据处理需使用统一规定的程序,在提交的成果中,凡涉及计算机数据处理、绘图等工作所使用的软件都是通过正式鉴定（或验收）的程序,否则将是无效的。

(5)定量预测准则

定量预测是成矿预测的重要内容之一,也是成矿预测现代化标志之一。成矿预测要计算机化、人工智能化,都必须以预测工作的定量化为基础。同时,定量化也是现代成矿预测所追求的目标,即预测成果形式应包括"四定":定成矿远景区空间位置,定矿产资源种类,定矿产质量和定矿产资源量。有时,为了更加完善,还应要求定找矿概率及定控矿地质因素与找矿标志最有利成矿和找矿的数值区间。这样就达到了"六定"。要做到这一点显然比单纯地定性预测具有更大优越性。当然,定量预测要求有比较高的数据水平,这一般在大比例尺成矿预测中是可以得到满足的。此外,利用遥感数据也使定量预测不但具有充足的数据源,而且数据水平一致性和数据的客观性能增加定量预测的可靠性。定量预测具有双重不确定性,即在预测的远景区中矿床是否存在,如存在,资源量是否为所预测的那么多。显然,随着预测比例尺的增大,这两种不确定性都将逐步减少。成矿预测中的误差演化本身就需进行定量研究。

由于铀矿床类型和成矿作用方式多种多样,以及分布地区的不同,其各种预测评价准则的意义也不是等同的,所以上述只是一些未与具体区域发生联系的概括性准则。它们的特点是,只有在应用到所预测地区的工作过程中,才具有具体的地质内容。

此外,对不同矿产和不同比例尺预测来说,使用准则的顺序和侧重点是不同的。对于铀矿床,不论比例尺的大小如何,除了遵循上述准则外,还必须考虑在预测区内所具备的铀成矿最基本准则,即铀成矿的地质时代、铀成矿的构造分区及构造层转换、铀的成矿物质来源、铀的活化迁移、铀的富集成矿和铀成矿后保存程度,等等(王有翔,1992)。

4.3 成矿预测的层次与任务要求

4.3.1 成矿预测层次划分

成矿预测工作内涵贯穿矿产资源勘查工作的始终。对于成矿预测尺度和找矿阶段而言,大至全国乃至全球角度圈定成矿省或成矿域(区),在成矿省或成矿域内圈定成矿带或成矿区,小至潜在矿田、矿床范围的圈定以及找矿部位(矿体)的确定;从不同比例尺的区域地质调查,到普查、详查、勘探等工作阶段,直至不同勘查阶段勘查工程的部署与设计(如钻孔位置、实施方案、终孔深度)环节,无不包含着成矿预测工作思想和工作内容。

成矿预测层次划分目前尚无统一的方案。由于划分标准的差异,不同地质部门或矿产预测工作者从不同的角度提出了各自的划分方案,但比较流行的划分方案是三分法,即把预测工作分为区域成矿预测、大比例尺成矿预测和局部成矿预测。区域成矿预测的对象是成矿带、成矿区和成矿域;大比例尺成矿预测的对象是矿结和矿田;局部成矿预测的对象是矿床、矿体或矿柱。卢祚祥等(1989)把成矿预测工作初步划分为大区的、区域的和矿区的 3个层次。刘石年(1993)结合赵鹏大等(1983)、卢祚祥等(1989)和地矿部(1990)的意见,把成矿预测工作划分为资源总量预测、找矿靶区预测和矿体立体预测 3 个层次,并对各层次的基本特点进行了归纳(表 4-1)。

表4-1 成矿预测工作划分简表

预测工作分类			刘石年(1993)划分方案		预测详细程度要求		卢祚祥等(1989)划分方案
工作性质	尺度分类		研究范围	预测目的	定性	定量	
资源总量预测	小比例尺	1:400万~1:100万	全国或数省范围成矿区带	全国或数省的资源比较评价,为地质找矿工作的总体规划提供依据	圈出成矿区(带)或不要求	资源潜力评价或资源总量预测	大区的(概略的)
找矿靶区预测	中比例尺	1:100万~1:50万	Ⅱ、Ⅲ级成矿区带	区域远景比较评价,为中比例尺地质测量和找矿工作提供靶区	圈出次级成矿区(带)	预测的资源量	区域的
	中比例尺	1:20万~1:10万	Ⅲ、Ⅳ成矿区带	区域远景比较评价,为大比例尺地质测量和找矿工作提供靶区	圈出矿带、矿区	预测的资源量	区域的
矿床立体预测	大比例尺	1:5万或更大	Ⅴ级成矿区带	矿区成矿远景比较评价,为部署详细找矿工作提供靶区	圈出矿田及矿床预测区	预测的资源量	
	大比例尺	1:1万或更大	矿田或矿床范围	矿田或矿床深边部立体定量预测,为地质勘查及生产勘探提供验证部位	预测盲矿体或富矿部位,提供验证工程方案或设计	预测的资源量	矿区的(局部的)

在《固体矿产资源预测方法与技术》一书中,叶天竺(2004)将成矿预测划分为三个层次:

①在全国或大区域范围内进行预测,提供有关矿种矿产资源量的估计数据,为编制国民经济各类中长期发展规划服务;

②在成矿区带范围内进行预测,目的是圈定预测远景区,计算预测资源量估算值,通过对比优选,部署矿产勘查工作,指导找矿;

③在矿产勘查区或开采区范围内进行定位预测,目的是预测矿床(体)赋存的空间位置和推断矿床(体)规模,指导工程施工。

综合前人的成矿预测分类和铀矿预测工作特点,本书将铀成矿预测划分为四个层次,即铀成矿概略性预测、远景预测、找矿预测和定位预测。不同层次铀成矿预测工作相对应的比例尺、预测目的和工作程度相关要求列于表4-2。

4.3.2 铀成矿预测各层次的任务要求

1. 铀成矿概略预测

铀成矿概略预测工作通常是指在洲际范围或若干国度范围之内进行铀成矿资源预测。预测的成果图件比例尺一般小于或等于1∶500万。预测目标是圈定铀成矿域、成矿省或成矿带。概略预测成果主要作用是,通过洲际领土铀矿资源远景比较评价和铀矿资源远景战略性评价,为铀矿地质找矿工作和国家经济发展长期规划提供基础资料和依据。

主要任务是:①根据对地壳含铀地质体的结构、成分的建造分析,查明铀矿化与地质建造的空间和时间关系,确定成矿域和构造-成矿带的预测标志,总结成矿规律;②划分铀成矿域、成矿省,或成矿带范围;③编制概略性铀成矿预测图。

2. 铀成矿远景预测

铀成矿远景预测指在成矿省内进行铀成矿预测,查明区域成矿带及远景带内矿化分布不均匀性的可能性,并在成矿带范围内识别出空间上分割的潜在矿田,以利于发现有远景的铀矿区。其工作比例尺一般大于等于1∶250万,小于等于1∶50万。预测目标是圈定成矿带或成矿亚带。铀成矿远景预测成果主要作用是通过成矿省内铀矿资源远景的比较评价,圈定铀矿资源远景区并进行资源量定量评价,以及确定未来铀矿勘查基地,为区域经济中长期发展规划以及区域中长期铀矿勘查工作总体部署提供基础依据。

主要任务是:①综合研究和深入分析成矿地质环境,研究各类典型矿床及其成矿地质因素和控矿条件,总结成矿规律;②划分次级成矿区(带),一般划分至矿田分布区;③圈出预测远景区,做出定性和定量预测;④编制矿产预测系列图件;⑤确定未来铀矿勘查基地,提出今后地质和矿产远景调查工作建议。

3. 铀矿找矿预测

铀矿找矿预测工作通常是指在成矿带内进行铀成矿预测。预测成果的图件比例尺一般大于等于1∶25万,小于等于1∶5万。预测目标是圈定矿田或矿床产出有利区域。其成果的主要作用是划分成矿亚区(带)和矿田,圈出勘查靶区,提出矿产勘查工作意见,直接指导找矿工作部署。

表4-2　铀成矿预测层次划分表

预测层次划分				预测的目的、任务、程度和要求			
类	亚类	成果图比例尺	预测面积或范围	预测目的	详细程度要求	远景区划分	常用底图比例尺
概略预测		≤1:500万	洲际范围	洲际领土铀资源远景比较评价,划分远景区,为地质找矿工作总体规划提供依据	资源概略评价	成矿域、成矿省	1:500万
远景预测		1:250万~1:50万	国土范围、省区或地区范围	大于50万km²地区资源远景比较评价,圈定预测远景区,为地质找矿工作总体规划提供依据	资源远景评价	成矿省、成矿带(区)或成矿亚带(区)	1:250万~1:50万
找矿预测		1:25万~1:5万	地区范围或按含矿带(区)或成矿亚带(区)	圈定铀矿勘查靶区,为找矿总体规划提供依据	资源远景评价或矿产预测资源量	成矿亚带(区),铀矿田或矿化集中区	1:25万~1:5万
定位预测	矿田级	1:5万~1:2.5万	区县范围或按矿带	划分出主要矿化类型,圈定铀矿床范围,为普查或详查提供依据	预测资源量	矿区、矿田或矿化集中区	1:5万~1:2.5万
	矿床级	1:1万~1:1000	小范围,数平方千米至数十平方千米	划分出主要矿化类型,圈定铀矿体范围,为矿田深部或矿外围找矿提供依据	预测资源量	矿床、矿点	1:1万~1:1000

资料来源:王有翔(1992),有修改。

主要任务是:①研究典型矿床、成矿特征及其控矿因素,总结成矿规律;②划分成矿亚区(带)和矿田;③圈出勘查靶区;④估算预测资源量;⑤编制矿产预测系列图件;⑥提出矿产勘查工作意见。

4. 铀矿定位预测

铀矿定位预测工作通常是指在矿田、矿区周边及深部进行铀成矿资源预测(铀矿床、体定位预测)。矿田一级预测的成果图件比例尺一般大于等于1:5万,小于等于1:2.5万。预测目标是(矿田范围)圈定铀矿床。其成果的主要作用是圈定出最小的可能产出铀矿的区域,并进行资源潜力评价,提出验证工程的具体位置和设计建议。

矿床一级预测的成果图件比例尺一般大于等于1:1万,小于等于1:1 000。预测目标是在已有矿床外围及深部预测圈定新的矿体。其成果的主要作用是标出隐伏和难识别矿体的空间位置,提出验证工程的具体位置和设计建议。

主要任务是:①区分矿与非矿异常,标出隐伏和难识别矿的三度空间;②解释推断可能发现矿床的类型和规模;③编制矿床立体图,提出验证工程的具体位置和设计建议;④提出矿床(区)深部和外围找矿的建议。

4.3.3　成矿预测工作的一般程序

成矿预测工作的一般程序可以大致归纳如下(赵鹏大 等,2001b):

(1)确定成矿预测要求

确定预测的目的任务、预测区范围、预测的资源种类、具体的比例尺等。

(2)全面搜集地质资料

全面搜集研究地区的各种地质报告和图件、物化探、重砂、放射性测量等工作成果及有关专著,并尽可能进行矿产预测所必需的地层、构造、岩浆岩、矿床等各项地质资料的系统整理,使之条理化和图表化,为进一步研究成矿规律和预测打下基础。

(3)研究成矿规律和建立矿床成矿模式

在深入研究区域地质背景的基础上,通过一系列典型矿床的控矿因素和成矿机制及对区域控矿条件的分析,找出在时、空和物质来源方面直接控制矿床形成和分布的规律。根据不同比例尺成矿预测工作的需要,建立区域成矿模式、矿床成因模式、找矿模型。

(4)编制预测图

通常以成矿规律图为底图,要突出各种控矿地质因素和矿化信息。在综合分析控矿因素和矿化信息的基础上,确定预测评价的准则,圈出成矿远景预测区,划分远景区级别,以反映预测的可靠程度和潜在成矿的有利程度,并进行相应的资源量的预测和估算。成矿预测图通常以平面图予以体现,必要时需辅以剖面预测图。

(5)重点工程验证

对复杂地质体的评价预测,必然有一个实践—认识—再实践—再认识的不断深化的过程。地质现象常常具有多解性,相互干扰很大,对分辨"矿"与"非矿"造成重重困难。因此必须用信息论的观点,把预测找矿过程看成是一个多因素影响的不断修正、不断调整的动态过程。要使这样一个过程科学化,信息反馈是不可缺少的。信息反馈能使在预测方案的验证过程中产生的各种信息,及时回到预测者手中,帮助预测者适时地改进和调整决策,以达到"有效最佳"预测的目的。因此,在预测方案拟定以后,应当选择典型地段、布置少量工作(一般以钻探为主)予以揭露,及时验证预测工作成果的可靠性。

（6）编写报告

成矿预测报告应根据不同比例尺预测的主要任务，以能说明情况、问题和预测成果为原则进行编写。其内容一般应包括概况、工作和研究程度、地质背景、成矿规律、成矿预测方法、成矿预测成果、对地质找矿工作部署建议等部分。

概况部分应简要说明任务、工作范围及其划定的依据、地质工作简史、研究程度、已取得的成果；对边远交通不便的地区应说明自然经济地理情况。

成矿规律与预测部分是报告的重点，应说明：①区域地质、地质建造、地球物理和地球化学等特征；②已知典型矿床的控矿因素、成矿规律、矿床成矿模式；③成矿预测方法、预测依据；④进一步找矿的可能性，成矿区（带）的划分及预测地区或成矿部位；⑤资源量预测方法选择及预测结果。

4.3.4　成矿规律图及成矿预测图的编制

1. 编制铀成矿规律图

在完成地质图、构造图、矿产图等各类基础图件的编制以后，就可以编制成矿规律图了。铀成矿预测的中心环节是铀成矿规律的研究。对铀成矿地质特征及控制因素的研究越细致，对成矿规律的认识越深入，远景评价和预测选区的可靠性和准确性就越大（王有翔，1992）。

（1）底图的选择

对于不同成因的矿床，应选择不同的底图。内生铀矿床的成矿控制因素主要为岩浆活动、构造及围岩岩性等，因而一般以构造图（或构造岩性图）作为成矿规律图的底图。外生铀矿床通常以岩相-古地理图作为成矿规律图的底图。变质铀矿床可以采用构造-岩性图作为成矿规律图的底图。

（2）图面内容的要求

成矿规律图的图面内容应包括与预测矿种的成矿有关的地质体和地质现象、矿床矿点的位置以及重要的物、化探异常信息，相应规模成矿单元的分布。在成矿规律图上应突出控制成矿的主要地质因素，尽可能删去或精简那些目前认为与成矿无关的地质现象。对各类元素的物、化探异常用相应矿种矿床、矿点符号的颜色表示，各种地球化学晕的性质则用不同的线条表示。

在成矿规律底图基础上，应添加或表现的图面内容概括如下：

①矿床、矿点及其矿种、规模、类型和成矿时代。

②成矿区带界线及区带名称、编号和级别。

③主要矿化标志：蚀变带。

④与目标矿种主要和重要类型矿床之勘查和预测有关的物探（重磁）、化探、遥感和自然重砂等多元综合异常。

（3）区域成矿规律的综合分析

在编图过程中，要综合上述所有基础图件、辅助图件的资料，深入分析研究区的地质发展历史。尽可能查清研究区地质发展过程中的沉积作用、岩浆活动、构造运动及成岩期后热液作用、表生作用等与铀成矿的关系，了解各地段在地质发展各阶段中的矿化信息及成矿作用特征。鉴别不同地段主要成矿控制因素的差异，并选择铀矿产出条件中具有特色的矿床、矿点进行重点分析，从而深入掌握各个成矿单元中铀及其他各种矿产的形成规律及成矿特征。

(4)划分区域成矿单元(或称成矿区划)

成矿单元系指矿床类型、矿床成因以及矿床产出条件具有共同特征,且位置相毗邻的区域。成矿单元是根据成矿规律分析结果划定的。铀矿是一定地质环境、一定地质发展阶段的产物,因此划分成矿单元应根据研究区的地质特征及地质发展历史、成矿作用特征和地球化学场特征来进行。圈定成矿单元的范围,要着重考虑控制成矿区域分布的地质条件。成矿单元有大有小,其具体命名一般是:线型分布的称"带";面型分布的称"区"。还可参考以下名称:

Ⅰ——构造成矿带(区),相当于一级构造单元;

Ⅱ——成矿带(区),相当于二级构造单元;

Ⅲ——成矿亚带(亚区),相当于三级构造单元;

Ⅳ——矿带,相当于四级构造单元。矿带可进一步划分出矿田和矿床。

一般来说,在1:100万或更小比例尺的成矿规律图上,可划分出构造-成矿带(区)或成矿带(区);在1:50万~1:5万比例尺的成矿规律图上,可划分出成矿带(区)、成矿亚带或成矿亚区以及矿带,矿带内还可划分出矿田和矿床。

根据区域成矿作用特征,可单独编制铀成矿规律图,也可综合编制多矿种成矿规律图。成矿规律图应附有文字说明,简要阐述区域成矿规律、成矿单元的划分依据、各成矿单元的成矿特征及典型矿床的实例。

2.编制铀成矿预测图

在编制成矿规律图的基础上,即可进行成矿预测,划出成矿远景区。研究区并不全都有成矿远景,因此必须根据控矿因素、矿化信息和成矿规律的深入分析,确定成矿单元,再划出局部远景地段。在局部远景地段内进行分级预测,即将局部远景地段按远景意义的大小圈定出不同级别的预测区,并估算各预测区资源量、编制成矿预测图(王有翔,1992)。

(1)铀成矿预测底图的选择

①伟晶岩型、碱性岩型、花岗岩型铀矿等与侵入岩体有空间关系的矿产,一般在岩体内、接触带或侵入体、热流体影响范围内成矿的矿产,建议以侵入岩浆构造图为底图。

②砂岩型铀矿(广义)、沉积成岩和沉积淋积型碳硅泥岩型铀矿,建议预测底图为构造岩相古地理图、沉积建造古构造图、地貌与第四纪地质图、岩性-地球化学图。一般情况下稳定陆块区编制构造岩相地理图,造山带中与复杂建造组合有关的沉积型矿产,以建造古构造图为预测底图。

③火山岩型铀矿一般以火山岩岩性岩相构造图为预测底图。

④沉积-热造型碳硅泥岩型铀矿以建造构造图为底图,并突出表示特定地层或建造。

(2)铀成矿预测图的内容

铀成矿预测图的内容一般包括:

①铀富集层或有利成矿的岩层;

②在成因上或在空间上与铀成矿有关的侵入体;

③控制成矿的构造,如断层、不整合面、接触带、褶皱等;

④已知矿床、矿点的成矿特征及矿化信息,或与成矿密切相关的重要物、化探异常信息;

⑤成矿单元;

⑥不同级别的铀成矿预测区；

⑦如果进行了预测区资源量定量估算，还应标注预测区资源量及相应级别。

铀成矿预测图通常以铀成矿规律图为底图，应反映基本的地质要素以及较重要的预测要素。

（3）圈定预测区的依据

在区域铀成矿预测中，在充分掌握第一性资料的基础上，应用成矿规律，圈绘铀成矿预测区。预测依据可主要参考下面诸因素：

①铀矿床、铀矿点的分布情况。已知重要工业铀矿床的密集分布，可视为成矿条件有利地段，并作为圈定预测区的重要依据。

②与铀矿化有关的侵入岩，除分析不同岩性、不同期次岩体与成矿的关系外，还应考虑侵入体的形态、产状、大小、岩相等特征。

③构造层的含铀性。

④控矿构造，包括深断裂，不同构造系交接线，含矿的断裂、裂隙带、片理化带等。

⑤物、化探异常，放射性异常资料及其解译成果。充分利用这些资料是提高预测效果的途径，也是研究、总结成矿规律的重要内容。

⑥含矿主岩的广泛发育，包括未出露的潜在含矿主岩。

⑦面型蚀变、层间蚀变或线型蚀变及近矿围岩蚀变种类和发育情况。

⑧铀矿产与其他矿产的共生，以及矿化分带特征。

⑨剥蚀、侵蚀情况。

在具体分析各地段成矿远景时，既要从已有铀成矿类型及其成矿作用特点角度，综合考虑有利的控矿因素，注重分析编图的主要依据，又要善于从铀的地球化学理论角度进行"求异"，分析研究不同地段地质条件下可能发育的新的铀成矿作用类型，创新性与针对性并举，力求避免片面性和一般化。

（4）划分成矿远景的级别

铀成矿预测区，要根据成矿地质条件的有利程度、已知各成因类型矿床矿点的工业意义和铀矿化信息的可靠性，划分成矿远景级别。

在研究区内，一般可划分为成矿远景区，无须深入工作的地区，没有把握、成矿条件尚待研究的地区等三种情况。

针对成矿远景区（即预测区），又可按其成矿的有利程度划分级别，通常分为三级：

Ⅰ级，有重要工业意义的矿床、矿点，有优越的成矿地质条件，矿化信息明显等。对于这一级，可考虑布置较大比例尺的综合找矿工作。

Ⅱ级，具有较好的成矿地质条件，矿化标志比较明显，尚未发现工业矿床或只有少数矿点等。在属于Ⅱ级的地段内，要加强物化探和综合研究工作，力求有新的突破。

Ⅲ级，具有一定的成矿地质条件，但不够齐全，尚未发现直接找矿标志，可适当安排物化探扫面和专门性普查找矿。

（5）文字说明

成矿预测图编制完后，要编写成矿预测图的说明书或成矿预测报告，主要论述各预测区的圈定依据、远景评价和进一步工作的建议。成矿预测图说明书可同成矿规律说明书一起合并编写。

4.4 铀矿成矿预测方法简介

4.4.1 成矿预测方法分类

成矿预测方法目前已达数十种(表 4-3),国内外众多的学者和有关单位曾从不同的侧面对预测方法进行过一定的分类探讨(赵鹏大 等,2001b)。

表 4-3 国内外有关学者的成矿预测方法分类一览表

序号	姓名	方法分类
1	秋也夫(Чуев,苏联)	(1)启发式预测(专家预测);(2)数学模型预测
2	沙利文(W. G. Sullivan,美国);克雷康贝(Claycombe,美国)	(1)定性预测法;(2)时间系列预测法;(3)因果模型预测法
3	道勃罗夫(В. Добров,苏联)	预测方法分 3 类 8 组 19 种,3 类是:(1)专家评估法;(2)趋势外推法;(3)模型法
4	琼斯(H. Jones,美国);特维斯(B. Twiss,美国)	(1)定性预测;(2)定量预测;(3)时间预测;(4)概率预测
5	哈里斯(D. P. Harris,美国)	(1)多元统计预测法;(2)主观评价法
6	赵鹏大等(1983)	(1)矿产资源潜力评价方法;(2)成矿远景区定量预测方法;(3)地质标志预测方法和含矿性评价方法
7	朱裕生(1984)	(1)非地质标志评价方法;(2)主观评价方法;(3)简单地质标志评价方法;(4)成矿地质标志评价方法;(5)定性地质标志评价方法;(6)成因地质模型评价法
8	王世称等(1986)	按预测目的分 5 类,每类又按离散型、连续型和混合型分 3 种,共分 15 种
9	我国地质科学院成矿远景区划室(1991)	经验预测方法;理论预测方法;综合方法预测法
10	卢作祥等(1989)	归纳法;近似法;统计分析方法;综合方法

我国成矿预测方法自 20 世纪 20 年代开始,经过几十年的发展历程,在大比例尺成矿预测理论和方法方面等取得了突出成果,形成了较为完整的理论和技术方法体系(朱裕生 等,1997),主要以地质异常成矿预测法(赵鹏大 等,1983)、成矿系列(程裕琪 等,1983;陈毓川等,2006)、三联式成矿预测法(赵鹏大 等,2002,2003)、成矿系统(翟裕生,2000,2003a,2003b,2011)、构造成矿动力学预测法和矿田构造地球化学预测法(韩润生,2003,2005)、"三步式"矿产资源评价法(肖克炎 等,2006)、大比例尺 GIS 三维立体预测法(陈建平 等,2007;肖克炎 等,2012)、综合信息预测法(王世称,2010)、矿床模型预测理论方法(毛景文等,2012)、固体矿产矿床模型综合地质信息预测法(叶天竺,2013)、大数据矿产资源智能预

测方法(陈建平 等,2015;肖克炎 等,2015;赵鹏大 等,2021),等等一系列理论与方法体系。

同时,随着计算机软、硬件技术的高速发展,国际上出现的较流行的矿产预测方法有证据权法、分形方法以及大数据、人工智能预测法等。核工业地质系统还开发了铀矿预测的成功树法。曹新志等(1993)基于各种预测方法所依据的基本原理,将成矿预测方法分为 4 类基本方法、20 个方法组,本书在此基础上,补充更新了近期新发展的主要预测方法。每个方法组依据与成矿有关的具体参数的不同又可分化成多个不同方法(表 4-4)。

表 4-4　成矿预测方法分类表

方法原理	基本方法	具体方法组举例
惯性原理	趋势外推法	矿体外部特征变化趋势外推法;矿体内部特征变化趋势外推法;成矿物化条件变化趋势外推法;控矿因素变化趋势外推法;预测标志变化趋势外推法;成矿规律趋势外推法等
相关原理	归纳法	地质归纳法;系统分析法;预测-普查组合方法;建造分析法;求异法;统计分析法;大数据矿产资源预测法等
相似原理	类比法	矿床类型类比法;矿化信息类比法;控矿因素类比法;地质模型类比法;数学模型类比法;人工智能预测法等
上列三原理的组合或全部	综合方法	地质-物、化探信息综合法;地质-物、化探,遥感-数学地质信息综合法;地球动力学系统预测法;专家系统评估法等

以下对所划分的 4 类基本方法做一简要的说明。

(1)趋势外推法

趋势外推法是基于惯性原理发展而来的一类方法。惯性原理是指客观事物在发展变化过程中常常表现出的延续性,通常称其为惯性现象。成矿事件及其产物——矿床的惯性现象表现为在时间、空间上具有一定的趋势性(延续性与变化性的统一)。这种趋势性越稳定,即惯性越强,则越不易受外界因素的干扰而改变本身的延续特点及其变化趋势。例如一些大的成矿带和脉状矿体的规模及延伸方向在空间上一般都比较稳定。成矿预测中常用的行之有效的各种趋势外推法就是依据地质体的有关特征在时空上的惯性现象而发展起来的。趋势外推法是成矿预测工作中应用最早的一类较成熟的方法。本类方法立足于矿床(体)的已知特征,据矿床(体)有关特征的自然变化趋势从已知地段外推到相邻未知地段内的有关特征。在一般情况下,所得结论是可信的。该类方法简便、直观、效果好,目前在矿区深部及外围的成矿预测工作中取得了较广泛的应用。在具体应用中,根据所依据的外推参数的不同,趋势外推法可进一步分为至少 6 种方法组(表 4-4),因此方法选择的自由度较大。使用本类方法须注意的事项是:①基于外推的矿床(体)的变化趋势特征认识须基本清晰、真实、有效;②必须是在起点真实的基础上,严格地按照变化趋势进行有限的外推;③外推时应考虑到后期地质作用改造的影响,如后期断裂活动对先成矿体的错失、岩浆活动对先成矿体的熔蚀(破坏)等。

(2)归纳法

归纳法是建立在相关原理基础上,预测工作中经常要用到的一类方法。相关原理是任何成矿事件的发生、变化都不是孤立的,而是在与其他地质作用的相互影响下发展的,并且这种相互影响常常表现为一种因果关系。例如成矿预测的研究对象——工业矿床通常和各种岩石及构造有着密切的联系，一定类型的矿床是特定地质环境下特定的地质作用的特殊产物。相关原理有助于预测者深入、全面地分析与成矿有关的各种地质因素，从而正确地认识矿床的有关特征及总结成矿规律，进而进行正确的预测。依据相关原理，成矿预测发展的初期就广泛地使用了归纳法。独联体国家广泛使用的系统分析方法及预测-普查组合法也是建立在相关原理基础上，属归纳法的一种具体形式。

归纳法立足于对具体对象做全面的、系统的分析，并且往往必须从最基础的工作做起，通过对本地区成矿地质特征、控矿因素的深入研究，总结成矿规律，进而开展成矿地质条件分析，对成矿前景做出科学的评价。在工作全面深入、细致，分析合理的前提下，所得结论往往比较正确，并可导致提出新的成矿理论及发现新的矿床类型。本类方法无论是在地质研究程度较高的老区或研究程度较低的新区都有广泛的应用前景，是应用类比法的基础，类比中所用的各种模型都是通过对已知区成矿特征的归纳、总结才建立起来的。归纳法进一步分6种方法组，如表4-4所示。应用归纳法时既要重视已有成矿理论的指导作用，也要有不被已有成矿理论禁锢的思维，并注意总结新的成矿理论及建立相应的预测模型以指导相似地区的预测工作。

作为21世纪大数据时代地学研究"归纳法"的主要手段(罗建民 等，2019)，大数据与归纳法"归纳现象，揭示本质"的统计学基本思想十分契合，因此其具有与归纳法同样可靠的理论基础。大数据和计算机技术的进步突出了数据的混杂性和全面性，因此在矿产资源评价工作中，地质工作者需要在最大限度上对研究区的结构化数据和非结构化数据进行搜集，采取合适的算法模型对地区的地、物、化、遥、矿床等数据进行全面分析，做到在看似杂乱的数据中筛选剔除冗杂的信息，从而获取矿床成因、成矿规律、成矿过程等与成矿预测相关的有利信息数据。不仅如此，通过利用基于大数据的机器学习和深度学习算法，可以有效地避开复杂的因果分析，直接获得研究结果，在预测过程中大大减少了人为主观因素对信息挑选所造成的结果的不确定性，非常适合用于矿产资源预测的科学研究。并且，通过云计算和数据网络等技术可以构建并集成各式各样的新型地学技术平台，在矿产资源评价过程中，更有利于从业人员对理论方法进行信息挖掘、分析、管理、分类和后续的储存。

(3)类比法

类比法是建立在相似原理基础上的，成矿预测工作实践中简便且行之有效的基本方法之一。成矿预测方法中的矿床类型类比法、地质模型类比法以及矿床模型综合地质信息法等都基于该原理。相似原理是指特性相近的客观事物的变化常有相似之处。在成矿预测研究中可以将其理解为在相似的地质环境中应该有相似的矿床产出(如矿床的种类、类型、规模、储量等)。依据客观事物发展、变化的相似性，由已知事物的变化特征可以类推具有相似特征的预测对象的未知状态。即由已知区类推地质环境相似的未知区的成矿特性，由已知矿床类推未知矿床的有关特征。成矿预测的类比法就是依据相似原理而提出并迅速得到普及与推广的。

近些年，随着人工智能(AI)技术的发展成熟，智能成矿预测技术方法研究日趋活跃，AI技术贯穿在成矿预测工作的各个环节，从要素识别、提取，到模式判断和预测区圈定优选都有应用，未来将会给成矿预测的工作效率和准确率带来非常大的提升。但AI算法的"黑盒"问题也会给成矿预测工作带来很多挑战，需要给予一定的关注。

类比法是4类预测基本方法中使用简便、易行、见效快的一种方法，目前在成矿预测领域中得到较高的重视及较广泛的应用。P. 鲁蒂埃(1979)认为预测是从矿床类比中发展起来的。我国甚至有人认为"类比法是成矿预测首要的或主要的方法,其他成矿预测方法都建立在这一方法的基础之上"。这种看法虽然值得商榷,但从一个侧面反映了类比法在成矿预测领域内的重要性。

类比法实质上是一种经验性的方法,其主要是利用通过对已知区的深入解剖研究所取得的有关认识,来类比成矿地质条件相似的未知区的成矿前景。本类方法特别适用于地质研究程度较低的地区及受技术条件限制而研究难度较大的深部成矿预测。由于类比法是建立在相似原理基础上的一种推断,受预测者的经验及主观因素影响较大,因此为提高类比的可靠性,在具体应用中应注意以下问题:

①尽可能采用综合类比。类比的内容要尽可能全面,如地质环境、成矿地质特征、控矿要素、物理化学环境、成矿物质来源、矿床类型、成矿信息等。成矿作用的发生与发育是一个复杂的地质过程,矿床的形成是多因素地质作用耦合的结果,从多角度入手开展综合类比,可以尽可能避免因认识的不全面性导致得出错误的判断。

②明确类比的层次与重点。依据研究对象尺度,成矿预测分为不同的层次(不同比例尺)。对于不同层次的成矿预测,类比工作所要研究的内容以及类比的重点要区别对待。譬如,对于热液型铀矿而言,矿田层次的成矿预测,类比关注的重点一般主要涉及壳幔结构、基底地质、岩浆活动时代与演化历史、岩浆岩性质与岩性、区域性构造活动与演化、含铀性等地质因素;矿床或矿体预测层次,类比关注的重点则应聚焦于制约矿体发育和定位的相关要素上,如断裂构造的性质与组合形式、构造发育与变异特点、岩性的变异特点、热液蚀变类型、物化探信息、铀异常或铀矿化类型及其稳定性、铀矿石类型、矿石矿物组成及其结晶状况、剥蚀情况等。对于砂岩型铀矿而言,含铀盆地及其成矿远景区层次的成矿预测,类比工作主要关注基底特征与组成、盆地性质与演化、构造环境与构造型式、地层结构与组成、古气候及其演化、岩相古地理、砂体发育状况、铀源、区域补–径–排条件、潜水氧化带及层间氧化带发育状况等地质条件;对于某个地段或已明确发育层间氧化带的砂体铀成矿与否(矿床或矿体层次)的成矿预测层次,研究重点应为砂体规模、砂岩物性(结构、构造、分选性、成熟度、碎屑组成)、还原剂与吸附剂、铀异常或矿化的产出特征与成因、保存条件等。

③对成矿地质特征及控矿因素认识要尽可能全面、透彻、准确。已知矿床区的成矿地质特征及其控矿因素认识是成矿地质条件类比的基础,类比中所运用的各种矿床模型都是基于已知矿床区地质特征和成矿特征,经过理性的观察、分析、归纳、综合而来的。换言之,对已知矿床区成矿地质特征以及制约成矿作用发生发育的地质要素识别,其全面性、正确性直接影响着矿床模型构建的合理性,进而影响到后续成矿地质条件类比工作的针对性和预测成果的有效性。因此,全方位、多角度、多尺度观察地质现象,获取第一手感性认识,开展肯定与否定的辩证辨析,准确把握成矿特征以及制约成矿作用的关键地质因素,是优化成矿地质条件类比要素,提高类比工作的针对性和成矿预测有效性的前提与基础,应引起高度重视。

需要指出的是,野外地质现象是第一性的实践感识,是开展正确类比工作的基础,然基于地质现象的阐述与认识则是具有主观能动性的人经过主观思维或意识加工的体现,后者可能是前者的真实反映,也往往出现较大偏差,从而对成矿预测产生误导效应。此外,成矿地质现象本身是真实的,但对成矿地质现象真实面貌的认知以及成因意义的解读却受到较多因素影响;何况成矿地质现象既可以是原生成矿作用产物的体现,也可能是后生改造的结果,有主流与非主流之分,存在真实性和误导性双重属性。错误的认知势必会给类比成矿预测工作的可靠性带来影响。在实际工作中,既要尽可能搜集和借鉴前人工作资料、成果与认识,更要注重对地质事实的实际调查,力求做到观察全面、辨析合理、去伪存真、认识准确。

④善于运用成矿新理论、新思想。成矿理论对类比工作具有重要的指导作用,往往影响人们对地质要素在成矿作用中扮演角色与作用的解读,从而制约类比预测工作应该从哪些成矿地质条件入手。成矿理论是基于人类对已知矿床这个客观自然事物从"实践到感知到思想"主观认识与辩证思维过程中逐渐积累、升华而成,是在现有工作程度和研究成果基础上的归纳与综合。由于成矿作用的复杂性、隐蔽性以及长期地质演化对成矿产物带来的改造,加之很多客观因素导致人类对矿床实践感知的局限性,主观认识与辩证思维必然存在"时代性""主观性"或"片面性"的烙印,尚难以保证已有成矿理论的成熟或完全正确。

成矿理论的不成熟性或片面性给成矿预测及找矿工作带来的影响,在以往的找矿实践中有着深刻的经验和教训。譬如,在伊犁盆地砂岩型铀矿找矿历程中,最初将在砂体层中发育的黄色砂岩视为"原生色""铀成矿不利色",认为灰色砂岩是铀矿的有利赋矿围岩。基于上述认识,成矿预测及其找矿工作目标主要聚焦于灰色砂岩,致使大量的探索性钻探工程部署于灰色砂岩区,并出现当钻探工程钻进遇及砂体中的黄色砂岩即终孔,从而丢失位于黄色砂岩下部的铀矿体之情形。后续经过系统的成矿特点和成矿规律研究,发现砂体中发育的黄色砂岩其实是表生水沿砂岩层顺层渗入导致原生灰色砂岩发生氧化作用所致,是"后生色",铀成矿作用是表生含氧(含铀)水-砂体-补径排系统的综合产物,铀矿体的定位受发育于砂体中的层间氧化带控制。正是因为对"黄色砂岩"这一基本地质现象赋予了新的成因意义,使得人们对伊犁盆地砂岩型铀成矿作用系统及成矿作用机理有了全新的认识,优化了中新生代盆地砂岩型铀矿成矿预测中所要考量的成矿地质条件要素。成矿地质条件类比研究更具针对性、目的性,预测工作的有效性以及预测成果的可靠性得到了质的提升,不仅表现在同一层位的面上成矿预测,也体现在铀矿找矿层位的拓展预测,对其他中新生代盆地砂岩型铀成矿预测和找矿工作起到了极大的促进效果。

与火山岩或花岗岩相关的热液型铀矿成矿预测是现阶段成矿预测的难点之一,特别是矿床或深部矿体定位预测或其成矿潜力的预测。传统的热液型铀矿成矿预测主要观点是"浅源、浅成、低温热液""铀氧化迁移,还原沉淀成矿";近年来,随着铀成矿地质特征和成矿物质来源示踪工作的深入,关于热液型铀矿成矿作用研究取得了长足的进步,热液型铀成矿作用理论内涵发生了深刻的变革,"热液型铀成矿作用与幔源物质(流体)参与密切相关"的深源铀成矿作用思想提出(王正其 等,2016a,2013b;李子颖 等,2014,2004),并对"铀以六价氧化态活化迁移,以四价还原态沉淀成矿"对热液型铀矿的适用性提出了质疑和讨论(王正其 等,2007;李丽荣 等,2021)。成矿理论思想的差异以及铀迁移与沉淀机理的认识不同,对成矿预测工作中成矿条件评价体系以及矿体定位预测依据的建立具有重要影响。据此,以新思想、新认识为指导,对从壳幔作用体系角度重新审视热液型铀成矿作用系统,重新梳理相关地质因素及其在热液型铀成矿中的作用,重新拟定或优化热液型铀成矿预测中的合理有效的类比成矿地质条件要素抱以期待,势在必行。

因此,在实际的类比预测工作中,既要借鉴和运用已有的成矿理论,也要保持在尊重客观事实基础上探索"事实真相"的精神,并在事实规律基础上善于运用地质成矿新理论、新思想,重新考量矿床成矿作用系统的构成,识别成矿系统涉及地质作用领域(外生、内生;原生、后生;表生、壳内、壳幔等),辨析成矿系统地质要素组成以及它们在成矿系统中的作用,分析不同地质要素间的成因联系及其找矿意义,才有可能使得类比预测工作涉及的成矿地质条件要素更全面,体现地质条件类比研究的目的性和针对性,提高类比预测的可靠性、有效性。

⑤善于在类比中开展理论创新,发现成矿新类型(以基础理论为指导)。已知的矿床类型都经历了从无到有、由未知到已知的过程,该过程本身就是一个通过不断实践、认识不断深化、理论不断创新的历程。有理由相信,现已认识到的铀成矿类型并非是自然界潜在铀矿类型的全部;即使是同一铀成矿类型,铀成矿作用方式与机理也会有差异,与之对应的地质环境和成矿地质条件也会有区别。如果一味强调已有成矿理论,并将相应成矿地质条件固化,势必造成成矿预测和找矿工作的故步自封,不利于成矿新类型的发现和找矿领域的拓展。

理论与多年找矿实践表明,产铀盆地的成因类型具有多样化;规模上既可以是大型沉积盆地,也有小型残留凹陷;含铀砂体包括海岸平原、三角洲、河流等沉积类型,也可以由基底河道或冲积扇沉积形成;成矿作用方式可以是层间氧化作用、潜水氧化作用或顺层潜水氧化作用等,表生酸化水的淋滤作用同样具有此效应;铀源可以主要来自沉积预富集的铀,也可以主要来自蚀源区补给水中的铀,还可以是两者的综合;导致铀沉淀富集成矿的地球化学障包括氧化还原障、酸碱障、吸附障、潜育障等;还原剂可以是砂体本身固有的有机碳、黄铁矿、硫化氢、腐殖质等,也可以由砂体外其他层位形成,或来自油气藏泄露,或深部,或其他成因来源的还原性物质(烃类气体、地沥青等)。

由此可见,制约砂岩铀成矿作用发生和矿床形成的地质因素(成矿地质条件)是多种多样的。我们可以将成矿作用系统比喻为由多个必要成矿地质条件节点构成的链系统,每一个节点可以由具有相似成矿效应的不同地质条件组成,节点要素必须有效,节点作用环环相扣。成矿节点链系统对成矿是否有效,不仅决定于各节点要素是否有效,更在于节点相互之间的衔接是否有效。换言之,矿床的形成是构成链系统相关节点的必要成矿地质条件合理配置、有效联系、相互制约、耦合作用的产物。节点要素可以有差异,只要链系统中各要素配置合理、有效,成矿作用就有可能发生和发育。由此启发,类比成矿预测工作中,不能固定于已有成矿理论,孤立看待相关的成矿地质条件,而要善于以元素地球化学基础理论为指导,从节点要素组成及其有效性角度去分析,预测与已知矿床成矿作用机理不同的潜在未知新类型矿床。

(4)综合方法

该方法是前述三类基本方法中的有关具体方法的不同最佳组合。由于运用该类方法时分析问题是从多方位出发,对同一地区强调运用不同的方法进行互相验证对比,因而得出的结论可信度较高。综合方法是针对成矿预测工作不断深入和难度不断加大的局面而提出的,因而也是成矿预测方法今后相当长一段时间内重点发展的方向。

4.4.2　典型预测方法简介

1.国际地科联推荐的预测方法介绍

1976 年,国际地科联为了促进成矿预测工作的开展,交流各国的工作经验,推荐了以下6 种区域矿产预测方法。

（1）区域价值估算法

首先选一个与研究区相似、矿产资源比较丰富而研究程度较高的地区作为标准地区，并根据该区矿产已有储量和已采出的矿石量，计算出该区单位区域矿产量和单位区域价值。然后，把计算出有代表性的单位平均估算值，类推到与所研究的成矿地质条件相似的地区。该方法简便易行、成本低，可用于世界任何地区，只要有矿产储量和开采资料以及可靠地质图即可进行工作。其缺点是，必须以"等面积具有相等的矿产资源"的假设为前提，其精度较低。

（2）体积估算法

在已知含矿地区或盆地，先求出矿产体积同整个有利于含矿的沉积建造体积之比，将这一比值应用到与成矿地质条件相似的研究区，从而可以根据未知区类似的沉积建造的体积，估算出有关矿产的总体积。简而言之，它是把估算出的单位体积内有代表性的矿产平均含量外推到预测区的体积加以估算的方法。这是一种外推法，是用地壳单位体积内矿产的平均含量乘以预测区内的总体积。该方法具有简便易行和成本低的优点，多用于判断研究区是否需进一步开展详查工作。其缺点是，所用的信息很少，可靠程度低。例如，加拿大地质调查所把选择已知矿床的经济地质数据，推导到已知矿床的外围地区或地质上类似地区。其所采用的体积估算法计算公式如下：

$$P = T \cdot N \cdot F \tag{4-1}$$

式中　P——评价地区未发现的资源，t；

　　　T——评价地区的矿化密度，用 1 m^3 的 U_3O_8 质量（t）来表示；

　　　N——有利地层的体积，m^3；

　　　F——地质有利因素。这个数字取自对储存于 URE-3 计算机中数据的分析和成因模式特点数据，此数字多是任意选择的。

把上述计算过程编成程序输入计算机进行计算。体积估算法是一种逻辑上和计算上都较简单的方法，其主要根据是来自控制地区的实际地质和经济资料。未勘查地区的规模和有利地质因素参数的取舍，要由参加评价的地质专家进行适当调整。该方法不足之处是，如不同岩石类型和构造分布的频率，岩性、构造和矿物因素之间对比程度等，尚需进一步研究。

（3）丰度估算法

通过一个经验函数（矿产储量与有关元素地壳丰度的关系），根据有代表性的元素丰度（一般为元素的区域地球化学背景值）估算可回收的资源数量。其计算公式如下：

$$Q = A \cdot K_{cp} \cdot d \cdot V \tag{4-2}$$

式中　Q——估算的资源总量，t；

　　　A——经验函数（一般为 $3 \times 10^{10} \sim 5 \times 10^{12}$）；

　　　K_{cp}——成矿前区内岩石中元素的平均含量，%；

　　　d——区内岩石平均密度，kg/km^3；

　　　V——区内岩石总体积（深度以 1 km 计），m^3。

该方法也是一种速度快、成本低的方法。但所提供的数据不如利用多种数据的方法那样精确。一些苏联学者采取先求出研究和开发程度都较高的成矿区在一定深度内（应考虑矿化体被侵蚀程度来确定，深度一般为 1 km）的背景金属总量（区域地球化学背景值乘以体积乘以密度）与区内矿床金属总储量之比（经验函数），然后将该比值外推到地质条件相似的未知区,据此估算未知区的矿床金属总量。

(4)矿床模拟估算法

对某一类型的矿床,建立一个综合矿床模式,这种模式包括地质特征、围岩、成因和某些特定矿产的数量。以便在研究地区的地质资料与矿床模式区进行对比的基础上,预测该区的资源远景。可用经验类比方法,也可用多元统计方法等进行比较。这种方法的优点是可利用一切地质信息和地质理论圈出靶区,精确度相对较高,适用于地质研究程度较高、矿产资源比较丰富的地区。缺点是,所需资料可能不足和应用的特定模式可能不当等。

(5)德尔菲法

这是利用许多地质学家的经验和知识代替客观地质矿床数据进行资源定量评价的方法。因此,专家的选择是关键的一环,他们必须有丰富的实践经验,对研究区的地质及矿产有详细的了解,并以多次反复估算为基础,经平衡后估算所研究地区的资源潜力。这种方法不需要过多的条件,简便易行,研究周期短。

例如,苏联对远景资源预测经常采用"专家评价"方法和类比法。在采用类比法计算时,要确定所分析地区在地质发展史、建造组合、构造背景和形成时间等方面,与经过充分研究的"标准"地区是否类似。如相似,则采用 H. A. 贝霍维尔提出的公式计算地区的远景资源量,其公式为

$$Q = kqV \tag{4-3}$$

式中　Q——矿带的远景资源量,t;

　　　V——矿带的几何体形态的体积,m^3;

　　　q——标准地区特定矿石品位,%;

　　　k——考虑到类比地区之间在某些特征方面的差异而采用的校正系数。

在某些情况下,估算远景资源量时的依据是:①有时以远景区的面积为基础;②有时考虑含矿带或含矿断裂的长度;③有时观察控矿构造的交汇点所显示的有希望找到的矿床群的数目。对于经过广泛研究的矿床类型和地区,则采用直接计算预测资源的方法,如对资源和控矿因素的表现程度之间的关系进行回归分析。当掌握成矿元素克拉克值及其在岩石和土壤中的分散晕资料时,则采用地球化学计算方法。

(6)综合估算法

综合应用上述诸方法中的几种或全部,来估算资源远景。

上述 6 种方法从相对精度和适用范围来看,精确度较高的是矿床模拟估算法和综合估算法;其次是丰度估算法和德尔菲法;再其次是区域价值估算法和体积估算法。

2. 地质异常成矿预测方法

地质异常(Geological anomaly)是在成分、结构、构造或成因序次上与周围环境有着明显差异的地质体或地质体组合(赵鹏大,1998)。如果用一个数值(或数值区间)作为阈值来表示背景场的话,凡超过或低于该阈值的场就构成地质异常。它具有一定的强度、空间范围和时间界限,其表现形式不仅在物质成分、结构构造和成因序次上与周围环境不同,而且还经常表现在地球物理场、地球化学场及遥感影像异常等的不同。因此,地质异常往往都是综合异常。

地质异常成矿预测方法是在地质异常成矿理论的指导下,使用地质异常的识别与圈定方法——地壳升降系数(G 值)法、地质复杂系数法(C 值)、熵值(H 值)法、相似程度法(S 值)、地质关联度(R 值)法,来对预测单元内的地质、岩性、构造等信息进行提取分析,并相

应与地球物理、地球化学异常等信息构成预测单元的综合特征属性数据。在单元信息提取的基础上,根据成矿规律、控矿主要因素以及单元内已知矿床(点)等数据对预测单元进行分类分级,采用相似类比的方法对具有类似特征的预测单元进行资源量预测,进而得到资源潜力。

3. 综合信息矿产预测方法

综合信息矿产预测方法是20世纪80年代中期正式提出来的一种矿产资源预测方法。该方法在预测思想、预测方法和工作等方面都具有自己的特点,在我国"七五"计划和"八五"计划中,该方法曾被原地质矿产部作为一种标准的综合找矿方法在全国推广应用。

综合信息矿产预测是指应用能反映矿床形成、分布规律和控矿因素的地质、地球物理、地球化学、遥感地质等一系列方法所获得的有关信息,对矿产资源体开展预测工作(李景朝等,2002)。其基本原理是,以基础地质理论和现代成矿理论为基础,从研究区的地质构造环境和已知矿床(点)入手,分析矿床的成矿规律、成矿控制条件,并以此为前提,对地质、地球物理、地球化学、遥感等多学科资料进行解释,研究直接和间接找矿信息的相关关系,形成综合信息解释系统,深化已取得的对地质和成矿规律的认识,并建立以找矿为目的的综合信息找矿模型。在此基础上,以综合信息找矿模型为指导,研究矿化单元的边界条件,划分不同等级的地质体统计单元,研究各类信息与矿产资源特征间的关系,选择最佳变量组合,应用计算机技术,把综合信息找矿模型转化为综合信息定量评价模型,并将其外推到与地质构造环境和成矿环境相类似的未知地区,实现对矿产资源特征的定量估计。不难看出,综合信息成矿预测,实际上是一种将传统的矿产预测、矿床统计预测和矿产资源评价融为一体的成矿预测方法。

4. 地球化学块体法

地球化学块体理论是谢学锦院士及其合作者在总结我国区域化探扫面成果的大量研究与试验工作基础上,提出的一种新的资源追索与评价研究体系(严光生 等,2000)。我国的区域化探扫面计划已经进行了20多年,积累了数以千万计的高质量的区域化探扫面数据,这些数据为近年来大量新矿床,特别是金矿床的发现提供了有益线索。但由于缺乏全局观点,从全国范围内全面比较这些异常,并利用异常特征评价与辨认大型、超大型矿床的工作开展甚少。应用全局观点,对全国区域地球化学填图资料进行系统分析后发现,除了各种类型的局部分散晕、分散流及区域性异常之外,还存在一系列更宽阔的套合的地球化学模式谱系,这些宽阔的地球化学模式表明,地球上存在着特别富含各种金属的巨大的地球化学块体。在这些地球化学块体中,由于成矿元素供应量巨大,因而可能在其后漫长的多期地质过程中,逐步在块体内地质条件有利的地点富集而形成密布着矿床的矿集区,或超聚集成一个或几个巨型矿床。

由此可见,地球化学块体中成矿元素的供应量不仅是当前已发现的能区分巨型矿床与一般矿床最有效的特征标志,而且还可以根据每一地球化学块体内成矿元素的供应量的大小预测其中潜在的资源量。至于这些资源量是超聚集在一个或几个巨型矿床中,还是分散于一系列中小型矿床中,可以根据地球化学块体内部套合的地球化学模式中成矿元素的逐步浓集,用一种"逐步聚焦"方法追踪大型、超大型矿床可能存在的地点,并预测其可能的资源量。

众所周知,任何类型的成矿作用都离不开成矿物质的供给(王全明 等,2005)。因此,物质来源是成矿作用发生的第一要素,从充足的物质供应构成大型、超大型矿床形成的控制意义出发,强调地球化学块体及其对找矿战略靶区圈定的决定性作用无论如何也不为过;另一方面,如果没有合适的地质和构造条件,即使成矿物质来源足够丰富,也不可能形成矿床。因此,区域成矿系统分析如区域地层、矿石、构造、矿床分布、矿产开发历史数据等的综合研究,提升地球化学块体地质和成矿意义的认识,无疑不可或缺地球化学块体理论基础和方法指南。

应用地球化学块体理论进行资源潜力预测的基本方法和步骤是圈定地球化学块体,建立典型成矿区地球化学块体模型,对地球化学块体进行资源潜力预测和评价。

5. 矿床模型综合地质信息法

固体矿产矿床模型综合地质信息预测技术(methodology of geological information integration and mineral modeling for mineral resources assessment)是以大陆动力学、成矿地质动力学、区域成矿学、矿产预测学理论为指导,全面利用地质构造、成矿规律研究成果,以成矿地质要素划分矿产预测类型,按照矿产预测类型在典型矿床研究基础上建立矿床地质概念模型,在区域成矿规律研究基础上建立区域成矿模式,确定成矿要素,综合物探、化探、遥感、自然重砂等信息,以成矿特征研究为基础,按照矿产预测方法类型,确定预测要素,建立预测模型,对未知区进行类比预测,圈定预测区,估计资源量(叶天竺 等,2010)。

矿床模型综合地质信息法成矿预测,分为预测评价模型的建立,预测区圈定、预测区优选分级、资源量估算、资源量分类分级及评述五个主要环节,较好地解决了成矿预测中成矿远景区圈定、优选和分级排序及资源量估算等问题。该方法强调典型矿床模型的建立及区域模型的建立,并着重加强对成矿规律及成矿建造的分析研究,认为绝大多数的矿床在空间上都能找到对应的地质体及地质建造,所以在工作流程中较强调预测区的圈定,且预测区圈定也主要依靠地质体法。预测具体步骤主要包括数据准备、处理与信息提取,预测评价模型建立,预测要素与要素组合的数字化、定量化,预测单元划分,预测变量的构置、优化,成矿有利度计算与预测区圈定,预测资源量估算,预测区优选与分级分类以及预测结果的评价。

6. 成矿成功树法

成矿成功树法是中华人民共和国核行业标准铀矿资源评价方法之一,是应用系统工程中的可靠性理论,将专家对成矿规律的认识系统工程化,改编为成功树的形式,通过计算成功树顶事件的成矿概率或成矿有利度,达到资源评价目的(陈庆兰 等,1994)。

在系统工程中通常采用“工程故障树”进行安全或风险分析。由于成矿预测或资源评价所关心的是矿床的形成,因此,在将此方法引入成矿预测中时,首先要将“工程故障树”改为它的对立事件——“成矿成功树”。其次,将故障树中的逻辑门做相应的改造,如将原故障树中的“与门”关系改为“或门”关系,原为“或门”的改为“与门”,结果事件和中间事件改为相对应的对立事件。

成功树法是以专家知识(对成矿规律的认识)作为资源评价依据,因此,它不受已知矿床数量、预测区面积大小的限制,适用于不同矿种、不同类型、不同比例尺的资源评价,具有较好的适应性。专家的知识只有经过全面的综合与系统化并经受已知矿床的检验后方能用于资源评价,在这一过程中,专家知识得以深化和完善,资源评价质量得到保证,因而能收到认识、成果双提高的效果。

4.5 铀矿成矿预测案例

4.5.1 基于矿床模型综合地质信息法的桃山花岗岩型铀矿资源潜力评价

桃山花岗岩型铀矿资源潜力评价中采用了矿床模型综合地质信息法。主要工作是在区域成矿背景研究的基础上,开展地质、物探、化探、遥感、放射性、水文综合研究,成矿规律和典型矿床研究,同时进行相应的成矿要素、预测要素分析并制作相应图件,建立了研究区内典型矿床预测模型和区域预测模型,最后进行了预测区圈定、优选以及资源量估算。

上述工作都是基于 GIS 的平台完成的,同时,通过 GIS 的空间分析等工具完成了预测要素变量的定量提取,预测模型的定量化以及预测结果的定量化,实现了铀成矿预测的定量化目标。

(1)研究区成矿条件分析

桃山铀矿田产于桃山复式花岗岩体内,属花岗岩型铀矿。铀矿田包括 20 余个碎裂蚀变花岗岩型铀矿床、矿点,矿田勘探工作程度高,地质、物探、化探、遥感及放射性资料齐全。

该矿田位于华南铀矿省桃山-诸广铀成矿带的北端(黄世杰 等,2006),产于桃山大型重熔改造型复式花岗岩体中。岩体东邻广昌-宁都断陷红盆,东北有新丰街岩体,北部、西部、南部为震旦纪浅变质岩。岩体沿复式背斜侵入,呈 NNE 向展布,面积约 1 100 km²。

桃山岩体形成于一套震旦系富铀地层中,该套地层主要分布在岩体西部、南部和北部,为一套浅变质的千枚岩、灰质板岩、变质砂岩和硅质板岩,局部出现石英云母岩,总厚度达 7 000~8 000 m,含铀丰度值为 6.36×10⁻⁶。

区内岩浆活动强烈,形成了多期多阶段侵入的桃山复式岩体。铀矿床主要分布在燕山早期第一阶段和第三阶段岩体中,其中又以燕山早期第三阶段侵入形成的二云母花岗岩为最有利成矿岩性,如打鼓寨及其同期岩体。

岩体内以北东向断裂最为发育、规模最大。其中桃山断裂带是既控岩、控盆又控矿的一组断裂,具有多期次活动的特点。由于桃山断裂长期多次强烈活动,因而伴生或派生了一系列低级别小型构造,为铀成矿创造了良好的运移通道和赋存部位。

在桃山岩体中部,斜贯桃山岩体分布一条总宽达 10 余千米的脉岩带。与脉岩大致平行或追踪脉岩带的断裂构造非常发育,故又称脉岩构造带。桃山矿田主要矿床都集中分布在这一巨大的脉岩构造带内(张万良 等,2008)。

综合分析研究认为,桃山岩体内发育的断裂带控制着铀矿床定位,断裂带附近的裂隙带和碎裂岩带是最主要的储矿场所,断陷带与铀成矿在空间上紧密相依,时间上相近(黄世杰 等,2006)。

(2)典型矿床研究与预测模型建立

桃山地区典型矿床建模选择大布矿床(碎裂蚀变岩型)。该矿床在研究区内探明储量最大、成矿地质环境及物探、化探、遥感等相应资料、数据较全,综合研究程度高,适合建立典型矿床预测模型。

在大布典型矿床建模的基础上,为了能够在预测区内进行成矿预测工作,需要将典型矿床模型转化为区域预测模型。在工作区中，若出现与典型矿床具有相同特征的部位，都可以圈定为该类矿床的预测区。在建立桃山预测工作区预测模型主要考虑的预测要素列于表 4-5。

表 4-5 初步建立研究区区域预测模型，并对各要素的质量、重要程度、是否参与预测、能否满足预测工作要求等情况进行了分析。

（3）预测区圈定

在划分预测单元（规则网格单元）的基础上，利用地质综合信息法计算各个预测单元成矿有利度，并以单元成矿有利度为依据划分最小预测区，即运用综合信息地质单元法进行预测区圈定。与原来的预测单元划分中规则网格单元法或是不规则地质单元法相比，圈定的预测区更接近成矿地质体或与成矿建造区基本对应。

实际操作时以网格内成矿有利度值为 Z 值画出等值线图，以成矿有利度大于等于某阈值的等值线作为边界，初步确定预测区雏形。分析计算所得成矿有利度值与成矿的关系，同时考虑最小预测区面积的要求，将与成矿有利度一致的相邻预测区划分为同一预测区。对面积较大预测区，则按最小预测区面积要求，地质特征，物、化、遥感异常等信息将其分割为多个预测区。

（4）预测区优选

在预测区初步圈定之后，需要根据成矿规律以及成矿预测要素反映的成矿、控矿信息，对预测区进一步优选分级。预测区的优选与分类工作应突出成矿关键信息，压制干扰信息，排除异常的多解性，提高矿产预测成果的可靠性。优选与分类过程就是对预测区进行甄别、系统评价（地质构造，物、化、遥感及重砂异常，矿化信息等二级要素）、排序、筛选的过程。应着重开展预测区与相应矿床模型的逐一要素对比，去粗取精、去伪存真。

桃山预测工作内的预测区优选方法选择了特征分析法。对变量初步优选获得的各预测要素层，采用特征分析方法计算预测区有利度，以有利度高低对预测区进行优选。

在计算出每个预测区成矿有利度后，就可以根据成矿概率的高低、结合要素匹配情况、具体的成矿地质条件以及矿化异常等综合确定各个预测区的分类。

Ⅰ类：成矿概率大于等于 0.9，要素配套齐全（仅缺少次要预测要素），地质情况好，有铀矿床、矿点或矿化点存在。

Ⅱ类：成矿概率小于等于 0.9，且大于等于 0.77，要素配套较齐全（缺少预测要素），地质情况较好，有矿点或矿化点存在。

Ⅲ类：成矿概率小于等于 0.77，且大于等于 0.73，要素配套情况一般，地质情况稍好，矿化点少（一般不大于 4 个）或无矿化点。

表4-5 桃山矿田区域预测要素

	预测要素	描述内容	质量	分类	是否参与预测	说明
成矿要素 — 区域成矿地质环境	大地构造单元	华南活动带武功山-诸广山褶皱造山带	好	必要	否	在相对较小的预测区内不考虑,但可以作为确定预测工作区的重要依据
	区域构造	遂川-抚州深断裂和大余-南城深断裂所夹持	好	必要	否	
	富铀岩体	多期次发育的燕山期二长花岗岩,黑云母花岗岩和二云母花岗岩系列,其中打鼓寨及同期岩体中,中粒小斑状黑云母,二云母花岗岩,铀含量大于7.89 g/t;其他岩质铀含量大于10×10^{-6},晶质铀含量大于1 g/t	好	必要	是	以岩体边界为边界进行变量提取
	富铀地层	震旦-寒武系泥砂质复理石,类复理砂质沉积,夹硅质,硅铁质及山山碎屑沉积物,铀含量大于6×10^{-6}	一般	次要	否	对花岗岩侵入岩体型铀矿预测类型为次要要素
	脉岩	酸性-中基性岩脉	一般	重要	是	脉岩与裂隙带的分布有重要关系
区域成矿特征	成矿类型	碎裂蚀变岩亚型铀矿 硅化破碎带亚型铀矿	好	必要	是	为该预测工作区内主要预测铀矿类型
	铀矿化信息	铀矿点,矿化点和异常信息	好	必要	是	可作为预测区圈定的重要依据
	控矿构造	近东西向断裂裂隙带与北东向F4,F10,F15等断裂复合部位控制	好	重要	是	该预测要素变量提取难度相对较大
	蚀变类型	水云母化,绿泥石化,黄铁矿化,萤石化,碳酸盐化和红化	一般	重要	否	预测要素与填图质量点数据密切相关,且多为零星星点数据

表 4-5（续）

预测要素		描述内容	质量	分类	是否参与预测	说明
物、化、遥感及放射性综合信息特征	放射性特征	航空放射性测量值大于 6×10⁻⁶ 的铀高场区	一般	重要	是	可作为预测区圈定的重要依据
	放射性特征	地面伽马测量的偏高场	好	重要	是	可作为预测区圈定的重要依据
	航磁特征	低磁异常（64～32 nT）的平稳分布区	一般	次要	是	可作为矿化热液活动的指示依据
	航磁特征	解译推断的线性构造	一般	次要	否	已用于预测区构造的补充
	航磁特征	解译深部隐伏岩体	一般	次要	否	
	重力特征	解译推断的线性构造	一般	次要	否	已用于预测区构造修正
	重力特征	解译推断的线性、环形构造	一般	次要	否	可用于预测区构造分析
	遥感特征	水中铀大于 1×10⁻⁶ g/L 的高场区	一般	重要	是	部分地区数据受采样点分布影响，覆盖情况差
	放射性水文地质特征	氡浓度大于 185 Bq/L 的高场区	一般	重要	是	部分地区数据受采样点分布影响，覆盖情况差
	化探	矿区 W、Sn、Cu、Zn 等高值区	一般	次要	否	如果有同比例尺化探数据，则可作为预测要素

原则上剔除成矿概率小于 0.73 的预测区,不作为预测区参与后续的资源量定量预测工作。在分类中,对成矿有利要素配套情况分为齐全(具有全部预测因素或是仅缺 1 个次要预测因素)、较齐全(仅缺 1 个重要因素)、一般(缺少 1 到 2 个重要因素或是 1 个必要因素)三种。实际工作时,不同工作区的有利要素配套情况划分可以根据具体情况进行调整。

(5)资源量定量估算

资源量定量估算是资源评价的重要组成部分。根据选用预测评价方法的不同,可以实现估算每一有利预测远景区资源量并求得总资源量,或是仅估算整个预测工作区内的总资源量而不估算每个预测远景区的资源量。

MRAS 软件(区域矿产资源综合信息评价系统)提供的矿床模型综合地质信息预测中,资源量估算方法模型有数量化理论 I 模型、矿床经济模型法(品位-吨位模型法)、体积法等。为保证预测结果的可靠性,工作中分别选择了数量化理论 I 和品位-吨位法两种资源量定量估算方法进行了资源量定量估算。

①数量化理论 I。数量化理论 I 模型(肖克炎,2006)在矿产资源定量预测中的应用,是把控矿因素和找矿标志等作为资源量变化的控制因素,并认为资源量与这些控矿因素之间存在一种线性相关关系,进而以模型区(或模型单元集合)的观测数据为基础建立起成矿预测区统计单元资源量与控矿因素之间的回归方程,并对预测单元的潜在资源量实施统计预测。

主要步骤为:(i)加载桃山预测工作区内矿床点数据作为矿点专题数据;(ii)加载初步优选后的 11 个预测要素变量;(iii)加载预测区作为预测评价单元;(iv)进行变量提取及原始变量构置;(v)根据资源量设置矿化等级;(vi)人工选择所有含有矿床的预测区为模型区;(vii)对变量进行二值化处理;(viii)选用方向系数法选择变量(选择参与数量理论 I 资源量估算计算的变量)。之后,选择数量化理论 I 子菜单构造预测模型,计算因素权重,检验及靶区预测。如果构造的预测模型方程能够求解,则可以选择资源总量子菜单查看预测资源量。

通过数量化理论 I 计算出每个预测区资源量,总资源量为×××t。

②矿床经济模型法(品位-吨位法)。地质经济模型法(叶天竺,2007,2004)是根据已知某种矿床类型的矿石储量及品位分布模型,并分别对其进行蒙特卡洛模拟,通过矿石储量和矿石品位概率(或由此生成的潜在资源量)分布曲线来估算预测区不同概率(不同置信度)下的资源总量。

在实际评价中,估计不同概率下的矿床数是品位吨位法的最重要的工作。本次工作比例尺为 1:5万,圈定及优选后所得预测区基本可以对应到矿床,即每个预测区基本对应一个矿床。这样就可以根据每个预测区成矿概率的高低将预测区转换为不同概率下的矿床。在不同概率下矿床数的基础上,通过蒙特卡洛模拟,就得到了整个桃山矿田的潜在铀资源量,为×××t。

(6)预测结果的分类分级

①预测区级别划分。预测区级别划分主要参考预测区类别,并结合定量预测资源量进行划分,其结果划分为 A 级、B 级和 C 级 3 级预测区。

② 预测资源量分级及汇总。依据资源量分类暂行方案(全国矿产资源潜力评价资料),对各预测区有无规模矿床、有无矿化点、有无异常和含矿建造,或只有异常等情况,并参考预测工作比例尺对桃山预测工作区内以数量化理论 I 模型预测的结果进行资源量分

类。预测 334-1 类型铀资源量为×××t，334-2 类型铀资源量为×××t，334-3 类型铀资源量为×××t，总计×××t。

本次成矿预测工作主要选择了两种资源量估算方法。从预测结果来看，两种方法预测结果都为同一数量级，最大为×××t，最小为×××t，平均为×××t，相差不大。通过对比分析，将预测区类比法确定矿床数的品位-吨位模型法预测的资源量作为该地区最终资源量。

4.5.2　基于成矿成功树法的我国超大区域铀资源评价

（1）确定资源评价范围与划分预测单元

此次铀资源评价面积约 790 万 km²，主要是应用小比例尺地质资料，通过评估对铀成矿环境的有利程度来估算铀资源量。为了增强成矿环境的可比性，根据我国地质构造特征和铀成矿条件的地区性差异，以东经 102° 和北纬 32° 为界，将评价范围分为三大区，即东北区、华南区和西部地区；以 3°（经度）×2°（纬度）的方格，将工作区划分为 174 个单元。

（2）建立铀矿综合成矿成功树

超大区铀资源评价不同于地区性或单类型铀资源评价，其目的是要预测全区多种类型铀资源的潜力以及它们在各地的分布，因此必须建立适用于多种类型铀矿床的预测模型。预测模型可以是统计模型，也可以是成因模型，前者需要有大量已知矿床，一般难以满足，因此采用后者，即以"两阶段多次富集"铀成矿理论为依据，建立成因预测模型。这一理论的基本思想是将铀矿床的形成分为成岩富集和成矿富集两个阶段。在成矿第一阶段形成富铀建造，它一般达不到工业开采的富集程度。在成矿第二阶段，原有的富铀建造遭受不同性质的地质作用改造，使其中的铀元素得以活化再分配，在局部地段富集形成不同类型的铀矿床。将这一理论改编为铀矿综合成矿成功树（图 4-2），它由四个主干或中间事件（即成矿必备条件）支持，每个主干又由一系列的枝干和树叶（即基本事件）说明。

（3）收集与整理资料

各种地质资料虽与铀资源评价都有一定关系，但是不能将它们都收集来，而必须有所选择，选择资料的原则有二：一是它与铀矿化关系密切的程度；二是资料的一致性和可比性。此次铀资源评价主要应用了如下基础资料：地科院主编的 1∶4 000 000 中华人民共和国地质图；核工业 703 航测队编制的 1∶2 000 000 我国航空伽马场图；地科院地质所于志鸿主编的 1∶6 000 000 我国陆地线性构造图；1∶2 000 000 我国铀矿床分布图；我国铀矿床数据库中的有关数据及 1988 年前所有铀矿床储量报告。此外还有一系列其他辅助资料。

受条件限制，基础图件未做到比例尺一致，这会给资源评价带来一定影响。此外，对于用航空伽马场替代铀场，在一些钍高的地区如鲁东南，或钾高的地区所产生的错误，采取对预测成果的最终解释来加以说明和修正，而不直接修改资料。

（4）基本事件取值及建立隶属函数

基本事件取值的一条重要原则是必须与成矿成功树所反映的成矿概念（或理论）保持一致。从图 4-2 可知基本事件取值分铀源、铀源改造、成矿富集、保矿等方面。

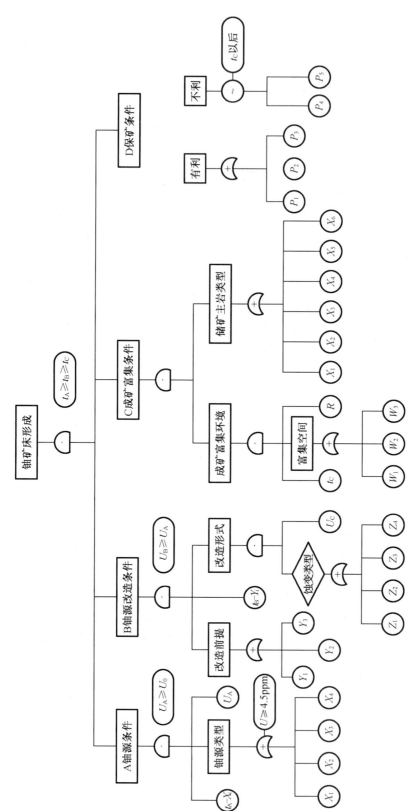

图 4-2 区域铀矿综合成矿成功树

铀源取值:首先必须确定地质体含铀量的下限(阈值),大于此值方可认为是铀源体。确定铀源阈值的原则是:它大于克拉克值,地质体含铀量小于此阈值的地区不可能有矿床分布。经统计研究确定航空照射量率大于 2.58 nC/(kg·h) 的地质体为铀源体,以其出露面积和平均照射量率之积作为铀源变量。鉴于各类铀源中活化铀所占比重不同,叠加铀源优于单一铀源,所以此变量还需用类型叠加系数加以修正。根据已知有矿单元的铀源变量的实际情况,确定铀源变量的上限为 38.7,下限为 1.29,并建立如下铀源隶属函数:

$$
\begin{aligned}
&y_1 = 0 &&x_1 \leqslant 1.29 \\
&y_1 = 1 &&x_1 \geqslant 38.7 \\
&y_1 = 0.457 - 0.6798\log x_1 &&1.29 < x_1 < 38.7
\end{aligned}
\tag{4-4}
$$

式中　y_1——铀源变量;

　　　x_1——照射量率与出露面积乘积,nC/(kg·h)·km^2。

铀源改造:断裂构造是铀源改造和成矿的主导因素。断裂构造规模大小不同,在卫星遥感影像解译图上分为深大断裂、区域性大断裂和一般断裂三级,不同级别断裂不论与成因还是与展布都有密切的关系。根据已知有矿单元的统计分析,一般断裂构造单位面积长度与铀矿化关系密切,因此选用它作为铀源改造变量,并建立起相应的隶属函数:

$$
\begin{aligned}
&y_2 = 0 &&x_2 \leqslant 2.24 \\
&y_2 = 1 &&x_2 \geqslant 6.74 \\
&y_2 = 0.73 - 2.09\log x_2 &&2.24 < x_2 < 6.74
\end{aligned}
\tag{4-5}
$$

式中　y_2——铀源改造变量;

　　　x_2——单位面积一般断裂构造长度。

成矿富集:铀的含矿主岩多种多样,在各种岩石中均可富集形成铀矿床。因此,可以认为在富铀建造发育的地区,铀的富集条件基本满足。中酸性火山岩、花岗岩岩体、变质岩和与其相邻的陆相沉积岩等富铀地层就是铀富集成矿的主要场所,即含矿主岩。根据上述各类主岩在该单元所占比重大小,结合其他因素可预测铀矿类型。

保矿条件:已知铀矿床的分布无例外地受断裂构造的控制,它们都产于隆起拗陷过渡带,如断陷盆地的边缘。由于预测单元面积很大,除大型盆地为大面积沉降区外,绝大多数单元均包含若干个不同级别的隆起拗陷过渡带。因此可以认为就大多数单元来说,保矿条件具备。

(5)成矿预测

首先,应用已确定的隶属函数计算出每个单元主要控矿因素的隶属度,经过模糊数学运算求出每个单元的成矿有利度。其次,编制全区综合预测总表(表 4-6),根据已知产矿单元铀矿量与成矿有利度关系的对比分析,确定矿量阈值,初步划出预测单元级别。再次,结合地质实际,修正初步预测结果,最终预测出×吨级产矿单元(成矿有利度≥0.98)×个(其中"×个"为已知单元),×吨级产矿单元××个(已知单元××个),×吨级以下产矿单元××个,应用矿床规模-频率法计算出三大区、不同类型铀矿床资源量及全预测区铀资源总量。最后编写成矿预测报告和编制预测图。

表4-6 成矿成功树综合预测总表

单元	已知矿化		铀源		铀源改造		成矿富集		保矿	预测
	类型	矿量	$\sum S \cdot U$	隶属度	构造密度	隶属度	主岩类型	隶属度	隶属度	级别
1	花、砂	7 278	188	1.00	5.40	0.8	+6,−1,+3	1	1	特
2	花岗岩	2 273	176	1.00	6.47	0.96	+3,−4,+2	1	1	特
3	火、花、砂	37 847	374	1.00	4.81	0.70	+10,−12,×2,÷4	1	1	特
4			244	1.00	5.36	0.79	+15,v7,−1,×13,3	1	1	1
5			99	0.88	5.5	0.82	+10,×13,÷2	1	1	1
6	碳硅泥岩	2 621	27	0.50	5.68	0.85	−2,÷2	1	1	1
7	砂岩	1 615	63	0.75	4.31	0.60	+1,×1,÷1	1	1	1
8	火山岩	979	111	0.92	3.23	0.36	+4,×9,÷4	1	1	1
						…				
174			156	1.00	2.70	0.17	+9,×10,÷3	1	1	2

注:+表示花岗岩;−表示碳硅泥岩;×表示火山岩;÷表示砂岩型;v表示变质岩型。

4.5.3 基于数字模型的居隆庵铀矿床三维成矿预测

居隆庵铀矿床三维建模成矿预测工作是基于三维地质建模与地学统计分析相关理论,运用三维证据权法和三维信息量法对居隆庵铀矿床开展的"定位-定量-定概率"的隐伏矿体三维定量预测研究工作。主要工作内容是:在江西相山铀矿田主要矿床成矿地质背景、矿床地质特征及成矿规律的研究认识基础上,运用地质建模软件 SKUA-GOCAD,建立了居隆庵铀矿床的地形地貌、构造、地层和矿体三维数字模型,并开展了成矿有利信息定量提取分析,提取成矿有利区,最后圈定了A、B两级靶区,并开展了资源量估算的工作。

(1)研究区成矿条件分析

居隆庵地区是相山铀矿田重要的矿床聚集地之一,位于相山铀矿田西部,构造上由处于北东向展布的芜头-小陂、邹家山-石洞断裂与北西向展布的石城-书堂、河元背-石洞断裂所组成的居隆庵菱形断块内。居隆庵菱形断块是相山矿田中戴坊-邹家山-云际东西向基底断陷带中相对隆起的构造圈闭型断块,该断块内火山塌陷、断裂以及次级裂隙十分发育,这种构造条件为含矿热液的迁移汇集成矿提供了有利条件。

矿区出露的地层比较简单,矿(化)体主要赋存于上白垩统鹅湖岭组(K_1e)碎斑熔岩和打鼓顶组(K_1d)流纹英安岩中,在这两个火山岩层组间界面附近较为富集。居隆庵铀矿床受近南北向展布的断裂控制。矿区侵入岩以大规模火山活动期后的次火山岩和不规则的弧形和半弧形出露花岗斑岩为主。

(2)研究区数字矿床模型建立

选用 SKUA-GOCAD 三维建模软件,利用收集处理的居隆庵铀矿床基础地质资料(钻孔、勘探线剖面等)重点建立了地形地貌面模型、构造-地层实体模型和矿体模型。建模所采用功能及流程为:

① 地形地貌面模型。利用离散插值(DSI)法拟合原始数据,利用其贴图功能实现不规则三角网与卫星遥感影像的贴合,使其直观地反映研究区地表的起伏情况。

② 构造-地层实体模型。利用半自动化建模流模块中的构造模型功能建立了区内地质体构造三维模型,并模拟了地层面和断层面的空间位置、展布形态及其相互关系。

③ 矿体模型。矿体模型的构建主要依靠剖面图数据,利用 3DMine 软件把矿体线从坐标校正过的且空间转换后的剖面图中提取出来,分析归类矿体的大小及类型,将各矿体生成数字地形模型(DTM)表面,从而生成矿体实体模型。

利用矿体模型所圈定的居隆庵矿床的工业矿体资源量达到了大型矿床规模,但其单个矿体规模以中、小型为主,矿体沿走向一般长二十至数十米,倾向延深也只有二十几米至几十米,少量规模较大的矿体达到中型规模。

(3)成矿有利信息提取

①地层。居隆庵矿床下白垩统鹅湖岭组(K_1e)和打鼓顶组(K_1d)及其之间组间界面具有明显的控矿作用。已知矿体块体主要分布在鹅湖岭组上、下段与打鼓顶组上段,分别有 2 592、211 和 828 个块体,分布在其他地层较少。依据前文建立的地层实体模型与已知矿体模型,对立方块体进行范围属性约束,然后叠加计算其与矿体空间相关性,最后统计分析矿床地层属性的约束结果,获得主要含矿地层的块体模型。

②组间界面。以打鼓顶组上段(K_1d^2)陡变部分上下 50 m、100 m、150 m、200 m 作为缓冲区分别建立了实体模型和块体模型。经分析,当以 200 m 作为缓冲区范围时,与已知矿体重叠数最高,占总矿体数的 63.58%,将矿床的组间界面缓冲区确定为打鼓顶组上段(K_1d^2)的上下 200 m,同时将其作为成矿有利要素。

③组间界面变陡变带。在相山铀矿田内,打鼓顶组与鹅湖岭组组间界面变异部位控制着火山盆地上部铀矿的空间分布。在居隆庵矿床中,多数矿体均发育在组间界面变异部位。因此,居隆庵矿床组间界面陡变带也是成矿有利要素之一。

④岩体。居隆庵矿床主要岩浆岩体为花岗斑岩,因此对矿床内的花岗斑岩体建立了100~600 m 缓冲区模型,根据岩体与已知矿体的空间关系,统计分析出 250~350 m 和 450~550 m 缓冲区在空间上与已知矿体的叠合率最高,占已知矿体总数的 51.11%,由此确定出岩体影响的范围:含矿块数较高的 250~350 m 和 450~550 m 缓冲区岩体模型。

⑤构造带。居隆庵矿床的矿体受帚状次级断裂和岩性界面联合控制,矿体主要赋存于碎斑熔岩和流纹英安岩与帚状构造的交汇部位。根据矿床构造实体模型叠加矿体模型后统计分析,构造缓冲区内矿体块数占总矿体块数的 64.47%,可将其作为成矿有利要素。

⑥蚀变带。居隆庵矿床中主要矿体均产出于蚀变带内。从勘探线剖面来看,蚀变带发育在矿体两侧 100~150 m 范围内,部分可达近 200 m。根据勘探线剖面资料,建立了居隆庵矿床蚀变带块体模型,并将蚀变带作为定量预测中的成矿有利要素。

(3)铀矿床成矿预测

采用三维证据权法和三维信息量法对矿床进行定量预测。其中三维证据权法采用地质统计方法分析的模式,通过对有利要素叠加复合分析来开展找矿有利区的预测,具体操作是对三维立方块体模型中含矿地层、组间界面及其陡变带等证据因子的属性进行二值化预处理,提取成矿有利区,进而利用证据权模型计算块体先验概率、各证据因子权重值、块体后验概率。成矿高值区范围根据各后验概率区间矿块数量的变化情况进行选择。

三维信息量法依据各类地质要素单变量的空间分布情况,借助矿产预测统计分析理论和方法,探讨各地质要素在区域成矿预测和评价中的成矿意义及成矿指示作用。在进行信息量计算前,同样需要将各有利成矿要素进行二值化预处理,运用三维信息量方法计算出矿区内各成矿有利要素的信息量值,统计各信息量值区间范围内含有已知矿体的块体数量,根据其变化趋势与拐点情况,确定富矿界限。

(4)成矿远景区圈定及资源量估算

根据计算出的居隆庵矿区的后验概率值和信息量值,在区间统计分析并剔除已知矿体区域后,确定出了找矿靶区范围,结合区域地质特征,共圈定 5 个预测靶区。并根据靶区内信息量高值块体数量,将靶区分为 A、B 两级靶区。

并根据资源量估算模型,采用公式:

$$Q_m = \sum (V_i \cdot C_i \cdot \rho \cdot t)$$

式中　　Q_m——矿石金属量,t;

　　　　V_i——矿石体积,m^3;

　　　　C_i——矿石平均品位(0. 192%);

　　　　ρ——矿石密度(2. 65 t/m^3);

　　　　t——含矿系数。

计算出居隆庵铀矿床区的预测靶区内矿石中铀金属量为××××t。

4.5.4　基于多元信息的诸广地区花岗岩型铀矿体定位预测

大比例尺的矿床预测工作不仅要预测潜在矿床发育位置,更要预测潜在矿体的发育部位、发育型式及其产出特点(展布方位、倾向、倾角等)。对后者认识的正确与否,往往直接影响到探矿工程的部署和实施方案的制定,从而影响到找矿效果,在矿产勘查实践中具有重要的现实意义。由于隐伏矿体的不可见性,或制约矿体展布的关键地质要素的不明确性以及矿后地质改造作用叠加带来的复杂性、隐蔽性或迷惑性,要准确识别或预测潜在矿体的空间展布特点,并非易事。在此对基于多元信息、多手段的诸广地区百顺矿田某花岗岩型铀矿勘查区开展的矿体定位预测成功案例(王正其 等,2015)予以介绍,希望对读者或同行的预测工作有启发和借鉴意义。

(1)研究背景与拟解决的问题

粤北诸广地区是我国花岗岩型铀矿资源重要产区,长江矿田和百顺矿田是其中最为重要的两个铀矿区。本案例研究对象为位于百顺矿田的某花岗岩型铀矿勘查区,是百顺矿田内铀矿勘查重点远景地段之一。区内主要发育印支期中-粗粒斑状黑云母花岗岩(239～215 Ma),次为燕山期细粒二云母花岗岩、中细粒似斑状二云母花岗岩(160～138 Ma)和辉绿岩(143～88 Ma)等(黄国龙 等,2010;陈培荣,2004;李献华,1990)。区内断裂构造主要为区域性北东向展布的牛澜断裂带,其次是东西向断裂带和近南北向断裂带;宏观上,北东向牛澜断裂带以较大规模的硅化带形式体现,沿硅化带常发育铀异常现象;东西向断裂带多为基性脉岩充填;南北向断裂在地表表现则较为隐蔽,多以规模较小的石英脉或硅质脉形式出现。

先期的找矿基本思路是该勘查区铀矿体的发育及其空间展布受北东向牛澜断裂带控制。基于该思路已设计并实施了 20 余个探索性钻孔,仅于 ZK3-10、ZK5-8 和 ZK9-8 等三个钻孔中发现了规模较为可观的玉髓状硅质脉型铀矿体,于 ZK3-8 中见及宽度为 2 cm 左右的紫色萤石型铀矿细脉。按照矿体受北京向牛澜断裂带控制的观点,三个钻孔揭露的硅质脉型铀矿体,在各自相邻勘查剖面及勘查钻孔中不具再现性,在空间上无法连接。由此提出问题:该勘查区钻孔中揭露的硅质脉型铀矿体是受北东向硅化断裂带控制、呈北东向展布？还是受其他方位断裂带控制？抑或是与同为一个矿田内的 201 矿床类似,空间展布受南北向断裂制约？该问题的回答,直接决定着后续铀矿找矿方向与勘查工程部署方案制定。

（2）基于区域成矿规律信息的预测

百顺矿田和长江矿田同处于诸广花岗岩体南部。与两个矿田及其典型已知矿床（201 矿床与 302 矿床等）对比发现,铀成矿作用具有以下基本规律：

地质构造环境相似：百顺矿田与长江矿田同位于诸广花岗岩体内。矿田内印支期、燕山早期和燕山晚期岩浆活动发育齐全,且发育晚期的花岗斑岩和基性脉岩,岩浆作用时代、演化与岩性特征具有可比性。矿区构造格局基本相似,均呈现北东向硅化断裂带与近南北向断裂的组合型式,矿床发育于北东向硅化断裂带与近南北向断裂构造的交汇区或其临近部位。

赋矿围岩与蚀变类型具可比性：在百顺矿田和长江矿田内,不同铀矿床的赋矿围岩岩石类型及其成岩时代有差异,如长江矿田 302 矿床,浅部赋矿围岩为印支期第三阶段油洞岩体中粒-中细粒小斑状二云母花岗岩（232 Ma±4 Ma）,深部赋矿围岩为燕山早期第一阶段长江岩体中粒黑云母花岗岩（160 Ma±2 Ma）,部分矿体与基性脉岩相关；百顺矿田 201 矿床的赋矿围岩主要为印支期第二阶段的中粗粒斑状黑云母花岗岩,其次是燕山早期第二阶段的细粒二云母花岗岩和中细粒似斑状二云母花岗岩。但不同铀矿床均表现出赋矿围岩岩石类型及其成岩时代的多样性特点,说明铀成矿作用对围岩类型与成岩时代没有严格的选择性。另外,虽然两个矿田内不同铀矿床赋矿围岩种类存在多样性,但铀矿床的围岩蚀变类型与蚀变组合相似,一致表现为以水云母化（或绢云母化）、黄铁矿化为典型的较大规模的带状蚀变,近矿围岩蚀变普遍以硅化、萤石化、碳酸盐化、红化等共生为特点。

矿体空间展布与矿石类型相似：勘查成果显示,长江矿田的 302 铀矿床等以及百顺矿田的 201 矿床等,铀矿体的定位及其空间展布均受近南北向断裂构造制约,且一致以陡倾、规模不等的透镜状形式产出为特点。依据矿石结构、构造和矿物组成特征,长江矿田与百顺矿田的花岗岩型铀矿床之铀矿石均可划分为硅质脉型（又称硅化带型）、萤石型和碳酸盐型和红化型（又称蚀变岩型）等类型。硅质脉型铀矿石以微晶石英或玉髓状石英+沥青铀矿矿物组合为典型,萤石型铀矿石以粉粒-微细粒状紫色萤石+沥青铀矿矿物组合为特征,碳酸盐型铀矿石以方解石+沥青铀矿组合为特点,红化型铀矿石则以矿石呈特征红色,铀矿物呈分散浸染状或微细脉状赋存在碎裂蚀变花岗岩中为特征。硅质脉型、萤石型、碳酸盐型通常以规模不等的脉状形式产出,充填沉淀富集成矿是其成矿作用主要方式；红化型铀矿石对称发育于上述充填脉状矿石的两侧,并与外侧水云母化蚀变围岩之间呈现渐变过渡变化形式,体现为扩散-交代沉淀成矿作用方式。两个矿田内不同矿床的铀矿石类型具有可比性,成矿作用方式相似。

铀成矿时代一致：现有资料统计显示,长江矿田内不同铀矿床铀成矿年龄数据主要位于70～89 Ma；百顺矿田内不同铀矿床成矿年龄数据范围主要为 72～96 Ma（李子颖 等,2015b）。可见,同位于诸广岩体内的长江矿田与百顺矿田铀成矿时代基本一致；铀成矿年龄明显晚于赋矿围岩花岗岩的成岩年龄（239～138 Ma）,两者之间一致呈现出较大的矿岩时差。

综上,长江矿田与百顺矿田同处于诸广花岗岩体区,成矿地质环境相似；虽然不同铀矿床赋矿围岩的具有多样性,然矿石类型及其矿石矿物组成可比,说明铀成矿流体性质与成矿作用方式相近；铀成矿时代与赋矿围岩成岩时代之间存在的较大矿岩时差,说明铀成矿作用系统相对独立于诸广地区印支期或燕山期花岗岩的侵入事件,铀成矿作用更可能是燕山期花岗岩成岩固结后发生的地质构造-流体事件的产物;依据两个矿田内不同铀矿床成矿时代的基本一致,则可推测诸广地区铀成矿作用发生于同一个区域构造动力学背景之下。据此认为,长江矿田与百顺矿田铀成矿作用是相似地质背景下,同一成矿系统或相似子成矿系统在相近构造力学体系条件下发生发育的,控制铀矿体定位与空间展布的断裂构造体系与性质应有相似性;进而提出了勘查区钻遇的铀矿体是否可能受近南北向断裂控制、呈近南北向展布的疑惑和推测性预测认识。

(3)基于矿体地质特征信息的预测

基于现状勘查成果表明,勘查区铀矿体地质呈现出如下特点:

牛澜断裂带在北东走向上具有良好的稳定性。依据断裂带组成及其蚀变特征,牛澜断裂带可分为内带和外带。内带是指牛澜断裂带构造应力与热液流体的中心作用区,中心部位由杂色(红、暗红、白色等混杂)含角砾硅质脉~硅化角砾岩组成(简称为杂色硅化带),硅化带的两侧为暗色硅化糜棱岩带;外带是指牛澜断裂带力学作用和热液作用的影响范围区,以灰绿色水云母化蚀变花岗岩为特征。

ZK3-10中含矿硅质脉定位于牛澜断裂带内带之杂色硅化带的底部;ZK5-8中发育两段含矿硅质脉,分别就位于牛澜断裂带内带之杂色硅化带的顶部和底部;ZK9-8中的含矿硅质脉发育于杂色硅化带的上部。ZK3-8发育的四段紫色萤石型铀矿细脉,其中两段铀矿脉定位于牛澜断裂带主带上部的水云母化蚀变花岗岩(外带)中,另外两段铀矿脉则分别发育于牛澜断裂带主带的杂色硅化带和硅化糜棱岩带中;四段铀矿细脉延伸方向均与钻孔岩心轴线一致,轴心夹角接近于0。据之作为矿体连接对比条件,潜在的硅质脉型矿体产状显然与澜河断裂带产状存在显著差异(图4-3)。

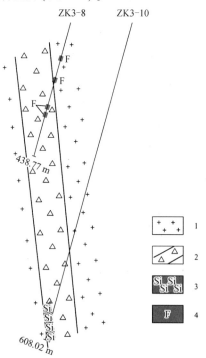

1—蚀变花岗岩;2—牛澜断裂带主带之硅化带;3—硅质脉型铀矿体;4—萤石型铀矿脉。

图4-3 百顺矿田某勘查区3号剖面示意图

比较可见,上述 4 个钻孔中见到的铀矿体发育位置均非位于牛澜断裂带的热液活动中心部位,即不与牛澜断裂带内带之杂色硅化带(硅质脉或硅化角砾岩)相重叠,且不同钻孔之间矿体发育位置相互错位。由此预测,勘查区内潜在铀矿体成矿作用并非为牛澜断裂带主带内杂色硅化带相关的硅质热液活动的产物,铀矿体的发育与定位可能不受牛澜断裂带的制约。结合 ZK3-8 中萤石型铀矿脉的产出特点,推测潜在铀矿体空间展布及其产状与牛澜断裂带可能存在差异,牛澜断裂带并非是潜在铀矿体的主导控制因素,控制铀矿体的构造因素另有他因。初步印证了基于区域成矿规律信息得出的预测认识。

(4)基于微量元素地球化学信息的成矿预测

野外调查发现,勘查区地表发育有若干条近南北向展布、陡倾斜、规模较小的硅质细脉。虽然该南北向硅质脉在地表规模不大,然说明了勘查区发育近南北向的断裂构造及其与之相关的硅质热液活动。那么,该南北向硅质脉与勘查钻孔中发现的含铀硅质脉以及 201 矿床含铀硅质脉是否具有相似的成因特点?如果是,则可能预示了钻孔中发现的含铀硅质脉具有近南北走向特征。

为此,基于一个地质系统内相同期次相同成因流体形成的产物应该具有相似的微量元素地球化学组成特征,不同成因流体形成的产物微量元素组成可能存在差异的基本思想,研究工作针对该勘查区发育的含铀硅质脉(钻孔中)、南北向硅质脉(地表露头)与 201 矿床含铀硅质脉、牛澜断裂带硅质脉等四种类型的硅质脉,开展了微量元素地球化学组成特征的对比,以便进一步论证勘查区牛澜断裂带之硅化带与含铀硅质脉的关系,佐证前述潜在铀矿体不受牛澜断裂带控制预测认识的正确性。

研究表明,该勘查区的含铀硅质脉、南北向硅质脉与 201 矿床含铀硅质脉三者具有相似的稀土元素组成和相似的稀土元素配分曲线型式,而与牛澜断裂带之硅质脉存在较为明显的差异。具体体现在,勘查区含铀硅质脉、南北向硅质脉以及 201 矿床含铀硅质脉的 LREE/HREE 比值区间分别为 6.4~18.1、8.6~15.7、11.8~13.9,三者的值域基本重叠;而牛澜断裂带内带之硅质脉 LREE/HREE 比值区间为 12.1~29.9;在稀土配分曲线型式上,虽然牛澜断裂带之硅质脉与勘查区的含铀硅质脉、南北向硅质脉以及 201 矿床含铀硅质脉的稀土元素配分曲线均呈现为轻稀土相对富集、重稀土相对亏损的右倾型,但是牛澜断裂带之硅质脉的轻、重稀土均呈现出良好的分异现象,而勘查区的含铀硅质脉、南北向硅质脉以及 201 矿床含铀硅质脉稀土元素配分曲线的重稀土段曲线则一致呈现出略微上翘的特点。三者稀土元素配分曲线重稀土段略微上翘的特点,同国内、外与花岗岩相关的热液型铀矿石稀土元素配分曲线型式是相似的(王正其 等,2010,2013b;黄净白 等,2005)。由此可初步推测勘查区的南北向硅质脉与钻孔中含铀硅质脉以及 201 矿床含铀硅质脉之间具有内在的成因联系。

上述推测在微量元素组成特征上得到了论证。数据显示,南北向硅质脉中 Rb、Sr、Ba、Nb、Ta、Zr 等微量元素均值分别为 92.77、20.83、120.97、4.15、0.4、58.0,勘查区含铀硅质脉和 201 矿床的含铀硅质脉中 Rb、Sr、Ba、Nb、Ta、Zr 等微量元素含量相近,均值为 124.9、19.7、146.2、3.4、0.3、50.6,牛澜断裂带内带之硅质脉的 Rb、Sr、Ba、Nb、Ta、Zr 等微量元素组成分别为 73.3、12.3、190.2、2.1、0.2、28.5。显然,勘查区含铀硅质脉、南北向硅质脉与 201 矿床之含铀硅质脉中微量元素组成具有较好的相似性,牛澜断裂带硅质脉中微量元素组成则差异较为明显。此种微量元素组成的异同性,在 LREE/HREE 比值与特征微量元素相关图上得以清晰体现,在 LREE/HREE 与 Sr、Zr、Rb、Nb 相关图中(图 4-4)一致显示,勘查区含铀硅质脉、南北向硅质脉与 201 矿床含铀硅质脉投影区域相互重叠;牛澜断裂带硅质脉投影区自成独立区域,其变化趋势也与前三者表现出明显的差异性。

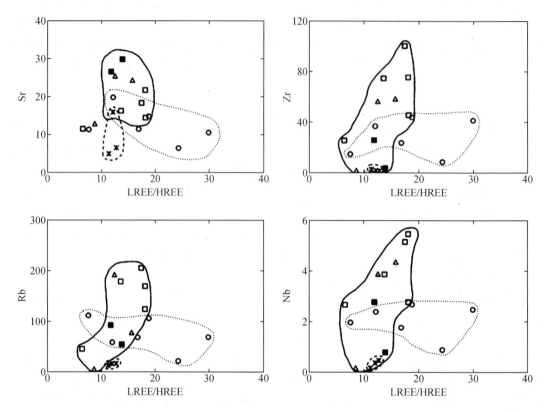

○—牛澜断裂带硅质脉;△—南北向硅质脉;□—勘查区钻孔中含铀硅质脉;■—201 矿床含铀硅质脉;

＊—201 矿床成矿期后硅质脉;实线—含铀硅质脉与南北向硅质脉重叠区;点线—牛澜断裂带硅质脉区;

短画线—矿后期硅质脉区。

图 4-4　LREE/HREE 与典型微量元素关系

综上,勘查区钻孔中含铀硅质脉以及南北向硅质脉与 201 矿床含铀硅质脉具有相似微量元素地球化学组成,与北东向牛澜断裂带存在较大差异,预示了前三者具有内在的成因联系,进一步论证了"勘查区铀矿体不受牛澜断裂带制约,可能受近南北向断裂控制、呈近南北向展布"预测认识的合理性。

(5)基于流体包裹体信息的预测

由同期且性质与来源相同的深部来源流体,在地下深处相近的标高区间内形成充填型硅质脉体时,流体的温度、盐度应该基本相近;反之,来自不同期次或不同性质的流体,其温度与盐度则大概率存在差异。换言之,如果勘查区钻孔中发育的含铀硅质脉与 201 矿床含铀硅质脉的流体包裹体温度、盐度基本相近,可在一定程度上可以佐证勘查区潜在铀矿体"可能受近南北向断裂制约、呈南北向展布"预测认识的正确性。

为此,以寄主矿物微晶石英或萤石为测试对象,开展了勘查区含铀脉体与 201 矿床硅质脉型铀矿成矿流体包裹体温度及其盐度的对比与研究。结果显示,勘查区钻孔中位于牛澜断裂带杂色硅化带顶部的含铀硅质脉,成矿流体温度呈单峰分布,温度介于 150~240 ℃;位于牛澜断裂带杂色硅化带下部的含铀硅质脉成矿流体温度则呈双峰分布,双峰区间分别为

120~270 ℃、330~390 ℃;钻孔中萤石型铀矿脉成矿流体温度域为 180~270 ℃。与之相对应,勘查区位于牛澜断裂带上部的含铀硅质脉成矿流体盐度区间为 1.23%~3.55%,平均2.51%;位于牛澜断裂带下部的含铀硅质脉对应于低温域的成矿流体盐度范围为 1.57%~2.74%(均值 1.98%),相对较高的温度域的成矿流体盐度均为 1.91%;萤石型铀矿脉成矿流体盐度变化域为 2.90%~4.34%(平均3.74%)。201 矿床含铀硅质脉成矿流体温度呈单峰式,温度域区间为 150~270,盐度范围 1.91%~2.24%,均值为 2.02%。

对比表明,位于牛澜断裂带硅化带上部的含铀硅质脉成矿流体温度呈单峰分布,而下部含铀硅质脉温度呈双峰分布,上部含铀硅质脉成矿流体盐度普遍高于下部含铀硅质脉,说明位于牛澜断裂带硅化带之上部与下部的含铀硅质脉,两者相应的成矿流体温度和盐度特征既有相似性,也有差异性。依据这种差异性,可推测勘查区位于牛澜断裂带上、下部位的硅质脉型铀矿体,可能并不是一个空间上连续矿体的组成部分,而是两个独立的矿体,分属于不同含矿构造。勘查区含铀硅质脉、萤石型铀矿脉与 201 矿床南北向含铀石英脉,在成矿流体温度域以及盐度上的可比性,说明两者的成矿流体性质相似,预示了勘查区潜在铀矿体与 201 矿床具有相似空间展布特点的可能性。就某种程度而言,进一步印证了前述预测认识的合理性。

需要指出的是,如果补充勘查区南北向断裂带和牛澜断裂带的流体包裹体的相关数据,并与勘查区潜在铀矿体以及 201 矿床进行对比,预测认识的说服力会更好。

(6)基于立体模拟手段的预测

前述分别从区域成矿规律信息、勘查区钻孔中铀矿体地质特征信息、微量元素地球化学组成信息以及流体包裹体信息等四个角度,对勘查区潜在花岗岩型铀矿体的定位特征开展了预测。四个角度的预测认识相互印证,在一定程度上一致回答了勘查区"为什么在ZK3-10、ZK5-8 和 ZK9-8 等三个钻孔中发育的含铀硅质脉,而在其周边钻孔却未能见及"的疑惑,根本原因是勘查区潜在铀矿体的走向并非受牛澜断裂带控制,其与牛澜断裂带硅化带是不同期流体作用的产物,两者的产状并非一致;勘查区潜在铀矿体与 201 矿床含铀硅质脉是具有相似性质流体的产物,空间展布特点具有相似性,矿体可能受近南北向断裂控制、呈近南北向展布。

为进一步论证上述预测认识的合理性,项目组运用 Surpac 大型地质-矿山软件,基于勘查区已施工钻孔的岩芯地质与铀矿化情况,开展了相关地质体可视化立体空间模拟预测和验证工作。基于以下四种假设,分别进行了相关地质体的可视化立体空间模拟:假设 1,假设 ZK3-10、ZK5-8 和 ZK9-8 等三个钻孔所见含铀硅质脉空间展布受牛澜断裂带制约,且属于一个完整的含铀硅质脉在不同钻孔中的体现;假设 2,钻孔中含铀硅质脉受牛澜断裂带制约,但 ZK3-10 中硅质脉与 ZK5-8、ZK9-8 中含铀硅质脉分属两个独立矿体。假设 3,含有硅质脉受牛澜断裂带制约,ZK3-10 与 ZK5-8 中含铀硅质脉同属一个矿体,ZK9-8 中含铀硅质脉属于另一个独立矿体。假设 4,ZK3-10 与 ZK5-8 中含铀硅质脉同属一个矿体,ZK9-8 中猪肝色硅质脉属于另一个独立矿体,含铀硅质脉呈近南北向展布,受控于近南北向断裂。

立体模拟结果显示,基于假设 1、假设 2、假设 3 的模拟的潜在铀矿体,或出现与钻孔揭露的地质事实存在矛盾,或用基本地质规律难以解释的情形,表明将在 ZK3-10、ZK5-8、ZK9-8 中揭露到含铀硅质脉视为牛澜断裂带的组成部分,空间展布受牛澜断裂带控制的看法存在不合理性;基于假设 4 模拟的走向约 5°、倾向西、陡倾的两个潜在铀矿体(图 4-5),

在形态、产状、空间展布上,相互间呈现出良好的协调性,既没有出现已施工钻孔与模拟铀矿体相交却未能见到应该见到含铀硅质脉的情形,也未出现与地质规律不符的地质现象,很好解释了为什么基于见矿孔沿牛澜断裂带的走向或倾向施工追索钻孔却未能见矿的原因,也排除了前述三个假设中出现的有悖地质规律的地质现象;说明勘查区潜在铀矿体,在空间上很可能呈近南北向展布(约 5°),受近南北向断裂构造控制的假设存在合理性,进一步印证了前述基于多元信息做出的预测认识。

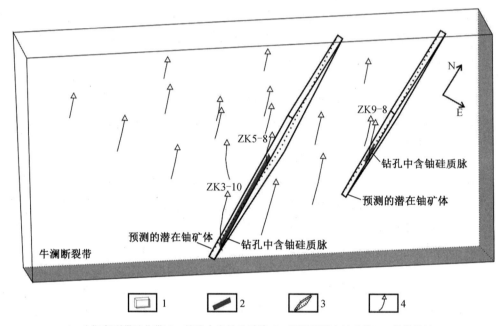

1—牛澜断裂带硅化带;2—钻孔中含铀硅质脉;3—预测的潜在铀矿体;4—钻孔轨迹。

图 4-5　基于假设 4 的空间立体模型模拟图

(7)预测结论与启示

分别从区域铀成矿规律、矿体地质特征、微量元素地球化学组成和成矿流体温度与盐度等多元信息角度,并以立体空间建模技术手段相结合,对勘查区钻孔中发现的潜在硅质脉型铀矿体开展了定位综合预测,不同信息或不同手段预测认识相互印证,据此明确提出勘查区潜在铀矿体空间展布并非受牛澜断裂带制约,其空间展布主要受南北向断裂制约,具有走向约 5°、西倾、陡倾斜的产状特点。该预测结论在后续实施的勘查工作中得到了成功的验证,对勘查区铀矿床的落实以及百顺地区花岗岩型铀矿找矿起到了重要的促进作用。

通过该项基于多元信息的铀矿成功预测工作,启示如下:

①辩证看待整体与个体、普遍与特殊的有机联系。作为一个成矿区(田)而言,成矿作用及其特点往往具有系统性和普遍性,这种普遍性对全区找矿工作具有指导意义。预测对象往往是具体的成矿区内的某个区段,是一个个体,往往又有其特殊性。在预测工作中,既要重视个体的特征及其特殊性,也不要忽视整体规律的普遍性指导意义,在辩证思维的基础上看待两者的有机联系。

②要善于抓住关键控矿要素,从多维度建立预测依据。所谓关键控矿要素是指就特定的预测层面,在成矿系统中对成矿与否或其空间定位具有决定性作用的地质要素。预测依

据可以是多维度,有宏观地质要素,也有微观地质特征要素;既要关注矿体的物理特征(形态、产状、位置以及地质要素间组合配套关系等),也要注意矿石与成矿流体的化学属性(矿石矿物组成、微量元素地球化学组成、同位素组成、流体温度与盐度等)。要善于运用整体(区域规律性)的视野,从地质环境、构造体系、成矿系统等角度来看待与之存在关联的个体特征(特殊性)的思维方式。"地质现象会说话,但本身不会发声,其真实的地质意义需要人去解读",因此既要善于开展成矿地质环境与矿体地质特征的现场深入调查,善于抓住制约成矿的关键地质要素,更要充分挖掘并正确理解各类地质事实信息及其含义,发挥主观能动性分析其预测意义,实事求是从多维度建立预测依据。

③善于利用多元信息、多手段进行综合论证。由于成矿作用及其影响因素的复杂性,加之期后改造叠加改造带来的迷惑性,依据单个预测信息角度得出的预测认识有时是模棱两可的,甚至可信度不高;当多个预测信息相互印证,认识指向一致时,则预测认识的可靠性会得到极大的提高。利用多元信息、多手段开展成矿预测综合论证的做法,在实际工作中具有广泛的可推广性。

④论证过程要善于假设,并运用地质原理予以肯定或否定。实际勘查工作中,遇到的地质现象往往存在多种解释,或存在多种地质因素所致的可能性,这就要求我们基于多种可能性做出合理的假设,进而基于地质原理或地质事实,开展严谨的逻辑分析与判断,结合合理的技术手段,运用肯定之肯定、否定之否定的辩证法原理,依次进行排除与肯定。成矿预测工作需要具备这样的思维方式与能力。

4.5.5　基于砂岩型铀成矿作用的分散元素成矿理论预测

成矿理论的预测也是成矿预测的重要内容之一。一种新的成矿理论的提出,往往是拓展找矿新领域、实现找矿成果新突破的前提与基础。在此,将王正其等(2007a;2007c;2006a,2005)基于层间氧化带砂岩型铀矿中伴生的 Se、Re 分散元素超常富集现象、富集特点,通过层间氧化带作用机制下分散元素超常富集机理、超常富集的独立性、独立成矿的可能性等角度系统分析,前瞻性提出层间氧化作用是一种分散元素成矿新机制、新类型的研究案例予以介绍,以期对引导、启发、培养或建立成矿新理论预测研究的思维意识起到促进作用。

(1)分散元素成矿理论现状

分散金属为我国,乃至世界急需、紧缺矿种。分散元素成矿理论研究及其矿产资源的找寻是当今世界地学领域的热点问题。分散元素指在地壳中丰度很低,多为 ppb(10^{-9})级,而且在岩石中是以极为分散为特征的元素,通常指 Ga、Ge、Se、Cd、In、Te、Re、Tl 等 8 个元素。由于它们在地壳中丰度极低,在岩石中极为分散,加上分散元素矿物又十分细小、鉴定与测试难度大等原因,分散元素的找矿工作进展十分缓慢。通常认为,自然界中分散元素一般以分散状态存在,难以富集成矿,更不能形成独立矿床。随着 20 世纪中叶以来,国内、外相继发现了一些分散元素矿床,特别是在我国西南地区相继发现了多个大-中型分散元素独立矿床,标志着分散元素矿床学获得了重大突破(涂光炽 等,2003;顾雪祥 等,2004),然分散元素成矿理论研究尚处于起步阶段,尚有许多亟待解决和探索的问题,找矿地质领域较为局限。如:发现的分散元素独立矿床或超常富集主要分布于克拉通周边地区(如扬子地台西南缘和西北缘);赋矿岩系主要为寒武系、晚古生代白云质大理岩和钙质基性火山岩(Te)、富含有机质和硅质的碳酸盐岩(Cd、Ga、Ge、In、Te)、硅质岩(Se、Ge)、泥质灰岩-泥岩(Tl)、黑色页岩-粉砂岩(Se、Re、Ge)以及中生代煤层(Ge);认为分散元素矿床成矿温度以中低温(一般<250 ℃)为主,个别为中高温(大水沟碲矿床);成矿与沉积-低温热液改造和海底喷流热水沉积作用关系密切,部分矿床可能与低温、低压条件下的地表或地表浅部的风化作用和沉积作用过程有关;研究多集中在 Cd、Ge、Se、Te、Tl、In 等元素,对 Ga 和 Re 的超常富集与成矿作用少有涉及,特别是 Re 元素成矿机制研究更为薄弱。

表生循环过程中分散元素的迁移与富集的地质-地球化学过程和成矿效应,是以往分散元素成矿机制研究的薄弱点。虽然常见到不同地区层间氧化带砂岩型铀矿床中存在不同种类和程度的分散元素富集现象报道,但均把该现象看成是一种与铀成矿密切相关的微量元素伴生现象,未对表生低温环境下层间氧化作用促使分散元素(Re、Se、Ga、Ge 等)的超常富集共生-分异机理进行探讨,更未从分散元素成矿独立性和成矿新类型角度来予以认识和重视。

(2)分散元素在砂岩铀矿床中的富集现象与富集特征

世界范围内,多个层间氧化带砂岩型铀矿床报道有分散元素不同程度的伴生现象。中亚地区各主要砂岩型铀矿床,通常含有分散元素 Re、Se 的富集;在空间上,从层间氧化带之氧化带至还原带,依次出现 Se-U-Re 分带性;其中 Re 富集含量最高可达 7.3×10^{-6},富集系数为 14 600;Re 富集体平均含量达 2.3×10^{-6},平均富集系数为 4 800。美国 Grants 矿区、科罗拉多高原的 Uravan 矿带以及怀俄明地区 Shirley、Gas Hill 盆地砂岩铀矿中均存在分散元素 Se 的超常富集,其中 Uravan 矿带 Se 含量最高达 520×10^{-6}(富集系数为 10 400);南得克萨斯海岸平原砂岩铀矿中 Se 的富集强度相对要弱。我国内蒙古东胜以及通辽地区砂岩铀矿中也存在不同程度 Se 的富集。

伊犁盆地 511 和 512 铀矿床为我国最早发现的典型的层间氧化带砂岩型铀矿床。研究发现,两个矿床的砂岩铀矿石及其近矿围岩中均存在有不同程度的分散元素超常富集。512 矿床中 Re、Se 富集体平均含量分别为 0.22×10^{-6},$2\,260 \times 10^{-6}$,平均富集系数分别为 440 和 45 200。511 矿床 Re、Se 富集体的平均含量分别为 0.28×10^{-6}、45.59×10^{-6};最高分别达到 2.3×10^{-6}、$1\,075.3 \times 10^{-6}$;Re 富集系数平均达 560 倍,最高 4 600 倍;Se 富集系数平均达 911.8 倍,最高 21 506 倍。除 Re、Se 元素外,511 矿床中局部还存在分散元素 Ge、Ga 的弱异常。

空间上,511 矿床中 Re、Se 超常富集体与 U 矿体共生特点:Re、Se 与 U 矿体严格受控于层间氧化带,空间展布呈现出分带性,即从氧化带开始,依次出现 Se、U、Re 矿化。平面上,上述三元素矿体均呈带状延伸,延伸趋势与层间氧化带前锋线走向一致,其中 Re 富集体位于层间氧化带前锋线及其内外两侧,富集范围大体与铀矿带一致,但略偏向还原带一侧,Se 富集体则位于层间氧化带前锋线的内侧,略偏向氧化带一侧(图 4-6)。剖面上,Re 富集体主要呈卷状或囊状发育于层间氧化带尖灭带的外缘,即氧化—还原过渡带,产出范围大体与铀矿体一致,卷头部位构成 Re 富集体的主体,部分位于翼部铀矿体中,但较翼部铀矿体要短;Se 富集体形态主要呈透镜状位于层间氧化带的上部边缘部位,部分与翼部铀矿体重叠,部分偏向层间氧化带氧化砂岩一侧(图 4-7)。在赋矿岩性上,U、Re 含矿岩性为灰色、深灰色砂岩,Se 矿赋存岩性包括浅黄色或杂色砂岩与灰色、暗灰色砂岩两种类型。研究也表明,在各自矿化范围以外的砂岩中,分散元素 Re、Se 含量迅速降低,且绝大多数样品的元素含量低于检出限。Ga、Ge 元素存在活化、迁移,在层间氧化带之氧化还原过渡带及其附近还原带砂岩中形成弱地球化学异常。

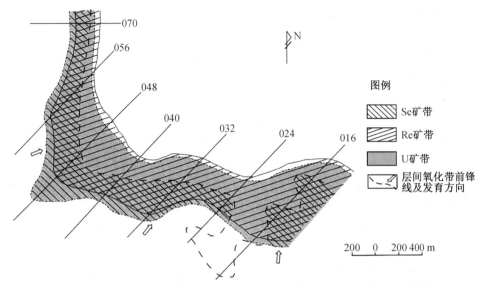

图 4-6　511 铀矿床铀、硒、铼矿体平面展布图(王正其,2007a)

分析认为,511 矿床中分散元素 Re、Se(包括 Ga、Ge 异常) 超常富集与 U 元素成矿具有相似的成因机理,即 Se、Re 元素超常富集及 Ga、Ge 地球化学异常是砂岩发生层间氧化作用的结果和产物,各元素富集部位的差异,则与元素本身地球化学性质导致元素富集的地球化学条件存在差异相关。

(3) 层间氧化作用过程分散元素超常富集独立性分析

分散元素在层间氧化带砂岩型铀矿中的富集具有独立性,即与铀之间不存在必然的因果关系,是分散元素能否在层间氧化作用过程独立成矿的关键问题。为此,项目从以下方面进行了论证。

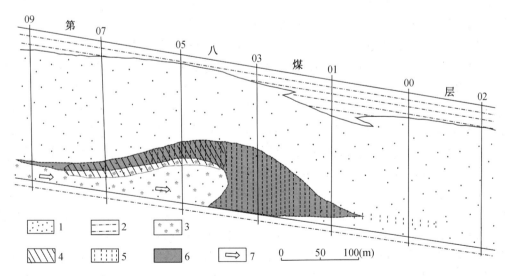

1—砂体;2—泥岩、泥质粉砂岩;3—氧化砂岩;4—Se 富集体;5—Re 富集体;6—U 矿体;7—层间水径流方向。

图 4-7　511 铀矿床 U、Re、Se 矿体剖面分布型式(王正其 等,2007a)

首先,砂岩型铀矿床中,分散元素 Re、Se(包括 Ge、Ga 异常)超常富集体与 U 矿体形态上存在差异,富集部位存在错位现象。其次,各元素赋存岩性也有差异。对 511 矿床各元素富集体中的分散元素含量与相应样品铀含量的相关性研究表明,除 Re 与 U 呈现一定的相关性外(相关系数为 0.78),Se、Ga、Ge 与 U 含量之间相关系数分别为 0.041、0.026、0.34,表现出不相关性。

另外,对国内外多个层间氧化带砂岩型铀矿床中分散元素的伴生现象调研发现,不同地区不同砂岩铀矿床中,分散元素的富集特征既有共性,如元素富集均受控于层间氧化带,富集部位及其分带性相似;也存在各自的特点,体现在不同地区砂岩铀矿床中富集的分散元素种类和富集强度存在差异。如同处于伊犁盆地南缘的 512 铀矿床中分散元素富集特征与 511 铀矿床虽然有相似性,但富集强度差异明显。内蒙古东胜砂岩铀矿仅存在 Se 的富集。中亚地区各主要砂岩型铀矿床,通常含有分散元素 Re、Se 的富集,从层间氧化带之氧化带至还原带,依次出现 Se-U-Re 分带性,Re 平均富集系数为 14 600;Se 平均富集系数为 4 800,未见有 Ge、Ga 富集的报道。美国 Grants 矿区,科罗拉多高原的 Uravan 矿化带各砂岩铀矿区仅报道存在分散元素 Se 的超常富集;对怀俄明地区 Shirley、Gas Hill 盆地与南得克萨斯海岸平原砂岩铀矿中 Se 的富集情况对比表明,前者呈超常富集,而后者富集强度相对要弱。

综上认为:基于砂岩型铀矿中存在的分散元素超常富集特点,表明 Re、Se、Ge、Ga 等分散元素以各自相对独立的赋存形式存在,而非以类质同象形式与 U 共生的可能性;分散元素的富集体与 U 矿体的共生,不存在因此及彼的必然因果关系,层间氧化带砂岩型铀矿中分散元素超常或异常富集具有相对独立性。

(4)层间氧化作用下分散元素独立成矿可能性分析

分散元素要在层间氧化作用过程实现独立成矿,必须满足以下条件:首先蚀源区要存在丰富的分散元素物源;其次是物源区岩石中的分散元素能够活化,以某种离子形式溶解于水并随之迁移;第三个条件是,分散元素活化迁移途径中,需存在适当的地球化学条件(障),使得溶解于水中的分散元素能够被吸附固定或还原沉淀聚集。

分析认为,Re、Se、Ge、Ga 等分散元素与 U 均属氧化还原敏感性变价元素,具相似的表生地球化学性质,在氧化条件下具有较强的活动性,易形成 Se^{6+}、Re^{7+}、Ga^{3+}、Ge^{4+} 等易溶化合物。热力学理论计算表明,当 pH 值处于 6.5~8.5 时,相应的 Eh 值大于 50~100 mV,Se 可形成 $HSeO_4^-$ 或 SeO_4^{2-};而当 pH 值处于上述范围,相应的 Eh 值大于 100~130 mV,Re 即可形成 ReO_4^- 溶解于水中。在自然界,特别是在干旱、半干旱条件下,上述地球化学条件普遍存在。由此表明,分散元素实现成矿必需的第二个条件是可能实现的,即在表生氧化条件下,分散元素是可以被含氧地表水从蚀源区岩石中汲取、活化并被地表水携带迁移的。

层间氧化作用发育过程,实质是含氧地表水的不断补给,在条件适合的砂体中形成层间承压水并在砂岩中渗透、径流、迁移,导致层间承压水与围岩之间发生的一系列物理化学反应(包括氧化还原反应)平衡、破坏、再平衡、又破坏,循环往复;该过程致使还原态砂岩(有机碳、S^{2-}、Fe^{2+} 等)氧化,导致砂体中 Eh、pH 发生系列变化而形成层间氧化带的不同地球化学分带;层间氧化带之氧化-还原过渡带通常是吸附障、还原障和中和障的统一体。据此有理由推断,当富含从蚀源区岩石中汲取了 Re、Se、Ge、Ga 等分散元素的含氧地表水,在适当的条件下转入层间渗流水,并在含矿含水层(砂体)中的渗流过程中,与砂岩围岩发生一系列氧化还原反应,该过程可能使砂体中部分同生沉积的分散元素活化并随层间水迁移。当含有上述分散元素的层间水渗流至氧化还原过渡带、与砂岩中还原剂相遇时,由于环境中 Eh、pH 降低,水中 Re、Se、Ga、Ge 等氧化还原敏感性变价元素高价态离子易溶化合物变得不稳定,由高价态转变为低价态形式(Se^0 或 Se^{2-}、Re^{4+}、Ga^{2+}、Ge^{2+}),或沉淀,或还原,失去活动性并于氧化还原过渡带(层间氧化带前锋线附近)富集成矿。由此说明,在层间氧化作用下,分散元素要实现独立成矿的第三个条件是可以满足的。

至于第一个丰富的分散元素物源条件是分散元素能够独立成矿的前提和物质基础。源区的分散元素供给种类和供给状况,在某种程度上决定和制约了层间氧化作用机制下氧化还原过渡带砂岩中分散元素的富集种类和富集强度;据此,也就不难理解为什么不同地区不同砂岩铀矿床中,分散元素富集种类以及富集强度存在差异。换言之,如果铀源不充分,而分散元素供给源具备的前提下,层间氧化作用可以导致分散元素独立成矿。同时认为,分散元素及铀元素之间存在地球化学共性(均为氧化还原敏感性变价元素),以及各元素之间还原沉淀所需的地球化学条件和元素离子获取电子的能力差异,是导致分散元素与铀在层间氧化带砂岩中共生并呈现分带性的主要原因。

(5)预测结论

砂岩型铀矿中分散元素与铀的共存,是由于元素之间存在类似的表生地球化学性质,通过"层间氧化作用""走到一起",是同一成矿机制下不同的成矿产物。分散元素的赋存形式、富集条件与富集部位具有其独立性。源区的分散元素供给种类和供给状况,在一定程度上决定了层间氧化作用机制下砂岩中分散元素的富集种类和富集强度;分散元素及铀元素之间离子获取电子的能力以及各元素还原沉淀所需的地球化学条件差异,是导致分散元素与铀在砂岩中呈现分带性的主要原因。只要存在充足的分散元素供给源,在层间氧化作用、地球化学障等条件具备的前提下,分散元素超常富集并独立成矿是可能的。层间氧化作用可以是一种分散元素新的成矿机制。

该理论预测的意义在于,层间氧化作用作为分散元素新成矿机制的提出,无疑为分散元素超常富集机理、成矿学基础理论研究以及分散元素找矿拓展了新思路、新途径、新领域。

第5章　铀矿勘查技术方法

5.1　概　　述

勘查技术方法是矿产勘查活动中,为获取与矿产形成和产出直接或间接有关的信息及各种参数所采用的工作方法和技术手段的总称。勘查技术方法的种类很多,按其原理可归纳为地质学方法、地球化学找矿方法、地球物理找矿方法、遥感找矿方法、探矿工程法五大类。各类方法对地质体从不同的侧面进行研究,提取矿产可能存在的有关信息和相关参数,并相互验证,以提高矿产的发现概率。

地质学方法:包括地质填图法、砾石找矿法和重砂找矿法等。主要是以相关成矿地质理论为指导,从成矿作用发生的地质背景入手,用矿物学、岩石学、构造地质学等方法,研究和分析成矿地质条件,借助直接或间接的地质矿化信息寻找矿产资源。

地球化学找矿方法:包括岩石地球化学找矿法、土壤地球化学找矿法、水系沉积物地球化学找矿法、放射性水文地球化学找矿法、"深穿透"勘查地球化学技术(如地电化学法、地气法、金属活动态测量方法等)等。是以研究各种元素在地壳中的分布和在各种地质作用过程中活化、迁移、富集规律入手,通过系统地样品采集、测试分析来发现各种成矿元素及伴生元素形成的分散晕异常,从而达到找矿的目的。

地球物理方法:包括磁法、电法、重力法、地震和放射性物探方法等。是从研究矿体(矿石)与围岩的物质组成和物理性质入手,利用矿体与围岩在物理性质上存在的差异来解决矿产资源勘查工作中地质环境、地质构造条件等问题,或获取与成矿有关的地球物理信息。

遥感找矿方法:是指通过遥感途径对工作区的成矿地质条件、成矿控制因素、找矿信息及矿床的成矿规律进行研究,从中提取与成矿相关的信息而达到找矿目的的一种技术手段。遥感找矿必须与地质学原理和野外地质调查工作紧密结合,才能获得丰富可靠的资料和正确的与成矿相关的找矿信息。

探矿工程法:即直接用钻探和各种坑探工程来寻找、验证和控制矿体。一般是在成矿规律与成矿预测研究,或发现了一定矿化信息的基础上,才用探矿工程的手段来验证或直接探索矿体。

铀矿地质勘查领域应用最多的找矿方法是铀矿地质填图法、放射性地球物理找矿方法、放射性水化学找矿法和探矿工程法。近年来,随着找矿目标的变化(面向深部寻找盲矿体),一些非放射性地球物理找矿方法,特别是综合性的物化探方法、深穿透地球化学方法,也在铀矿勘查工作中得到不断的开发、引进,应用领域日益广泛,对铀矿地质找矿和资源潜力评价发挥了很重要的作用。

5.2　地质学方法

5.2.1　铀矿地质填图法

地质填图法是运用地质理论和有关方法,全面系统地对工作区进行专门性或综合性的地质矿产调查和研究,查明工作区内的地层、岩石、构造及其与矿产资源成矿作用相关的基本地质特征与地质现象,研究成矿作用规律和各种找矿信息,并将各种地质与成矿现象客观反映到相应比例尺的平面图上。地质填图是了解研究区成矿地质环境,分析各种成矿地质条件和控制因素,进而指导成矿规律和成矿预测工作的基础。它不仅可以直接发现矿产地,也是合理选择应用其他勘查技术方法与手段的前提和依据。因此,地质填图工作是一项综合性很强的地质勘查工作,地质填图质量的好坏直接关系到矿产资源勘查工作的效果。

铀矿地质填图是指以铀矿资源调查为主要目的的地质填图工作,是一种"专门性资源"地质调查工作。其具体的任务是:研究工作区所处的大地构造单元性质、特点和演化历史;查明区内各类地质体的形态、空间分布、岩性岩相特征、成岩时代和接触关系,调查不同地质体(地层、岩体、岩性单元)的含铀性;查明区内构造的类型、性质、产状和发育规模,并研究它们的形成时代、发展过程、空间分布规律以及相互间的成因联系;查明研究区铀矿床、矿(化)点和铀异常点(带)赋存的地质环境及主要控制因素,研究铀矿床、矿(化)点的矿化特征及其空间产出特征;开展水文地质、工程地质和环境地质调查分析区内铀成矿地质条件和找矿标志,总结铀成矿规律;对研究区铀成矿潜力进行评价,明确下一步铀矿勘查工作方向,提出勘查工作建议。必要时可采用少量的探矿过程进行揭露和查证。

地质填图的范围应在区域铀成矿地质条件分析、铀成矿构造单元划分、铀矿勘查工作远景规划基础上来确定。矿田地质填图一般以一定的构造单元确定,如某个火山构造盆地。矿床(区)地质填图的范围应以主矿带为中心,将分布于矿床(区)内的所有异常、矿化点带包含在内,并以能够全面反映控制矿床、矿体的地质构造和标绘所有探矿工程为前提来确定填图边界。

地质填图的比例尺取决于勘查工作阶段及其目的和任务要求。一般而言,对研究详细程度要求越高,填图单位划分越细,地质填图的比例尺越大,地质构造条件越复杂,地质填图的比例尺也要相应增大。矿床成因类型与地质填图比例尺的选择也存在一定关系,内生铀矿床通常比外生铀矿床复杂,矿体规模小,因此,就特定的铀矿勘查工作阶段而言,内生铀矿床地质填图采用的比例尺相比外生铀矿床的填图比例尺要大。不同铀矿勘查阶段,地质填图工作的比例尺要求是有区别的。具体阶段采用的比例尺见表5-1。

在区域地质调查阶段,铀矿地质填图工作通常是在前人工作取得的相应比例尺地质图的基础上进行修改补充,把与铀成矿相关的地质、构造、蚀变等现象补填到地质图上。不同勘查阶段的铀矿地质填图工作,通常须同时开展放射性物探工作或水文地质填图工作。对非地浸型铀矿勘查区,放射性物探测量工作的比例尺通常较地质填图精度大一倍;对可地浸砂岩型铀矿勘查区,放射性物探测量工作的比例尺通常与地质填图精度一致,然水文地质填图精度则需放大一倍(普查阶段)。这是铀矿成矿作用特点与地质填图的任务性质决定的。

表 5-1　不同勘查阶段有铀矿地质填图精度要求

铀矿类型	工作阶段	工作内容及采用的比例尺		
		地质填图	放射性物探	水文地质填图
非地浸型	普查阶段	1:25 000~1:5 000	1:10 000~1:5 000	
	详查阶段	1:5 000~1:2 000	1:5 000~1:1 000	1:5 000~1:2 000
	勘探阶段	1:2 000~1:1 000		
地浸砂岩型	普查阶段	1:25 000~1:10 000	1:25 000~1:10 000	1:10 000~1:5 000
	详查阶段	1:10 000~1:5 000		
	勘探阶段	1:5 000~1:2 000		

在铀矿勘查工作中,地质填图按工作精度又可分为地质草测和正规地质填图。地质草测是指工作精度低于相同比例尺的正规地质填图的地质填图工作;主要应用在普查阶段或矿点评价工作。正规铀矿地质填图一般用于详查和勘探阶段,按铀矿地质填图规范要求进行工作。不同类型填图与不同比例尺填图的观察路线间距和观测点密度见表5-2。地质填图所用地形图的比例尺一般应比相应地质填图要求的比例尺大一倍。

表 5-2　地质填图观测网密度比较

比例尺	地质草测		正规地质填图	
	路线长度 km/km²	观测点密度/(个/km²)	观测线距/m	构造简单区观测点密度/(个/km²)
1:50 000			500	2~4
1:25 000	1	2	250~400	6
1:10 000	2	4	100	50
1:5 000	4	8	50	100
1:2 000	8	16	20	625
1:1 000			10	1 300

地质填图工作程序一般由四个阶段组成,依次是踏勘和准备工作阶段、实测剖面研究阶段、野外填图阶段、资料综合整理与总结阶段。实测剖面需解决的关键问题是确定填图地质单元和标志层,并对区内出露的主要岩石种类统一命名,以便统一认识。

随着高新技术和计算机技术在矿产勘查工作中的普及应用,地质填图正由过去单一的人工野外现场填制向采用遥感技术、野外地质信息数字化、计算机直接成图方面发展,由单一的二维制图向三维、立体制图方向发展。

5.2.2　砾石找矿法

沿山坡、水系或冰川活动地带研究和追索矿砾或与矿化有关的岩石砾石,进而寻找矿床的方法,称为砾石找矿法(图 5-1)。砾石法是一种较原始的、利用机械分散晕的找矿方法,其简便易行,特别适用于地形切割程度较高的深山密林地区及勘查程度较低的边远地区的固体矿产的找寻工作。砾石找矿法按矿砾的形成和搬运方式可分为滚石法、河流碎屑法和冰川漂砾法,以前两者的应用相对比较普遍。

①—机械分散晕;②—残、坡积重砂矿物分散晕;③—生物晕;
④—分散流;⑤—气晕;⑥—矿体。

图 5-1　矿床次生晕示意图

1. 滚石法

当矿体及近矿围岩风化后,其机械破碎产物靠自身重力滚落或雨水冲刷到山坡和沟谷中,停积在坡积物或冲积物内,便形成滚石分散晕。如果在野外找到这类滚石,可根据滚石分散晕的形态和当地地形特征,向地形的上方(高处)回溯追寻矿化露头,这种方法称为滚石找矿法。

铀矿滚石可用物探仪器发现。实践证明,矿化滚石分散晕的形态受矿体露头的走向和地形坡度控制。当矿体走向与山坡倾向一致时,矿化滚石分散晕在山坡上通常呈三角形分布;当矿体走向与山坡斜交时,矿化滚石分散晕的分布形态多呈不规则的四边形;当矿体走向与山坡倾斜方向垂直时,矿化滚石分散晕则通常呈梯形分布。

2. 河流碎屑法

如果矿体及近矿围岩风化后的机械破碎物被山洪或山区河流进一步搬运和分散,堆积在离矿体露头较远的河床沉积物中形成河流碎屑,则可利用这种矿化碎屑向上游回溯寻找矿化露头,这种方法称为河流碎屑法。河流碎屑的分布特点一般是:下游少而颗粒小,上游多而颗粒大;下游磨圆度好,而上游磨圆度差;碎屑物沿河流呈线状分布。

为了取得好的找矿效果,找矿路线应沿山间河谷布置,逆河而上,逐步追索。如发现的矿化碎屑少而小,且磨圆度较好,说明离矿化露头尚远,应向上游继续追索。如遇河流、沟谷分岔,则应对每条岔沟、岔河进行仔细搜索,并沿矿化碎屑分布较多的岔沟、岔河前进。当发现矿化碎屑急剧增多,而且上游再无矿化碎屑出现时,则应转向两侧山上寻找矿化露头。

在追索与铀矿相关的河流碎屑时,不仅要充分利用放射性物探仪器,而且要注意观察矿化碎屑的岩性特征,了解这类岩石的分布地区和范围,并填绘在地质图上,圈定其分布范围,以便缩小找矿范围,进而推断原生矿床的位置。

3. 冰川漂砾法

该方法是以冰川搬运的砾石、岩块为主要观察对象,其原理与河流碎屑法类似。由于冰川堆积一般很厚、冰川运动的方向又并非始终如一,并且后一次冰川往往对前一次冰川沉积物有较大的破坏,因而冰川沉积规律难以掌握,故利用冰川漂砾寻找原生矿的效果欠佳,在实际工作中应用极少。在铀矿普查中,仅有加拿大阿萨巴斯卡盆地的铀矿是通过航测发现冰川漂砾异常而发现的。

以上几种砾石找矿法一般不单独使用,常配合其他找矿方法使用。在机械晕发育的山区或森林地区,砾石找矿法常能获得较好的效果。

5.2.3　重砂找矿法

重砂找矿方法(简称重砂法)是以各种疏松沉积物中的自然重砂矿物为主要研究对象,以实现追索寻找砂矿和原生矿为主要目的的一种地质找矿方法。重砂法的找矿过程是沿水系、山坡或海滨对疏松沉积物(冲积物、洪积物、坡积物、残积物、滨海沉积物、冰积物以及风积物等)开展系统取样,经室内重砂分析和资料综合整理,并结合工作区的地质、地貌特征,重砂矿物的机械分散晕或分散流和其他找矿标志等来圈定重砂异常区(地段),从而进一步发现砂矿床、追索寻找原生矿床。

重砂法是一种具有悠久历史的找矿方法。由于应用简便、经济而有效,在现今仍是一种重要的找矿方法。主要适用于物理化学性质相对稳定、相对密度大的金属、非金属等固体矿产的寻找工作,如自然金、自然铂、黑钨矿、白钨矿、锡石、辰砂、钛铁矿、金红石、铬铁矿、钽铁矿、铌铁矿、绿柱石、锆石、独居石、磷钇矿等金属、贵金属和稀有、稀土元素、放射性元素矿产,以及金刚石、刚玉、黄玉、磷灰石等非金属矿产。我国一些重要的固体矿产地的发现,如夹皮沟金矿,赣南的钨矿,山东的金刚石,湖北、广东、广西的汞矿,云南、四川的锆石等都是用重砂法首先发现的。

应用重砂矿物进行找矿的依据是重砂机械分散晕(流)(图5-1)的存在。矿源母体(矿体或其他含有用矿物地质体)暴露地表因表生风化作用改造而不断地受到破坏,在此过程中化学性质不稳定的矿物由于风化而分解,而化学性质相对稳定的矿物则成单矿物颗粒或矿物碎屑得以保留而成为砂矿物。当砂矿物相对密度大于3时,则称为重砂矿物。这些重砂矿物除少部分保留在原地外,大部分在重力及地表水流的作用下,以机械搬运的方式沿地形坡度迁移到坡积层,形成重砂矿物的相对高含量带,并与原地残积层中的高含量带一起构成重砂矿物的机械分散晕。有些矿物颗粒进一步迁移到沟谷水系中,由于水流的搬运和沉积作用使之在冲积层中富集为相对高含量带,构成所谓的机械分散流。重砂机械分散晕(流)的形成,是矿源母体遭受风化剥蚀的结果,重砂矿物经历了搬运、分选、沉积等综合作用,其分布范围较矿源母体大得多,故成为较易发现的找矿信息,经推本溯源,就可找到原生矿体。

根据取样对象,重砂找矿法可分为自然重砂法和人工重砂法。前者是从自然的疏松沉积物中采集样品,直接淘洗出重砂;后者则是采集露头的新鲜或半风化原岩或矿石,经人工破碎、淘洗而获得重砂矿物进行研究。

重砂法除了可单独用于找矿外,更多的是在区域矿产普查工作中配合地质填图工作和物探、化探、遥感等不同的找矿方法一起共同使用进行综合性的找矿工作。重砂法传统的取样研究对象是自然重砂,但目前人工重砂法的研究及应用正日益受到人们的高度重视。人工重砂法是在自然重砂法的基础上发展起来的,并代表了重砂法的发展方向。通过对人工重砂矿物的研究,重砂法不仅可以用于直接找矿工作中,提供有用的矿化信息,而且可以进行地层划分、岩体对比,研究矿床成因,总结成矿规律,配合有关资料进行成矿预测等。

在铀矿勘查工作中,重砂法极少作为一种找矿方法予以应用,多半用来解决某些与矿化有关的地质问题,如地层、岩石中副矿物组成、特征与对比,含铀岩体或矿石中铀的存在形式等。

5.3　地球化学找矿方法

地球化学找矿方法(简称化探)是以地球化学和矿床学为理论基础,以地球化学分散晕(流)为主要研究对象,利用矿床在形成及其以后的变化过程中,成矿元素或伴生元素所形成的各种地球化学分散晕(异常)进行找矿的方法。地球化学找矿方法经常应用于区域地质调查,对区域成矿远景进行评价,也用于矿产勘查各阶段综合寻找隐伏矿体。此外,利用化探对岩体含矿性进行评价、进行地层对比、研究矿床成因等方面都有较大的进展。

由于成矿元素的原生晕和次生晕的规模比矿体大得多,因而可以给找矿提供较大的目标。同时由于成矿元素或伴生元素分散的介质种类很多及迁移的距离可以很大,因此通过地球化学晕的研究能发现难识别、新类型的矿床和埋藏很深的矿体。地球化学找矿法可找寻的矿产涉及金属、非金属、油气等众多的矿种及不同的矿床类型。

根据采样介质与测试研究对象,化探方法可分为传统地球化学找矿方法和非传统地球化学找矿方法。其中,传统地球化学找矿方法通常包括岩石地球化学找矿、土壤地球化学找矿、水系沉积物地球化学找矿、水文地球化学找矿、气体地球化学找矿和生物地球化学找矿等;其采样介质主要为岩石、土壤、水系沉积物或水介质,测试研究对象是介质中元素的总含量;主要适用于地表出露矿、半出露矿或浅伏矿床。非传统地球化学找矿方法是基于地表地球化学分散晕(活动态金属元素异常)来发现隐伏矿床或深埋矿床,因此又称之为深穿透地球化学找矿方法;其采样介质主要为土壤或土壤中的气体等,测试研究对象是介质中某种赋存形式(活动态)的元素含量(称之为分量);主要方法有金属元素活动态测量法(分量化探法、偏提取法)、地电化学法、地气法、地球气纳微金属法、汞法、铅同位素法等。

各种化探方法的具体应用和方法的有效性,取决于是否有相应的采样对象和形成相当的成矿元素及伴生元素分散晕(异常)的地球化学前提。在找矿工作中对各种化探方法的选择必须结合研究区成矿对象性质及其具体地质条件进行。

铀及与其相关的一些主要指示元素(如 K、Th 等)具有放射性,对由它们形成的分散晕调查工作,在一定程度上可以由不同种类的放射性物探方法来完成和实现。因此传统的地球化学方法在铀矿找矿中应用并不很多,但放射性水化学找矿法在铀矿找矿中得到了广泛应用。

随着深穿透勘查地球化学理论以及测试技术的进步,深穿透地球化学找矿方法在未来的铀矿找矿工作中,特别是对隐伏或深部铀矿的寻找与勘查工作将会起越来越大的作用。

在此,仅就主要常用的(传统的、深穿透)地球化学找矿方法作一简要介绍。

5.3.1　传统地球化学找矿方法

1.岩石地球化学找矿法

岩石地球化学找矿又称原生晕找矿。所谓原生晕是指在矿床或矿体形成的同时,成矿流体向矿体周围的岩石中扩散、渗透，一部分成矿物质会在围岩沉淀，形成的成矿元素及伴生元素高含量区(或高含量带)。需要说明的是，成矿流体向矿体周围围岩中扩散、渗滤，与围岩之间会发生化学反应，进而促使围岩中一部分物质活化迁移，由此形成某些元素组分含量的亏损地带，就某种意义而言，此类元素组分的亏损地带也属于原生晕范畴。

研究介质是新鲜岩石。它主要是通过对基岩的系统取样、分析测试来发现成矿元素及其伴生元素的地球化学异常，从而指导找矿和发现矿体。因此，该法仅用于基岩露头(包括人工露头)发育的地区。

样品的采取一般按网格进行。取样点的密度取决于工作比例尺，列于表5-3。每个取样点的样品质量为200~300 g，一般为组合样。

表5-3 岩石地区化学找矿网格密度表

比例尺	测线距/m	测点距/m
1∶10 000	100	20~10
1∶5 000	50	10~5
1∶2 000	20	5~2
1∶1 000	10	5~1

岩石地球化学方法主要应用于大比例尺普查和详查等矿产资源勘查阶段。根据所取得的成矿元素异常晕或成矿元素与伴生元素(或微量元素)异常晕的组合特点、空间分布以及空间变化趋势特征等成果圈定成矿有利地段，评价岩石或构造的含矿性，探寻盲矿体。除在地表平面角度进行原生晕找矿以外，也可结合坑探或钻探工程开展剖面岩石地球化学研究，用来寻找深部盲矿体或工程附近被遗漏的矿体，还可以用来检查和评价次生地球化学异常。

特殊情况下，可以单矿物或构造带内的充填物为专门研究对象，研究成矿元素或伴生元素在单矿物或构造带上的元素含量分布特征，据此开展深部找矿潜力或构造与成矿相关性的评价工作。前者称为矿物地球化学法，后者称为构造地球化学法。

2. 土壤地球化学找矿法

土壤地球化学找矿法是利用次生晕找矿的方法之一。研究介质是土壤。该方法的工作步骤是采取土壤样品，分析样品中的成矿元素和伴生元素，编制成矿元素或伴生元素等值线图，圈定次生晕圈来指导找矿。此法主要用于残积-坡积物比较发育的地区，浮土厚度一般不宜超过5~10 m的情况。如浮土厚度达到10~20 m，则应进行深层取样。浮土厚度超过20 m的地区，或在冲积物、洪积物、风积物及其他外来物质广泛覆盖的地区，一般不采用此方法。取样也按网格进行，取样点密度列于表5-4。

表5-4 土壤地球化学找矿网格密度表

比例尺	测线间距		平均取样点数	
	线距/m	点距/m	1 km²	图纸上1 cm²
1∶100 000	1 000	100~50	10~25	10~25

表 5-4(续)

比例尺	测线间距		平均取样点数	
	线距/m	点距/m	1 km²	图纸上 1 cm²
1∶50 000	500	50–40	40–50	10–12
1∶25 000	250–200	40–20	100–250	6–15
1∶10 000	100	25–20	500–1 000	4–5
1∶5 000	50	20–10	1 000–2 000	3–5
1∶2 000	25–20	10–5	4 000–10 000	2–4
1∶1 000	10	5	20 000	2

发育完全的土壤剖面可划分为三层,即有机层(A 层)、淋积层(B 层)和母质层(C 层)。土壤样品一般取自 B 层,取样时应去掉滚石和植物根系。为保证样品的代表性和找矿的有效性,每个地区的取样层位应通过试验确定,必须从成矿元素相对富集的土壤层位采取样品。每个样品的质量一般为 200 g 左右,其中砂质应少于 75 g。

土壤地球化学找矿是比较成熟而有效的化探方法。它可用于普查、详查等阶段和不同比例尺的找矿工作中,或水平沉积物地球化学方法的所圈定的异常地区的评价工作。土壤地球化学找矿资料可用于评价区域成矿远景、圈定成矿有利地段、研究地质体的含矿性等。

在地表风化淋滤条件下,由于铀元素易被氧化成六价态的铀,六价态铀易溶解于地表淋滤水并随之迁移。因此,土壤地球化学找矿方法在铀矿找矿工作中运用较少。

3. 水系沉积物地球化学找矿方法

水系沉积物地球化学找矿方法又称分散流找矿。其原理是通过系统采取水系沉积物样品进行化验分析,发现成矿元素及其伴生元素的分散晕异常来指导、追索可能的成矿方向或区段。优点是方法简单快捷,能够快速而有效地评价区域成矿远景,圈定有利成矿地段。

该方法研究介质是水系分散流沉积物,主要适用于地形切割强烈和水系比较发育的地区。水系分散流沉积物通常具有搬运距离远,形成的异常范围大,异常晕的强度较低,且异常稳定平缓的特点。因而,该方法一般应用于区域地质调查阶段,为区域成矿远景评价和选区提供依据。

样品布置一般遵循“大河不管,支流放稀,小沟多取”的原则,主要放在四、五级支沟中。沟谷的主水道中的现代活动性沉积物是水系沉积物样品采集的主要对象。要注意暴雨季节前后水系沉积物中指示元素含量可能发生的暂时变化。

实践证明,不同粒级水系沉积物中,不同的成矿元素或分散元素的分布与富集程度是不一致的,如 Au 主要分布于 20~200 目粒级的沉积物中,通常 120 目粒级中 Au 含量最高。分散流找矿时总是希望能发现所有可能存在的异常,因而在不同地区开展水系沉积物地球化学找矿,或在同一地区开展不同成矿类型的找矿工作,样品采样粒级应通过试验来确定(采样部位,特别是采样粒级)。具体工作方法是在合适的取样部位,选择合适的粒级段,在现物用筛网筛取。单个样品质量要求在 250~200 g。

在地表条件下,由于铀元素是亲氧元素,在地表水系中极易氧化成六价态铀,并溶解于水随地表水迁移。因此,在铀矿勘查工作中,这种方法极少使用,或与放射性水化学找矿相配合,在工作程度较低的地区,进行踏勘性的找矿。

4. 放射性水化学找矿法

放射性水化学找矿法简称水化找矿。这种方法是在地表水和地下水中系统采集水样,进行铀、镭、氡含量的分析,然后根据分析结果中所显示的水化学异常来寻找铀矿体。

该法具有速度快、效率高、成本低、探测的深度大、探测范围广等许多优点,可适用于铀矿勘查的各个阶段。不仅可以在地表水体中采取水化样品,也可在各种探矿工程中取样。因此,它是铀矿找矿的重要方法之一,在国内外都得到了普遍应用。

在普查阶段,通过地表水体(泉水、溪流)的系统取样分析,可为区域成矿远景评价和找矿区的选择提供重要的依据;在详查阶段,可将其结合地质及其他物化探资料进行综合分析,为盲矿体的预测提供宝贵的信息。特别是利用钻孔抽水找矿,对矿床深部评价和寻找盲矿体有着重要的实际意义。实践证明,在我因许多铀矿床的突破过程中,水化找矿都起到了重要的作用。

水化学找矿方法一般是沿调查区内沟谷布置系统的取样路线,并对各类地下水露头(泉水)按有关规范要求采取样品。

放射性水化学找矿法主要适用于地形切割比较强烈,水系发育以及地下水露头(泉水)广泛分布的地区。在水中总矿化度较低的山区应用此法可取得较好的效果;在有厚层松散沉积物覆盖区,它是攻深找盲的主要方法之一。

5.3.2 深穿透地球化学方法

1. 铀分量化探找矿方法

铀分量化探是在传统偏提取和元素活动态测量方法的基础上,结合铀元素的地质地球化学特征,针对寻找深埋地下的隐伏铀矿的需求而建立和发展起来的一种新的深穿透地球化学找矿技术(葛祥坤 等,2015)。该技术经过近十多年的研究、改进和完善,有了长足的进步,逐步走向成熟,现已进入铀矿找矿的实用阶段,并获得了良好的找矿效果。

所谓元素分量,是相对采样介质中元素总量而言的。元素总量是指元素在每一种采样介质(如土壤、水、底沉积、岩石、矿石、生物等)中各种存在形式的含量的总和。而采样介质中每一种存在形式的含量就称为该元素的一种分量。元素在采样介质中的赋存形式一般可分为两类:一类为稳定态形式(存在于硅酸盐或相关矿物晶格中);另一类为活动态形式。隐伏矿体中的金属活动态易被各种流体带出,并以各种途径向地表迁移,被地表土壤捕获形成叠加金属活动态含量。土壤中这部分叠加的金属活动态含量,称作金属活动态分量。用(铀)金属活动态分量地球化学探矿的技术,称为(铀)分量化探。

铀分量化探通过特效的试剂提取土壤中铀元素分量,获取与深部铀矿化有关的地球化学信息,来达到寻找深部隐伏铀矿体的目的。其基本机理是:地球内部存在着上升的地气流,地气成分主要是 N_2、O_2、Ar、CO_2、He 和烃类气体等;在深部铀矿体及其周围,存在大量亚微米、纳米级超微细粒形成的铀原生晕。当上升的地气流经过铀矿体及其周围时,会将铀矿体和原生晕中的铀及其伴生元素的活动态部分离子、胶体等超微细亚微米、纳米级微粒吸附在地气生成的微气泡表面,或以弥散形式分散在地气中形成气溶胶,随地气流一起上升迁移到地表浅部,再叠加地下水循环、毛细管作用、离子扩散、蒸发等多种营力,共同迁移到地表土壤中,被土壤捕获、积累和浓集(葛祥坤 等,2013)。在深部铀矿体上方一定区域内的地表土壤中,形成铀和伴生元素活动态叠加分量异常。分量化探法就是采用有效提取剂,提取这部分活动态铀和伴生元素分量而进行找矿的。

实验结果表明,将半透膜包装的硝酸溶液悬空埋于 70 cm 左右深度的土壤坑中,经过 4 天左右,已知深部铀矿体的上部进入硝酸溶液中的铀及其伴生元素的量,远远高于无矿区的样品,说明铀矿区地气上升迁移到地表土壤中的铀及其伴生元素的量远多于无矿区,因而被土壤捕获的铀分量就高于无矿区。这就是分量化探勘查铀矿的基本依据。

铀分量化探方法的基本工作流程:野外采集一定深度(B 层土壤)的土壤样品→制作专属提取液(加入铀及其伴生元素分量有效提取液)→提取液测定(铀及其伴生元素分量测定,测试方法为等离子体质谱法(ICP-MS 法))→数据处理与制图→异常评价解释→深部找矿预测。通常采用背景值加上 2 倍的标准差之和来确定异常下限值,高于异常下限值的含量称为分量异常。分量异常找矿意义的解释评价依据,包括异常产出的地质、水文地质条件;异常的形态、规模和强度;异常中的元素组合特征;铀分量和铀总量比值;分量化探异常与其他方法异常的关系等。

铀分量化探找矿方法具有如下优点:

(1)探测深度大。通过地表土壤样品的分量测定,可以在隐伏铀矿上方有效地发现异常、识别覆盖层厚度数十米至几百米以深的隐伏铀矿化。

(2)提取土壤中活动态铀和伴生元素的分量,这是与深部铀矿化有关的直接信息在地表的显示,是一种直接有效的找矿方法。

(3)在找矿勘查的各个阶段都可应用。在区调阶段可用于快速圈定靶区,在普查阶段可用于较快地缩小靶区、查明潜在铀矿化地段和地带。

在当前运用传统物化探铀矿找矿方法从地表有效地识别深部铀矿存在极大难度的情况下,该法是一种良好的铀矿勘查"攻深找盲"的找矿新方法。

2. 地电化学法

地电化学法又称部分金属提取法(CHIM),是由苏联学者 Ryss 和 Goldberg 等于 20 世纪 70 年代提出的,我国学者徐梁邦等在 20 世纪 70 年代中后期独立发展了地电化学提取法。20 年代 80 年代以来,我国核工业 240 研究所、核工业北京地质研究院以及桂林理工大学等先后在不同景观区(花岗岩区、火山岩区、中新生代盆地区)开展了深部隐伏铀矿找矿的地电化学法试验与推广应用。

地电化学法基本原理是,深部隐伏矿体周围存在离子晕或电活性物质晕,电活性物质在自然地质营力下可垂向或侧向迁移至近地表并被土壤吸附而富集,或与近地表电活性物质形成动态平衡;借助人工电场作用,将近地表土壤中呈活动态的金属离子迁移到指定接收电极,直至土壤中电活性物质达到新的平衡(当施以外加电场,电活性物质在电场作用下向接收电极富集并析出,打破了土壤局部电活性物质平衡),收集并分析电极上吸附的电解物,分析测试其含量,发现与成矿有关的金属离子异常,分析异常与深部隐伏矿体的成生关系,从而达到深部矿体勘查与评价的目的(李世铸 等,2014)。

目前对地电化学方法所取得的异常来源尚存在不同观点:

(1)"提取理论",多数学者认为地电化学提取的物质直接来自深部隐伏矿体,与深部矿体周围存在的相关离子晕有关;少数认为提取器最初主要提取近地表呈水溶态的少量离子,在外加电场的作用下,其他稳定或不太稳定的元素得以解离,从而驱使新生离子向地表运移。

(2)"递推理论",矿体及其围岩中存在离子晕,在自然营力作用下,向上运移并在不同层位形成离子动态平衡;当施加人工电场作用,离子在电场作用下向提取电极富集并析出,打破了局部离子平衡;为保持物质平衡特性,离子会逐级向上补充,直至深部矿体。

(3)"分段理论",地电化学异常的形成过程可分为若干阶段,是在与成矿相关金属微粒产生基础上,在扩散、或电化学、或地气等动力作用下迁移至近地表,由于地球化学环境的改变,金属微粒被卸载并以活动态、吸附态或次生矿物形式赋存于土壤中。

地电化学法基本工作流程:以合适的测线间距和测点间距布设地电测量点(通常为500 m×100 m);在每个测点位置沿测线垂直方向挖掘间距约1 m、深度约30 cm的圆形采样坑(B层土壤);在每个采样坑中倒入500 mL的提取液(通常为10%的稀硝酸),而后按采坑取土顺序依次按原样回填埋置偶极地电提取装置(由恒压恒流可控电源、精制碳棒、聚氨酯泡塑和滤纸组成);接通外接电源,持续供电24 h小时后取回地电提取装置;取出泡塑样品并封装后送交实验室,对泡塑样品使用适当的方法(湿法消解法或微波消解法或灰化法)进行预处理后开展相关元素含量的测试分析,测试方法为ICP-MS;最后根据测试结果开展元素异常分析评价与深部成矿预测。需要注意的是,在埋置地电提取装置前,为消除泡塑本底值可能带来的测试误差,所有泡塑使用前应采用20%HCl与0.5%(NH_2)$_2$CS混合液浸泡24 h。

地电化学法是介于地球化学和地球物理勘查方法之间的一种新方法,它与一般的物探方法相比,具有能较单一地确定探测目标性质的特点,而与一般化探方法相比,又有探测深度大的优点。适用于下隐伏金、银多金属矿,有色金属矿床,贵金属矿床,稀有金属矿床,放射性元素矿床;苏联学者认为该方法可发现埋深大于500 m的隐伏矿体。

经过三十余年的不懈努力,我国铀矿地质工作者在地电化学异常成晕机制、野外测量提取装置、供电装置、工作效率等方面取得了较大的进步,特别是对野外提取器的供电装置基本实现了便携化、可视化以及持续稳定一致的多点供电(柯丹等,2016b),地电化学异常提取、异常评价及找矿效果良好,初步提出了铀成矿的地电化学异常提取模型(图5-2),为不同类型铀矿运用地电化学测量技术开展深部隐伏矿体的成矿预测和找矿工作积累了经验。如金和海等(2007)在江西盛源盆地火山岩型铀矿床上方提取到了明显的地电化学U和Mo元素异常。柯丹等(2016a)在江西相山铀矿田已知火山岩型矿体上方开展了地电化学法可行性试验,已知矿体上方显示出了清晰的地电化学提取U、Mo等元素异常。李世铸等(2014)在江西相山地区开展了地电化学方法应用研究,在隐伏铀铅锌多金属矿体上方能够清晰地显示地

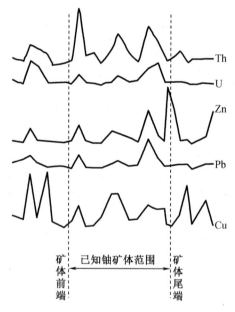

图5-2 相山地区某铀矿区地电化学异常
(据李世铸等(2014)修改)

电提取异常。柯丹等(2016b)在二连盆地巴彦乌拉和鄂尔多斯盆地大营砂岩型铀矿区开展的地电化学方法的应用研究表明,在铀矿体上方地电提取U和V等元素表现为跳跃的高值异常,能够指示深部隐伏砂岩型铀矿化信息。目前,地电化学方法已逐渐成为综合预测深

部隐伏铀矿–多金属矿产资源,实现"攻深找盲"的一种较为有效方法之一。

3. 地气测量法

地气测量法,又称地气中纳米微粒金属测量,最早是在由瑞典科学家 Malmqvist 和 Kristiansson 于 1982 年通过 Rn 的迁移机理研究,认为氡气及其子体随着深部上升气流存在向上迁移的理论基础上提出的。原成都地质学院童纯菡等于 1990 年将其引入我国。

"地气(Geogas)"是指由岩石圈或地球更深部位向地表不断迁移的一种上升气流,其主要成分为 N_2、O_2、Ar、CO_2 和烃类气体等。童纯菡等(1998)对该方法在成晕机理与测量方法两方面进行了深入研究,提出并证实了地气是以纳米微粒的形式进行迁移的。刘晓辉等(2009)通过元素迁移模型实验证实,即使是固封在结构致密的人工玻璃固化物中的元素,在上升气流作用下也会以纳米微粒的形式迁移出来;王学求等(2011a)进行的捕获地气中金属的动态采样实验表明,在矿体上方的气体中存在矿体成矿元素的纳米微粒。以上研究为地气测量法的应用提供了基本的理论支持。

地气测量法的基本原理:地球内部存在着垂直运移的上升气流(地气),当它流经深部隐伏矿体或其附近围岩时,矿体或围岩中以纳米微粒形式赋存的成矿元素或之相关的伴生元素,会随着地气的上升,迁移至近地表土壤中,从而在矿体上方形成成矿元素或伴生元素地气异常;通过采集近地表土壤气体中的微粒物质,分析测试其化学组分,发现成矿元素或伴生元素异常,评价异常与隐伏矿体之间的成生关系,从而达到预测和勘查深部隐伏矿体的目的。

地气测量法实质是对地气流所携带上来的纳米微粒金属元素含量进行测量,发现成矿元素或伴生元素异常,进而指导深部矿产资源勘查工作。其测量工作主要包括野外地气样品采集、测试分析、异常识别与评价等环节。

采用特定的地气采集装置进行地气样品的采集。目前,地气样品采集技术主要有静态累积式和动态抽气式两种。静态累积式是将地气采样装置埋置在覆盖层中,利用捕集剂持续(通常几十天)被动捕集覆盖层地气中的微粒,捕集剂通常为固态(如透射显微镜使用的镍网、钼网或铜网或聚氨酯泡塑)。动态抽气式,又称瞬时采用法,是在覆盖层打孔抽气,利用捕集剂持续主动提取覆盖层地气中的微粒;其捕集剂有液态和固态两种。目前地气测量的试验和应用中,主要采用动态抽气式采样技术。采集装置通常由螺旋采样器、过滤器、地气捕集器和抽气筒组成;捕集器中的捕集介质一般为聚氨酯泡塑,使用前需做降本底预处理。

样品采集后的测试分析一般是在实验室完成,测试方法为 ICP-MS,测试的元素种类可视研究对象而定。赵柏宇等(2018)在江西相山铀矿区试验中,首次采用紫外可见分光光度法分析地气样品中的铀,建立起一套野外快速采样、现场快速分析的地气测量工作方案,但其检出限较高,尚待进一步完善。

总体而言,地气测量技术虽然已取得了较大的突破,但存在捕集技术需进一步改进、工作效率较低、工作成本较高以及测试精度等问题,尤其是地气中的铀含量是痕量级,以及铀矿地气测量受外界影响因素较多等问题,在一定程度上制约了该方法在铀矿找矿中推广与应用。

5.3.3　地球化学找矿发展态势

为了提高地球化学方法找矿的有效性,有效减少矿产勘查的巨大风险和不确定性,自

20世纪80年代以来,我国相关地矿部门开展了新一轮地球化学填图,对圈定和评价大面积覆盖区具有战略意义的地球化学块体,在新的找矿区段的开辟,以及寻找老矿区深部及外围的隐伏矿床等方面取得了一系列的重要成果。

随着找矿工作不断深入,矿产资源勘查工作的目标已逐渐由寻找地表露头矿或浅埋藏矿转向隐伏矿或深埋矿,寻找深部隐伏矿床(体)已成为当今和今后矿产资源勘查工作的主要方向。由于深部隐伏矿床(体)埋藏深度大、覆盖层厚,在地表显示出来的各种与成矿作用密切相关的直接地球化学找矿信息十分微弱,导致传统地球化学方法对这种微弱成矿信息的识别能力较为有限,使深部矿床(体)找矿的有效性受到制约。

在此背景下,在地球化学探矿方法技术方面开展系统总结、研究、完善与创新,是传统地球化学探矿方法必须面对的问题。具有"攻深找盲"找矿功能的原生晕地球化学异常空间模式的研究,将是传统地球化学找矿方法研究的一个重要方向和发展趋势。原生晕地球化学异常找矿模式是通过总结已知的含矿地质体(矿体、矿床、矿田)的元素地球化学异常或异常组合特征及其演变趋势,进而总结含矿地质体地质特征与地球化学异常特征之间的成因联系。尽管完全相似的矿床是不存在的,然在相似的成矿流体性质和成矿作用机制下,元素异常或异常组合的总体变化趋势往往表现出相似性。虽然成矿类型相似的不同矿床元素或元素组合分带不尽相同,但总的元素空间分带序列往往具有一定规律性;这种在垂向或水平方向上元素分带序列,对深部找矿潜力评价可起到重要指示作用。因此,在进行地球化学异常的总结研究时,应重视不同成矿类型、不同层次结构的、行之有效的地球化学异常空间模式的建立与完善工作,即按不同成矿类型及其相应的地质体的不同层次结构建立相应的地球化学异常空间模式,如矿体地球化学异常模式,矿床地球化学异常模式,矿田地球化学异常模式等。地球化学异常空间模式的建立是一项内容广泛、涉及面广的研究总结工作,需要在矿床地质、矿体地质、成矿规律与成矿作用系统等研究基础上展开。

深穿透地球化学探矿技术取得了较大发展,逐渐受到"青睐"并得以较为广泛的试验、推广与应用,诞生了一大批新的深穿透地球化学化探方法,如分量化探法、地气法、地电化学法、汞法、元素活动态法、偏提取测量法、酶提取测量法、铅同位素法,以及谢学锦等提出的地球气纳微金属法(NAMEG)和金属活动态测量方法(MOMEO)等。上述技术方法研究的一个共同目标是寻找并运用矿产形成的纳微活动态金属粒子,在地气流作用机制下,在浅地表土壤中或气体中富集形成纳微活动态成矿元素或伴生元素异常晕的远程指示意义,以提高地球化学异常探测深度。有报道表明,不同的深穿透地球化学找矿方法,对深部矿产资源的探测深度在数百米至数千米不等(刘草 等,2016;柯丹 等,2016a;韩志轩 等,2017)。虽然针对不同矿种、不同景观条件下,其探测深度及其探测效果尚有待进一步试验验证,但在传统地球化学方法很难探测到深部隐伏矿体成矿信息的情况下,基于深穿透理念而提出的新技术,无疑为解决深部矿产勘查问题提供了助力,在评价深部含矿性方面,显示了它们广阔的应用前景。

近年来,我国在北方砂岩型及南方硬岩型有关的铀矿勘查工作中,试验或应用较多的、具有"深穿透"性质与功能的地球化学找矿方法主要有铀分量化探(金属活动态法)、地电化学法等、地气(铀)测量法以及各种氡及其子体的测量方法、大地气态水铀测量、汞气法、烃法、CO_2法、ΔC法和同位素法等,通过试验研究与实践运用,取得了一些重要研究进展和找矿效果,但总体尚处在不断试验或完善阶段。

总体而言,虽然深穿透地球化学方法的研究和应用取得了长足的进步与发展,但还存

在一些方面尚待深入研究、改进与完善,如:

(1)地气异常产生的机理、地气迁移过程中携带的微粒的性状、纳米物质的存在形式以及元素垂向迁移和卸载机制问题;

(2)相关方法野外样品采集环节相配套的技术装备、技术手段与灵敏度问题;

(3)痕量元素高精度分析测试技术问题;

(4)数据处理技术以及单元素或多元素异常构建与评价问题;

(5)不同景观条件下,不同矿种,或不同成矿类型,或不同深度矿产资源的方法适宜性问题;

(6)与方法相配套的工作技术规范或标准问题。

深穿透地球化学找矿方法是对传统化探方法的有效补充,是深部矿产资源勘查地球化学找矿方法的重要发展方向。随着理论研究的不断深入、方法试验工作持续推进、技术装备与技术手段的改良、实践推广面的逐步扩大,深穿透地球化学找矿方法的创新性、有效性、实用性、可推广性以及工作效率等将会得到极大的改进与提高,在深部矿产资源勘查工作中的作用也会日益突显。

5.4　地球物理找矿方法

地球物理找矿方法又称地球物理探矿方法(简称物探),是通过研究地球物理场或某些物理现象,如地磁场、地电场、重力场、放射性物理场等,以推测、确定欲调查的地质体的物性特征及其与周围地质体之间的物性差异(即物探异常),进而推断调查对象的地质属性,结合地质资料分析,达到发现矿床(体)的目的。物探方法与地质学方法有着本质上的不同,它不是直接研究岩石或矿石,而是通过不同的物理场的研究分析、推测地下的地质特征,其理论基础是物理学,系把物理学上的理论应用于地质找矿。

物探方法几乎可应用于所有的金属、非金属、煤、油气、地下水等矿产资源的勘查工作中。与其他找矿方法相比,物探方法的一大优势是能有效、经济地寻找隐伏矿床和盲矿体、追索矿体的地下延伸、圈定矿体的空间位置等。在大多数情况下,物探方法并不能直接用于找矿,仅能提供间接的成矿信息供勘查人员分析、参考。但在某些特殊的情况下,如在地质研究程度较高的地区用磁法寻找磁铁矿床,用放射性测量找寻放射性矿床时,可以作为直接的找矿手段进行此类矿产的勘查工作,甚至可作为矿体圈定及矿产资源储量估算工作的重要依据。

对铀矿勘查工作而言,放射性物探方法是主要的直接找矿方法;其他方法如磁法、电法、重力法和地震法等,则主要起间接找矿作用,习惯上称之为非放射性物探方法(普通物探方法)。

5.4.1　放射性物探方法

放射性物探(又称核物探)是利用岩(矿)石的放射性物理性质寻找铀矿或其他矿种的一种方法技术,在铀矿找矿工作中发挥了主力军作用,是铀矿勘查的特色方法。

我国放射性物探经历了近 80 余年的发展,方法技术从单一走向综合(包括 γ 测量技术、氡及其子体测量技术、X 荧光技术和中子技术等);应用从单领域走向多领域,不仅适用于放射性矿产找矿勘查领域,还广泛应用于非放射性矿产和水文地质、工程地质、环境辐射监测、地震等领域;基础理论研究不断深化,测量仪器与测量手段不断完善,测量技术不断提高;已建立较为完整的地面、航空、井中测量放射性物探方法体系(图5-3)。

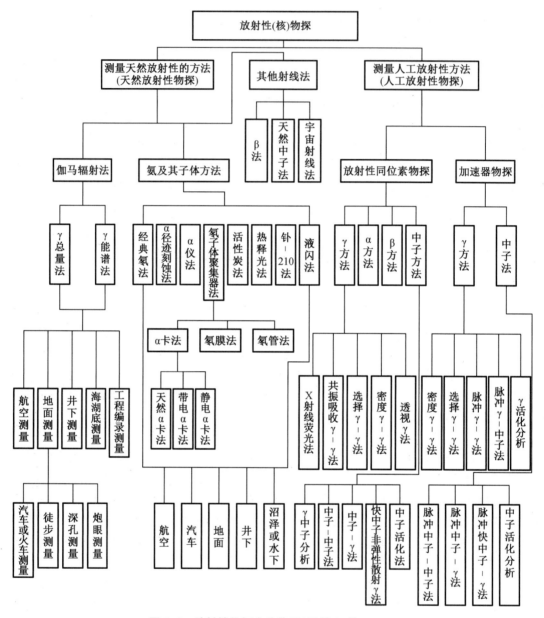

图5-3　放射性物探方法体系(吴慧山 等,1994)

放射性物探方法的种类很多,按测量对象不同,可分为 γ 测量、γ 能谱测量、γ+β 测量、氡及其子体测量方法(α 径迹测量和射气测量、^{210}Po 测量、^{218}Po 等)、氮气测量、热释光法、X 荧光技术、中子技术、中微子技术等(李必红,2012)。现就铀矿勘查工作中常用的主要放射性物探方法的特点和使用条件叙述如下:

1. γ 能谱测量

该法是利用 γ 能谱仪,在天然产状条件下,测量岩石或矿体所引起的 γ 能谱,直接确定岩石或矿石的铀、钍、钾等三种放射性核素含量的一种物探方法。因为自然界每种 γ 辐射体都释放出自己所特有的、具有一定能量的 γ 射线。所以,只要测出某种能量的 γ 谱线,就可以确定其相应放射性同位素的存在,并可通过与标准样的谱线强度对比,确定试样中放射性同位素的含量,这就是能谱测量的基本原理。

根据测量条件不同,γ 能谱测量又分为地面 γ 能谱测量和航空 γ 能谱测量。前者是指利用 γ 能谱仪在野外地表的直接测量,又可分为步行 γ 能谱测量和汽车 γ 能谱测量;后者是将 γ 能谱仪安装在飞机上,在空中一定高度实施的放射性测量工作。

航空 γ 能谱测量的优点是速度快,控制面积大,能在短期内连续、反复进行测量,不易漏掉大型矿床;还可与航空地质、航空磁测、重力等地球物理资料相配合,进行综合解释,对快速圈定区域铀成矿远景区(带)以及区域性铀成矿潜力评价具重要价值。缺点是受覆盖层厚度及地形起伏的影响较大。地面 γ 能谱测量方法则在铀矿化或铀钍矿化混合地区进行普查时应用较广泛,可在野外直接确定放射性元素的含量,减少了繁重的取样及物理或化学分析工作;它可用于构造蚀变带或 γ 异常点(带)的铀、钍、钾等元素含量的定性确定;在残积、坡积层发育地区确定地表铀、钍、钾的含量;能及时对异常作出评价,定性圈定铀矿化强度与范围。根据获取的区域性铀、钍、钾含量及其比值特征,可进一步计算并研究地质体或蚀变区带的古铀含量和铀的迁移系数、富集系数、增量信息及其变化规律,因而 γ 能谱测量找矿效果比较明显,特别是在"非地浸型(又统称之为硬岩型)"铀矿勘查中应用广泛。

我国现有的大型铀矿床大多是在航空 γ 或航空 γ 能谱测量的基础上发现的,如相山铀矿田。国外许多国家也把航空 γ 或航空 γ 能谱测量作为铀矿找矿的先行步骤和重要手段。例如加拿大北萨斯喀彻温省阿萨巴斯卡盆地和北澳阿利盖特河地区的铀矿床,都是航空放射性测量发现的。此外,γ 能谱测量在研究成因上与放射性元素相关的其他矿床、如寻找稀土矿床、钾盐矿床及石油、天然气等方面也发挥了重要作用,还可用于圈定地层、岩体和构造,解决与其相关的地质问题。

2. γ+β 测量

γ 射线主要是由镭及其衰变产物(RaB,RaC)产生的(占铀系总 γ 射线照射量率的 90% 以上)。因而当铀矿体中铀-镭平衡遭到破坏而偏铀时,会由于 γ 射线照射量率的显著降低而无法显示铀矿体的存在。因而仅靠所测得的 γ 射线照射量率来评价异常,会导致漏矿可能。所以,在铀-镭平衡遭到破坏而偏铀的地段,应采用 γ+β 测量,以便正确评价异常点(带)。

γ+β 射线照射量率是采用带有薄铅板盖的专门探测器进行测量。当探测器不带盖(抽出铅板)测量时,所测得的是 γ 和 β 射线照射量率之和;仪器带盖(插入铅板)所测得的是 γ 射线照射量率。二者之差即为 β 射线照射量率。在野外,根据 γ 和 β 射线照射量率的相对大小,可以大致估计铀矿体铀、镭平衡破坏情况。由于操作烦琐,工作效率低,在进行大面积普查时,一般不采用此法。

在铀矿勘查各阶段的钻孔岩心地质编录时,通常需同步开展岩心的 γ+β 射线照射量率的测量与编录工作(简称"物探编录"),以避免因矿体偏铀导致 γ 测井异常偏低而漏掉矿体的情形。

3. 氡及其子体测量方法

氡($^{222}R_n$)是天然放射性元素铀衰变分列中的一个气体放射性元素,有较大的迁移特性,测量氡及其子体的放射性活度或含量的变化有利于寻找深部铀矿体。检测氡和它的子体的放射性测量方法众多,如射气测量、α 径迹测量、α 卡法和 α 仪器法、α 膜法、氡管法、活性炭法、^{218}Po 测量、^{210}Po 测量等,现就常用的几种方法简单介绍如下。

射气测量:射气测量是指用射气仪在野外测量土壤中由天然放射性元素铀和钍衰变产生的氡、钍射气的浓度。当地质体含有铀或钍时,就会不断产生氡、钍射气,并向周围扩散,形成以地质体为中心的射气分散晕。这种方法的特点是灵敏度较高,能及时取得测量数据,有可能发现覆盖层以下的隐伏矿体。一般认为,在干旱地区射气探测深度为 5~6 m,有时可达数 10 m。因此,它是寻找隐伏矿体的有效方法之一。根据射气测量结果,可以确定异常的铀、钍性质。该法可用于面积性测量,也可用异常的检查与定性。该方法的缺点是在黏土覆盖层发育区、冰冻地区以及地下水面很浅的地区不便使用,工作效率较低,异常的解释和评价比较复杂。

射气测量与地质分析相结合,可用来寻找浮土覆盖下的铀矿体或解决有关地质问题。利用射气测量找到深部工业性铀矿体的实例很多,例如 902 矿床,就是通过射气测量,发现成矿有利地段,后经深部揭露才落实为铀矿床的。504 矿床,最初也是根据 1:20 000 面积性射气测量所提供的有利线索才发现的。3105 地区的实践证明,该区凡是地表有射气异带晕圈的部位,深部一般都有工业铀矿体存在。

α 径迹测量:是借助于 α 径迹密度异常指导找矿的一种方法。α 径迹测量的过程是将某些仅对 α 粒子敏感,而对 γ、β 射线、光及电磁辐射不敏感的特制胶片,平挂于塑料杯里,制成探测器;然后将杯子按一定的网距倒置埋于数十厘米深的土炕中,20~30 天后把杯子取出,对胶片进行化学处理,在胶片上得到 α 粒子留下的径迹。然后用显微镜、火花扫描、照相或电子计算机等手段,观察和统计胶片上的径迹密度。

α 径迹测量的找矿深度一般可达数十米至一二百米。矿体埋藏越浅,α 径迹异常越明显。异常的明显程度受矿体产状影响极大,一般陡倾斜矿体比缓倾斜矿体 α 径迹异常明显,异常的峰值常出现在陡倾斜矿体的正上方。须注意的是能够引起 α 径迹异常的因素很多,有些并非铀矿异常。因而在解释 α 径迹异常时,应与其他物、化探资料和地质资料相配合进行综合分析。该方法最大的缺点是采样杯埋藏时间长,回收率受多种因素影响,程序烦琐,效率不高。

α 卡法:是利用一种镀铝的聚酯薄膜埋于土壤层中,收集氡射气的衰变产物 RaA,RaC′,然后用仪器测量薄膜上 RaA,RaC′放出的 α 射线照射率,以寻找隐伏铀矿体。这种方法的优点是灵敏度、埋片时间铰短(只需 24 h),可及时取得结果,卡片可多次重复使用,并可用延长测量时间的办法消除钍射气的影响。该法适用于气候干燥、浮土较厚的地区。

α 仪器法:是用探测器直接测量 α 射线照射量率的一种方法。该法要求先在浮土层中打好探孔,然后将探测器插入探孔中(插入深度为 30~40 cm),累计测量 α 射线照射量率,以寻找隐伏铀矿体。这种方法测量时间短,就地读数,操作方便,缺点是难以区分钍射气。主要用于异常的检查和验证。

^{210}Po 测量:^{210}Po 是铀系中 α 衰变的最后一个放射性子体。因此,它和氡射气一样可以分布于铀矿周围形成分散晕。^{210}Po 测量是一种累积式测氡方法,就是在野外采取土样,在

室内测量样品中^{210}Po 的含量来发现异常,从而寻找深部铀矿体。该法的优点是灵敏度较高,适应性强,探测深度大,工作效率高,不受钍射气和气候因素的干扰等。缺点是形成异常的原因较复杂,测量值受表层大气沉降物以及土壤覆盖层发育程度的影响较大,从而增加了异常解释的难度。因此,必须有地质资料和其他找矿方法的结果与其相配合进行综合分析和评价。该法普遍用于铀矿勘查各个阶段,用来寻找隐伏矿体。

^{218}Po 测量:与^{210}Po 测量不同,该方法是通过测量氡的第一代衰变子体^{218}Po 来实现找矿目的。实施方法是在野外浮土层中挖一定深度探孔、埋片取样,用测氡仪进行^{218}Po 测量,可在现场基本完成整个测量过程。根据预期矿体的可能规模,选择适当的测点距。此方法具有快速、有效和经济的特点。近年来,该方法在层间氧化带砂岩型铀矿勘查中开展了试验和应用,其效果得到了生产单位的肯定。研究表明砂岩铀矿体对应于^{218}Po 异常的低值区,而高值异常则对应卷状铀矿体的矿头和矿尾;在^{218}Po 异常的低值区内,^{210}Po 则呈相对高值或异常反映(图5-4)。

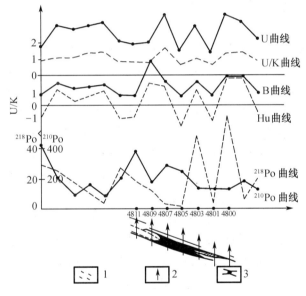

1—层间氧化带前锋线;2—钻孔;3—卷状铀矿体。

图 5-4　某砂岩型铀矿床放射性测量结果

活性炭吸附测量:是将有活性炭的圆筒形过滤器悬挂在塑料杯内,埋入地下,吸收土壤中的氡射气,4~8 天后取出,用放射性仪器测量活性炭中氡子体的 γ 射线照射率,通过发现活性炭 γ 射线异常来寻找深部铀矿体。该法的特点是操作简便、灵敏度较高、成本低、能消除钍射气影响等。适用于露头少、覆盖厚、气候较干燥的地区,特别适用于古老花岗片麻岩、花岗岩分布区及戈壁区的铀矿普查工作。上述是传统的活性炭吸附测量方法,又称为累积式测量方案。此外,也出现了瞬时式测量方案,可以在较短的时间里获取工作区氡气场分布及异常特征,为铀矿地质勘查提供依据。

近年来,由于核技术的发展、仪器探测灵敏度的提高,对氡及其子体弱异常信息的探测日益重视,氡及其子体测量技术与手段取得了长足的进步。通过一些铀矿床试验并初步得到证实,应用氡及其子体测量成果可以探测埋藏较深的盲矿体,而且可以预测盲矿体的埋藏深度。这一工作有待进一步从理论上进行探索，积累更多的实践经验，以便使氦及其子体测量方法在铀矿勘查中发挥更大的作用。近年来，一些人认为不仅只是氦上升迁移，而且铀、镭也可以"类似气体"形式和氦一起上升迁移，已在模型实验和核技术寻找油气藏的测量中得到初步证实。

4. 氦气测量

当铀系、钍系元素衰变后所放出的 α 粒子与周围介质中的自由电子相结合时，则可形成氦气。氦是惰性气体，其质量小，扩散能力强(比氡大 7.4 倍)，因而可以从氦源体(包括铀矿体)中释放出来并向四周扩散，形成氦气分散晕。氦气测量就是通过测量土壤中氦气浓度异常来寻找隐伏铀矿体的。

这种方法的工作过程是在测量点上先用钢钎打孔，将专门的取样器插入孔内(插入深度不浅于 1.5 m)抽取气体样品，然后将样品送入室内用质谱仪进行分析，根据分析结果计算样品中氦的相对百分浓度，以发现异常。

由于目前对氦异常的分布规律及其与地质、构造、水文等因素的关系研究不够，打孔取样设备简陋，分析仪器复杂，这一方法尚未得到广泛应用。

5. 热释光法

当辐射体周围的物质受到射线照射时，其中部分电子由于吸收射线能量而受到刺激，并电离产生游离电子。这些游离电子在运动过程中，可以为物质的晶陷或空穴所俘获。当载有俘获电子的物质受热时，这些电子会跃迁到原来的稳定状态，并将其多余的能量以荧光的形式释放出来，这种光即称为热释光。铀矿体是埋藏在地下的巨大辐射体，在其周围岩石或上覆土壤层中还常分布着铀及其衰变产物的原生或次生分散晕。由于铀矿体及分散晕物质的射线照射，在近矿围岩及上覆土壤层中形成一定规模的俘获能场。热释光法找矿就是将样品进行热诱发试验，与已知铀含量的探测器释光强度对比，测定样品中俘获能量转化而成的热释光的强度，进而达到寻找铀矿体的目的。

热释光可分为三类：①天然热释光法(NTL)，即采集天然条件下的天然荧光体(如萤石、石英、长石、方解石等)测量样品加热后发出的热释光强度或发光峰，以确定天然荧光体受天然放射性元素的辐射情况。②热释光剂量计(TLD)法。将人工制备的荧光体(如 LiF、天然 CaF_2、$CaSO_4(Dy)$ 等)埋入一定深度的孔中，接受放射性元素的辐射能，经一定时间(20~30 天)照射后取回，用热释光仪加热测量。③人工诱导热释光(ATL)法。这种方法是将采集的天然荧光体经褪火消除天然热释光后，用强放射源进行辐射，加热后再用热释光仪测量其发光强度。

在铀矿勘查中，热释光主要应用于铀矿直接找矿，也用于覆盖层中元素的迁移或富集带、含铀热液运移的古通道、沉积或古地理环境性质等方面的研究。自 20 世纪 90 年代以来，土壤天然热释光测量作为攻深找盲的主要找矿方法之一，分别在砂岩型铀矿床、火山岩型铀矿床和花岗岩型铀矿床进行了试验研究，取得了较好的应用效果。

5.4.2 非放射性物探方法

非放射性物探方法，又称普通物探。在当前找矿对象主要为地下隐伏矿床及盲矿体的形势下，非放射性物探方法的应用日益在地质勘查工作中受到重视，促使了物探方法的迅速发展，物探的实施途径也从单一的地面物探发展到航空物探、地下(井中)物探、水中物探等，探测深度也从 $n×10$ m 发展到目前 $n×1\,000$ m。

非放射性物探方法种类很多,主要的非物探方法种类、应用条件及适用范围等列于表 5-5。

表 5-5　非放射性物探方法的应用及地质效果简表

方法	优缺点	应用条件	应用范围及地质效果
磁法	效率高、成本低、效果好。航空磁测在短期内能进行大面积测量	探测对象应略具磁性或显著的磁性差异	主要用于找磁铁矿和铜、铅、锌、铬、镍、铝土矿、金刚石、石棉、硼矿床,圈定基性超基性岩体,进行大地构造分区、地质填图、成矿区划分的研究及水文地质勘测。如南京市梅山铁矿的发现,北京市沙厂铁矿远景的扩大均应用此法;甘肃省某铜镍矿、西藏某铬矿床、辽宁省某硼矿床应用此法地质效果显著
电磁法	对低阻体分辨率高、探测深度大、效率高、成本低。受场源电磁场变异影响较大	探测对象应具有较明显的电阻率差异;无强烈的电磁干扰	可普遍用于金属、非金属、放射性、煤矿、石油天然气等矿产资源有关的地质构造及目标地质体的探测;也可用于立体地质填图,探测地下立体电阻率结构;对与水文、工程、环境、地质灾害等有关的地质目标体探测效果明显
自然电场法	装备较简便,测量仪器轻便、快速、成本低	探测对象是能形成天然电场的硫化物矿体或低阻地质体	用于进行大面积快速普查硫化物金属矿床、石墨矿床;水文地质、工程地质调查;黄铁矿化、石墨化岩石分布区的地质填图。如辽宁省红透山铜矿、陕西省小河口铜矿及寻找黄铁矿矿床方面应用此法地质效果显著
中间梯度法(电阻率法)		探测对象应为电阻率较高的地质体	主要用于找陡立、高阻的脉状地质体。如寻找和追索陡立高阻的含矿石英脉、伟晶岩脉及铬铁矿、赤铁矿等效果良好,而对陡立低阻的地质体如低阻硫化多金属矿则无效
中间梯度装置的激发极化法	不论其电阻率与围岩差异如何均有明显反映,对其他电法难于找寻的对象应用它更能发挥其独特的优势	在寻找硫化矿时,石墨和黄铁矿化是主要的干扰因素,应尽量回避	主要用于寻找良导金属矿和浸染状金属矿床,尤其是用于那些电阻率与围岩没有明显差异的金属矿床和浸染状矿体效果良好。如寻找某地产在石英脉中的铅锌矿床及北京延庆某铜矿地质效果显著
电剖面法			在普查勘探金属和非金属矿产以及进行水文地质、工程地质调查中应用相当广泛,并在许多地区的不同地电条件下取得了良好的地质效果

表 5-5(续 1)

方法	优缺点	应用条件	应用范围及地质效果
联合剖面法	其装置不易移动,工作效率低	探测对象应为陡立较薄的良导体	主要用于详查和勘探阶段,是寻找和追索陡立而薄的良导体的有效方法。如在某铜镍矿床应用效果良好。当矿脉与围岩的导电性无明显差别时,利用视极化率 η_s、(或 ρ_s)曲线也能取得好的效果
对称四极剖面法	对金属矿床不如中间梯度和联合剖面法的异常明显		主要用于地质填图,研究覆盖层下基岩起伏和对水文、工程地质提供有关疏松层中的电性不均匀分布特征,以及疏松层下的地质构造等。如某地用它圈定古河道取得良好的效果
偶极剖面法	主要缺点是在一个矿体可出现两个异常,使曲线变得复杂		一般在各种金属矿上的异常反映都相当明显,也能有效地用于地质填图划分岩石的分界面。在金属矿区,当围岩电阻率很低,电磁感应明显,而开展交流激电法普查找矿时往往采用。如我国某铜矿床用此法找到了纵向叠加的透镜状铜矿体
电测深法	可以了解地质断面随深度的变化,求得观测点各电性层的厚度	探测对象应为产状较平缓电阻率不同的地质体,且地形起伏不大	电阻率电测深用于成层岩石的地区,如解决比较平缓的不同电阻率地层的分布,探查油、气田和煤田地质构造,以及用于水文地质工程地质调查中。它在金属矿区侧重解决覆盖层下基岩深度变化,表土厚度等,间接找矿。而激发极化电测深主要用于金属矿区的详查工作,借以确定矿体顶部埋深以及了解矿体的空间赋存情况等。如个旧锡矿采用此法研究花岗岩体顶面起伏,进行矿产预测获得了良好找矿效果
充电法	能迅速追索矿体延伸,或连接矿体,节省探矿工程	要求:矿体至少有一小部分出露地表或被工程揭露,以便对矿体充电;矿体必须是良导电体;矿体有一定的规模,并且埋深不大。以找盲矿体为主的围岩充电法其应用条件:①存在能于地下充电的探矿工程;②被寻找的矿体与围岩有明显的电性差异;③被寻找的矿体有一定规模,且埋深不太大	①确定已知矿体的潜伏部分之形状、产状、大小、平面位置及深度;②确定几个已知矿体之间连接关系;③在已知矿体或探矿工程附近找盲矿体和进行地质填图,主要用于金属矿的详查和勘探阶段,如在青海某铜钴矿应用充电法的结果,无论在解决矿体延伸、矿体连接及在充电矿体附近找盲矿,都取得了良好效果

表 5-5(续 2)

方法	优缺点	应用条件	应用范围及地质效果
重力测量	受地形影响大,干扰因素多。但在深部构造研究上,是电法、磁法不可比拟的	探测的地质体与围岩间存在密度差才可用此法	可用此法直接找富铁矿、含铜黄铁矿;配合磁法找铬铁矿、磁铁矿;研究地壳深部构造、划分大地构造单元、研究结晶基底的内部成分和构造,确定基岩顶面的构造起伏,确定断层位置及其分布、规模,圈定火成岩体,以达到寻找金属矿床的目的;用于区域地质研究,普查石油、天然气有关的局部构造;此外,还可应用它找密度小的矿体。如在找盐类矿床中取得显著地质效果
地震法	优点是准确度高;缺点是成本高	要求地震波阻抗存在差异	主要用于解决构造地质方面的问题,在石油和煤田的普查及工程地质方面广泛应用。如在大庆油田、胜利油田的普查勘探中发挥了重要的作用

非放射性物理探矿工作具有如下特点:①须实行两个转化才能完成找矿任务。即须先将地质问题转化成地球物理探矿的问题,才能使用物探方法去观测;在观测取得数据之后(所得异常),只能推断具有某种或某几种物理性质的地质体,必须根据地质体与物理现象间存在的特定关系,把物探的结果转化为地质的语言和图表,从而去推断矿产的埋藏情况及与成矿有关的地质问题。②物探异常具有多解性。产生物探异常现象的原因,往往是多种多样的。这是由于不同的地质体可以有相同的物理场,故造成物探异常推断的多解性,如磁铁矿、磁黄铁矿、超基性岩,都可引起磁异常;采用单一的物探方法,往往不易得到较客观的地质结论,应合理地综合运用若干种物探方法,并与地质研究紧密结合,才能得到较为客观的结论。③每种物探方法都有要求严格的应用条件和使用范围。矿床地质、地球物理特征及自然地理条件的差异都会影响物探方法的有效性。

物探工作要取得良好的找矿效果,达到预期的目的,必须具备以下工作前提:①被调查研究的地质体(或矿体)与周围地质体之间,要有某种物理性质上的差异。②被调查的地质体(矿体)要具有一定的规模和合适的深度,所采用技术方法能够发现它所引起的异常。③能够从各种干扰因素的异常中,区分所调查的地质体(矿体)的异常,是方法应用的重要条件之一。

在铀矿勘查中常用的方法有磁法、电磁法、电法、地震法、重力法、电阻率法、激发极化法、甚低频法;还有井中物探(地下物探),如视电阻率测井、自然电位测井、井中激发极化及磁化率测井等。此外,20 世纪末发展起来的一些新的物探方法,如 EH4 电导率成像技术、可控源音频大地电磁法(CSAMT)、瞬变电磁法(TEM)、地震层析成像技术等也已在铀矿勘查领域中开展试验或应用。

为了有效寻找埋藏较深的隐伏铀矿体,应用非放射性物探测量与放射性物探测量相结合的方法将是未来铀矿勘查工作的必然趋势。非放射性物探测量可以在以下方面为铀矿勘查工作提供间接服务或起重要的指导作用:通过探测铀矿床伴生的金属硫化物来间接寻找铀矿体;有助于追索与围岩存在一定物性差异的含铀地层或地质体;有助于探测和研究与铀矿化有关的岩脉或断裂破碎带的空间展布状况;有助于覆盖区铀矿地质填图,划分不同岩层或岩体的界线;探测盆地基底的起伏情况等,进而为铀矿勘查选区、铀矿体可能赋存的有利地段确定提供依据。

5.5 遥感找矿方法

遥感找矿法是指通过遥感途径对工作区的控矿因素、找矿标志及矿床的成矿规律进行研究,从中提取矿化信息而实现找矿目的的一种技术手段。遥感找矿是一种高度综合性的找矿方法,必须与地质学原理和野外地质工作紧密结合,才能获得丰富可靠的资料和正确的结论。

遥感找矿的技术路线是以成矿理论为指导,以遥感物理为基础,通过遥感图像处理、解译及遥感信息地面成矿模式的研究,同时配合野外地质调查、验证和室内样品分析,以保证遥感找矿的有效性。

遥感找矿具有大面积同步观测,视域宽阔、经济快速、易于正确认识地质体全貌、对地下及深部成矿地质征具一定的"透视"能力的特点,并能多层次(地表、地下)、多方面(地质、矿产)获取成矿信息。遥感找矿法是现代高新技术在矿产勘查领域内应用的直接体现:从地质体物理信息的获取、数据处理和判译,直到最后形成各种专门性的成果性图件,整个过程涉及了现代光学、电学、航天技术、计算机技术和地学领域内的最新科技成果。因此,与传统的找矿方法相比,遥感找矿法具有明显的优势和发展前景。但需要强调指出的是,迄今为止遥感方法并不是一种直接的找矿方法,其获取的信息多是间接的矿化信息,在矿产勘查工作中,必须与其他找矿方法相配合,才能最终发现欲找寻的矿产。遥感方法在矿产勘查工作中的具体应用主要有以下三个方面。

1. 进行地质填图

遥感地质填图可以通过两个途径来实现:①利用高精度摄影机或电视传真机直接摄制遥感图像;②利用扫描器或传感器获取信息,并经专门的技术处理成图。通过遥感填图可以较准确地了解各类地质体的宏观特征,校正地面勾绘时因野外观察路线之间人眼可视范围的局限性而造成地质界线推断的错误,并为常规地质填图提供重要的成矿地质信息;应用雷达波束在常规地质填图难以实现的冰雪覆盖的高山区和沙漠地区填绘基岩地质图;利用红外技术填制不同种类的岩石分布的专门性图件;尤其是随着遥感配套技术的不断改进和提高,从不同的高度(航天、航空)、不同的方面(地质、物探、化探)进行多层次、全信息的立体地质填图。目前,遥感地质填图已成为地质填图的重要组成部分,并有取而代之的趋势。现今我国正开展的新一轮国土资源大调查工作中就广泛地应用了遥感填图技术。

2. 研究区域控矿构造格架,总结成矿规律

遥感解译使用的卫星相片覆盖的范围大、概括性强,为人们宏观地研究区域控矿构造格架、总结成矿规律提供了有利的条件。如通过卫片解译进行区域地质分析,其中包括大型构造单元的研究、区域断裂系统及基底构造的分析、局部构造控矿特征研究等。遥感图像对于环形、线性构造及隐伏构造的判译尤为简捷准确,环形构造在遥感影像上常表现为圆形、椭圆形色环、色像等,结合地质特征分析可反映不同类型的成矿信息。例如,科罗拉多高原区的环形构造往往是溶塌角砾岩型铀矿床的产出部位;与大型基底隆起有关的环形构造可能为油气聚集的地区;与隐伏断陷盆地有关的环形构造可能具有煤炭资源;一些小的环形构造常是侵入岩体或火山喷发中心的反映。线性构造在遥感图像上表现为一系列线状色调和同色调的界面,本身有深浅、粗细、长短、隐显之分,是不同类型的断裂构造、不同的地质界面、呈线状分布的地质体的判别标志。通过研究区环形、线性构造的充分判译,可以较好地掌握研究区内的控矿构造格架和矿床分布规律。如相山铀矿田,通过遥感图像解译发现区内的构造形式主要为北东向线性构造与环型构造,两者的有机组合有规律地控制了区内与成矿有关的花岗斑岩体的空间分布,制约了铀矿床的发育部位。

3. 编制成矿预测图、确定找矿远景区

应用遥感技术进行成矿预测的关键是建立遥感信息地质成矿模型,即根据遥感影像特征和成矿规律研究程度较高地区的成矿地质特征研究,分析主要控矿因素、各种矿化信息和找矿标志,建立矿化信息数据库和遥感地质成矿模式,然后推广至工作程度较差的地区,通过类比,编制成矿预测图,圈定找矿靶区,指导矿产勘查工作。

遥感找矿法在我国的铀矿地质勘查工作中业已得到广泛应用。试验和研究表明,通过铀成矿相关的要素的高光谱遥感信息识别,以及遥感影像解译获取的地质、构造信息,结合铀矿床实地地质及地球化学调查,可以有效分析区域铀成矿条件、铀成矿要素空间分布特点,研究铀成矿规律和宏观性主导成矿控制因素,为铀成矿远景区预测,甚至矿床的定位提供良好的依据。在这方面,国内外均有成功的案例可以借鉴。

5.6 探矿工程法

探矿工程法是指矿产勘查过程中用以探索或直接揭露与控制矿体所采用的各种工程技术方法。探矿工程分为坑探工程和钻探工程两大类。其实施目的主要是验证有关的地质认识,揭露、追索矿体或与成矿有关的地质体,调查矿体的产出特征及进行必要的矿产取样等。

按工程的规模、施工技术的复杂程度,坑探工程又分为轻型坑探工程和重型坑探工程。轻型坑探工程又叫地表坑道工程,包括探槽、剥土、浅井等,主要用于揭露地表或浅部矿化(体)和地质构造现象。重型坑探工程有平窿(平巷)、竖井、斜井、石门、沿脉、穿脉、上山、下山、天井、暗井等。钻探工程按揭露深度的大小分为浅钻和深钻两类。

一般而言,地表坑道工程和钻探主要应用于预查、普查和详查阶段;而重型坑探工程由于工作量大、成本高、施工时间长、技术条件要求高等原因,一般不轻易使用,通常是在详查阶段证实有工业矿体存在,且依赖于轻型工程无法满足矿体的控制与研究程度要求,或勘探阶段探求高级别储量时应用。

5.6.1 坑探工程

1. 剥土(BT)

剥土是用来剥离、清除矿体及其围岩之上浮土层的一种工程。剥土工程无一定的形状,一般在浮土层不超过 0.5~1 m 时应用,其剥离面积大小及深度应据具体情况而定。剥土工程主要用于追索固体矿产矿体边界及其他地质界线,确定矿体厚度,采集样品等。

2. 探槽(TC)

探槽是从地表向下挖掘的一种槽形坑道,其横断面通常为倒梯形,一般上宽 1.0 ~ 1.2 m,底宽 0.8 m 左右,深度一般不超过 3 ~ 5 m,长度则根据地质需要而定。探槽的断面规格视浮土性质及探槽深度而定,以便于工作的顺利实施和施工安全。

探槽是揭露、追索和圈定残坡积覆盖层下地表矿体及其他地质界线的主要技术手段。探槽的布置应垂直含矿层、含矿构造或矿体走向(或平均走向)来布置。探槽有两种,即主干探槽和辅助探槽。主干探槽应布置在工作区主要的剖面上或有代表性的地段,以研究地层、岩性、蚀变、矿化规律、揭露矿体等;辅助探槽是在主干探槽之间加密的一系列短槽,用于揭露矿体或地质界线(图 5-5)。

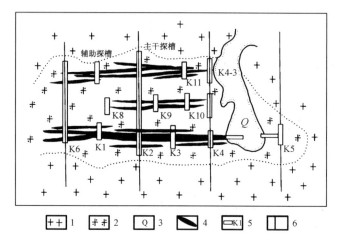

1—花岗岩;2—蚀变花岗岩;3—第四系;4—矿体;5—探槽及编号;6—剖面线。

图 5-5 探槽系统布置示意图

探槽一般适用于浮土厚不大于 3 m 的条件。为了达到从基岩中采集样品、标本的目的,挖掘深度必须达到揭露基岩的要求,掘入基岩的深度一般不少于 0.5 m。

为了研究矿体沿走向的变化,有时也布置一些走向槽。

3. 浅井(QJ)

浅井是由地表垂直向下掘进的一种深度和断面均较小的坑道工程。浅井深度一般不超过 20 ~ 30 m,断面形状可为正方形、矩形或圆形,断面规格一般为 1.5 ~ 2.0 m²,具体可视井壁稳定性、浅井深度和涌水量大小而定。当井壁不稳固时,为保证安全,需进行支护。浅井的布置由于矿体规模产状不同,其布置型式也不同(图 5-6)。探槽多布置在矿体的上盘;当矿体产状较陡或近于直立时,探槽通常布置在矿体之上,并可在浅井底部垂直矿体走向开掘石门或穿脉以穿切整个矿体;当矿体产状较缓时,浅井应布置在矿体上盘。

浅井主要用于松散层掩盖下或近地表矿体的揭露、追索矿体向下的变化与延伸情况,物化探异常的检查验证工作,也是埋藏较浅、产状平缓的风化矿床、砂矿床的主要勘查技术手段。

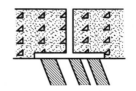

(a)缓倾斜矿体浅井布置 (b)陡倾斜矿体浅井布置 (c)陡倾斜带叉矿体浅井布置

1 2 3

1—残积层;2—围岩;3—矿体。

图 5-6 浅井布置形式图

4. 平巷

平巷又称平窿,是在地表有直接出口的水平坑道(图 5-7 中的 a)。其断面为梯形或拱形。断面面积的大小视工程工作量的大小而定。平巷可沿矿体走向或其他方向掘进,它与石门、沿脉、穿脉等坑道工程配合,用于追索和圈定浅部矿体,也是人员出入、运输、通风、排水的通道。其优点是排水容易,运输方便。适用条件是矿体出露地段的地形要有显著的高差。在山区可用标高不同的数层平巷坑道对矿体进行控制。

5. 竖井

竖井是指在地表有直接出口的、深度与断面

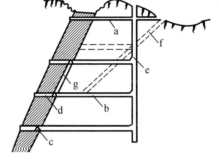

a—平窿;b—石门;c—沿脉;
d—穿脉;e—竖井;
f—斜井;g—上山或下山。

图 5-7 地下坑探工程示意图

均较大的垂直坑探工程(图 5-7 中的 e)。竖井是人员出入、运输、通风、排水的主要坑道,其断面一般为矩形,有时也可为圆形。断面大小亦视井壁稳固程度和井内工作量大小等因素而定。井筒深度取决于矿体的埋藏深度和要求达到的勘查深度。与石门、沿脉、穿脉和上(下)山等其他工程相配套,以追索和圈定深部矿体。竖井一般适用于地形相对平坦的地区。由于开掘竖井技术复杂,成本高,一般不得随意施工。竖井设计须与矿山设计部门共同商定,以便矿床开采时可利用。

6. 斜井

斜井是指在地表有直接出口的倾斜坑探工程(图 5-7 中的 f)。其倾斜角度一般不大于35°,断面形状为梯形或矩形。可沿矿体倾斜掘进,也可以适当角度穿切含矿带,中途通常不得改变倾角和方向。适用于产状稳定且倾角小于45°的矿体,往往用石门、沿脉及穿脉等坑道与斜井相配合控制深部矿体,圈定高类别资源储量。斜井的设计施工,亦应与矿山部门商议决定,尽可能为以后开采所利用。

7. 石门

石门是指在地表无直接出口的水平坑道(图 5-7 中的 b),断面亦是梯形或拱形。一般用于竖井或斜井与沿脉坑道相连接,也可用于水平坑道之间相互连通。由于它经常是在围岩中掘进,因此称为石门。石门是井下运输、通风、排水等不可缺少的坑道。

8. 沿脉

沿脉是指沿着矿体走向或平行矿体平均走向掘进的水平坑道(图 5-7 中的 c),梯形或拱形断面,无地表直接出口。一般通过石门与竖井或斜井相接。为了研究矿体的连续变化特征,在矿体内沿其走向掘进的沿脉坑道,称脉内沿脉;为了方便运输,保证安全,在稳固性较强的围岩中平行矿体平均走向掘进的沿脉,称脉外沿脉。采用哪一种沿脉应根据矿体地质特征和生产需要而定。沿脉与石门、穿脉坑道,或平巷相配合,对矿体所构成的水平坑探断面,称为中段。

9. 穿脉

穿脉是指垂直矿体走向掘进并切穿矿体整个厚度的水平坑道(图 5-7 中的 d),用于了解矿体和含矿构造在厚度方向上的变化特征。其断面为梯形或拱形,一般从沿脉或石门中向矿体开掘。勘查工作中常以一组平行的穿脉控制矿体在中段平面上的变化特征。

10. 上山、下山

自地下水平坑道沿矿体倾斜向上掘进的坑道称为上山,沿矿体倾斜向下掘进的坑道称为下山(图 5-7 中的 g)。上、下山断面为矩形或方形,其倾斜角度受矿体倾角的控制。一般用于了解矿体沿倾斜的连续变化,圈定矿体高类别资源储量。

11. 天井、暗井

自地下水平坑道向上掘进,用以了解矿体在铅垂方向上变化特征的垂直探井,称为天井;向下掘进的垂直探井,称为暗井。天井或暗井的断面均为矩形或方形,一般用于揭露产状平缓的矿体。

各类水平坑道的断面规格,要求坑道净高不小于 1.8 m,矿车与坑道一侧的安全间隔为 0.2~0.25 m,人行道宽度为 0.5~0.7 m,弯道曲率半径应不小于矿车轴距 7~10 倍。斜井断面净高不低于 1.6 m。为了便于排水和运输,所有水平坑道应保持 3‰~5‰度的坡度。

坑探工程的优点是:人可以进入工程对矿体直接进行观察,素描和取样,资料可靠性较大。但缺点是施工速度慢、成本高,特别是重型坑探工程还要求设备多。使用时必须根据勘查的实际需要出发,当用则用,不当用则不可乱用。使用时应考虑矿床开采时的需要。

5.6.2 钻探工程

钻探工程是利用钻机按一定倾角和方位向地下钻孔,并通过采取孔内岩(矿)芯或岩粉来研究地下地质矿化现象,了解矿体埋藏情况和矿石质量的一种常用技术手段。也可将一定的物探仪器放入孔内进行探测,取得各种反映地质矿化现象的物化参数。

根据钻进技术特点的不同,钻探可分为冲击钻进和回转钻进两类。其中回转钻进又可分为岩芯钻探和无岩芯钻探两种。

1. 冲击钻探

冲击钻探是靠机械带动楔形钻头,向下冲击岩石使之破碎,达到钻进目的的一种钻探技术。钻孔直径一般为 10~60 mm,钻进深度可达 100~300 m。其优点是钻进速度快,不受岩石硬度的影响,钻进时耗水量少,设备简单,操作和搬迁方便。有时为了取得更多的样品可打大口径钻孔。主要用于水文钻和砂矿勘探。其缺点是只能打垂直孔,样品为碎块和粉末,不利于划分地质界线、研究矿石的矿物成分、结构构造等工作,在铀矿勘查中很少应用。

2. 岩芯钻探

岩芯钻探是应用回转钻进方法刻取岩石,采取岩(矿)芯的一种钻探技术。根据所采用的钻头不同,岩芯钻探又可分为钢粒钻进、合金钻进和金刚石钻进三种,后者又称为小口径钻进。

岩芯钻探具有速度快、效率高、钻进深度大、不受岩性限制等优点,并可通过岩芯标本和样品的观察和分析鉴定,研究深部地质情况和矿化特征。另外,合金钻和金刚石钻可以打不同方向的斜孔和水平钻孔,可用于地表钻探,也可以用于地下坑道中进行硐室钻探。

3. 无岩芯钻探

无岩芯钻探又称全面钻进,即不采取岩芯,以牙轮钻头挤碎岩石,并用泥浆将岩石碎块或岩粉冲出孔口。无岩芯钻探广泛用于石油勘探中。当地质构造条件研究比较清楚,普通物探或 γ 测井资料能够确定地层或岩石界线、矿体厚度及品位时,铀矿勘查工作中也可使用。

普查揭露阶段用于普查找矿的钻孔,称为普查孔;勘探中用于圈定矿体的钻孔,称为勘探孔;用于研究矿床水文地质条件的钻孔,称为水文地质孔。用于研究铀矿体放射性物探参数(如镭氡平衡系数)的钻孔,称之为物探参数孔。

5.7　勘查技术方法的综合应用

勘查技术方法的种类很多,但不同方法具有各自的所长与不足,具体研究和适用对象、应用条件也不尽相同。多数方法只能从某一方面去研究地质体的特征,从某一方面反映找矿信息,而不能反映矿体的全面特征。如物探是研究地质体的某种物性异常,化探是研究成矿元素的地球化学分散晕,探矿工程则是直接探索或控制矿体的手段等。矿床是在一定地质环境下各种成矿控制因素耦合作用的产物,是各种特征密切联系的统一整体。如果仅以个别信息作为依据,往往容易得出片面,甚至是错误的认识,不能取得良好的找矿效果。由于不同矿床具有不同的成矿特征和控制因素,其物理、化学性质也不相同,致使不同矿床对物、化探技术响应的信息不一致,或响应信息的强弱程度不同,从而导致不同勘查技术对不同类型矿床的不同找矿效果。因此,在地质勘查过程中必须合理地选择勘查技术方法。

一般来说,影响铀矿勘查技术方法的选择的主要因素包括勘查工作阶段与任务、地质构造因素和自然地理因素等三个方面。

1. 勘查工作阶段及任务

铀矿勘查的不同工作阶段,研究区范围大小、具体的工作任务、比例尺选择和精度要求等方面均有较大不同,这些不同直接影响到有关方法的选择。

区域铀成矿潜力评价阶段,通常是以范围较大的地域为研究区,地质调查的比例尺较小,工作精度要求低,对圈定的成矿带或成矿潜力较大的地区,宜采取小比例尺的铀矿地质图修编以及成矿地质条件研究工作,可选用效率高、费用低的遥感技术、航空物探(如航空 γ 能谱,射气测量、α 径迹)、水系沉积物等化探、放射性水化学等找矿方法,可开展极少量的探矿工程验证。

普查工作阶段是以确定铀矿点或异常带是否具有工业意义、圈定成矿远景区段、探求推断铀资源量为主要任务,工作范围较小、工作比例尺较大、工作精度要求较高,宜于采用中、大比例尺的铀矿地质填图,开展有针对性的中、大比例尺的地面物、化探工作,如地面 γ 能谱、EH4、^{210}Po 或热释光测量、井中能谱测量、土壤或岩石地球化学方法等,并实施地表坑道工程(槽探、浅井等)和较稀工程间距的普查性钻探工程等。

详查工作阶段研究对象是铀矿床,主要是对成矿有利地段及找矿靶区的铀成矿地质条件及控矿因素进行详细研究,揭露、探索、追索(盲)矿体,基本查明矿体分布范围,基本查明矿体形态、产状、规模、矿石类型和矿石质量,探求控制资源储量,并评价是否具有工业利用价值并做出是否能转入勘探的结论为目的。该阶段应采取的主要技术方法是大比例尺铀矿地质填图,配合以大比例、高精度的物、化探方法,如 ^{210}Po 或 ^{218}Po、地气测量、井中能谱、井中电法、岩石或矿物地球化学方法、深穿透地球化学方法等,实施系统的、较密工程间距的钻探工程,如有必要可实施一定工作量的地下坑探工程。

勘探工作阶段目的是对铀矿床进行全面系统深入地勘查研究,详细查明主矿体或主要矿体形态、规模、产状及其变化规律,确定矿体的连续性,查清矿石物质成分和矿石质量,查明矿石的开采技术条件及加工技术性能,估算矿床探明资源储量,并对矿床开采的可行性作出评价。由于对矿床勘查程度和研究程度要求高,该阶段工作除进一步系统加密实施详查阶段采用的有效技术方法和勘查手段外,应开展更大比例尺的矿床地质填图(1∶2 000~1∶1 000),实施更高精度的物、化探方法,施工较为系统的地下坑探工程。

2. 地质构造因素

地质构造因素包括区域及矿床的地质构造特征、铀成矿控制因素、铀矿化类型,铀矿体形态与规模、矿石的物理、化学性质等。不同的地质构造条件下可以形成不同类型的铀矿床;不同的矿床类型,其产出的地质条件、矿体形态、矿石物质成分、围岩的物理、化学性质等也有所不同,因而通常表现出不同的地球物理场、地球化学场特征和不同性质的成矿信息;不同类型铀矿床的矿体定位因素也存在较大差异。因此,矿床地质构造特征是影响勘查技术方法合理选择最根本的因素。

例如,伟晶岩型铀矿床,其围岩的化学性质比较稳定、电阻率较高、机械分散晕发育,可利用放射性测量、地质找矿法和电法寻找铀矿带或矿体。与花岗岩、火山岩相关的热液型铀矿床,通常发育规模较大的水云母化蚀变场,在这种情况下,依据航空 γ 能谱测量获取的 U、Th、K 及其增量场信息,可快速有效圈定区域成矿远景区(带)(王正其 等,2008);此外,该类型铀矿床,特别是硅化带亚型铀矿床,其矿石的物理、化学性质比较稳定,地质找矿法、放射性物探方法和地球化学方法均较适用,对深部盲矿体可采用深穿透地球化学方法,如分量化探法、地电化学法等,也可配合开展遥感影像解译、电法、磁法、EH4 等方法以确定含矿构造和基性岩脉等在空间上的发育和展布状况,追索成矿带,圈定铀矿体可能赋存部位。对外生型铀矿床而言,一般具有分布范围较大,产状较平缓,埋藏较深,含矿层位上部往往有较新的地层和较厚的浮土覆盖,此时应开展岩相古地理分析,结合具有"深穿透"能力的物化探勘查技术方法和水化学找矿,如 ^{218}Po、热释光、地气法等,分析可能的成矿层位,预测潜在的成矿空间部位,并利用钻探工程进行揭露和验证。

3. 自然地理因素

自然地理因素是指工作地区的地形地貌条件、第四系覆盖层厚度及气候因素等。

地形地貌因素主要表现为由于地形标高和相对高差等因素对勘查技术实施或相应信息带来的负面影响。高山区地形高差悬殊,沟谷发育,基岩出露良好,适合的铀矿勘查方法主要为各种地质学找矿法,地面 γ 测量或 γ 能谱测量,原生晕法和次生晕法,水化学找矿等。中山区找矿方法的应用应灵活多样,如在切割较深地区,可采用与高山区相似的找矿方法;在切割较浅的地区可广泛采用地球化学找矿法;在相对高差不太大的地区,可采用航空测量。低山丘陵区找矿方法的选择主要取决于气候条件,各种地质、物化探方法以及航空测量均可适用于干旱地区;在潮湿地区覆盖层较厚的情况下,则多采用物化探方法。高原区找矿方法的选择必须根据具体情况而定,如在气候干燥、基岩露头发育、地形起伏不大的地区,地质、物探、水化及航测等方法均可适用。在山间平地、戈壁滩或草原等覆盖层发育区,则宜采用物探方法为好,如射气测量、径迹找矿、活性炭法、电法、磁法、航测等。平原区由于冲积层发育,几乎没有基岩露头,只有借助物探方法。

　　第四系覆盖层厚度对找矿方法选择和应用的影响,应视残坡积物厚度及其来源情况等作具体分析。一般而言,第四系覆盖层厚度较薄,且主要为残积—坡积物时,大多数勘查技术均可适用,尤以 γ 测量、射气测量、α 径迹测量、土壤分散晕法最为有效。当覆盖层厚度大,且主要由外来物质组成时,可在成矿条件分析的基础上,配合水化学、物化探等方法,采用钻探工程探寻隐伏矿体。

　　气候条件对勘查技术方法的选择也有着较大的影响。在不同气候条件下,各种方法的找矿效果往往大不相同。在勘查方法选择中,一般将气候带分为干燥气候和潮湿气候两类地带。在干燥气候带内,通常植被不发育,地质露头条件好,地下水埋藏较深,近地表潜水的矿化度高,土壤和地下水一般呈中性或弱碱性,土壤中金属元素不易迁移,对开展地质学方法和地球化学方法有利。在潮湿多雨的气候条件下,一般化学风化较为强烈,土壤、植被、水系发育,近地表水矿化度低,且多呈弱酸性,容易使铀元素遭受强烈的淋滤,导致分散晕贫化。这样的地区遥感方法往往能发挥其独特的作用,适合开展放射性水化学找矿、射气测量及钋法找矿等;在覆盖不厚的情况下,可应用 γ 测量或 γ 能谱测量。

　　由于各种探矿工程的技术特点不同,它们的适用条件、经济效益和勘查效果均存在较大差异。除应综合考虑以上因素外,选择与实施时应视矿体的产状、形态的复杂程度和矿化的均匀程度等因素而有所区别。一般而言,形态简单,规模较大的矿体(如层状、似层状、脉状矿体),可用钻孔勘查;矿体产状平缓时,可采用直孔予以实施;矿体产状陡倾时,则应实施斜孔。对于形态复杂,但具有一定规模的矿体(如不规则脉状或囊状矿体等),可联合实施浅部坑探和深部钻探;形态复杂,规模不大的矿体(如断面形状复杂的柱状,筒状矿体),一般应采用坑探。矿化均匀的矿体一般都可用钻探,反之则可考虑坑探或坑钻联合进行勘查。

　　找矿工作中,在合理选择勘查技术方法的同时,适当选用不同方法,按照一定技术路线进行有效组合、综合运用则是开展成矿条件综合评价,是实现勘查目的的重要前提。只有合理地选择、综合运用不同的找矿方法,使其相互补充、验证,才能去粗取精、去伪存真,全面客观地认识各种地质现象,更有效地找寻和评价各类矿床资源。

　　找矿方法的综合应用,应是在地质研究的基础上,根据具体的地质条件和自然景观,并结合各种方法的应用前提和勘查对象特点,遵循经济与效果相结合、统一部署的原则,正确地配合使用各种方法,从不同的侧面提取各种成矿信息,提高地质研究程度,以达到经济有效地发现矿床的目的。此外,应积极引进、开发和推广应用先进的地球物理勘查与地球化学勘查技术,不断提高成矿地质环境判别的工作效率和成矿远景预测的可靠性。实践证明,通过浅层地震、音频大地电磁测量、瞬变电磁测量、可控源音频大地电磁测量等非放射性物探方法,可以有效捕捉有利的地层及岩性、断裂构造等与铀矿化相关的信息,指导钻探工程的布置,提高勘查效果与勘查效率。

需要指出的是,勘查技术方法的综合应用并不是指同一地区使用的找矿方法越多越好,而是应因地制宜地选择行之有效的找矿方法进行组合。

5.8 深部矿产资源勘查现状与策略展望

5.8.1 深部矿产资源勘查现状

随着浅表层(500 m 以浅)资源勘探和开发利用程度的提高,传统勘查空间发现固体矿产资源的概率大幅度下降,美国、加拿大和澳大利亚等矿业大国已将深部资源作为新增资源储量的主要目标。20 世纪 70 年代以来,美国 COCORP、EarthScope、加拿大 LITHOPROBE、法国 ECORS、德国 DEKORP 等科技计划相继开启了探测地球深部、认识深部物质和动力学过程的序幕。通过"揭开"地表覆盖层,把视线延伸到地壳深部,传统成矿理论被不断突破,挖掘成矿的深部控制因素孕育出成矿机制与壳幔相互作用、板块边缘成矿成藏、陆内伸展体制成矿作用等诸多研究热点。伴随着新理论的发展,借助不断升级的探测装备和信息提取技术,国外在深地资源勘查方面取了令人瞩目的成效,如加拿大 Sudbury 铜镍矿和南非 Western Deep Level 金矿勘探深度分别已经达到 2 430 m 和 4 000 m 以下。国外开采深度超千米的金属矿山已达 100 余座,其中南非的 Mponeng 金矿采深目前已超过 4 000 m,另外瑞典、俄罗斯、澳大利亚等国一些有色金属矿山采深也超过 1 000 m。

在国际三十三届地质大会上,与会专家认为,揭示地壳的组成和结构,是一项有效缓解资源与灾害压力、惠及地球和人类可持续发展的重大科学计划,具有巨大的经济价值、深远社会效益和特别重要的科学意义。要了解和揭示地球结构与组成,要建立地球动力学,实现成矿理论的创新,要查明油气藏与矿产资源的赋存规律和地质灾害发生机制,必须从深部地质着手,对整个岩石圈进行不同层次探测。

我国目前固体矿产资源勘查深度大多在 500 m 左右,深部找矿工作仅局限于部分重点矿山和少数重点成矿区带。除极少量铀矿床勘查深度达到 1 000 m 左右外(如棉花坑矿床等),绝大多数铀矿床勘查深度局限于近地表(小于 500 m)。近年来,我国在碰撞造山、陆内造山、区域成矿规律、古老碳酸盐岩等方面的研究工作推动了深部地质过程和成矿理论认识的深化,为勘查靶区的选择提供了新的视角和理论依据。然我国深部成矿理论仍显碎片化,在与矿产勘查和成矿预测密切相关的成岩系统、成矿实验、成矿过程等方面的研究相对较弱,成矿系统形成与演化的控制与时空分布研究有待加强,针对深部资源的预测与评价理论方法体系尚处于不断探索和完善阶段。在技术装备方面,我国部分勘查技术装备在精度、分辨率、探测深度、稳定性等方面与国外相比仍存在差距,关键材料、核心传感器、精密加工技术等"短板"仍需以大量研究工作予以填补。

为此,我国深地探测提出了新的研究任务,明确了四大目标和 4 个深度探测层次,其中建立适应我国复杂地球深部结构的高精度探测技术体系,高分辨探测地壳的结构与组成,解决成矿、成藏、成山、成盆、成灾的动力学机制问题,完善地球系统科学理论体系,实现以深度换空间,向深部要资源成为其主要目标与方向。"深地资源勘查开采"专项(2016—

2020)明确提出将资源勘探目标延深到 3 000~5 000 m,并重点部署了在成矿系统的深部结构与控制要素、深部矿产资源评价理论与预测、大深度立体探测技术装备与深部找矿示范、深部矿产资源开采理论与技术等关键领域的研究内容、技术攻关方向(樊俊 等,2018)。

近年来,随着铀矿勘查实践的深入,对热液型铀成矿地质与地球化学特征的认识取得了长足的进步。在找矿深度方面,俄罗斯的斯特列措夫铀矿床矿化垂幅达 2 000 多米,乌克兰的米丘林钠交代铀矿床矿化垂幅达 1 000 多米,我国诸广的棉花坑铀矿床矿化垂幅 1 000 m 尚未封底,相山的邹家山铀矿床矿化垂幅 700~800 m 也未封底,且往深部铀矿石品位存在变富的趋势。澳大利亚奥利匹克坝在矿床深部 1 913 m 发现规模良好的角砾岩型铀矿(RD16 孔)。我国相山矿田实施的第一个科学铀矿科学深钻(终孔深度 2 818.88 m)在深部揭露到 4 处铀矿化段和 5 处铅锌金铜等多金属矿化段,NLSD-1 科学钻孔在 1 500 m 以下发现 5 处 W-Bi-U 矿化(李子颖 等,2021),庐枞科学深钻在钻孔深度 1 500~1 740 m 之间的正长岩中,发现高强度铀矿化,1 848 m 以下的二长岩局部出现铀异常。

上述成果与认识的取得,不仅拓展了铀矿找矿深度,也促进了热液型铀成矿理论的创新和发展。先后有专家学者提出了深(幔)源铀成矿理论:地幔流体碱交代铀成矿作用学说(杜乐天,1996,2001);热点(地幔柱)铀成矿作用理论(李子颖 等,1999,2005,2006;壳幔作用源区控铀成矿理论(王正其 等,2013a,2013b)等。上述深源铀成矿理论还有待进一步完善和验证。然无疑在一定程度上对铀矿找矿空间的深部拓展提供了理论基础。

总体来看,包括铀矿在内的矿产资源深部勘查程度低,向地球深部进军是我国矿产资源勘查战略的必然选择。实施深部矿产资源战略,发展勘查高、精、新技术,开展深地资源勘查与开采实践,不断挖掘我国矿产资源潜力,既是资源勘查工作的发展趋势,也是我国国家发展战略和安全战略的必然要求。

5.8.2 深部资源勘查工作策略展望

针对深部矿产资源勘查工作策略,以下方面应予以重视:

1. 创新成矿理论,深化成矿模型与勘查模型研究

开展面向深部矿产资源的勘查,首先需要从地球动力学系统视野,深化岩石圈地幔组成、壳幔结构、壳幔作用及其对矿产资源的制约作用,深化深部成矿规律和金属元素沉淀成矿机理的认识,重新审视已有相关成矿理论的代表性、适应性、全面性、合理性或正确性,创新发展深部矿产资源成矿理论和预测评价的方法体系。

客观的、完善的成矿模型以及与之相适应的勘查模型,对攻深找盲以及深部矿产资源的战略目标的实现,无疑具有重要的科学意义和指导价值。应在加强基础地质理论与成矿理论创新的基础上,从选择典型不同层次矿产地,或成矿区(带),或成矿单元开展深部矿产资源勘查与全面系统深入研究试点工作,查明与之相关的壳幔地质作用系统、特点及其与成矿作用的内在联系,深化成矿作用特点、方式、过程与空间演变规律,开展地质过程模型与成矿过程模拟试验研究,建立全面系统的、具有丰富内涵的成矿模型及其行之有效的地质-地球化学-物理勘查模型案例。以"点"带"带",以"带"促"面",循序渐进,逐步推进深部矿产资源勘查战略的实施与发展。

2. 加强地球物理新技术、新方法、新装备的研发与运用

矿产勘查工作由露头矿、浅成矿向隐伏矿、深部矿、特使是深部难识别矿的方向转变,找矿难度不断加大,需要勘查技术方法也随着不断改善和更新。新技术、新方法、新装备是实施深部矿产资源勘查工作中不可或缺的重要组成部分。

地球物理技术方法主要有重力、地震、磁法、电法和核物探法等,应用范围上可分为航空物探、地面物探和井中物探,此外,空间物探和海洋物探技术和方法在近年也得到迅速的发展。地球物理新技术、新方法、新装备的进步,应该体现在以下方面,一是基于基础理论发明新技术、新方法;二是对已有地球物理技术与方法的完善升级和更新换代;三是测量装备的改进与提升,使测量的精确度、灵敏度以及探测深度不断提高;四是测量领域从地面到地下、从陆地到海洋、从陆地到空天,形成空、天、地、海等测量装备系统和相互协作的探测体系;五是信息技术在深部矿产勘查领域的广泛应用,实现与现代信息技术密切结合,尤其是大数据信息技术、三维信息技术以及高精度重、磁、电、震数据的反演或联合反演与解析技术等。

主要技术发展方向包括:航空大功率全数字多功能电磁测量技术,航空磁张量测量技术及航空张量重力梯度测量技术;地面、井中(水下)高分辨率、高灵敏的电磁法、重力法及重磁法的组合技术,如激发极化法、瞬变电磁测深技术(TEM)、天然源音频大地电磁测深技术(AMT)、可控源音频大地电磁测深技术(CSAMT)、阵列式大地电磁系统(V8)、频谱激电法(SIP)、高分辨电导率成像技术(EH4)、井中瞬变电磁(DHEM)、井中/水下重力测量技术以及固定环/移动环/双环模式EM测量、直流电阻率测量、全张量磁力梯度测量技术等;地震技术:如深地震反射技术、深地震层析成像技术等;此外,应重视各项数据的处理、融合与3D正/反演技术研发。

就铀矿直接找矿方法而言,随着氡气测量技术以及X荧光、中子、中微子等核物探测量技术的不断改进,其探测深度有望进一步提高。深部铀成矿弱信息识别、提取技术的开发与研究应予以重视。

3. 深穿透地球化学勘查技术研究与运用

化探已逐渐成为现代矿产勘查技术的支柱之一,尤其是针对盲矿区、深部隐伏矿区内进行化探扫面、快速圈定勘查靶区的应用方面往往具有独特的效果。近年来,化探的发展一方面体现在地球化学分析技术的进步,测试的灵敏度和精确度不断提高。分析技术的进步使高精度痕量元素化探数据的获得成为可能,从而大大提高了矿产勘查的效率和水平。另一方面,活动态金属离子地球化学成为近年来发展的重要方向。人们已认识到弱束缚的金属离子可以随地气流从深部的矿体向上运移至表层土壤中并保存下来。在活动态金属离子地球化学理论认识的基础上,深穿透地球化学方法取得了较快的发展,有望为深部矿产资源勘查打开一扇窗户。

深穿透地球化学技术的基本原理是地气流可能以微气泡形式携带超微细金属颗粒或纳米金属微粒到达地表,一部分微粒仍然滞留在土壤气体里,另一部分卸载后被土壤地球化学障所捕获(王求学 等,2011a);通过在隐伏矿区地表土壤采样、室内高精度的测试、分析或实验观测,获取深部成矿地球化学弱信息,从而达到寻找深部矿产资源的目的。穿透性地球化学探测深度可延伸至500 m以深,为覆盖区盲矿或深部矿产资源的寻找提供了地球化学技术手段(王求学 等,2012a,2012b;智超 等,2015)。

深穿透地球化学勘查技术主要有地气法、地电化学提取法、酶提取法、电吸附法、元素活动态法、活动金属离子法等。我国相关学者提出并开展了地球气纳微金属法(NAMEG)、金属活动态测量方法(MOMEO)、铀分量化探法等的找矿实践研究,取得了较好的实验或找矿效果。地气法以及铀分量化探法在深部铀矿找矿中展现了较好的找矿指示作用。

我国开展了地壳全元素探测技术与实验示范项目(王学求等,2011b),发展了 4 种地球化学探测技术,包括 81 个指标(含 78 种元素)的地壳全元素精确分析系统、中下地壳物质成分识别技术、穿透性地球化学探测技术、海量地球化学数据和图形显示技术。经过多年勘查实践的检验,上述方法已经逐渐成熟,并有望在大面积覆盖区或隐伏区进行矿产资源调查中发挥积极作用。

4. 实施多层次、多方法深立体探测组合技术方案

已知成矿带、矿集区(田)、成矿靶区(矿床)无疑是率先拓展矿产资源勘查深度的首要目标区域,而成矿带、矿集区(田)、成矿靶区(矿床)相互间往往具有内在的成因联系,是一个成矿地质系统在不同层次的体现。不同的勘查技术与方法,有着自身的技术特点、适用条件、适用对象及其应用的局限性;多种成矿信息的叠合是成矿预测准确性和有效性判别的重要依据。因此,基于不同类型重点成矿带、矿集区(田)、成矿靶区(矿床)等三个尺度,开展多方法深部矿产资源成矿预测探测组合技术研究和实验工作,建立并逐步实施多层次、多方法深立体探测组合勘查技术策略,是一条较为可行的技术路线和发展方向。其具有如下优势,一方面,多方法组合有利于获取与成矿相关的多元信息,各取所长,可以尽量避免信息的多解性或认识的片面性给深部成矿预测带来的负面影响;其次,有助于从区域成矿动力学系统角度认识成矿作用的本质及其制约因素;第三,以点带面,以面促点,点面协作,相互印证、相互促进,可使得深部矿产资源预测与勘查工作避免少走弯路,提高科学性,增强有效性。

国内外成功的深部找矿案例表明,从成矿带、矿集区(或矿田)、矿床等三个尺度着眼,多学科、多方法相结合,是深部矿产资源立体探测工作模式的基本趋势,也是实现成矿预测科学化的基本前提和保障。如,澳大利亚 AGCRC 通过高分辨率地震反射技术、重磁 3D 反演技术和构造动力学模拟技术,对包括 South Australia、Western Australia、Northern Territory、Northern Margin 成矿带在内的 Queensland、New South Wales、Victoria、Tasmania、Yilgarn、MtIsa、Broken Hill、New England、Lachlan 等成矿区等开展了三维结构探测,获得了主要成矿带的地壳结构、成矿系统结构和矿集区热-变形-流体控制成矿的演化过程,对深部资源的找矿与拓展起到了重要作用(施俊法 等,2014)。

我国实施的"深地探测技术与实验研究专项"(2008—2012),在南岭成矿带、长江中下游成矿带及其于都-赣县矿集区、庐枞矿集区、铜陵矿集区等地,相继开展了矿集区深部矿产资源的立体探测实验示范工作,初步提出了成矿带、矿集区和矿田 3 个层次深立体探测技术方案。

成矿带层次探测技术方案:以成矿带为研究对象,实施跨成矿带地学断面综合地球物理探测,以包括小比例尺的宽频地震观测、深地震反射/折射探测、大地电磁探测、区域重磁及数据处理解释新技术、年代学和岩石"探针"技术以及地球物理、岩石学、地球化学和成矿学的综合研究为手段,构建成矿带地质-地球物理模型,推断动力学演化过程,分析地壳及岩石圈结构特征以及深部过程对成矿系统类型的影响和制约,结合区域构造地质演化、区域岩石地球化学和区域成矿规律,综合分析成矿带深部构造背景,认识成矿带/矿集区形成的动力学背景及其对矿集区的制约作用,预测新的矿集区。

矿集区(或矿田)层次探测技术方案:以成矿带内主要关键矿集区或矿田为研究对象,实施跨单元地质剖面,以高分辨率反射地震、大地电磁、重震联合反演为主要技术手段,构建矿集区骨架剖面的 2D 地质-地球物理模型,并以综合解释模型为约束,使用区域重磁位场三维反演技术,构建矿集区(或矿田)三维结构模型,揭示矿集区结构框架和主要容矿、控矿构造的空间分布,认识成矿系统(源、运、储)形成机制,结合大比例尺地表地质调查及其地质构造演化、变质作用、地球化学、年代学等特征,预测深部成矿靶区。

矿床层次探测技术方案:以重要类型已知矿床为研究对象,以大比例尺的可控源音频大地电磁法(CSAMT)测量、音频大地电磁法(AMT)测量、瞬变电磁法(TEM)测量等为技术手段,开展 3D 综合地球物理探测实验,评估方法的有效性,建立矿床综合地质-地球物理模型,形成针对不同矿床类型深部找矿方法技术,研究成矿元素在地壳浅表的富集规律,建立深部勘查地球物理-地球化学解释判据,选择有效的深穿透地球化学方法予以配套,开展深部成矿预测和重要异常地段(部位)的钻探验证。

我国在相山地区、诸广地区分别开展了热液型铀矿深部探测技术示范研究工作(李子颖 等,2019,2021)。其技术方案与成果主要为:通过精细同位素年代学、岩石地球化学、铀成矿学等研究,分别构建了两个示范区的岩浆演化序列和铀成矿热液演化序列;完成了AMT 数据采集、2D/3D 音频大地电磁测量、浅层地震探测技术与数据反演以及微弱信息提取技术、成矿信息地球物理直接探测技术(如氢气测量等)等试验;建立了"电磁法+高精度磁测+高精度测氡"热液型铀矿地球物理攻深找盲技术方法组合,提出了铅同位素打靶法和铅同位素向量特征值法及垂向示踪组合的同位素示踪评价技术;铀分量化探与^{210}Po 法、热释光法组合的铀矿地球化学元素示踪技术;地电化学勘查方法与土壤电导率、土壤热释汞组合的铀矿物性测量找矿技术等三套深穿透地球化学方法,为铀成矿远景区预测提供了重要依据,为深部铀矿找矿潜力评价开辟了较为有效的技术途径。

5. 深部钻探系统技术

开展深部(铀)矿产资源勘查工作,需要深钻探系统设备及相关钻进技术予以配套完成。概括起来,围绕深部矿产资源勘查,钻探系统技术的研究与发展涉及以下方面:大深度钻探设备系统、深井取心钻进技术、定向钻进技术、扩孔钻进技术、钻井液技术、深孔岩心空间归位技术(电成像测井图像技术和岩心扫描图像技术)等。

我国自 2005 年在江苏省东海县完成了 CCSD-1 科探井以来,相继在其他地区不同地质环境围绕不同研究目标实施了科探深井和众多的矿产资源勘查专项深井,如铀矿科学深钻、南岭成矿带科学深钻、长江中下游成矿区科学钻井、干热岩科学钻探、大陆架科学钻探、长白山天池火山科学钻探、胶莱盆地白垩纪科学钻探、汶川地震科学钻探等,已在设备系统与相关技术方面积累了丰富的经验,取得了极大的发展。我国现有的钻机最大钻井深度为12 000 m,并已着眼可实现 13 000 m 的钻探设备系统的研发工作(张金昌,2016;王达 等,2016),可满足多种高效钻探工艺方法和矿产勘查工作需要。

第6章 铀矿勘查工作概述

6.1 铀矿勘查工作内容与要求

铀矿勘查是对铀矿体(矿床)进行地质、物探、化探等调查研究,查明铀矿资源储量以及生产开发所需的各类信息的过程。其根本目的是发现并探明铀矿床,查明矿床地质特征、开采技术条件等,提交铀矿资源储量,为铀矿山建设设计或矿业权转让提供必需的地质资料,以降低开发风险和获得较好的经济、社会效益。它既是铀矿资源开发的先行基础,又贯穿于铀矿开发的始终。显然,这个过程不可能一次完成,需要由粗到细、由表及里、由浅入深、由已知到未知分阶段依次进行。通常做法是,对具铀矿找矿远景地区或前期勘查对象,遵循因地制宜、循序渐进、综合评价和经济合理等原则,进行研究、分析和筛选,择优开展下一阶段勘查工作,克服勘查工作中的主观片面性,确保后续勘查工作的科学性、可靠性和合理性,以减少勘查投资的风险性,提高勘查工作效益。

勘查工作涵盖内容广,涉及地质、物化探、水文、测量、分析测试、环境等多个专业领域。概括而言,铀矿勘查工作内容主要包括地质工作、矿石物质组成和矿石质量、矿床开采技术条件、矿石选冶加工技术性能试验和综合研究与评价等五个方面。不同勘查阶段,其工作程度要求不同。

6.1.1 普查工作

普查工作是在成矿地质条件分析及成矿预测甄选出成矿远景区基础上展开的,其勘查对象是经调查和研究,显示有矿化现象或异常点带存在,且具有良好的成矿地质条件和较大矿化潜力的地区(段)。普查工作目的任务是对区域地质调查或研究阶段圈定的矿产地或成矿潜力较大的地区(段),开展有效的勘查手段,寻找、检查、验证、追索矿化线索,发现矿(化)体,并通过稀疏取样工程控制和分析测试、试验研究,初步查明矿体(床)地质特征以及矿石加工选冶技术性能,初步了解开采技术条件,开展可行性评价的概略研究,估算推断资源量,对已知矿化区做出初步评价,提出是否有进一步详查的价值,圈出可供详查的范围。

普查工作取得的成果与认识是矿产勘查工作能否转入详查的重要依据,也是详查工作设计的地质基础。铀矿普查工作内容与要求如下:

1. 地质工作

收集各种地质资料,研究区域地质及矿产信息和铀矿成矿远景;在普查区开展(1:25 000~1:5 000)铀矿地质填图,因地制宜地选择有效的物探和化探方法,进行(1:10 000~1:5 000)物探和化探测量,基本查明普查区的地层、岩石、岩相-古地理环境、构造、岩浆岩、潜水氧化带、层间氧化带等地质特征,寻找、评价各类异常、蚀变和矿化。大致查明普查区内含矿含水层层数及其结构、构造、韵律特征、厚度、空间展布和补、径、排条件。通过地表系统工程揭露,适度施工深部探矿取样工程,大致查明是否有开展进一步工作价值的铀矿体或矿化带、异常带,大致掌握其形态、分布规律、规模、产状以及与成矿有关的地质条件,推断矿体连续性,初步划分勘查类型;开展可行性评价的概略研究,估算铀矿推断资源量,提出是否有开展进一步工作的价值或圈出详查区。

2. 矿石物质组成和矿石质量

对已发现的铀矿体,应大致查明铀矿石物质组成、品位、物理性质、化学性质和矿石类型。如具一定规模,则应研究有益、有害组分的含量变化和分布规律。

3. 矿床开采技术条件

大致了解普查区水文地质、工程地质、环境地质和其他开采技术条件。

4. 矿石选冶加工技术性能试验

一般以类比法开展此项研究工作,并以类比结果做出可否工业利用的评价。如矿石组分复杂,或国内尚无成熟选冶工艺的矿石,应进行可选(冶)试验或实验室流程试验,为是否值得开展进一步工作提供依据。

5. 综合研究与评价

大致查明普查区内与铀矿体共生、伴生矿产的种类、含量、赋存状态、空间分布特征,并研究综合开发的可能性。

共生矿产是指同一矿区(或矿床)范围内,存在的两种或两种以上都达到各自矿床工业指标、且具有小型规模以上的矿产。共生矿又分为同体共生矿产与异体共生矿产。

伴生矿产是相对矿床内的主矿产而言的,是指在矿床(矿体)内存在的不具备单独开采价值,但具有与主矿产一起被开发利用潜力的有用矿物或元素。伴生矿产的空间分布通常与主矿产矿体是一致的,但也存在有错位的情形。

6.1.2 详查工作

实践证明,在区域地质调查工作阶段所发现的异常、矿化点(或矿化带)并非都具有工业价值,其中大部分由于成矿地质条件差,或工业远景不大而被否定。只有经过普查发现其中有工业矿体存在,或存在一定规模的矿化体,且具有良好的成矿地质条件和找矿潜力的区段,才有可能转入详查。因此,详查工作是矿产勘查工作过程中的一个重要环节,是证实和扩大普查成果,从普查向勘探过渡的关键阶段,其评价结论是判断勘查工作是否进入勘探的重要依据,获取的资料与认识可作为预可行性研究和矿山总体规划的基础依据使用。详查阶段属于商业性的范畴,相关工作除国家战略矿产资源或其他政府特殊规定以外,通常由业主投资或筹资进行。

铀矿详查阶段工作目的任务是,采用有效的勘查方法和手段,对详查区进行系统的工程控制和取样工作,开展测试和试验研究,基本查明矿床地质特征、矿石加工选冶技术性能以及开采技术条件,为铀矿区规划、勘探区确定等提供地质依据;开展概略研究,估算推断资源量和控制资源量,做出是否有必要转入勘探的评价,并提出可供勘探的范围(勘探基地);也可开展预可行性研究或可行性研究,估算可信储量。

具体工作内容与程度要求包括以下几方面。

1. 地质工作

在详查区通过(1:5 000)~(1:2 000)铀矿地质填图,开展(1:5 000)~(1:1 000)的物探、化探测量,综合运用其他有效的勘查方法,基本查明与成矿有关的地层、构造、岩浆活动、变质作用、围岩蚀变及次生变化等矿床地质特征。

对沉积或层控型铀矿床,应详细划分地层层序,基本查明地层时代、岩性组合、岩相、沉积环境与建造以及岩层对比标志和地球化学背景、含矿层位及其变化,阐明它们与铀成矿的时空关系;若为可地浸砂岩型铀矿床,则应基本查明含矿含水层数量、规模及其空间分布,重点查明主含矿含水层的岩性在走向、倾向方向的变化,含矿砂体的结构、构造、韵律特征、产状和规模等详细特征,顶、底板隔水层的稳定性及分布变化规律,基本查明层间(潜水)氧化带及其空间分布规律,基本查明氧化带地球化学蚀变特征,重点查明氧化带各亚带岩石有机质、硫化物、铀含量的变化特征与变化规律,研究氧化-还原作用过程中氧化还原电位及酸碱度变化,基本查明氧化-还原作用与铀成矿关系;对与岩浆侵入有关的铀矿床,应研究矿床范围内侵入岩的岩类、岩性、岩相、岩石地球化学特征,基本查明岩体形态、产状、规模、时代、演化特征、相互关系及它们与铀成矿的关系;对与火山活动有关的铀矿床,应研究火山机构特点,基本查明火山岩系的时代、层序、岩性、岩相、喷发-沉积旋回及其与铀成矿的关系;对与变质作用有关的铀矿床,应研究和基本查明变质作用的性质、影响因素以及变质岩岩性特点、变质相及其分布、变质作用对铀矿床形成或改造的影响;对与构造关系密切的铀矿床,应基本查明控制和破坏矿床的主要构造的性质、产状、形态、规模。此外,还应基本查明铀矿床的围岩蚀变种类、强度、范围、分带性及其与成矿的关系。

通过系统取样工程,基本查明矿床内铀矿体分布规律、数量、规模、产状、品位变化和连接对比条件,重点是主矿体(占矿床总资源量 70% 以上的矿体)或主要矿体(将从大到小累计超过矿床总资源量 50%~60% 以上的一个或多个矿体确定为主要矿体)规模、形态、产状及赋存规律,并能确定其连续性;基本查明矿体中夹石和顶底板围岩的岩性、厚度、分布范围;基本查明成矿前、后构造活动对矿体的控制和破坏程度;基本查明矿体的氧化带、混合带、原生带的特征、发育程度、分布范围和分带标志。测定铀矿石的体重、湿度、有效原子序数及射气系数(或镭氡平衡系数,需实施少量的专门物探参数孔)、铀镭平衡系数等参数,测定铀矿石和含矿岩系中的钍、钾含量,为评价异常和定量解译提供依据。开展概略研究,或预可行性研究或可行性研究,估算相应类型的铀资源储量。详查阶段提交的资源量类别包括控制资源量和推断资源量,其中控制资源量的占比原则上不低于 20%~30%(不同矿种控制资源量的占比要求略有不同)。应初步总结矿床找矿标志和成矿规律,初步建立矿床成矿地质模型,作出是否有工业开发利用价值的评价;若具有工业利用价值,应圈出矿体相对集中、矿石质量和开采技术条件较好的地段作为勘探区。

2. 矿石物质组成和矿石质量

基本查明铀矿石的主要矿石矿物、脉石矿物组成、粒度、嵌布特征、结构、构造,基本查明矿石工业类型、分布特征和相互关系,开展工艺矿物学研究;基本查明矿体的矿石品位、变化规律和有用、有益、有害组分的含量、赋存状态及其变化特征。

3. 矿床开采技术条件

在水文地质方面,利用专门水文地质孔和其他勘查工程,基本查明矿区含水层、隔水层、构造、岩溶等水文地质特征、发育程度和分布规律,基本查明主要含水层(带)、隔水层的水文地质参数;基本查明矿区内地表水体分布及其与矿床主要充水层的水力联系,初步评价其对矿床充水的影响;基本查明地下水补给、径流、排泄条件及矿床主要充水因素等水文地质条件,预测矿坑涌水量,初步评价其对矿床开采的影响程度;对采用地浸工艺开采的砂岩型铀矿,应基本查明含矿含水层数、渗透性能(渗透系数、渗透均匀性);若水文地质条件复杂,应进行矿区水文地质填图,填图范围原则上要控制一个完整的水文地质单元。基本查明矿床水文地球化学特征。赋存有热水的铀矿床,要基本查明地热水的赋存条件、补给来源,初步评价地热水对矿床开采的影响及其利用的可能性。调查研究可供利用的供水水源的水质、水量条件,提出供水水源方向。

工程地质工作内容包括,初步划分矿床工程地质岩组,测定主要岩、矿石物理力学参数和硬度、湿度、块度、节理密度、RQD 岩石质量指标值等,研究其稳定性;基本查明矿床内断裂、裂隙、岩溶、软弱夹层的分布,评价其对矿体及其顶底板围岩稳固性的影响;调查老窿及采空区的分布、充填和积水等情况。

环境地质工作,应收集矿区及相邻地区历年的气象、水文以及泥石流、滑坡、岩溶等自然地质灾害的有关资料,分析其对矿山建设和开采可能产生的影响;基本查明地质灾害现状、不良工程地质现象,预测可能的地质灾害类型、位置、规模、演化机制及影响程度等;基本查明岩石、矿石和地下水(含热水)中放射性及其他有害元素、气体的成分、含量,对矿区环境地质及辐射环境做出初步评价。

4. 铀矿石选冶加工技术性能试验

一般铀矿石应作实验室流程试验。在同一矿田(区)范围内的生产井田附近,易选易冶且与矿石类型相同、矿石类比条件好的铀矿石也可用类比资料;对成分或结构复杂的难选冶矿石和新类型矿石应作实验室连续全流程联动台架试验;对地浸工艺开采的矿床,应选择有代表性地段开展天然埋藏条件下的矿体(层)进行现场工艺条件试验,提出矿石选冶加工的工艺流程和工艺参数,做出工业利用方面的评价。不论哪种矿石,直接提供开发利用时,试验程度都应达到可供设计的要求。

5. 综合勘查、综合评价

应基本查明铀矿床内共生、伴生矿产的种类、产出部位、含量、赋存状态、分布特点及与铀矿化的相互关系,探讨综合回收利用的可能性,并做出初步的综合评价。

对同体共生或伴生矿产,可随铀矿勘查工程一起进行探索、控制与评价;对异体共生或伴生矿产,在利用用于揭露铀矿的工程基础上,视情况可适当增加工作量,对其矿(化)体进行详查与评价。

6.1.3　勘探工作

勘探工作是在矿床详查的基础上,在矿山设计建设前,或开采过程中,为确切查明矿床的工业价值或保证矿山的持续生产而进行的地质、技术、经济、环境等调查研究工作,前者称为地质勘探,后者又称为开发勘探。勘探工作的范围是经详查圈出的勘探区,或以往经详查证实有工业价值的矿体存在,但尚未圈出勘探区的地段。其目的任务是通过有效勘查手段,加密取样工程控制和测试,深入试验研究,详细查明矿床地质特征、矿石加工选冶技术性能以及开采技术条件,为铀矿山建设设计确定生产规模、产品方案、开采方式、开拓方案、矿石加工选冶工艺,以及矿山总体布置等提供必需的地质资料;开展概略研究,估算推断资源量、控制资源量和探明资源量；也可开展预可行性研究或可行性研究，估算可信储量、证实储量。

勘探工作需具备出资者委托书、或与出资者签订的承包合同书、或局级以上（含局级）矿产勘查主管部门代表国家或其他出资者下达的项目任务书。

对铀矿勘探工作的内容与要求阐述如下：

1. 地质工作

在已知具工业价值的矿床或详查圈出的勘探区范围内，视情况需要对矿区地质图、矿床地质图开展修测工作；如果矿床地质、矿体地质特征较为复杂，则需进行更大比例尺（1∶2 000）~（1∶1 000）的铀矿地质填图；加密取样工程，对复杂矿体、主矿体周边的小矿体应适当加密控制，详细查明主矿体或主要矿体的规模、形态、产状、内部结构及厚度、品位的变化特点，确定主矿体或主要矿体的连续性。详细查明矿体夹石的岩性、层数、形态和厚度，详细查明各含矿层顶底板围岩（隔水层）的岩性、厚度、稳定性；划分氧化带、混合带、原生带矿石界线，研究次生富集现象和规律；结合系统取样工作或一定数量的专门物探参数孔，为圈定矿体和估算资源储量补充收集和查验各类样品、参数、系数；阐述铀矿床成矿控矿因素和矿床成因，总结找矿标志和成矿规律，提出扩大找矿的方向，建立矿床地质模型；进行预可行性研究或可行性研究，估算铀矿床相应类型的资源储量，为矿山建设设计和矿床的进一步扩大提供依据。

勘探阶段提交的资源量类别通常包括探明资源量、控制资源量和推断资源量等三类。其中，探明资源量占比原则上不低于总资源量的 10%~30%，探明资源量与控制资源量合计占比原则上不低于 50%~70%。对勘探阶段提交的较高类别资源量的占比要求，不同矿种并不完全一致。

2. 矿石物质组成和矿石质量

详细查明铀矿石物质成分和矿石质量，尤其是矿石的工艺性质、矿石工业类型、矿物的粒度及嵌布特征。详细查明矿石有用、有益、有害组分的种类、含量、赋存状态和分布规律及变化特征。

3. 矿床开采技术条件

水文地质方面，详细查明矿床水文地质条件、充水因素；利用加密专门水文地质孔（如多孔、群孔联合抽水试验）取全、取准必需的水文地质参数，预测矿山首采区及其正常水平的和最大的涌水量及矿坑可能的突水部位，指出地下水的侵蚀性，提供供水水源方向和水量、水质资料，研究矿床水文地球化学特征。

工程地质方面，详细观察和分析矿体及其顶底板围岩的稳定性，确定不良的层位和构造部位，预测掘、采时可能会发生的不良工程地质问题，并提出防治建议；对露天采场边坡稳定性做出评价。工程地质条件复杂，而勘查工程难以满足要求时，应施工少量工程查明主要工程地质问题。

环境地质方面，详细调查泥石流、滑坡、岩溶等自然地质灾害及地震、新构造运动等区域稳定性因素。对矿区范围内的人群和生产、建设可能引起不良后果和影响的环境地质问题做出预测，并进行评价和提出防治措施。还应在铀矿全面勘探前后对天然的与人为造成（地表水、地下水）的放射性辐射环境进行调查和评价。为矿山建设和辐射防护设计提供依据。

4. 矿石选冶加工技术性能试验

一般矿石应做实验室流程试验。难选冶或新类型矿石应作实验室扩大连续试验,必要时还应做半工业试验。地浸工艺开采的砂岩型矿床须做现场半工业试验。评价矿石选冶加工或地浸采铀工艺的技术可行性和经济合理性,为确定最佳工艺流程提供依据。

5. 综合勘查、综合评价

矿床中有综合利用价值的共生矿产,应详细查明其产出部位、空间分布、矿体规模、形态、产状、品位及其与铀矿化的关系。尽可能利用勘查铀矿的工程对共生矿进行综合勘查与评价。如共生矿规模较大和经济价值较高,则可另行布设勘查工程系统;勘查类型、勘查工程间距以及矿床工业指标等,应参照共生矿种自身勘查规范的有关规定予以确定。

对能够综合利用的伴生有用组分,要详细查明其种类、含量、赋存状态、分布、富集规律及与铀矿的依存关系,研究综合回收的途径,并按勘探时系统采集的组合样分析结果分别估算各自的矿产资源储量。

需要说明的是,无论处于哪个勘查阶段,其中涉及的不同专业技术工作种类、工作环节及其质量要求,必须执行相关国家技术标准或行业技术标准。此外,勘查工作过程所使用的"计量性"仪器设备,必须符合相关计量标准,并定期检验稳定性、准确性和一致性。

6.2　勘查工作基本程序

矿产勘查工作通常是在区域成矿地质条件分析、或前人勘查成果综合研究基础上,正确选择确定勘查基地,申请领取拟勘查范围的探矿许可证,获得探矿权,并获得相关主管部门批准立项,或与某矿业公司签订了矿床的勘查承包合同的前提下展开的。

虽然不同勘查阶段的工作任务与要求有区别,但它们的工作程序基本相似。勘查工作程序一般分为立项论证与勘查登记、勘查设计、勘查施工与管理和勘查地质报告编写等4个环节。

1. 立项论证与勘查登记

立项论证是指对资源勘查项目决策提供依据的一个综合性研究与分析过程。其内容包括勘查区选择、明确勘查工作任务,并对勘查工作方案及达到预期勘查成果进行技术经济可行性论证等。立项论证是资源勘查项目申报和工作设计的前期基础,往往是决定勘查项目成功与否的关键。

资源勘查工作的最终目的是发现矿产资源,并通过一定的勘查技术方法与手段控制、探明工业矿体,获取矿山建设设计所需的矿产资源/储量和开采技术条件等地质资料。在其他条件具备的情况下,如何提高资源勘查工作的科学性、准确性和合理性,降低潜在的投资风险,实现快速有效发现矿床的目的,需要解决的首要问题是到哪里开展资源勘查工作。因此,从找矿角度而言,立项论证的关键问题是勘查区的选择问题。

勘查区的选择是在全面收集、整理和研究前人工作资料、成果和认识的基础上,以新的成矿地质理论为指导,通过资料对比分析和综合研究,分类排队,按照成矿地质条件与矿化潜力、工业价值、开发可行性与经济意义、自然地理与环境条件等因素,进行择优选取。根据不同勘查阶段工作原则和目的,确定相应勘查工作的性质与任务。

勘查区选择是一项政策、理论与实践高度综合的工作。必须深刻理解和贯彻国家政府相关部门的资源勘查工作指导方针和基本原则。当前我国铀矿地质勘查战略的基本方针是可地浸砂岩型铀矿和硬岩型铀矿并重，突出重点，点面结合，着眼寻找和落实大型、超大型铀矿床，实施大基地战略。总体思路是对有一定工作基础和显示良好成矿远景的中新生代沉积盆地，或骨干矿床、潜在骨干矿床进行重点扩大和落实，拓展找矿空间（深度），并不断开辟新区；立足普查，结合铀矿基地建设对资源储量需求的紧迫程度，对部分规划开发的重点矿床进行择优详查或勘探。

在正确选择并确定勘查区后，应及时开展勘查工作的技术经济论证，并提出立项建议书。同时按照《中华人民共和国矿床资源法》《矿产资源勘查区块登记管理办法》等相关法规和规定，向勘查区范围归属地的省或市级国土资源行政主管部门申请领取划定范围的探矿许可证，以取得合法的探矿权。

2. 勘查设计

勘查设计（又称项目工作设计）是指勘查项目工作正式开展以前，为完成勘查项目任务和要求而预先制定工作方针、工作方法、工作部署方案和施工图件等工作。它是项目承担单位完成勘查任务的战略决策和具体的"作战方案"，是项目负责综合平衡技术、人力、物力、财力与时间的总体安排。勘查设计是否正确与合理，是直接衡量勘查设计人员业务素质高低的重要标志，也是关系到能否按计划高质量完成勘查任务的关键。

勘查设计的编制一般要经过以下工作阶段：

（1）资料的全面收集、整理和综合分析

在全面收集工作区以往勘查资料和工作认识的基础上，应以新的地质科学理论和先进的成矿理论为指导，结合工作经验，审慎的批判科学态度，对各种资料进行认真的、实事求是的综合整理和分析研究。通过对资料的分析研究，完善和厘定勘查项目工作的地质理论依据，并为勘查技术方法的选择和工作方案的拟定奠定基础。

资料整理和分析过程，要做到全面了解勘查区及其周边地区的基本地质情况，各类异常、矿化的分布特点和赋存条件，掌握前人的工作状况、研究程度、取得的基本认识与工作建议等，并善于从繁杂的资料中筛分出有价值的成矿地质信息，善于发现存在的问题和工作中的薄弱环节，提出问题，努力寻求新的解释，进行新的评价。这是任何一个勘查技术工作者的基本功。

（2）踏勘

为加深对勘查区地质、矿化特征的认识，应在前人资料整理和分析的基础上，组织设计人员到勘查区野外现场进行实地踏勘，深入了解勘查区地质构造特征，异常、矿化产出和分布特征，初步分析其找矿标志、控制因素等，同时调研勘查区的交通、自然地理、生产施工和生活供给的条件。

通过现场实际观察验证，取得勘查区地质构造、矿化地质特征及其控制因素等初步的感性认识，有助于正确理解、检验已有资料与成果的正确性、合理性，或解除某些阅读已有资料时产生的认识疑虑，做到心中有数，以便进一步明确找矿工作思路和勘查工作方案，合理选择找矿方法和勘查技术手段，使勘查设计更加符合客观实际，可操作性更强。

（3）编制勘查设计书

通过资料综合研究和现场踏勘获取的认识，根据勘查工作的性质、目的任务和要求，通过多学科多专业的酝酿讨论、集思广益，在勘查工作整体设计和具体单项工程设计的基础上,正式编制勘查设计书。勘查设计由文字报告和附图两部分组成。文字报告内容一般包括:①区域自然经济与地理概况;②区域、矿区地质特征及立项地质依据;③勘查目标任务及实现的可行性论述;④拟定的技术路线与技术方法;⑤勘查工作具体实施方案(勘查工程技术手段和总体布置方式等)及保障措施;⑥预期地质成果及预期社会经济效益;⑦预计勘查投资费用;⑧技术工作质量要求与保证措施等。附图一般包括勘查区地形地质图、勘查区地质研究程度图、勘查工程总体布置图、主要勘探线设计剖面图、钻孔设计柱状图、坑道设计平面图等;具体附图类别根据勘查项目所处的工作阶段、性质与任务要求而定。

(4)设计的报审

勘查设计编制好后,应报上级主管部门或项目委托方审批并备案。项目工作应严格按照审批意见进行实施,原则上不得随意改变。如遇实际情况较预先设计存在较大偏差而需要变更设计时,应报主管部门批准。

勘查设计中应注意的几个问题:

①在勘查设计过程中,既要注意全面研究,建立整体和系统的工作意识,又要突出重点,对重要的区段或部位进行典型解剖,便于尽快认识和掌握勘查区成矿地质特征、矿化赋存规律和控矿因素,分析勘查区成矿远景和找矿方向,指导面上找矿勘查工作。

②坚持从实际出发、实事求是的科学态度。勘查工程设计既要体现相关规范、要求的原则性和严肃性,又应体现工程布置的针对性、系统性和灵活性。针对性是指勘查工作及工程揭露的目标要具体,有明确的工作对象(含矿层、构造或岩体)和揭露部位;由已知到未知,率先实施的方法或施工的工程应布置在见矿可能性最大的地段和部位,而后逐渐向外拓展,使勘查设计尽可能做到有的放矢。系统性是指拟实施的勘查技术与方法,相互之间要有衔接,并能建立有机联系;具体的勘查工程布置要考虑今后工作的发展情况进行总体设计。灵活性是指由于矿体埋藏于地下,不确定因素很多,设计的地质依据往往带有预测和推断的性质,具体工程实施过程中,要具体问题具体分析,应根据变化了的地质事实情况灵活运用,做出合理的必要调整,切不要生搬硬套。

③勘查工作总体设计须本着由浅入深,深浅结合;由疏到密,疏密结合;由点到面,点面结合的原则。以已知指导未知,便于体现勘查工作的目的性和科学性,防止工作的盲目性,降低勘查风险;点面结合有利于打开找矿局面,扩大找矿远景。

④重视基础地质和科研工作,善于运用新的地质理论、成矿理论来指导勘查设计,并合理的选择、采用和推广新技术、新方法。拟开展的技术方法及其质量要求,须满足国家标准或行业标准要求,并做到获取的资料可靠,技术上可行,经济上合理。

⑤严格实行经济核算,在保证勘查目的任务和勘查程度要求的情况下,力争以较短的勘查周期、较经济的技术手段和较少的工作量,取得较多较好的地质成果和社会经济效益。

3. 勘查施工与管理

勘查施工是在勘查设计的基础上,根据设计拟定的任务与工作方案的要求,组织进行各项工作的技术活动,并依次付诸实施。勘查管理指在勘查工作实施过程中,组织各项技术工作,合理调配人力、物力,使各项技术工作成为一个互相衔接有机配合的整体,同时对工作组织、工作质量和经济活动等进行有效的监督、检查和管理。

勘查工作的有效管理与工作方案的正确实施,直接影响着勘查过程地质找矿效果和找矿经济效益。勘查工作通常是多专业、多方法、多手段的"联合作战",前面环节开展的各种勘查技术工作,往往是为后续工作的顺利实施准备基础资料,为后续勘查工作的正确决策提供依据。因此,在勘查项目的实施过程中,必须加强组织和领导,协调好各专业工种之间的关系,使各工种之间有机地配合和衔接,实施项目管理,并注意工作效率与质量的统一,地质效果与经济效果的统一。加强质量控制与管理,编写勘查施工设计(工作方案的实施细则),明确各类技术工作的操作规程和质量要求,并定期检查。在施工过程中,应当做好日常的三边工作(边施工、边观测或编录、边整理研究),以便及时发现问题,调整或修改设计,并报负责部门批准,正确指导下一步的工程施工。

在勘查施工阶段,其主要工作内容有:勘查区地质填图、地形测量,普通物化探测量,放射性物探工作,水化学与水文地质工作,组织各项探矿工程的施工与管理,进行探矿工程地质编录、取样、化验、鉴定与试验工作,开展对矿区成矿地质条件及矿床、矿体地质的综合研究等。

勘查区地质填图的目的是通过对勘查区地质构造条件的研究,分析矿化赋存规律,指明找矿方向,为综合找矿技术方法与勘查工程技术手段的选择和探矿工程的布置提供依据。地形测量是为矿区地质填图提供精确的地形图,通常只在详查和勘探阶段需进行大比例尺地质填图时才会开展。

有效的物探、化探工作对加深认识勘查区的各种地质特点和提高勘查成果的质量与效果,具有很大作用,应合理使用并充分发挥其效能,特别是针对盲矿或深部找矿,其作用显得更为重要。但在施工过程中必须注意与地质和其他手段密切配合,要在共同分析资料的基础上制定工作方案,在统一规划下发挥各种手段的特长,在分别整理资料的基础上,加强综合研究,以提高对矿区地质问题的研究程度和整个工作的合理性。

探矿工程是取得地下地质构造、矿产情况的直接手段和可靠依据。在施工中,应加强质量检查与验收工作;要摆正手段与目的关系;要在有地质依据条件下,合理选择和布置探矿工程;在满足地质观察与取样研究要求的前提下,提高效率、降低成本;控矿工程及其质量应按设计及有关规范要求进行,不得任意变更。

钻探工程是勘查工作中最常用的勘查手段之一。钻探工程质量检查的内容包括开孔位置、岩矿芯(岩芯牌)摆置、岩矿芯采取率、钻孔弯曲度(偏斜)、孔深误差、简易水文地质观测、原始班报表、钻孔封孔质量等。钻孔开工前应提出钻孔设计书、施工通知书、钻机安装质量验收书,钻孔结束应有终孔通知书、测井通知书、封孔通知书和钻孔质量验收书等。在钻进过程,根据进程应及时提出见矿通知书、设计变更通知书、孔斜中途测量通知书等。

地质编录(包括原始及综合地质编录)是勘查施工过程中一项经常性工作,其好坏将直接影响勘查工作的进展和勘查成果质量。原始编录是搞好勘查工作的基础,综合编录是取得对勘查区地质和矿体正确认识的关键。因此,凡在野外进行的地质、测量、物化探、各项工程及一切测试工作所取得的各种原始资料与数据,都应及时进行编录。在原始编录的基础上,对所获得的原始资料及时地进行综合研究,通过编制综合图件资料,深化对矿床规律性的认识,指导各项工程的进一步施工。

取样是研究矿产质量的重要方法,也是评价矿床经济价值、圈定矿体、划分矿石类型的基础工作。为此,在勘查工程施工过程中必须随着各项工程的进展,及时进行采样、化验、鉴定和测试工作,并及时对取样各个环节开展检查和监督。

除上述一些工作之外,在勘查施工过程中,还要进行阶段性的储量估算及有关矿体开采技术条件、矿石加工技术条件和矿床水文地质条件等方面的研究工作。

勘查管理还应包括对勘查生产工作起到支持与保证作用的后勤保障系统。虽然后勤保障处于辅助地位,但也时常影响到一线勘查工作人员的士气,甚至影响勘查工作的顺利实施,应作为勘查管理的重要组成部分予以重视。

4. 勘查地质报告编写

无论处于哪个阶段,勘查工作结束后均需要对工作资料和成果进行全面的总结和评价,提交勘查地质报告。如为跨年度勘查项目,通常需要编写年度(阶段性)总结报告。勘查地质报告或年度总结报告是勘查工作阶段所取得的全部成果和认识的集中体现,是综合描述矿产资源储量的空间分布、质量、数量,论述其控制程度和可靠程度,并评价其经济意义的说明文字和图表资料,是对勘查对象调查研究的成果总结。

勘查地质报告既是进一步勘查、可行性研究、矿区总体规划或矿山建设设计的依据,也可作为以矿产勘查开发项目公开发行股票及其他方式筹资或融资时,以及探矿权或采矿权转让时有关资源储量评审认定的依据,具有重要意义和价值。为此,必须树立"实事求是、质量第一"的思想,切实把好勘查地质报告质量关,做到客观、真实和准确,为下一阶段的勘查工作决策,或为可行性研究、矿山建设提供可靠的地质、技术经济资料和矿产资源/储量估算。

在编写勘查地质报告前,要作好日常环节的技术工作(含地质、物化探、水文、测量、钻探、取样与测试工作等)和成果资料的检查验收工作。在野外工作结束前,必须由勘查投资人或勘查单位上级主管部门组织,对其工作程度和第一手资料的质量进行全面检查和现场验收,并严格履行质量检查手续。只有经过检查合格的资料,才能作为编写勘查地质报告的基础资料。资料的综合整理与图件制作过程应严把质量关,所使用的计量器具和材料(如综合性图件用的纸张,量尺)必须符合相关规范要求和允许误差许可。

勘查地质报告的内容要有针对性、实用性和科学性。原始数据资料准确无误,研究分析简明扼要,结论依据可靠。要力求做到图表化、数据化。尽可能做到真实反映地质矿产的客观实际情况和工作阶段的全部地质成果,作出合乎实际的评价。在编写中,既要避免烦琐,又要防止简单草率;既要全面完整,又要层次清楚;章节安排要合理,文、图、表内容要对应相符。数据处理、图件制作、资源储量估算与报告编写尽可能采用计算机技术。此外,勘查地质报告中应涵盖可行性评价工作内容。

勘查地质报告主要由文字报告书、附图、附表、附件等部分组成。文字报告书部分一般包括勘查项目目的和任务,勘查工作区位置、交通、自然地理、经济状况,以往工作与本次工作情况评述,区域地质,矿区(床)地质,矿体地质(矿体特征、矿石质量、矿石类型和品级、矿体围岩和夹石、矿床成因及找矿标志、矿区内共生或伴生矿产综合评价),物化探工作,矿床开采技术条件(水文地质、工程地质、环境地质),矿石加工技术性能,勘查工作及其质量评述,资源/储量估算,矿床开发可行性研究等内容。对铀矿勘查而言,还需专门对铀矿体放射性平衡特征与规律进行研究和阐述。由于不同勘查阶段的工作性质与任务要求存在差异,具体编写时可根据实际情况对报告内容和章节进行增减、取舍。

勘查地质报告的详细内容与格式要求,可参照《固体矿产地质勘查报告编写规范》和《铀矿勘查地质报告编写规范》。

6.3　绿色勘查工作简述

6.3.1　绿色勘查由来与内涵

传统固体矿产勘查因经常采用槽探、浅井、坑道、钻探等工作手段,工程竣工后未对破坏地段进行恢复治理,对植被或生态环境造成较大程度的破坏,有些工程实施后经过几十年,被破坏的生态环境仍未完全恢复。一般而言,单个钻孔机位通常需占地 130 余平方米,配套修建的运输道路、辅助工程及相关设施也需要占据一定的土地面积;通常情况下,一个矿床的勘查工作需要实施几十个乃至几百个钻孔,同时往往还需要实施系列槽探、浅井、地下坑道工程,勘查工作导致植被损毁和土地压占面积是较为可观的。修筑道路、平整钻孔机场、坑探工程实施会破坏地貌、损毁植被;钻孔实施过程产生的"漏油""三废"以及钻进循环液等会使得土壤、地表水体受到污染;坑探开挖出的土石方的堆放不仅带来植被、土地的压占与损毁,而且堆放的废石或矿石堆中有害组分也会对地表水体与土壤造成污染。由此可见,传统的地质勘查工作会对地形、地貌以及生态环境造成较大的负面影响或破坏,甚至可能诱发地质灾害和水土流失。

在我国大力推进精神文明和生态文明建设,倡导"既要金山银山,更要绿水青山"的大背景下,对矿产地质勘查提出了新要求。如何在符合矿产勘查技术要求、实现找矿突破的同时,保护生态环境、实现对生态环境扰动的最小化,是地勘工作面临的新挑战。在新的形势和挑战下,2016 年,我国地质矿产经济学会向全国地勘行业发出了"绿色勘查行动宣言",绿色勘查被正式提出并纳入《国土资源"十三五"规划纲要》,绿色勘查的理念在各地政府、地勘单位和社会组织中得到逐步推广,并在贵州省、山东省、青海省等地相关地勘项目中率先开展了积极的探索实践。2018 年,《绿色勘查指南》(T/CMAS 0001—2018)正式发布,其规范和引导了地质勘查活动中的生态环境保护。2019 年,自然资源部发布《绿色地质勘查规范(征求意见稿)》,2021 年正式颁布《绿色地质勘查工作规范》(DZ/T 0374—2021),标志着我国绿色勘查进入规范化、制度化阶段。

绿色勘查是我国时代发展新形势下对矿产勘查工作提出的新任务、新要求,是平衡生态环境保护与矿产资源勘查的根本出路。其基本内涵是:以绿色发展理念为引领,以科学管理和先进技术为手段,通过运用高效环保、先进的勘查方法、勘查技术、勘查工艺和设备,实施勘查全过程对生态环境影响最小化控制,最大限度地减少对生态环境的扰动,并对受扰动的生态环境进行修复,实现地质勘查、生态环保、社区和谐的多赢效果。其核心要义,一是对勘查过程中环境影响实施最小化控制,二是对损害的生态环境进行修复。绿色勘查是一项技术含量高且涉及面广(生态环境、人文环境、物化探、钻探、坑探、槽探、井探等勘查装备、材料、安全、信息数字化管理等)的综合性系统工程,不仅需要先进理念引导、科学规范和标准约束,还需要先进的技术手段来保障。

绿色勘查与国外矿业发达国家自 20 世纪 80 年代后期提出并被广泛接受的"HSE 管理体系"(H:health;S:safety;E:environment),在含义与要求上大体相似。后者在强调环境保护的基础上,突出了以人为本,增加了健康和安全管理,将健康(H)、安全(S)和环境(E)统一纳入勘查过程的管理内容。实际情况是,矿产勘查工作扰动了自然生态环境,也存在健康安全隐患,同时也与人类社会和生物群体关系密切。从这个角度而言,绿色勘查的内涵还有待不断丰富与完善。

绿色勘查是时代赋予地勘工作者的新使命,是当今地质行业的一次革命,任重道远。绿色勘查的核心是理念,重点是技术创新,目的是和谐双赢。只有不断开展探索并总结绿色勘查实践经验,不断提升绿色勘查理念,依赖科学技术进步,多学科共同协作,更新勘查技术装备,优化勘查技术方法与手段,才能实现绿色勘查的本质要旨与目的——"多方"共赢,和谐勘查。

6.3.2　铀矿绿色勘查工作要求

绿色勘查遵循的基本原则:①应将绿色发展和生态环境保护要求贯穿于矿产勘查设计、施工、验收、成果提交的全过程,实施勘查全过程的环境影响最小化控制;②依靠科技与管理创新,最大限度地避免或减轻勘查活动对生态环境的扰动、污染和破坏,倡导采用能够有效替代槽探、井探的勘查技术手段,鼓励采用"一基多孔、一孔多支"等少占地的勘查技术;③应对施工人员进行环境保护知识、技能培训,增强环境保护意识,切实落实绿色勘查要求。

概括之,铀矿绿色勘查工作要求包括:

①编制铀矿地质勘查设计前,应就铀矿地质勘查工作部署对水、大气、声、土壤、野生动植物、自然遗迹和人文遗迹等的环境影响进行分析,确定环境影响的主要因素,制定监测计划以及环境保护和恢复治理措施,合理编制经费预算,并体现在勘查设计中。

②铀矿地质勘查工作前,应按要求开展环境影响评价,查明勘查区内放射性背景,编制环境影响评价报告并上报;应对工作人员进行绿色勘查技术培训,强化生态环境保护意识,掌握绿色勘查要求;应对拟施工的道路和场地原始地形地貌拍摄照片或视频留存。

③铀矿地质勘查工作实施中应保留绿色勘查相关记录。新修道路、驻地及探矿工程场地平整施工、探矿工程施工、道路、驻地及探矿工程场地环境恢复,应按规定填写登记表。必要时,应拍摄绿色勘查施工照片、视频等资料并予以保存。绿色勘查工作执行情况检查应与项目工作检查同步开展,发现问题及时整改。

④铀矿地质勘查工作施工后,应按照铀矿地质勘查设计中绿色勘查内容和要求,开展环境恢复和治理工作,并进行放射性强度检测,经验收合格后方可撤离。必要时,对已恢复的道路和场地应按照与施工前统一视角、统一参照物拍摄照片、视频等资料留存。

⑤铀矿地质勘查单位应对绿色勘查执行情况进行初步验收。已完成的绿色勘查工作可根据实际情况与野外地质工作验收同步进行。后期恢复治理工作可与成果验收同步进行。

⑥地质勘查单位应对因其开展勘查工作受影响的区域生态环境恢复负责,开展的绿色勘查、环境恢复治理等工作应与环境影响评价报告要求一致。

⑦铀矿地质勘查中的道路施工和探矿工程场地平整、驻地建设与管理、勘查施工、环境恢复等具体要求参照 GB/T 13908。

第7章 矿体地质研究与勘查类型

7.1 矿体地质研究的基本内容

矿体地质特征系指矿体本身固有的地质特点、特性和标志的统称。矿体地质研究始终是矿床勘查与开采的理论与实践研究的核心内容。它以矿体为研究对象,基本任务是在矿床成矿地质理论和成矿规律指导的基础上,运用有效的勘查手段查明矿体各种标志的变化特征或变化规律;目的在于为划分矿床勘查类型、选择合理勘查方法、确定工程部署方案及进行矿床的工业评价提供依据。

矿体地质研究与矿床地质研究的关系十分密切,但二者又有差别。从矿床学角度研究矿体更侧重于物质成分、结构构造及矿体形成的地质条件,其主要目的在于阐明矿化过程、矿化条件等成因规律。而从勘查学角度研究矿体则侧重于矿石品位,矿体厚度、形态、规模、产状,矿体内部结构构造等,其主要目的是依据所阐明的矿体各种标志的变化特点与规律,指导矿床的勘查工作。矿体的变化主要受矿床成因控制,因此为了查明矿体的变化就必须了解矿床成因特点。而另一方面,不同成因的矿体其变化性也往往是不相同的,通过矿体变化性的研究又有助于查明矿体控制因素与成因问题,因而两者相互联系、互为影响、研究工作必须密切配合。

矿体地质研究内容可概括为矿体外部形态特征与内部结构特征,以及控制这些变化的地质因素。其中心问题是矿体各种标志的变化性研究,具体包括变化性质、变化程度及控制因素三个方面。换言之,每一项涉及矿体地质的标志特征,应该从其变化性质、变化程度以及制约其变化的地质因素(即控矿因素)等三个角度进行研究和阐述,这三个方面是从勘查学角度研究矿体地质的基本内容。

7.1.1 矿体外部形态特征的研究内容及意义

矿体外部形态特征系指矿体在三维空间上所展示的外貌特征,一般包括矿体的形状、产状、规模和空间分布规律等。

由于矿床成因和控矿条件是多种多样的,因而不同成因矿床的矿体以及相似成因矿床的矿体,或同一矿床不同部位的矿体的形状往往有很大差别。矿体形状主要取决于它的长度、宽度和厚度三者之间的比例关系。根据矿体的长度、宽度和厚度的比例关系,可确定矿体的形态类型,如层状、似层状、透镜状、囊状矿体等。矿体厚度大小及其变化对矿体形状的影响很大,是促使矿体形状变化最敏感的因素,也是导致矿体膨胀狭缩、尖灭再现等复杂变化的主要因素。因此,应特别注意矿体厚度大小、变异程度及变化规律的研究。矿体厚度的变化性以及形态的复杂性,对勘查工程的合理部署以及发现矿体、控制矿体并获得矿体特征真实性的难易程度有着重要影响,人们经常用厚度变化系数来表示矿体形状的变化程度。矿体的形态特征及其变化性研究对正确指导勘查工程的部署具有重大的实际意义。

矿体产状是指矿体的走向、倾向、倾角、倾伏角和侧伏角等。矿体产状的变化极其多样,同一矿床的不同矿体,甚至同一矿体的不同部位,其产状都可以有很大的差别。矿体产状对勘查工程的布置有很大的影响。产状直接影响着勘查工程的正确布置(如缓倾斜矿体可采用直孔钻进,倾角较大则需实施斜孔)、正确确定矿体的形状和规模,最终影响矿床的正确评价。

在大多数矿床中,矿体往往成群出现。由于控矿条件的多样性和复杂性,同一矿床中不同矿体的形状、产状可以是各种各样的。在勘查工作中不仅要查明矿体形态、产状要素的各项数值,而且还要查明它们的变化规律和变化程度。在矿体成群出现的矿床中,应突出研究主矿体或主要矿体的形态、产状及其变化性。

矿体规模大小具有双重含意:一是指矿体资源储量的规模大小,这是矿床评价的指标;二是指矿体分布体积的大小,矿体体积受矿体厚度、宽度、长度等参数影响,它们往往直接制约了发现、控制和认识矿体的难易程度,并对矿床勘查工作的有效性、经济性有直接影响。一般而言,分布体积大的矿体容易发现、控制,反之则难度较大。如图7-1所示,对矿体1,采用相同间距而位置不同的实线钻孔和虚线钻孔系统得到的矿体空间认识基本一致。对矿体2而言,采用虚线钻孔无法揭露到真实存在的矿体;采用实线钻孔可发现矿体,然依据见矿孔连接的推断矿体规模与实际矿体之间出现较大的偏差。显然要发现并正确认识矿体2,需要更小的勘查工程间距,才能发现并正确获得矿体的空间特征。所以,研究矿体分布体积的大小不单单要说明其规模,还应包含其长度和厚度的含义,它们对发现矿体、控制矿体与认识矿体的难易程度同样具有很大的实际意义。矿体分布体积的大小是划分矿体规模的重要标志,而影响矿体规模的长度、宽度以及厚度的稳定性等参数,均是确定矿床勘查类型的重要依据。

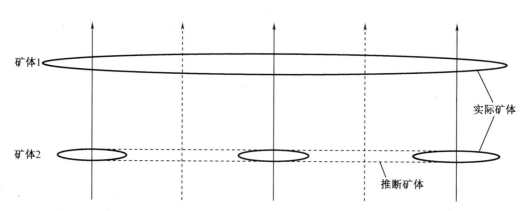

图7-1 矿体规模与工程间距之间的关系

(注:实线钻孔与虚线钻孔为间距相同但位置不同的两套工程部署方案)

矿体空间分布特点主要表现在成群矿体的空间排列组合形式和分布间距上。成群矿体经常在矿床中表现出一定的排列组合形式,如平行排列、边幕式斜列、倾伏式斜列等;在分布距离上,有时也有一定的规律性,例如在许多矿床中,矿体具有等间距分布规律。矿体有规律的排列组合和等距分布可以表现在平面,也可以表现在剖面上。研究矿体的空间分布规律,对指导矿床工程布置、寻找盲矿体、扩大矿床远景具有很大的实际意义。

总之,对矿体外部形态特征的研究,在成因理论研究、控矿因素分析和找矿实践上均具有重要意义,其研究成果是划分矿床勘查类型、选择勘查技术手段和方法、确定勘查工程间距、选择取样和资源储量估算方法的重要依据。

矿体外部形态特征主要是依据探矿工程的地质编录和取样分析结果,通过编制各种综合性图件,如勘查线剖面图、矿体投影图、矿体立体图以及矿体等厚度图、矿体空间分布图等进行研究的。另外,对矿体厚度的变化,可以用数理统计方法进行研究,阐明其变化程度。

7.1.2　矿体内部结构特征的研究内容及意义

矿体内部结构特征研究的内容包括矿石的自然类型、工业类型、工业品级、夹石性质以及它们在矿体内的分布特点、所占比例,尤其要对矿石的品位及其变化性质和变化程度进行研究。鉴于铀元素的放射性特点,以及钻孔中矿体铀品位主要依据伽马测井来实现的特点,应注意对铀矿体中 U-Ra 平衡和 Ra-Rn 平衡特征及变化性研究。

铀矿石类型是决定矿石工艺加工性能(矿石工业类型)的主要因素,也是矿山建设设计的主要依据。因此,在勘查过程中,必须对铀矿石的自然类型、工业类型及其空间分布和所占比例进行研究。铀矿石自然类型可按氧化程度、含矿围岩化学成分、伴生有用组分和铀矿物集合体的颗粒大小等进行分类。

按氧化程度,铀矿石可以分为原生铀矿石、氧化铀矿石和混合铀矿石(原生矿石和氧化矿石混合)三类。

按伴生或共生有用组分,可将铀矿石分为铀-钼类、铀-硫化物类、铀-铁类、铀-钒类、铀-铌钽类、铀-铜类、铀-钍(稀土)类、铀-银、钴、镍、铋类、铀-汞类、铀-煤类、铀-铅、锌类、铀-金类、铀-硒、锗、煤类等 13 类。伴生元素的存在,不仅影响矿石工艺加工性能,而且对矿床的经济评价也有重大影响。

按铀矿物集合体颗粒的大小,铀矿石可以分为如下几类:
①粗粒矿石,颗粒直径>3 mm;
②中粒矿石,颗粒直径 0.1~3 mm;
③细粒矿石,颗粒直径 0.07~0.1 mm;
④粉末矿石,颗粒直径<0.07 mm。

根据矿石物质组成(尤其是所含特征性矿物的种类、含量以及铀矿物与共生矿物的关系)、化学成分、含矿围岩,并结合采、选冶工艺特征等,可将铀矿石分为以下 10 种矿石工业类型:特征性矿物含量低的含铀碎屑岩和高硅酸盐铀矿石;富含萤石的高硅酸盐铀矿石;富含黏土矿物的铀矿石;富含碳酸盐、硫化物的低硅酸盐铀矿石;富含有机质、黏土矿物的铀矿石或富磷黏土的铀矿物;富含碳酸盐的含铀碎屑岩或低硅酸盐铀矿石;富含碳酸盐、萤石、磷灰石的铀矿石;硅化煌斑岩、辉绿岩铀矿石;含多种金属硫化物和多种特征性矿物的复合铀矿石;含铀煤和含铀炭质页岩的铀矿石。

矿石品级是矿床经济评价的重要参数。一般而言,矿石品级越高或富矿石所占比例越大,则矿床的经济价值越大。不同品级的矿石,由于其中铀的赋存状态可能不同,可能导致物理性能或选冶工艺的差异;矿石品级越稳定,依据少量的工程获得的品位参数即可较好代表矿体的平均品位,反之,则需要更多工程获得更多矿石品位参数,由此得到的平均品位才能保证最终获得的矿体(矿床)资源储量接近于真实情况。因此,查明矿石品级、矿石品位的变化程度,以及各品级矿石在矿床中的分布和所占比例,对矿床评价和矿山开采设计具有重要意义。

铀矿石通常分为以下三个品级:

①高品位矿石(富矿石),铀品位≥0.3%;

②中品位矿石(普通矿石),铀品位0.1%~0.3%;

③低品位矿石(贫矿石),铀品位0.05%~0.1%。

对含有伴生有用组分的综合矿石划分工业品级,除考虑铀的品位外,还要考虑伴生有用组分的含量,并根据铀和伴生有用组分的经济价值进行综合平衡。当伴生有用组分的价值很大时,甚至可以适当降低铀矿的边界品位。

在矿体内部结构特征的研究中,重点要突出对矿体品位的高低及其变化的研究。矿体的品位变化往往比矿体厚度变化大得多。研究矿石品位的高低及其空间上的变化特征对正确指导勘查工程部署,划分矿石品级,合理开展矿床资源储量估算和经济评价都具有十分重要的意义。

研究矿体内部结构特征,主要是通过系统取样分析、岩矿鉴定,编制各种反映矿体内部结构的综合图例(如取样平面图或断面图、品位变化曲线图、矿石类型分布图、品级分布图等)进行研究,也可应用数理统计方法进行定量分析。

概括而言,矿体的各种标志均具有不同性质或不同程度的变化,其中尤以矿石品位、矿石类型、矿体长度、厚度、宽度、形态、规模及产状等变化,对矿床的勘查及开发工作影响为最大。如果矿体是一个均质体,即矿体的各种标志没有变化或变化很小,那么矿床勘查及矿山地质研究工作就很简单,只要通过少量的工程对矿体标志进行观察、测量、取样,就可以很准确地确定各种标志的平均值,并可代表矿体的真实情况。反之,如果这些标志随着其空间位置的不同,存在显著的差异,且变化具有随机性时,则会使矿产勘查及开发工作变得十分复杂而困难,只有增加观察、测量、取样的数量,才能更正确地判断矿体各标志的变化情况,才能基本保证最终数据的准确性和勘查成果的可靠性。这样一来,势必增加勘查的工程量、勘查周期和勘查经费,影响勘查难易程度和勘查的经济效果。否则会影响矿床勘查精度,使勘查认识和资源储量与实际之间的误差加大。可见,矿体地质特征及其变化性是决定每个具体矿床的勘查难易程度、勘查精确程度和勘查经济效果的基本客观条件。所以,对矿体地质的研究,特别是矿体地质重要标志的变化性研究,不仅具有重要的理论意义,而且对于指导矿产勘查实践更有非常重要的实际意义。

7.2　矿体变化性的研究

矿体变化性是指矿体地质特征(矿体特性或标志)在矿体的不同空间部位(或各矿体之间)所表现出的差异及变化特点。实践证明,由于各种地质条件的影响及成矿过程的复杂性,任何矿体的相关标志(包括外部形态和内部结构标志)在三维空间上都具有变化性。矿体变化性的研究包括各种标志的变化性质、变化程度和控制矿体变化的地质因素三个方面。

由于矿体变化性决定了具体矿床的勘查难易程度,对勘查技术方法和手段的选择、工程间距及合理勘查程度等的确定有很大影响,因此矿体变化性研究是矿床勘查工作的基本任务之一,也是矿体地质研究的中心问题。

7.2.1　矿体变化性质的研究

矿体的变化性质是矿体外部形态或内部结构的某标志在不同空间位置上变化特点和变化规律的综合表现。通过勘查工作,可以在矿体三维空间的不同部位,取得大量品位、厚度等标志的数值,如果把这些标志的数值按照不同方向的实际顺序与位置排列起来,它们升高或降低所形成的各种各样的自然变化特征和规律,就是矿体某标志的变化性质。

通常将矿体变化性按其性质分为坐标性变化和偶然性变化两种基本类型。

坐标性变化又称方向性变化或函数变化。其特点是相邻部位标志值呈渐变性或连续性变化。矿体外部形态变化一般属于坐标性变化,如矿体厚度的变化。具有这种性质的变化标志值通常可以用直线方程式表达出来,也可以用图解来表示。

由于矿体的形状、厚度等标志沿某方向的变化是逐渐的、连续的,对这类标志而言,可以根据不连续的工程或在探矿工程影响范围内,对矿体进行内插或外推、连接;其总体特征除与工程数量有一定关系之外,更与工程位置有密切关系,如图 7-1 和图 7-2 所示。

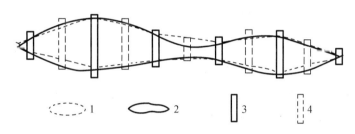

1—矿体边界轮廓;2—加密后矿体边界轮廓;3—原有探槽;4—加密探槽。

图 7-2　探槽加密前后矿体形态变化图

偶然性变化是矿体标志值在相邻部位之间呈不连续的、跳跃式的变化。属于这类变化性质的主要是矿床中有用组分的品位,沿走向、倾向及其他方向标志值表现出锯齿状的折线变化(图 7-3)。当观测点(探矿工程)加密时,标志值不会落在原来两点间的连线上,而是出现次一级新的折线。

对于具有偶然变化特征的品位来说,品位数值不能进行简单的线性内插或外推;样品的总体代表性——平均品位的代表性与工程数量有关,而与具体工程的位置无关,即工程可以随机布置,但必须具有一定数量。需要指出的是,品位的随机性变化中往往蕴涵有方向性的变化趋势,即矿石品位变化虽然是不规则的,但往往可以看到沿矿体某一方向在一定范围内品位数值有总体升高或总体下降的现象。

Д.А.晋可夫曾将矿体各种标志的变化性质分为 4 种类型:①逐渐的、连续的、有规则的变化;②逐渐的、连续的、不规则的变化;③跳跃式的、断续的、有规则的变化;④跳跃式的、断续的不规则变化。这个分类既包含了矿体的局部性变化,又体现了矿体的总体变化趋势。一般地说,矿体形态标志的变化多属前两类,而质量标志(如品位)的变化则常属后两类。

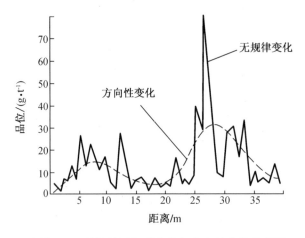

图7-3 品位的不规则变化与方向性变化示意图

因此,在矿体变化性质的研究中,要注意区分总体变化和局部变化(图7-3)。总体变化是在矿体较大范围内表现出来的根本性变化,是影响勘查工程部署的决定性因素。应当把总体变化特征作为矿体变化性质研究的重点,而局部性变化只是在总体变化背景值基础上的上下波动,对勘查工程部署的影响不大。在矿体变化特征研究工作中,要善于从局部性的、杂乱的变化中发现总体的趋势性变化规律。

7.2.2 矿体变化程度的研究

矿体的变化程度是一个定量的概念,它是指矿体外部形态和内部结构标志在一定距离内的变化幅度、变化速率。变化幅度是指矿体某标志观测值偏离其平均值的离散程度;变化速度是指矿体某标志相邻观测值在一定范围内的变化快慢,即变化梯度大小;两者之间既相互联系而又有所区别。研究变化程度,有利于不同矿体间变化大小的对比。

矿体各种标志(主要包括矿体厚度、形态、产状、规模及组分品位)的变化程度对矿床的勘查工作有很大的影响。在勘查工程数量和勘查间距相同的情况下,对变化程度较小的矿体,可以取得较高的勘查精度,取得的认识与真实情况之间基本相近,而对变化程度较大的矿体,得到的认识与真实情况之间通常会出现较大的偏差,只能取得较低的勘查精度。在这种情况下,要想获得相同的勘查精度,则变化程度大的矿体比变化小的矿体勘查工程间距要小,数量要多,地质经济效果相对较差。由此可见,变化程度是决定矿床勘查难易程度的重要标志,直接影响着勘查工程间距的确定,矿体的圈定方法以及资源估算结果的可靠性,是划分矿床勘查类型的重要依据。

在一个矿体的内部,各种标志的变化程度往往不同;对于不同类型的矿床,其最大的变化标志也可各异。研究矿体变化程度,应以矿体中变化最大的标志为主要对象,查明它的最大变化方向、变化程度和变化范围。一般而言,矿体中变化最大的标志是矿石品位和矿体厚度;大部分内生矿床,特别是有色、稀有及其他金属矿床,其变化最大标志为金属品位,品位标志值的变化程度是这类矿床的重点研究内容;对大多数沉积矿床,矿体厚度的变化程度往往大于品位的变化程度,此时应重点研究矿体厚度变化程度。对每一个具体矿床,到底哪种标志变化最大,须通过对比研究来确定。

矿体变化程度主要应用数学方法进行定量分析。如计算品位变化系数、含矿系数、品位变化平均梯度等定量指标来表示品位变化程度。由于矿体形态与矿体厚度、产状的变化程度密切相关,因此对矿体形态变化程度的研究通常采用定性描述和计算厚度变化系数方法相结合。因为形态标志与品位在变化性质上有很大差别,计算厚度变化系数尚不能真实地反映矿体形态的变化程度,所以近年来出现了一些研究矿体形态变化程度的新方法,如计算矿体边界模数、形态复杂程度指数等方法。

在研究矿体变化程度过程中,应注意以下几点:

①研究矿体品位变化时,应注意查明品位变化系数、含矿系数、品位变化平均梯度等几个基本定量参数。通过对这些参数的综合分析,全面地了解矿石品位的变化特征,有助于客观地根据变化等级对矿体进行分类或分区,正确指导矿产勘查与评价。

②注意研究矿体不同方向、不同部位的品位变化程度,查明变化的最大方向和引起变化的原因。并注意局部变化和总体变化的特征及其相互关系。品位变化程度一般按不同中段、块段、剖面或工程进行研究。

③在进行矿体品位变化程度对比时,应注意不同研究方法和研究条件(如不同的取样位置和间距、样品数量和体积及分析方法等)对研究结果所产生的影响。

④研究矿体形态变化时,应注意查明其变化规律;注意研究品位变化与矿体形态变化的关系,如品位与矿体产状变化的关系、与矿体厚度变化的关系等。

⑤在矿点普查中,一旦发现矿点具有工业远景,就应对矿体的变化性及时进行研究,以便正确确定矿床勘查类型并指导勘查工作。一般可沿矿体走向和倾斜方向布置主干勘查剖面来研究矿体品位、厚度的变化程度。

7.2.3　矿体变化控制因素的研究

研究控制矿体变化性质与变化程度的地质因素,对正确认识矿体变化及其规律性,查明成矿作用控制因素,特别是预测潜在成矿部位及其未知部位矿体的变化特点和变化趋势,正确指导下一步勘查工程布置都是十分有益的。

控制矿体变化的地质因素是多方面的,主要有构造、岩性、成矿流体温度与压力的变化、氧化还原障或酸碱障、成矿作用方式和表生风化淋滤带来的改造作用等。在一般情况下,矿体的变化都是由各种地质因素综合影响的结果。但不同矿床控制矿体变化的地质因素是不同的,而同一因素在不同矿床中所起的作用又不完全相同。因此,在研究这些控制因素时,既要全面分析,综合研究,又要结合矿床实际,分清主次,重点突出。

矿体的大小、形状和产状的变化,主要受构造、层位或成矿作用方式控制。例如脉状矿体主要受裂隙控制,层状矿体主要岩性层位或层间破碎带控制;层间氧化带砂岩型铀矿通常呈卷状或似卷状;潜水氧化带型矿体则通常呈透镜状产于潜水面附近。当铀成矿作用为简单裂隙充填时,则矿体的大小、形状、产状等均直接决定于含矿裂隙的大小、形状、产状。成矿时的交代作用及不同形式构造的复杂组合,是造成矿体形态复杂的重要因素,如赋存在不同方向构造复合部位的矿体,其延伸方向往往受构造交叉轨迹制约。同生沉积−成岩型矿床铀矿体的大小、形状和产状则决定于含矿地层的产状及其空间产出特点。后生淋滤型铀矿体的大小、形状和产状往往受表生水动力运动方式、运动途径、途径物质组成及其物化性质等因素共同制约。此外,成矿后发生的包括表生或内生等各种性质的改造作用,对矿体变化性的影响不容忽视,有时会产生与原生矿体截然不同的空间产出特征,从而影响原生矿体产状和找矿方向的误判,进而影响勘查工程的正确部署,应注意识别和区分。

根据矿体形态与构造间的密切关系,B. M. 克列特尔对内生矿床的矿体形态与含矿构造进行了系统分类,列于表 7-1。

表 7-1　内生矿床的主要构造和矿体形态

构造类别	矿床在构造中赋存的位置	矿体形态
褶皱构造	1. 矿化位于有利岩层中 2. 褶皱两翼之层间矿床 3. 矿床位于背斜或穹隆之鞍部 4. 矿床位于截穿褶皱之破碎带处 5. 矿床位于封闭褶皱的层状剥离带中	整合的似层状矿体 层状矿脉 鞍状矿脉 似层状或网状矿脉 复杂层状或似层状矿体
断裂错动构造	6. 矿床位于极大的逆掩断层带中 7. 矿床位于大正断层带中 8. 矿床位于小型平移断层或逆断层中 9. 矿床位于小型正断层中	深大矿脉 似脉状矿体、复杂矿脉伴有网脉状矿体 富矿体,复杂矿脉
裂隙构造	10. 矿床位于单一系统的剪裂隙中 11. 矿床位于两个系统的剪裂隙中 12. 矿床位于三四个系统的剪裂隙中 13. 矿床位于裂隙带中 14. 矿床张裂隙中 15. 矿床位于侵入体中由于线状排列而产生的张裂隙中	单一方向的简单矿脉或分枝矿脉 两个方向的简单矿脉或分枝矿脉 复杂矿脉,常为网脉状 锯齿状矿脉或简单矿脉 锯齿状矿脉或简单矿脉 枝状矿脉
细微裂隙构造	16. 矿床位于片理化带中或火成岩活动构造之劈理中 17. 矿床位于细微裂隙及断裂劈理发育地带	似脉状复杂矿带 矿脉网或网脉状
简状或其他复杂构造	18. 矿床位于简单的简状构造中 19. 矿床位于复杂的简状构造中	简状矿体 复杂矿柱及网状脉

从含矿构造角度出发,表中分类是比较全面的,但是矿体形状往往是多种因素综合影响的结果。一些次要因素,如成矿后构造作用的破坏、含矿围岩的物理、化学性质等,都可能引起矿体形状、产状的复杂变化,因此,对次要因素也不可忽视。

在同一矿田或矿床中,由于不同地段控矿构造的类型及特点不同,也可形成多种形状的矿体。在研究中应注意查明不同类型和不同特点的构造与矿体形状的关系,可以对不同构造类型控制的矿体,从质量和数量上进行统计和对比。这也是研究矿体空间分布规律的重要内容之一。

控制矿体有用组分含量变化的因素也很多,但归纳起来不外乎原生和次生因素两类。原生因素中主要是矿化强度。成矿时矿体各部位的矿化强度不同,可以引起有用组分含量的较大变化。造成这种变化的原因是多方面的,可能与成矿流体本身的性质、运动状况及作用方式有关,或与成矿时物理化学环境的变化有关,也可能与多阶段矿化作用的相互重叠或不同部位成矿物质的交代强弱不同有关等。原生因素也可导致有用组分含量呈现方向性变化特点,如卷状砂岩铀矿体,这种现象往往可以反映铀成矿过程的特点,对控制因素与成矿机理讨论十分有益。矿化强度一般用计算矿化强度指数的方法来表示。

在次生因素中,最主要的是矿石氧化淋滤和次生富集作用。在这些作用下,某些矿床(特别是含硫化物的矿床)形成氧化垂直分带,有用组分沿矿体倾斜方向表现出明显的方向性变化。从某铀矿床氧化带的矿化分布特征(图7-4)可以看出,在25 m以上深度,铀矿体的U-Ra平衡遭到破坏(偏Ra),在25~100 m深度由于铀的次生富集而偏铀,在100 m以下深度,U-Ra处于平衡。曲线清楚地反映了矿体有用组分的方向性变化。

以上主要是从指导矿床勘查的角度讲述了矿体地质研究的内容和意义。需要说明的是,矿体变化性研究的基本方法是通过对大量系统工程控制所获矿体地质资料信息的深入对比与统计分析研究等完成的;反过来,合理

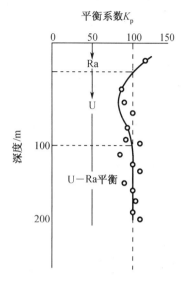

图7-4 某铀矿床有用组分的
方向性变化特征

的勘查方法选择和勘查工程合理加密与布置又是以对矿体主要标志变化的阶段认识为根据的,两者互为影响,研究工作需要动态深入。此外,矿体地质研究的内容对矿床经济评价、矿山开采设计,矿床成因和成矿规律研究等都具有重要意义。

7.3 矿体变化性的数学表征方法

矿体变化性的研究方法有定性分析和定量分析两种。两种研究方法各有特色,实际研究中均不可或缺。一般而言,定性分析法主要利用各种地质图件(如矿体剖面图、平面图和立体图等)和各种几何图件(如统计分布曲线、自然分布曲线和等值线图等)来表示矿体各种标志值的变化特征,并辅以必要的文字说明。但单纯的定性分析已经不能满足生产实践和理论研究日益发展的需要。为了进行矿体变化性的对比研究,应用数理统计或地质统计方法来定量研究和反映矿体相关标志的变化性质与变化程度,则是数学表征方法的一个重要发展趋势。

7.3.1 矿体变化性质的数学表征方法

目前用于矿体变化性质研究的方法主要有:统计分布曲线法、自然分布曲线法、平差曲线法,其他还有趋向分析检验法、相关分析法、变异函数曲线法、变化性指数和序列相依系数法等。现介绍前面三种方法。

1.统计分布曲线法

统计分布曲线又称频数或频率分布图。编制该图时,首先将矿体某标志值(如品位)由小到大分成若干连续的数值区间,并分别统计各区间标志值出现的次数(频数)。然后以横坐标表示标志值的区间,纵坐标表示标志值的频数,将各区间的频数投影到图上编制直方图,然后在直方图基础上,用圆滑曲线将各区间频数的中点连接起来,即成矿体某标志值的

频数统计分布曲线图。这种方法一般用于矿体品位变化的研究。

研究矿体标志值的统计分布特征具有重要的理论和实践意义。统计分布曲线实质是反映矿体某个标志值在不同区间的数值数量分布或频率分布以及标志值的分布范围。当样本数量足够多时，根据样本结果所制作的统计分布曲线基本上可以代表整个矿体这一标志数值在不同区间的客观比例。根据分布曲线的状态特征可以初步判断矿体标志值的总体变化性质与变化程度、变化范围。

一般认为，当控制地质变量的诸因素的影响程度均匀时，该变量的统计分布曲线将呈正态分布或接近正态分布（图 7-5）。这时频数最大区间的中值与标志值的平均值（如平均品位）接近，即在统计数字系列中，众数、中位数及平均值相近似。

当控制地质变量的诸因素中，个别影响因素显著突出时，变量将由于不满足中心极限定理的要求而使统计分布曲线趋于偏斜（不对称），中位数在众数和平均值之间。但当出现很大的正偏斜时（极大位<平均值，则变量的对数值一般呈正态分布或近于正态分布，即服从或近似于对数正态分布。通常金属矿床的有用组分以及伴生微量元素都具有对数正态分布的特点（图 7-6）。

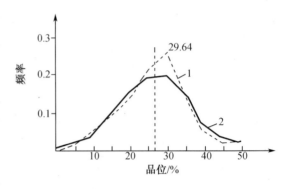

1—根据分析资料所作的曲线；2——一次平差后所作的曲线。

图 7-5 某沉积变质铁矿床铁品位值统计分布曲线

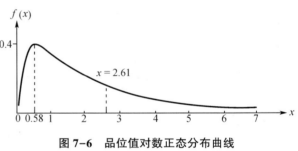

图 7-6 品位值对数正态分布曲线

根据统计分布曲线的特征，可以判断统计变量的集中水平。在曲线呈正态或对数正态分布的情况下，说明变量数值多集中出现在平均值或对数平均值的附近。

另外，根据曲线特征还可说明矿床形成条件，鉴别矿床成因与成矿期次。一般认为不同成因或不同成矿条件下形成的矿体应构成不同的统计总体，它们应各自具有其特殊类型的统计分布模型和相应的统计特征值。当品位接近正态分布，说明矿化均匀，控制矿化局部富集的因素不突出；品位偏离正态分布，说明有局部富集因素存在；成矿作用单一时，品位分布呈单峰正态或偏斜曲线；多期成矿或多种矿化叠加，则品位分布曲线表现为双峰或多峰。

在编制统计分布曲线图，应保证观测值有足够数量：观测值数量过少，往往代表性较差。品位区间的划分数量应适当；区间划分过多，不易突出总体变化特征，划分过少则不易表现图形的必要细节。通常以 10～15 个区间为宜。此外划分间隔最好不超过观测值均方差的 1/4～1/3。

2. 自然分布曲线法

自然分布曲线法是反映矿体不同空间位置上,矿体标志值具体变化性质的一种方法。它是对矿体变化性质进行研究的基本方法,也是最常用的方法。通过对自然分布曲线形态特征的分析,可以定性地判断矿体标志值在某特定方向上的变化性质或变化规律。

沿矿体一定方向(如走向或倾向)或单个工程,以横坐标(或纵坐标)表示观测点(如取样点)的位置和距离,纵坐标(或横坐标)表示观测值(品位)的大小,然后将观测值投到坐标图上,并用直线或圆滑线连接起来,即构成自然分布曲线。

图 7-7 所示为伊犁盆地某砂岩型铀矿床中铀与伴生元素含量自然分布曲线,其中,纵坐标为钻孔深度,并赋予地质内容(岩性地球化学分带),横坐标为铀及伴生元素含量。图中清晰呈现了不同元素在氧化带、氧化-还原过渡带、还原带的含量分布特点及其变化规律,同时也体现了铀与相关伴生元素富集体的空间关系,为铀与伴生元素等矿产资源评价、控制因素以及成因机制研究提供了重要资料和证据。

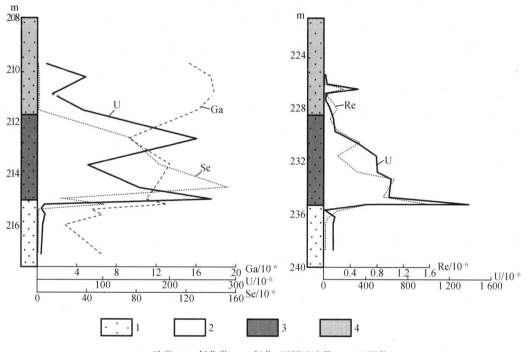

1—砂岩；2—氧化带；3—氧化-还原过渡带；4—还原带。

图 7-7　伊犁盆地某砂岩型铀矿床中铀与分散元素的自然分布曲线(王正其 等,2005)

3. 平差曲线

在平面坐标系中,用各观测值的趋势值编制而成的曲线称为平差曲线。各观测点的趋势值是利用平差的方法求得的,即每一观测点的趋势值等于若干相邻点标志值的平均值。可以对标志值进行多次平差,经过一次平差所得的曲线称为一次平差曲线;经过二次平差或三次平差所得到的曲线称为二次或三次平差曲线。一般认为二次平差曲线即可反映矿体标志值的总体变化趋势(图 7-8)。

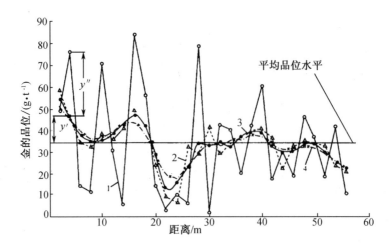

1—实测曲线;2—一次平差曲线;3—二次平差曲线;

y',y''—平差后观测值的平均偏离幅度和与实测数据平均偏离幅度之差。

图 7-8　金品位平差曲线图

　　平差曲线法实质上是一种滑动平均法,它把一个较长的矿体的标志值空间序列分段进行处理,使每段的长度与滑动段长度相当,依次滑动求出各段中心项的趋势值,这样滑动平均可得一系列的趋势值,将其相连就组成了一条修匀的光滑趋势曲线,这种曲线亦称滑动平均曲线。

　　计算各中心项滑动平均值(趋势值)的方法有等权滑动和不等权滑动两种。

　　等权滑动是最常用的一种,即参加计算的各点值,不考虑它们跟中心点距离的大小,都给予同等的权进行计算。其计算公式为

$$\hat{y}_0 = \frac{1}{2m+1}(y_{-m} + y_{-(m-1)} + \cdots + y_0 + y_{m-1} + y_m) = \frac{1}{2m+1}\sum_{t=-m}^{m} y_i \qquad (7-1)$$

式中　$\hat{y}$——中心项的趋势值;

　　　y_0——中心项的观测值;

　　　y_i——第 i 项的观测值,$i=-m,-(m-1),\cdots,-1,0,1,2,\cdots,(m-1),m$;

　　　m——距中心项的最大项数;

　　　$2m+1$——参加滑动平均的点数。

当采用三点或五点滑动平均时,$m=1$ 或 2,公式(7-1)则改写为

$$\hat{y}_0 = \frac{1}{3}(y_{-1} + y_0 + y_1) \qquad (7-2)$$

或

$$\hat{y} = \frac{1}{5}(y_{-2} + y_{-1} + y_0 + y_1 + y_2) \qquad (7-3)$$

　　不等权滑动是按参加计算的各围点跟中心点距离的大小,给予不等的权进行计算。距离越小,权越大,反之,权越小。其计算公式与围点的多少有关。现以五个围点为例,列出计算公式如下:

$$\hat{y}_0 = \frac{1}{35}\left[17y_0 + 12(y_1 + y_{-1}) - 3(y_2 + y_{-2})\right] \qquad (7-4)$$

　　上式由一元三次回归方程推出,$y_{-2} \sim y_2$ 为各点的观测值。

　　平差曲线法的主要优点是能在复杂的自然分布曲线中排除局部随机性变化的干扰,显

示出矿体的总体变化趋势和规律。如图 7-8 中的金品位自然分布曲线，升降跳跃剧烈，无明显变化规律。但经过两次平差以后，就可以看出其品位的趋势值具有一定的变化规律。它的主要缺点是，只能定性而不能定量地表示矿体标志值的变化性质。

以上的研究方法均属定性分析法。为了提高矿体变化性研究的水平，近年来，一些学者在定性分析的基础上提出了一些定量分析方法，例如赵鹏大（1983）在自然分布曲线的基础上，提出了一种变化指数法，用一个"变化性指数"来大致定量地判断矿体的变化性质；山则名等（1979）在平差曲线和变化性指数法的基础上，又提出了空间序列相依系数法。此外，还有概率统计分析法和变异函数曲线分析法等被提出。这些方法各有利弊，有的尚待进一步研究，应用时可根据矿床的具体情况进行适当的选择。

7.3.2　矿体变化程度的数学表征方法

矿体变化程度的定量分析法主要有均方差与变化系数、二级平差平均数与变化指标、含矿系数、边界模数、矿化强度指数及形态复杂程度综合指标等数学方法。这些方法各有一定的应用条件，在研究中如能正确应用，将对矿体地质特征的认识和勘查工程的布置起到重要的指导作用。

1. 均方差与变化系数

均方差是数理统计中反映随机变量离散程度的参数，表示各个数据对其数学期望值（平均值）的偏离程度。以矿体品位为例，设单个样品的品位为 $C_i(i=1,2,\cdots,n)$，$\bar{C}$ 为其平均值，则 $C_i-\bar{C}$ 称为离差。有 n 个样品，就有 n 个离差，n 个离差的平方和，称为这批数据的离差平方和，即

$$\sum_{i=1}^{n}(C_i-\bar{C})^2 \tag{7-5}$$

离差平方和的平均值称为平均方差，简称方差，记作 σ^2，即

$$\sigma^2=\frac{1}{n}\sum_{i=1}^{n}(C_i-\bar{C})^2 \tag{7-6}$$

方差的平方根定义为均方差，即

$$\sigma=\sqrt{\frac{1}{n}\sum_{i=1}^{n}(C_i-\bar{C})^2} \tag{7-7}$$

均方差的单位与变量的单位相同，只取正值，不取负值。

均方差能衡量一批数据的绝对离散程度：均方差越小，数据越集中在平均值附近，均方差越大，说明数据越分散。

在实际应用中，如果 $n<25$，分母 n 可换成 $n-1$ 来计算，即

$$\sigma=\sqrt{\frac{1}{n-1}\sum_{i=1}^{n}(C_i-\bar{C})^2} \tag{7-8}$$

均方差的通式为

$$\sigma=\sqrt{\frac{1}{n}\sum_{i=1}^{n}(x_i-\bar{x})^2} \tag{7-9}$$

$$\sigma=\sqrt{\frac{1}{n-1}\sum_{i=1}^{n}(x_i-\bar{x})^2} \tag{7-10}$$

从以上公式可以看出,均方差的大小只与各变量离差值的大小有关,而与各变量值本身的大小无关。当两组变量的均方差相等,而平均值不同时,它们的变化程度是不相同的。例如有两组品位数据,一组为30.1,30.2,30.5,30.7,31.0(%);另一组为1.1,1.2,1.5,1.7,2.0(%)。计算结果:$\bar{x}=30.5(\%)$,$\sigma_1=0.37$;$\bar{x}=1.5(\%)$,$\sigma_2=0.37$。显然它们的均方差相同($\sigma_1=\sigma_2$),但由于前一组品位较高,相对而言,其品位变化较小,后一组品位较低,其变化明显较大。由此可见,变量值本身的大小对变化程度有很大的影响。所以,仅用均方差来反映变量的绝对离散程度是不够的,还应考虑它们的相对离散程度。为了反映变量的相对离散程度,人们提出了变化系数的概念。所谓变化系数,是指变量观测值的均方差与观测值算术平均值之百分比,即

$$V_x = \frac{\sigma_x}{\bar{x}} \times 100\% \tag{7-11}$$

式中　V_x——观测序列的变化系数;

　　　σ_x——观测序列的均方差;

　　　$\bar{x}$——观测序列的算术平均值。

利用变化系数就可对具有不同平均值的数据的离散程度进行对比。例如前述两组品位数据的变化系数分别为

$$V_1 = \frac{\sigma_1}{\bar{x}_1} = \frac{0.37}{30} \times 100\% = 1.2\%$$

$$V_2 = \frac{\sigma_2}{\bar{x}_2} = \frac{0.37}{1.5} \times 100\% = 25\%$$

经过变化系数的对比,显然第二组数据的离散程度比第一组大得多。

变化系数是一个反映随机变量离散程度的统计特征值。但由于坐标性或方向性变化的程度受各数据空间排列顺序的影响,因而用变化系数尚不能反映空间变化的复杂性。例如有两组厚度观测值,列于表7-2,它们的均方差和变化系数均相同,但从坐标曲线图(图7-9)上看,第一组为简单的线性变化,第二组则为剧烈起伏的曲线变化,显然较第一组的变化复杂得多。这种情况下,就需要结合其他表征方法(如自然分布曲线法)予以弥补。

表7-2　两组厚度观测值对比表

观测点序列号	第一组观测值/m	第二组观测值/m
1	1	9
2	3	3
3	5	15
4	7	5
5	9	11
6	11	1
7	13	13
8	15	7
平均值	8	8
均方差 σ	4.99	4.99
变化系数 $V/\%$	62	62

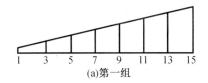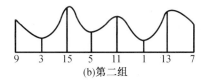

(a)第一组　　　　　　　　　　(b)第二组

图 7-9　变化系数相同而变化程度不同的两组厚度变化示意图

要注意的是,在用变化系数来衡量局部性变化的离散程度时,不能用单个观测值来计算均方差和变化系数。因为用单个观测值的计算结果包含了总体趋势性变化的离散程度,比实际局部性变化的离散程度高,所以,为了正确反映局部性变化的离散程度,必须消除总体趋势性变化的影响。为此,可用各观测点的趋势值(二次滑动平均值)代替全部观测数据的平均值来计算均方差和变化系数。

另外,由于均方差与变化系数等统计特征值是以变量的正态分布为基础的,故只有在观测值服从或接近正态分布或对数正态分布时,方可直接用观测值或其对数值进行计算。当观测值高度偏离正态分布时,可考虑用观测值的平均值作为新变量,计算相应特征值。

2. 二级差平均数与变化指标

实践证明,矿体标志值如品位、厚度等变化,往往与观测点的空间位置有一定的关系。由于均方差与变化系数不能反映标志值的空间变化关系,Д. А. 卡查柯夫斯基(1948)(李守义 等,2003)提出用相对平均二级差平均值法来确定矿体标志的变化程度。

设矿体某标志值的测定值按取样位置排列为 $x_1, x_2, \cdots, x_{n-2}, x_{n-1}, x_n$。将每个值减去前一个值,所得差数序列称为一级差序列:$\Delta'_{1x}, \Delta'_{2x}, \Delta'_{3x}, \cdots, \Delta'_{n-2x}, \Delta'_{n-1x}$。再将每个一级差数减去前一个一级差数,所得差数序列称为二级差序列(表 7-3),取其绝对值计算平均值。则这些绝对值的平均值与各测定值的平均值 $\bar{x}$ 之比,称为相对平均二级差或变化指标(J)。

表 7-3　二级差平均数计算表

观测值	一级差	二级差
x_1		
x_2	$x_2 - x_1 = \Delta'_1 x$	
x_3	$x_3 - x_2 = \Delta'_2 x$	$\Delta'_2 x - \Delta'_1 x = \Delta''_1 x$
x_4	$x_4 - x_3 = \Delta'_3 x$	$\Delta'_3 x - \Delta'_2 x = \Delta''_2 x$
$\vdots$	$\vdots$	
x_{n-2}		
x_{n-1}	$x_{n-1} - x_{n-2} = \Delta'_{n-2} x$	
x_n	$x_n - x_{n-1} = \Delta'_{n-1} x$	$\Delta'_{n-1} x - \Delta'_{n-2} x = \Delta''_{n-2} x$

其计算公式为

$$\Delta''_{\text{cp}} = \frac{|\Delta''_1 x| + |\Delta''_2 x| + \cdots + |\Delta''_{n-2} x|}{n-2} \tag{7-12}$$

$$J = \frac{\Delta''_{\text{cp}}}{\bar{x}} \tag{7-13}$$

式中 Δ''_{cp}——二级差数值的平均值；

$\bar{x}$——观测值的平均值；

J——相对平均二级差(即变化指标)。

Δ''_{cp} 可用于评定矿体某标志值的绝对变化程度；J 可用于评定标志值的相对变化程度。

例如有以下两组观测数据(表7-4),其中第一组:

$$\Delta''_{\text{cp}} = \frac{\sum_{t=1}^{n-2} \Delta'_t}{n-2} = \frac{0}{8-2} = 0, \quad J = \frac{\Delta''_{\text{cp}}}{\bar{x}} = \frac{0}{8} = 0$$

第二组:

$$\Delta''_{\text{cp}} = \frac{\sum_{i=1}^{n-2} x''_i}{n-2} = \frac{112}{8-2} = 18.66, \quad J = \frac{\Delta''_{\text{cp}}}{\bar{x}} = \frac{18.66}{8} = 2.33$$

表7-4 两组观测值计算二级差对比表

第一组			第二组		
观测值	一级差	二级差	观测值	一级差	二级差
1			9		
3	3−1=2		3	3−9=−6	
5	5−3=2	2−2=0	15	15−3=12	12+6=18
7	7−5=2	2−2=0	5	5−15=−10	−10−12=−22
9	9−7=2	2−2=0	11	11−5=6	6+10=16
11	11−9=2	2−2=0	1	1−11=−10	−10−6=−16
13	13−11=2	2−2=0	13	13−1=12	12+10=22
15	15−13=2	2−2=0	7	7−13=−6	−6−12=−18
$\Delta''_{\text{cp}}=0$			$\Delta''_{\text{cp}}=18.66$		
$J=0$			$J=2.33$		

计算结果表明,无论绝对变化或相对变化,第二组均比第一组为大。当观测点间距相当,标志值为线性变化时,二级差等于零;如果有局部随机变化的影响,则二级差不等于零。这种影响越大,二级差越大。所以,二级差的大小能够反映局部随机变化的影响程度。

在实际情况中,由于矿体标志值的变化往往呈波状起伏,当观测点间距小于半波长时,间距越大,级差越大。当观测点间距增大到大于各半波长时,则级差又逐渐减少。所以此法受观测点间距的影响较大。

由于增大或减小观测点间距,同一矿床的 J 值显著不同,所以如果观测点间距不同就无法比较观测值的变化程度。由此可见,利用二级差法研究矿体变化时,尚存在一些问题需要进一步研究解决。

3. 含矿系数

含矿系数也称含矿率,它是指工业矿化地段(工业矿体)的长度、面积或体积与整个矿

化地段(含矿体)的长度、面积或体积的比值。依据所用的数值不同,分别称之为线含矿系数、面含矿系数和体积含矿系数。公式为

$$K_p = \frac{L_p}{L_0} \quad 或 \quad K_p = \frac{S_p}{S_0} \quad 或 \quad K_p = \frac{V_p}{V_0} \tag{7-14}$$

式中 K_p——含矿系数;

L_p, S_p, V_p——工业矿化地段(工业矿体)的长度、面积、体积;

L_0, S_0, V_0——工业矿化地段(整个矿体)的长度、面积、体积。

含矿系数是表示矿化连续程度的重要指标,能说明矿体内工业矿化的连续程度。含矿系数的变化在 0~1 的范围内。根据含矿系数的大小,将矿体中工业矿化的连续性分为 4 类(表 7-5)。

表 7-5 工业矿化的连续性分类表

K_p 值	矿化连续程度	主要特征
1	矿化连续的	整个矿体均达到工业要求
0.7~1	矿化微间断的	矿体内局部地段未达到工业要求
0.4~0.7	矿化间断的	矿体内达到工业要求地段大于未达到工业要求地段
<0.4	矿化极间断的	矿体内大部分地段未达到工业要求

工业矿化的连续性,取决于边界品位的高低,同一矿床或同一矿体,边界品位定得低一些,矿化连续性就好一些;相反边界品位定得高一些,矿化连续性也就差一些。故分析工业矿化连续性时,首先要确定边界品位指标,然后按边界品位圈定工业矿体边界,才能计算含矿系数,判断矿化的连续性。

应该指出的是,以往在研究矿化连续性时,没有考虑在矿体内矿化间断的频率和工业矿化地段或无矿地段规模大小的变化及其分布规律性等对矿床勘查的影响。例如两个矿体的含矿系数相同,但间断频率不同,则勘查工作难易程度不同,圈定矿体的误差也不同。在研究具体矿床矿化连续程度时,这些问题应该予以注意。

4. 矿化强度指数

矿化强度是反映品位变化程度的另一个重要指标。矿化强度指数定义为某地段(某工程、某块段、某中段等)的平均品位与整个矿体(或矿床)的平均品位之比。其公式为

$$I_C = \frac{\overline{C_i}}{\overline{C}} \tag{7-15}$$

式中 I_C——矿化强度指数;

$\overline{C_i}$——矿体某地段之平均品位;

$\overline{C}$——矿体总(或矿床)平均品位。

通过不同地段或不同中段矿化强度指数的比较,可以初步查明矿化强度在矿体三度空间的变化规律。矿化强度的变化与品位分布均匀程度有一定的联系:矿化强度变化越大,说明矿体品位分布越不均匀,而矿化强度越大的地段,品位越高,品位变化程度相对减小。

矿化强度指数往往用于对矿床各部位进行对比,所以一般都是在已有较多的勘查资料

时采用。通过这种对比,常常可以发现矿化在矿床或矿体中的一些重要规律。如矿化强度指数随矿体深度加大而增大,这对矿床的评价工作十分重要。

5. 矿体边界模数

为了描述矿体边界外形的复杂程度,Д. A. 晋可夫(1957)(李守义 等,2003)提出边界模数的数值指标,用于评定矿体边界外形的复杂程度。

关于边界模数的计算方法,目前尚不统一。有人认为它是矿体的实际边界长度与相等面积的某种标准几何图形(圆形、矩形、椭圆形)的边界长度之比值;也有人认为是该矿体等面积一定标准图形的边界长度与矿体实际边界长度的比值(即分子与分母对换),使其比值小于或等于1。考虑到类比应用上的方便,本教材采用后者。

边界模数的具体计算,可根据矿体断面图形之形态特征,分别选用不同计算方法。

当矿体的断面形态近于等轴状态时,可用与其等面积的圆作为标准图形,其计算公式为

$$\mu_k = \frac{L_0}{L_k} = \frac{2\pi\sqrt{\frac{S_p}{\pi}}}{L_k} \tag{7-16}$$

式中　μ_k——矿体边界模数;

　　　L_k——断面上矿体边界总长,m;

　　　L_0——等面积圆的周长,m;

　　　S_p——矿体断面面积,m^2。

当矿体的断面形态近于矩形时,可以用与其等面积的矩形周长与矿体在断面上的周长之比计算,即

$$\mu_k = \frac{L_0}{L_k} = \frac{2\left(l + \frac{S}{l}\right)}{L_k} \tag{7-17}$$

式中　L_0——等面积同向延伸的矩形边长,m;

　　　l——矿体在断面上的延伸长度,m;

　　　S——矿体断面面积,m^2。

当矿体的断面形态具有透镜状外形时,可用椭圆作为确定边界模数的标准图形,椭圆的长短轴分别等于矿体的长度与厚度,其计算公式为

$$\mu_k = \frac{L_0}{L_k} = \frac{L(4 + 1.1M + 1.2M^2)}{2L_k} \tag{7-18}$$

式中　L_0——椭圆周长,m;

　　　L——矿体在断面上的长度,m;

　　　M——断面中矿体的最大厚度(等于椭圆短轴长度),m;

　　　L_k——断面上矿体边界总长,m。

矿体边界模数在一定程度上反映了矿体形态的复杂程度:边界模数越小,矿体形态越复杂;反之,边界模数越大,矿体形态越简单。边界模数值的变化介于0~1,即$0 < \mu_k \leqslant 1$。

在实际工作中,为了充分地描述矿体外形的复杂程度,应该根据不同方向的断面图进行计算。在不同的断面图上,边界模数值之间的比例关系,显示了沿这些方向矿体变化程度的区别,并且可以直接利用这一比值来选择勘探网的形状。在具有大量按水平断面图计算的边界模数条件下,可以判断深部矿体形态变化特征。

边界模数的缺点与含矿系数类似,它不能反映边界凸凹的频率及其规律性。此外,即使对于同一矿体的不同断面来说,其边界模数值的变化也是相当大的。因此,在实际工作中,最好与其他方法综合应用才能取得较好效果。

6. 形态复杂程度总指标

矿化形态的复杂程度主要取决于矿体边界外形、矿化连续性及矿体厚度的变化程度。对此,B. M. 卡扎克(1962)提出使用"形态复杂程度总指标",综合考虑上述三方面因素对矿体形态复杂程度进行最后的总估计。

考虑到形态复杂程度与变化系数成正比,与边界模数和含矿系数成反比,而且它们都是线性关系,矿体形态复杂程度总指标可用下式表示:

$$\Phi = \frac{V_k}{\mu_k \cdot K_p} \tag{7-19}$$

式中　V_k——厚度变化系数;

　　　μ_k——边界模数;

　　　K_p——含矿系数;

　　　Φ——形态复杂程度总指标(是一个用百分数表示的无单位量)。

由上式可见,当矿体边界形状简单,矿化连续时,形态复杂程度完全取决于厚度变化系数,这时 $\Phi = V_k$。当 μ_k 和 K_p 值逐渐减少时,Φ 值同 V_k 值的偏离则逐渐增大。所以,形态复杂程度总指标值等于用 $1/\mu_k K_p$ 去修正厚度变化系数 V_k 的结果。

例如在三个矿体的断面图上(图 7-10),沿同一剖面线各矿体厚度相等,厚度变化系数相同($V_k = 10.3\%$)。如果仅根据厚度变化系数来衡量它们的形态复杂程度,则三者并无差别。如按形态复杂程度总指标进行对比,则有:

图(a)断面矿体:$\mu_k = 1.0$,$K_p = 1.0$,$\Phi = 10.3\%$。

图(b)断面矿体:$\mu_k = 0.78$,$K_p = 0.92$,$\Phi = 14.3\%$。

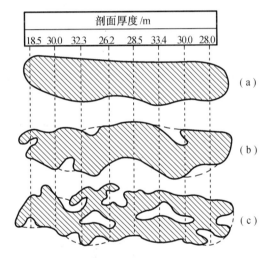

剖面厚度/m
18.5　30.0　32.3　26.2　28.5　33.4　30.0　28.0

(a)

(b)

(c)

图 7-10　厚度变化程度相同但矿化连续性和边界结构复杂程度不同的矿体断面图

图(c)断面矿体:$\mu_k = 0.62$,$K_p = 0.81$,$\Phi = 20.5\%$。

以上计算说明它们在形态复杂程度上有很大差别,这与各断面上矿体形态的实际情况完全相符。由此可见,用形态复杂程度总指标可以正确反映矿体形态的复杂程度。

7.3.3　矿体标志值相关性的数学表征方法

在成矿过程中,矿体各种标志之间往往存在一定的内在联系,这种内在联系的性质及其密切程度可以通过相关分析进行研究。

相关分析在勘查工作中应用很广,特别是研究不同组分之间、组分与厚度之间、品位与矿石密度之间、组分与矿体形态之间,以及组分与其他地质标志之间的相关关系,应用十分普遍。

矿体标志值之间的相关关系一般分为以下三种类型：

①函数相关(完全相关)：一种标志值与另一种标志值的变化成简单的正比或反比关系，可用方程 $y=f(x)$ 表示。如简单层状矿体的厚度与距离的关系，矿体产状与空间位置的关系等。

②零相关(完全不相关)：某种标志值的变化与其他标志值之间完全没有内在联系。

③统计相关(不完全相关)：不同标志值之间的关系介于函数相关与零相关之间，即有一定程度的相关关系。

在实际情况中，以统计相关关系最为常见，这种相关关系通常用相关图和相关系数来表征。常用的相关图类型有自然相关曲线图(图7-11)、统计相关曲线图(图7-11)、相关等值线图、地质-地球化学剖面图(图7-12)等。在实际工作中，应根据研究对象、研究内容和目的，开展创新性图件编制和矿体特征表征工作。

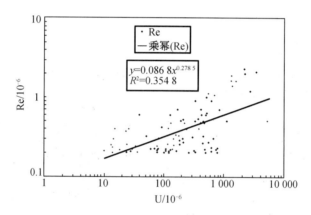

图7-11 某砂岩型铀矿床不同组分相关曲线图

(资料来源：王正其 等,2005)

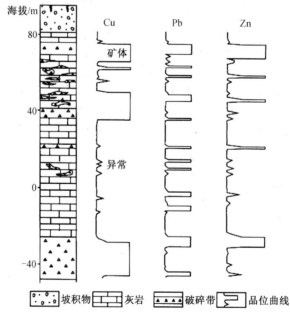

图7-12 格陵兰岛某矿床中 Cu-Pb-Zn 矿体位置关系

(资料来源：王正其 等,未公开发表)

7.4 铀矿床勘查类型

7.4.1 矿床勘查类型的概念和研究意义

矿床勘查类型简称勘查类型,是在矿体地质研究和总结以往矿床勘查经验的基础上,按照矿床的主要地质特点,尤其是矿体主要地质特征及其变化的复杂程度对勘查工作难易程度的影响,将相似特点的矿床加以理论综合与归并而划分的类型。因此,勘查类型反映的是探索、控制矿体以及认识矿体真实特征的勘查难易程度。

划分矿床勘查类型的目的在于,总结矿床勘查的实践经验,以便指导与其相类似矿体变化特征的矿床勘查工作,为合理地选择勘查技术手段,确定合理的勘查研究程度及合理布置勘查工程提供依据,以便对矿床进行有效控制,对矿体的连续性和变化性进行有效查证。所谓"有效"是指不仅要掌握控制点的矿体和矿石特征,而且能够合理地确定矿体的空间变化情况,核心是矿体在空间上的连续性和品位变化性。大量的矿床勘查实践证明,只有适应矿床地质特点的勘查方法与勘查工程部署系统才是正确的、合理的,才能保证勘查得到的认识和资源储量结果与真实情况基本一致。矿床勘查工作中具体勘查程度的确定,工程技术手段的选择、工程间距的确定等都首先取决于矿体地质特征的复杂程度。矿床勘查类型的划分为勘查工作提供了类比、借鉴、参考应用类似矿床勘查经验的基础和可能。先行正确划分矿床勘查类型是手段,后续类比应用勘查经验是目的。因此,划分勘查类型是正确选择勘查方法和手段,合理确定工程间距,对矿体进行有效控制的重要步骤。

由于自然界并不存在两个特点完全一致的矿床,因此,在具体工作中,应坚持从实际出发的原则,具体矿床具体分析,灵活运用和借鉴同类型、相似特征矿床勘查的经验,切忌生搬硬套。在新矿床勘查初期,可运用类比推理的方法,按其所归属的勘查类型,初步确定应采用的勘查方案,随着勘查工作的深入开展和新的资料信息的不断积累,重新深化认识和修正其原来所属勘查类型,避免因原来类比推断的不正确而造成勘查程度不足(原勘查类型过低时)或勘查程度过度(原勘查类型过高时)的错误,给勘查工作带来不应有的损失。

矿床勘查类型是以往一定时期内矿床成功勘查经验的概括和反映。因而,随着科学的进步,勘查技术水平的不断提高,以及新矿床类型的发现和勘查成功经验的取得,应通过总结与研究,对其进行补充、修改和完善。从这个意义而言,勘查类型确定的依据在不同时期是可以改变的。

7.4.2 矿床勘查类型的划分依据

矿床勘查类型划分的主要依据是矿体规模的大小、主要矿体形态和产状变化的复杂程度、主矿体厚度稳定程度、有用组分分布均匀程度、矿体受构造和脉岩的影响程度等。

不同元素矿床都有自身的成矿地质特征,因而勘查类型划分所依据的地质变量的量化指标往往存在差异。现将一般铀矿床(非地浸型铀矿,又习惯称之为"硬岩型"铀矿)勘查类型划分的主要依据及相应的量化参考指标叙述如下:

1. 矿体规模大小(走向长度×延深或宽度)

矿体规模大小,特别是主矿体的规模大小,是影响矿床勘查难易程度的主要因素之一。

就一定勘查间距而言,从发现和控制矿体角度,显然,矿体规模越大,越容易发现和控制;矿体规模小,则勘查难度大。数理统计学原理表明,矿体标志值(厚度、品位等)平均数的精确程度与勘查工程数量有关。也就是说,采用相同间距进行勘查,规模较大的矿体,截穿矿体的工程数量较多,取得的矿体标志值数据多,其平均数更越接近于矿体实际(精度较高);反之,矿体规模小,则控制矿体的工程数量以及标志值统计数据量就少,取得的标志值的平均数也就不可能精确。

根据铀矿床矿体的延展规模(主矿体长度×延深或宽度),矿体可分为三类。

①(>500 m)×(>250 m):大型;

②(200~500 m)×(100~250 m):中型;

③(<200 m)×(<100 m):小型。

2. 有用组分分布均匀程度

矿体中有用组分分布均匀程度也是影响勘查工作难易程度的重要因素之一。如果矿体不同部位有用组分分布均匀或基本均匀,意味着依据少量勘查工程揭露的矿体品位数据,即可大致代表矿体的平均品位;反之,如果矿体中有用组分分布很不均匀,则需要实施更多的勘查工程以获得更多的品位数据,才能了解矿体品位在空间上的变化,才能保证矿体平均品位的代表性和资源储量估算结果的可靠性。就相似矿体面积而言,为获得更多品位数据实施更多的勘查工程,意味着勘查工程间距需要加密。勘查工作难易程度显然是有差异的。

通常采用主成矿元素的品位变化系数(V_c)表示有用组分分布均匀程度。根据品位变化系数,铀矿石品位分布均匀程度可分为三级。

①$V_c<60\%$:均匀;

②$V_c=60\%~120\%$:较均匀;

③$V_c>120\%$:不均匀。

3. 矿体厚度的稳定程度

不同部位矿体厚度的均匀程度是影响勘查工作难易程度的又一个重要因素。矿体厚度空间基本稳定或变化不大,依据大间距勘查工程获得的厚度大致代表了矿体的平均厚度,在其他参数相同的情况下,据之估算的资源储量才会接近矿体真实资源储量,可信度高;反之,矿体厚度在空间上变化大或规律性不明显,势必需要加密勘查工程间距,实施更多的勘查工程,勘查投资加大,勘查难度增加,否则,勘查认识及其资源储量估算结果与真实情况之间会出现较大的误差,勘查程度难以保证矿山设计与建设要求,甚至导致矿山投资失败。

常用矿体厚度变化系数(V_m)定量表示矿体厚度的稳定程度。依据矿体厚度变化系数,将铀矿体厚度稳定程度划分为三种。

①$V_m<50\%$:稳定;

②$V_m=50\%~180\%$:较稳定;

③$V_m>180\%$:不稳定。

4. 矿体形态变化程度和被破坏程度

影响矿体形态特征的地质因素众多,包括地质断裂构造、岩性、岩石渗透性、还原剂或吸附剂、成矿作用方式、隐爆作用、工业指标等,而矿体形态复杂程度以及矿后构造或脉岩对矿体错切与破坏程度,对矿床勘查工作难易程度以及勘查成果与认识可靠性的影响是显著的,也严重影响到矿床开发的总体规划、矿山设计与采掘工程布置的合理性和技术经济效果。因此,矿体形态特征及其变化规律,是正确建立矿床勘查模型、有效指导勘查工程部署以及矿山开发设计的前提与基础。

实际工作中,矿体形态复杂性通常采用定性的方式予以表述。依据矿体形态的变化性,可将铀矿体分为三类。

①简单:矿体形态为层状、似层状、大脉状,矿体连续性较好($K_p = 0.7 \sim 1$),基本无断层或脉岩穿插,构造对矿体形态影响很小。

②中等:矿体形态为似层状、大脉状、大透镜状、筒状,内部夹石多,有分枝复合现象,矿体基本连续($K_p = 0.4 \sim 0.7$),主要矿体产状较稳定,局部有变化,矿体被断层或脉岩错动,但错动距离不大。

③复杂:矿体呈不规则脉状、网脉状、透镜状、柱状、筒状、囊状,内部夹石多,分枝复合多且无规律性,矿体连续性差($K_p < 0.4 \sim 0.7$),矿体被多条断层或脉岩穿插,且错动距离较大,严重影响了矿体的形态。

7.4.3 铀矿床勘查类型划分

依据 2020 年颁布的《固体矿产地质勘查规范总则》(GB/T 13908—2020),我国将矿床勘查类型划分为简单型(Ⅰ类型)、中等型(Ⅱ类型)、复杂型(Ⅲ类型)三种类型。鉴于矿体地质及其影响因素的复杂性,允许有简单–中等类型(Ⅰ–Ⅱ类型)、中等–复杂型(Ⅱ–Ⅲ类型)过渡类型存在。在此基础上,《铀矿地质勘查规范》(DZ/T 0199—2015),将我国非地浸型铀矿床勘查类型划分为三类,划分方案及划分依据如下。

①简单型(Ⅰ类型):主矿体规模大,矿体形态简单,呈层状、似层状、大脉状,产状稳定,矿体连续性好,厚度稳定,有用组分分布均匀,构造简单,对矿体基本无破坏。

②中等型(Ⅱ类型):主矿体规模中等,矿体形态较简单,主要呈似层状、大脉状、大透镜状、筒状,产状较稳定,局部有变化,主矿体基本连续,矿化较均匀,构造、脉岩对矿体有错动,但错动距离或破坏程度不大。

③复杂型(Ⅲ类型):矿体规模小,形态复杂,呈不规则脉状、网脉状、透镜状、柱状、筒状、囊状,矿体不连续,产状变化较大,矿化不均匀,矿体被构造脉岩破坏严重。

非地浸型铀矿床不同勘查类型矿体主要标志值的变化程度列于表 7-6。

表 7-6 非地浸型铀矿床勘查类型分类表

勘探类型	矿体规模		矿体分布均匀程度	厚度稳定程度	矿体形态和破坏程度		
	长度	宽度或延伸	品位变化系数	厚度变化系数	矿体形态	构造破坏程度	矿化连续性
简单型(Ⅰ)	>500 m	>250 m	<60	<50	层状、似层状、大脉状	基本无破坏	连续性较好

表 7-6(续)

勘探类型	矿体规模		矿体分布均匀程度	厚度稳定程度	矿体形态和破坏程度		
	长度	宽度或延伸	品位变化系数	厚度变化系数	矿体形态	构造破坏程度	矿化连续性
中等型（Ⅱ）	200~500 m	100~250 m	60~120	50~180	似层状、大脉状、大透镜状、筒状	被断层或脉岩错动,但错距不大	基本连续,主要矿体产状较稳定,局部有变化
复杂型（Ⅲ）	<200 m	<100 m	>120	>180	不规则脉状、网脉状、透镜状、柱状、筒状、囊状	被错动较大	矿体不连续

资料来源:《铀矿地质勘查规范》(DZ/T 0199—2015)。

由于可地浸砂岩型铀矿与非地浸型铀矿,在矿床工业指标、成矿作用方式、成矿地质特征(形态、规模、品级等变化性)及开采方案等方面存在较大的差异,与非地浸型铀矿床比较,地浸砂岩型铀矿床勘查类型划分的矿体量化指标略有不同,其勘查类型分类依据及相应指标见表7-7。作为参照标准,供类比使用。

表 7-7　地浸砂岩型铀矿床勘查类型分类表

勘探类型	矿体规模			矿体形态和破坏程度		
	长度	宽度或延伸	面积	矿体形态	矿体厚度变化	矿化连续性
简单型（Ⅰ）	>5 km	>500 m	>2.5 km²	层(板)状、卷状	厚度变化稳定	连续性好
中等型（Ⅱ）	2~5 km	200~500 m	0.6~2.5 km²	层(板)状、卷状	厚度变化较稳定	基本连续
复杂型（Ⅲ）	<2 km	<200 m	<0.6 km²	似层状、透镜状、复杂卷状	厚度变化不稳定	矿体连续性差

资料来源:《地浸砂岩型铀矿地质勘查规范》(EJ/T 1157—2018)。

7.4.4　确定矿床勘查类型时应注意的问题

①矿床勘查类型是一定时期矿床勘查工作经验的总结,它的作用主要体现在为类似变化特征矿床的勘查工作提供参考和借鉴。但是,自然界并不存在两个特征完全一致的矿床。因此在勘查工作中,应加强矿床地质特点和变化性的研究,从矿床的实际出发,遵循最佳效益的原则,灵活应用勘查类型的经验,正确指导勘查工作的部署。

②矿床往往由数个大小不同、变化各异的矿体组成,而且可能是多种元素相伴生。在确定矿床勘查类型时,既要全面研究分析各因素的变化,又要抓住主要因素,以主要矿体或主矿体、主要因素、主要组分为研究对象。当矿床规模巨大且不同地段矿体变化性存在明显差异时,或矿床的主要矿体与次要矿体分布区间相对独立时,可分段(区)分别确定勘查类型,各自构成单独的勘查系统。此外,针对有工业意义的小矿体,可采用"矿体勘查类型"

予以单独对待。实际工作中,有时会出现由于考虑的因素不同,所划分的勘查类型也不同的情况,这时除根据主要矿体和主要因素来确定勘查类型外,还可划分中间类型或过渡类型。

③勘查类型的划分,不能单纯依靠矿体标志值变化程度的定量指标(如变化系数、含矿系数等),必须以地质研究为基础,将定量指标与矿体的定性变化特点及变化规律的研究结合起来,切忌生搬硬套,否则容易得出错误的结论。

④"工业指标"对勘查类型的确定也有相当大的影响。众所周知,"工业指标"是圈定工业矿体的依据,它的任何改变都将对矿体的规模、形状、有用组分分布的均匀程度和矿化连续性等产生影响,尤其是当矿体与围岩的界限不清时更是如此。

⑤企图一开始就准确无误确定矿床勘查类型是不现实的,但要尽可能符合实际。勘查类型确定不合理,导致矿床勘查不足或勘查过度都会引起不应有的损失。这就要求必须随着勘查工作的逐步深入,信息的不断丰富,以动态的观点对待勘查类型的划分,及时对勘查类型进行检验和修正。对规模较大的矿床,可采用加密工程,重点解剖一两个地段的办法来进行验证。当发现变化较大,有较大偏差时,应及时修正勘查类型。

例如604矿床,在勘查初期采用钻孔勘查,工程间距为50 m×50 m,50 m×70 m。施工见矿率很高,由此认为矿化连续性较好,将矿体连接成稳定的脉状,并将矿床定为第Ⅱ勘查类型。后经矿山开采过程检验,发现矿体实际上由一些小型扁豆体组成,连续性较差,其中许多扁豆状矿体根本不具开采价值。结果给矿山带来了不应有的损失。可见,矿床勘查类型确定不当,对勘查成果的质量、矿山开采及其经济效益将会产生严重影响。

一般而言,普查阶段由于矿体的基本地质特征尚未查清,可借鉴相似成因矿床进行类比,初步确定勘查类型;详查阶段应根据实际查明的矿体地质特征及其变化性因素确定勘查类型;勘探阶段应根据影响勘查类型的主要地质因素验证勘查类型。经验证不合理的,应对矿床勘查类型做出及时调整。

⑥勘查类型确定原则上应满足"三条线"原则。即某一矿体确定为某种(矿体)勘查类型(除复杂型外),应能以相应勘查类型的基本勘查工程间距连续布置三条及以上勘查线,且每条勘查线上有连续两个以上工程见矿。如某一矿体确定为Ⅱ类型,Ⅱ类型的基本勘查工程间距,即圈定控制资源量的勘查工间距为120 m×80 m,那么至少应能以120 m线距连续布置3条勘查线,每条线上至少有间距为80 m的2个钻孔连续见矿,否则,不能确定为Ⅱ类型。需要说明的是,这一原则并不针对矿床中所有矿体。对于小矿体,如有必要,可单独确定其矿体勘查类型。

7.5 矿床地质勘查程度

7.5.1 勘查程度的概念

勘查程度是矿床勘查控制程度和地质研究程度的总称,是指经过一定勘查阶段的地质勘查工作后,对整个矿床(或矿区)的地质和开采技术条件控制与研究的详细程度。

控制程度与研究程度是体现勘查程度高低的相辅相成的两个方面。就一定程度而言,勘查控制程度可以定性的理解为是勘查工程间距大小的体现,勘查工程间距大,控制程度相对低;勘查工程间距越小,控制程度就越高,同时也意味着相同矿床需要更多的勘查工作量、更长的勘查周期和更多的勘查投资。地质研究程度是在一定控制程度基础上对矿体地质的客观与理性认识的综合;地质研究程度的提高需依赖控制程度的提高;相反,控制程度的提高可以促进地质研究程度的深入,然两者并非完全呈正比,也不是一蹴而就,还需要"人"这个主体发挥主观能动性,对具体勘查工程揭露的地质现象进行充分的观察、描述、对比、样品采集与分析测试、理性分析与研究才能实现。这就说明勘查工作从普查到详查、勘探,并非是简单的或机械的勘查工程间距的加密过程,同时需要加强地质资料的综合研究予以配合,才能实现勘查程度的提高。

显然,勘查程度的要求高低,直接影响到矿床勘查工作的部署、时限、投资,勘探与矿山设计、基建生产间的正常衔接,以及勘查结果与技术经济效益的正确评价。裴荣富等(1988)认为,合理的矿产勘查与开发程度应受地质和技术经济控制,其合理的勘查程度也在地质和技术经济研究程度互为约束的"合理域"内。勘查程度过高,将造成过早支出与积压浪费勘查资金,勘查周期过长,将推迟矿山设计与建设;反之,则所提供资料不能满足矿床地质、可行性评价及矿山设计与基建等需要,"欲速则不达",增加地质勘查或矿山投资风险。所以,勘查不足或过度勘查都是不合理的。

对每个矿床和每个勘查阶段,勘查程度必须合理,即达到地质效果与经济效果的统一。矿床的合理勘查程度取决于勘查阶段的划分及其各阶段的地质勘查目的与任务,又决定于国家对矿产资源的需求程度,也受矿床(矿区)地质构造的复杂程度,即自然经济地理等条件制约。

合理的勘探程度是指矿床经过勘探工作后,取得的资料既能满足矿山建设与生产设计的要求,使得设计有把握且风险最小,又能满足用最少的工作量和最少的时间查明矿床与矿体特征的变化性和规律性要求,取得最好的地质与经济效果的勘探程度。合理勘探程度是矿床勘查研究的核心问题,它的确定也是一个复杂问题。实践证明,凡是降低勘探程度或对勘探程度提出过高要求,都会给矿山建设和经济效益带来损失。对于大型矿床,合理勘探程度需由地质勘查、矿山设计和矿山生产部门紧密配合,共同研究决定。

7.5.2 铀矿床勘查程度的基本要求

矿产勘查工作需遵循认识规律和地质找矿规律,一般应按阶段循序渐进地进行。不同阶段勘查程度应与勘查阶段的划分,以及相应勘查阶段的目的任务相适应。概括而言,确定合理勘查程度应综合考查与评价如下因素:

①满足对矿区地质构造和矿体分布规律的勘查与研究程度;
②满足对矿体外部形态和内部结构的勘查和研究程度;
③满足对成矿控制因素和成矿潜力评价的勘查和研究程度;
④满足矿石物质成分和加工性能的勘查和研究程度;
⑤满足对共生矿产和伴生有益组分的综合勘查和研究程度;
⑥满足对矿床开采技术条件的勘查和研究程度;
⑦满足对矿区水文地质条件的勘查和研究程度;
⑧满足相应勘查阶段对探求资源量/储量的要求;
⑨满足环境调查评价工作要求(包括辐射环境调查与评价)。

此外还受到自然经济地理条件、勘查深度、可行性研究评价阶段、社会需求和国际市场价格等因素的影响。勘查深度应遵循技术上可行、经济上合理的基本原则进行确定。

在勘查工作中,由于对矿床的地质和开采技术条件的认识是一个逐渐深入的过程,该认识过程实际是基于勘查工程的加密,获取相应的矿床成矿地质信息,并通过一定的方法和手段研究来实现的。也就是说,就某种程度而言,勘查程度是依赖于勘查工程对矿体的控制程度来得以体现的,矿体认识的准确性是随着勘查工程间距的加密而逐步提高的(图 7-13)。不同勘查阶段的目的任务不同,各阶段勘查工作相应的勘查程度要求也应遵循循序渐进的原则。

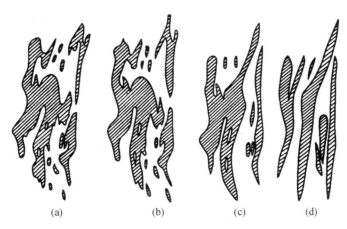

图 7-13　矿体形态随勘查控制程度变化示意图
(巷道间距:图(a)-5 m;图(b)-10 m;图(c)-25 m;图(d)-50 m)

依据《固体矿产地质勘查规范总则》(GB/T 13908—2020)与《铀矿地质勘查规范》(DZ/T 0199—2015),各勘查阶段铀矿勘查程度的基本要求如下:

普查阶段的主要任务是通过寻找、检查、验证、追索等手段,解决"有没有矿"的问题;对发现的矿体或矿化线索,除了要求大致查明矿体地质特征外,地表应有系统工程控制,深部用有限的取样工程控制;开展可行性评价的概略研究;提出是否进一步详查的建议,并圈出详查区;估算相应类型的矿床资源量。

详查阶段主要解决"有多少矿"的问题,并为矿区(井田)规划、勘探区确定等提供地质依据;为此,应通过系统工程基本控制矿体的分布范围、成矿条件和矿体连接对比条件;对主矿体基本确定其连续性;出露地表的矿体边界及延伸应有系统工程控制;开展概略研究或预可行性研究,做出是否具有工业价值的评价,圈出勘探区范围;估算推断资源量、控制资源量或可信储量。

勘探阶段的核心任务是解决矿床中"有多少矿可采"的问题,其勘查程度要求对主要矿体应在详查控制的基础上进一步加密控制并加以圈定;对底板起伏较大的矿体、破碎矿体及影响开采的构造、岩脉、岩溶等应控制其产状和规模;对与主矿体或主要矿体能同时开采的周围小矿体应适当加密控制;对适宜地下开采的矿床,要注重控制主要矿体的两端、上下的界线和延伸情况;对主要盲矿体应注意控制顶板边界;对适宜露天开采的矿床要注重系统控制矿体四周的边界和采场底部矿体的边界;开展可行性概略研究,估算推断、控制和探明资源量;也可开展预可行性研究或可行性研究,估算可信、证实储量,为铀矿山建设设计提供依据。

各勘查阶段钻探工程的控制深度应根据矿床地质特征和当时开采技术经济条件来确定。原则上,对确定的勘查深度以下区间,一般不做深入工作,可对其铀成矿远景做出评价。

第8章 勘查工程部署与设计

矿床勘查的过程就是对矿床及其矿体的探索、追索和圈定的过程。在探索、追索和圈定过程中,往往需要应用为数众多的勘查工程对矿床进行系统的揭露研究。其目的是通过勘查工程揭露,取得具有代表性的矿体地质勘查资料,充分构建完整的矿体空间概念,获取各类矿体特征标志值的变化特点。为了实现上述目的,最基本的途径和有效的方法是将用来揭露矿体的各种勘查工程手段按一定间距科学的布置,构成勘查工程系统,即尽可能地把几个相邻的勘查工程布置在一个剖面内,使得各相邻勘查工程之间能够建立有机联系,以便编制一系列矿床(体)地质勘查剖面。因为只有通过矿体各方向上的剖面,才能最大限度并客观地提取矿体特征信息,如矿体的形状、产状、厚度变化,有用和有害成分、矿石自然类型和工业品级的分布,以及资源储量估算所需要的各种参数。

8.1 勘查工程的总体部署

8.1.1 矿体形态基本类型

矿体的基本形态与勘查工程系统选择及其勘查剖面的具体布置密切相关。对于不同的矿体空间展布形态,应有不同的勘查工程部署方案。

自然界的矿体形态是变化多端、样式多样的。依据矿体长度、宽度、厚度三者之间的比例关系,B. M. 克列特尔将矿体形态划分为3种基本类型:

(1)一个方向短,两个方向长的矿体

此类矿体一般呈层状、似层状、透镜状或其他扁平脉状形态,矿体产状可以是水平的、缓倾斜的或陡倾斜的,如层间氧化带砂岩型铀矿体、伟晶岩型铀矿体以及热液型脉状铀矿体等。这种矿体在自然界出现得较多。其变化最大的方向是厚度或倾斜方向,因此,在多数情况下勘查线剖面布置在垂直矿体走向的方位上。

(2)一个方向(延深)长、两个方向短的矿体

此类矿体主要是向深部延深较大的筒状、柱状、管状矿体,如受隐爆角砾岩筒控制,或受岩浆通道、火山颈控制,或受两组断裂构造交汇部位控制的矿体。这种矿体通常需要通过水平断面图来反映矿体的地质特征。也即用水平断面在不同的标高来控制矿体,然后综合各水平断面中的矿体特征,得出矿体的完整概念。

(3)三向延长的等轴状矿体

这类矿体包括那些体积巨大的、没有明显走向及倾向的等轴状或近似于等轴状、囊状、巢状、瘤状矿体,如同生成因的含铀煤型铀矿、泥岩型铀矿以及各种斑岩型铜、钼矿等。这种矿体形状在三度空间的变化可视为均质状态,因而对勘查剖面的方位影响不大,一般应用两组互相垂直的勘查剖面(网)进行控制。

8.1.2　勘查工程布置的基本原则

为了科学地进行矿床勘查,以较短的时间,较少的工作量,取得最佳的地质、经济效果,勘查工程的布置必须遵循以下原则:

①勘查线剖面的方位应尽可能与矿体特征标志变化最大的方向一致。由于特征标志变化最大的方向往往与矿体倾斜方向是一致的,所以勘查工程应尽量垂直矿体走向,或垂直矿体的平均走向和主要控矿构造线方向,并使勘查工程沿矿体厚度方向截穿整个矿体或含矿带。

②无论是地表还是地下勘查工程,都必须按一定的间距系统布置,以使各勘查工程互相联系和构建一系列的勘查剖面或一定标高的平面,以便资料的综合整理与研究,获取矿体的各种参数。

③对每个矿床都必须根据其地质特征和含矿带的空间分布规律,预先拟订统一的勘查系统,对勘查工程进行总体部署。

④勘查工程的布置应根据矿床的不同地段和不同深度区别对待,要由已知到未知、由地表到地下、由稀到密布置、浅深结合、疏密结合,既要做到全面控制又要对有代表性的地段进行重点解剖。

⑤用坑探工程进行勘查时,应使勘查坑道尽可能为将来开采所利用。因此,在布置工程时,应尽量考虑到将来的开采系统和技术要求。

8.1.3　勘查工程布置形式

在矿床勘查中,常用的也是比较科学的勘查工程布置形式有:勘查线、勘查网和水平勘查三种。

1. 勘查线

勘查线是一组基本垂直于矿体走向或平均走向的铅垂面(勘查剖面)在地表的投影线。把勘查工程布置在一组相互平行的勘查线所在的勘查剖面内,并按一定间距向下揭露矿体,这种勘查工程布置形式称为勘查线法(图 8-1)。这是勘查工程总体布置常用的形式,一般适用于两个方向(走向和倾向)延长明显,产状平缓,中等至较陡的层状、似层状、透镜状及脉状矿体。

勘查线的布置应垂直于矿层、含矿带,或者主要矿体的走向或平均走向,保证各勘探工程沿厚度方向截穿矿体或含矿带。一般情况下,一个矿体或含矿带的各条勘查线应相互平行,以便对各勘查线剖面的资料进行对比,也便于正确估算资源储量。当矿体或含矿带走向变化较大(超过30°),且变化表现出趋势性和具有一定空间范围时,则可按具体情况划分为若干地段,分段布置勘查系统,勘查线的方位也需作相应的改变。

布置勘查线时,在矿床地形地质图上,首先画一条平行于矿体走向或平均走向的直线作为勘查基线。然后垂直于勘查基线,按勘查线间距要求画出各条勘查线。应选择潜在矿体的中间部位或成矿最好部位设计第一条勘查线,而后按一定间距向其两侧沿走向方向依次画出勘查线。勘查工程一般布置在矿体的上盘,并尽可能保证勘查线上的勘查工程按一定间距确定的矿体截穿点沿厚度方向截穿矿体。勘查线上工程的部署,应遵循由已知到未知,由浅到深,由稀到密的原则,通常在最有可能见矿或矿化较好的部位率先设计第一个工程。当矿体品位、厚度或形态在剖面的不同部位存在明显差异时,如卷状砂岩型铀矿,勘查线上不同部位施工的钻孔间距可以区别对待。

在勘查线剖面上可以是同一类勘查工程,如全部为钻孔,也可以是各种勘查工程手段的综合应用。但是,不论勘查工程手段是单一或是多种的,都必须保证各种工程在同一个勘查剖面之内。具体的勘查工程布置可视地形地貌、矿体产状的变化作适当调整(图8-2)。

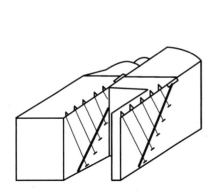
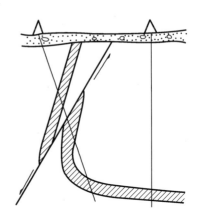

图8-1 勘探线勘查矿体示意图　　　　图8-2 矿体产状变化对工程布置的影响

2. 勘查网

采用不同方位的两组勘查线相交呈网格状,将勘查工程布置在网格的交点上,向下揭露矿体,这种具有一定几何形态的网状勘查系统即称为勘查网。其特点是根据勘查资料可以编制二至四组不同方位的勘查线剖面图,从不同方向了解矿体的特点和变化情况。

勘查网布置工程的方式,一般适用于矿区地形起伏不大,无明显走向和倾向的等向延长的矿体,产状呈水平或缓倾斜的层状、似层状以及无明显边界的大型网脉状矿体。

勘查网与勘查线的区别在于,勘查网中布置的各种勘查工程必须是垂直的,勘查手段也只限于钻探工程和浅井,并严格要求勘查工程布置在网格交点上,使各种工程之间在不同方向上互相联系。而勘查线则不受这种限制,且有较大的灵活性,在勘查线剖面上可以应用各种勘查工程(探槽、浅井;水平的、倾斜的、垂直的钻孔或地下坑探工程)。

按几何形态可将勘查网分为正方形网、长方形网、菱形网(或三角形网)三种(图8-3)。

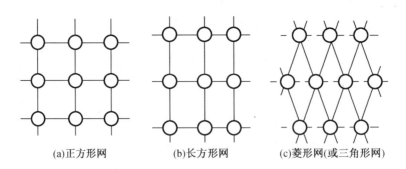

(a)正方形网　　　　(b)长方形网　　　　(c)菱形网(或三角形网)

图8-3 勘查网的基本类型

(1)正方形网

正方形网,即两组勘查线相交呈正方形的勘查网。这种勘查网适用于产状平缓、平面呈等轴状的矿体,如层状、似层状、透镜状矿体,这些矿体无论是矿体形态、厚度或品位变化,在各方向常无明显差别。

布置正方形勘查网时,首先在矿床中部,分别沿矿层走向和倾向作两条互相垂直的主干勘查线;然后平行两条主干勘查线,按相等间距绘出正方形勘查网。根据正方形网的勘查资料,可以编制两组勘查线剖面图和两组对角线剖面图。

(2)长方形网

长方形网,即两组勘查线相交呈矩形的勘查网。它适用于平面上一个方向延伸较大而另一方向延伸较小的层状、似层状或长透镜状矿体,或矿体形态、矿化强度及品位变化的沿一个方向明显较大而另一方向较小的矿体或矿带。

勘查工程布置在两组互相垂直但边长不等的勘查线交点上,组成沿一个方向勘查工程较密,而另一方向上工程较稀的长方形网。使用时,长方形网的短边应与矿体延伸较小或矿体特征标志变化较大的方向一致。

(3)菱形网

菱形网,即两组勘查线互相斜交而成的勘查网。勘查工程布置在两组斜交勘查线所组成的菱形网格的交点上。菱形勘查网的应用条件与长方形网相同,其短对角线方向应与矿体变化最大的方向一致。由于其工程布置在垂直矿体走向的相邻剖面上是交错排列的,因此对矿体控制比较均匀,而且在控制精度相同的情况下,比长方形网要节省一定数量的工程。

换一个角度来看,菱形勘查网可视为三角形勘查网。

网形的选择,要全面研究矿区的地形、地质特点和各种施工条件,使选定的网形既能满足勘查工作的要求,又能便于施工。

3. 水平勘查

将各种水平坑道工程(沿脉、穿脉、石门等,有时配合坑内水平钻)互相联系,布置在一定标高的水平面上,揭露和圈定矿体,这种布置形式称为水平勘查(图 8-4)。水平勘查主要适用于陡倾斜的矿体,特别是筒状或柱状矿体,水平勘查效果更好。

必须指出,所谓按线按网布置工程都是指勘查工程对矿体的截穿点成线或成网,而不是指工程在地表的位置成线或成网。但两者在一定程度上相关,许多情况下两者往往是一致的,即不仅工程对矿体的揭穿点成线成网,在地表勘查工程也成线成网。

勘查工程应当按线或按网布置,原因在于:

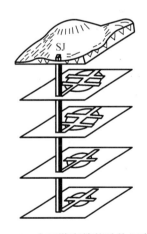

图 8-4　水平勘查筒状矿体示意图

①为了能获得较多的高精度的地质勘查剖面,便于更详细地研究矿体的形态、产状、内部结构等特征。

②在矿体特征标志具有方向性变化,而又了解不够的情况下,若工程的数量一定,按规则的线、网均匀地布置工程,能够最大限度地获得信息,满足抽样代表性的要求。试验表明不均匀网的矿体几何误差总是高于均匀网的几何误差。

③能更好地圈定矿体,使相邻勘查剖面及工程之间有较好的可比性。

④便于计算机自动处理信息资料,规则网点要比不规则网点的处理容易得多,精度

也高。

如果受地表施工条件限制,可以通过具体设计加以调整,如改变钻孔的方位角、倾角等。当然强调按线按网布置工程,也不是毫无灵活性的,一般来说,在技术条件达不到时,也可以在一定容许范围内挪动工程的位置,但这种灵活性以不超过影响地质效果的限度为前提。

实际工作中,在确定勘查工程布置形式后,要灵活应用勘查技术手段,合理综合运用坑探、钻探工程或坑钻联用;具体工程的布置要实事求是,具体问题具体解决,且要大胆思考,敢于创新。

8.2 勘查工程间距的确定

8.2.1 勘查工程间距的概念

勘查工程间距或简称工程间距,亦称勘查网度,是指截穿矿体的勘查工程所控制的矿体面积。通常以勘查工程沿矿体走向的距离与沿倾斜的距离的乘积来表示。例如某矿床的勘查工程间距为 100 m×50 m,是指勘查工程对矿体的揭穿点间沿矿体走向的距离为100 m,沿矿体倾斜的距离为 50 m。

沿矿体走向的工程间距是指水平距离,如勘查线间距、穿脉间距、天井间距等。

沿矿体倾斜方向工程间距的确定与含义,则有以下三种情况:

①对缓倾斜矿体(倾角<30°),工程间距按水平距离计算(图8-5(a));

②对中等倾斜矿体(倾角30°~60°),工程间距按截穿矿体中心线或底板的斜距计算(图8-5(b));

③对陡倾斜矿体(倾角>60°),工程间距按截穿矿体中心线或底板的铅垂距离计算(图8-5(c))。

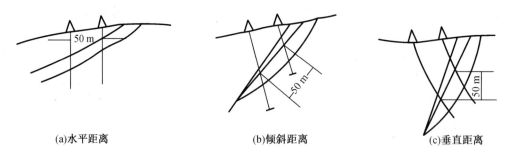

(a)水平距离 (b)倾斜距离 (c)垂直距离

图8-5 勘查工程沿矿体倾斜方向的间距示意图

按一定间距布置工程,实际上是对矿体进行系统的等间距均匀抽样观测的一种方法。由于矿体埋于地下,事先预测矿体变化比较困难,而且推断其各标志变化时常常有多种可能性,按等间距抽样观测,相对来说比较客观。当矿体形态变化规律基本清晰时,不同部位的工程间距可视矿体变化特征与规律区别对待。对于同一个矿床,选择的勘查工程间距大小不同,其所取得的地质效果和经济效果有较大差异,如工程间距过大,则控制不住矿床地质构造及矿体变化特点,既可能导致丢失矿体,也有可能人为扩大矿体规模,满足不了给定精度的要求;如工程间距过小,则超过给定精度的要求,增加了勘查工作量和勘查费用,积压或浪费了资金,拖延了勘查工作的期限。因此,在矿床勘查工作中存在确定合理勘查工程间距的问题。

所谓合理勘探工程间距,是指能够使获得的地质成果与真实情况之间的误差在允许范围之内的最稀的勘查网度。可简单理解为以不漏掉工业矿体为限度的最大工程间距;从获取地质信息的角度,也可理解为随工程进一步加密,在不会导致所获地质信息发生实质性增加条件下的勘查工程间距(图 8-6)。在矿床合理勘探工程间距基础上,基于勘查工作的探索性特点和"循序渐进"的认识原理,确定的与不同勘查阶段矿体控制程度和研究程度及其认识误差许可相适应的工程间距,称为合理勘查工程间距,如合理的普查工程间距,或合理的详查工程间距。矿床勘查的允许误差范围,一般是根据勘查所求资源量类别的不同而分别规定的。

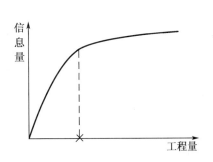

图 8-6　工程加密与信息量关系图
(×处的工程间距为最优方案)

8.2.2　影响勘查工程间距确定的因素

矿床勘查程度是否合理在很大程度上取决于勘查工程间距是否合理。勘查工程间距是否合理,将直接影响到勘查工作的地质、经济效果。

实际工作中,影响勘查工程间距确定的因素很多,主要包括矿体地质特征,矿床勘查程度要求和所用勘查工程种类等。

1. 矿体地质特征

矿体地质特征,即矿体形态、产状变化的复杂程度、矿体规模大小及有用组分分布的均匀程度等,是影响勘查工程间距确定的最主要因素。上述特征反映在矿床勘查类型上,一般而言,在给定勘查精度的情况下,勘查类型越低(如简单型),矿体形态越简单,产状越稳定,矿石有用组分分布越均匀,矿化越连续,规模越大,则勘查工程间距可大些;反之,则要求间距要小些。

2. 矿床勘查程度要求

矿床勘查程度主要表现在所探求的资源量类别的高低和对矿体形态、产状及空间位置的控制程度。对勘查并提交的资源量类别和对矿体的控制程度要求越高,则勘查工程间距要小;反之,则工程间距要变大。对同一勘查类型而言,探求地质可靠程度是探明的、控制的、推断的矿产资源量,要求的勘查工程间距依次变大。

3. 勘查工程技术手段

在同一矿床、同等勘查程度要求的前提下,用坑道勘查与钻孔勘查,两者的勘查间距往往是有区别的。实际铀矿勘查工作中,无论在走向或倾斜方向上,当用坑道勘查时,一般其间距都比钻孔勘查间距小。如穿脉间距就通常缩小一半,有时水平中段间距的距离也缩小。这主要是为了对矿床进行重点解剖,以便取得规律性的认识或满足估算高类别资源储量的需要。

水文地质和工程地质条件的复杂程度,对勘查工程间距也有一定的影响,概括之,合理的勘探工程间距需满足以下要求:在确定工程间距时,要充分考虑矿床地质特征和矿体赋存规律,尽量做到不漏掉一个有工业价值的矿体。勘查初期,工程间距可以矿体长(宽)度的 1/2~1/4 为基本间距,使之能基本确定矿体的连续性;详查阶段,应充分研究矿床地质及其矿体地质变化性,论证并尽可能合理确定矿床的勘查类型,借鉴同勘查类型矿床的勘查工程间距经验,并基本遵循"三条线"原则;勘探阶段应对勘查工程间距的合理性进行论证;再者,采用的勘探工程间距要足以使相邻的勘查工程或相邻的勘查剖面的资料可以互相联系与对比;对于同一矿床的重点勘查地段,或对矿床资源量会产生重要影响的成矿部位与一般概略了解地段,勘查间距应区别对待,可考虑用不同的工程间距进行勘查;勘查间距要遵循由稀到密,先稀后密的原则,先行施工的勘查工程间距应为最终探求的探明资源量要求间距的整数倍。此外,所选择的勘查间距是否合理,要在勘查工作中不断检验与调整,使之更加合理。

然而,勘查投资者拥有对勘查程度、工程量及投资额的决定权。所以,必须保证技术上的可行和经济上的合理,即要进行充分的地质技术经济多方案对比论证或试验,以确定合理的工程间距。

8.2.3 确定合理勘查间距的方法

确定矿床合理勘查间距的方法可以分为类比法、验证法和分析法三类。

1. 类比法

类比法又称地质类比法。其实质是在总结以往矿床勘探经验和开采资料的基础上,根据成矿地质特征、矿体变化性质和变化程度,以及勘查难易程度等,将已勘探或已开采的矿床划分为若干种勘查类型,并研究确定不同勘查类型的合理勘查间距。然后通过矿体地质特征对比,选用类似矿床勘查类型的勘查间距,作为所要勘查矿床的合理勘查间距。

表 8-1 是《铀矿地质勘查规范》(DZ/T 0199—2015)针对非地浸型铀矿床的矿体变化特征及其相应的勘查难易程度,提出的不同勘查类型探求相应类别资源储量采用的勘查技术手段及其勘查工程间距。表中所列的勘查工程间距方案,是在总结了以往许多不同勘查类型铀矿床成功勘探经验的基础上制定。通常情况下,对于新发现待勘查铀矿床的勘查间距,可据之参考对比予以借鉴确定。对于老矿区(田),邻近地区已开采或已经过成功勘探的同类型矿床的勘查间距,可作为新矿床合理勘查间距的对比借鉴依据。

表 8-1 非地浸型铀矿床勘查类型工程间距表

勘查类型	勘查工程种类	地质可靠程度是控制的	
		沿走向	沿倾向
简单(Ⅰ)	钻孔	100~200 m	100~200 m
	穿脉		
	中段		
中等(Ⅱ)	钻孔	100 m	100 m
	穿脉	25~50 m	
	中段		50~100 m

表 8-1(续)

勘查类型	勘查工程种类	地质可靠程度是控制的	
		沿走向	沿倾向
复杂(Ⅲ)	钻孔	50~100 m	50~100 m
	穿脉	25 m	
	中段		50 m

　　表中所列工程间距是勘查工程矿体截穿点间的距离。对适宜用特殊方法开采的矿床,如可地浸砂岩型铀矿,不受表 8-1 所列勘查类型及相应勘查网度的限制,应根据矿床具体情况选择合理的勘查技术手段和勘查间距。表 8-2 是在我国可地浸砂岩型铀矿勘查成功勘探案例,并借鉴国外成功经验基础上,确定的不同勘查类型探求相应类别资源储量采用的勘查技术手段及其勘查工程间距方案。可地浸砂岩型铀矿的勘查间距可据之类比确定。

表 8-2　可地浸砂岩型铀矿床勘查类型工程间距表

勘查类型	推断的		控制的		探明的	
	走向	倾向	走向	倾向	走向	倾向
简单(Ⅰ)	1 600~800 m	400~200 m	800~400 m	200~100 m	400~200 m	100~50~25 m
中等(Ⅱ)	800~400 m	200~100 m	200 m	100~50 m	200~100 m	100~50~25 m
复杂(Ⅲ)	400~200 m	100~50 m	200~100 m	50~25 m	100~50 m	50~25 m

　　类比法的优点是:表中所列勘查工程间距是根据以往许多铀矿床的勘探和开采资料经过综合研究总结出来的,具有较广泛的代表性和普遍的指导意义,具有一定的可靠性,同时应用简便。因此,类比法是目前确定矿床合理勘查工程间距最基本的方法,特别是在勘查初期,矿床勘查资料不多的情况下常采用此法。

　　然而,世界上迄今尚未发现地质特点完全相同的矿床或矿体,因而很难使得一个矿床的全部特点完全与规范中各勘查类型的相应矿床,或邻近地区已勘探的矿床相一致。因此,在应用类比法确定勘查工程间距时,应充分研究本矿床地质特征,从实际出发,针对不同情况灵活掌握,区别对待,切不可千篇一律的机械套用。

　　必须注意,地质勘查程度的高低,不仅取决于工程控制的密度,还取决于对地质规律的综合研究程度。所以,在实际工作中,必须加强成矿地质特征的综合研究,配合有效的物化探技术手段,充分提取矿体变化信息,正确反映矿床成矿规律,防止单纯依靠加密工程以提高勘查程度的倾向。

2. 验证法

　　验证法是确定合理勘查工程间距经常应用的方法。验证法主要分为加密法、稀空法和探采资料对比法三种。

　　(1)加密法

　　该法是选择矿床有代表性的地段加密工程进行勘查,根据加密前后所得的勘查资料,分别绘制图件和估算资源储量,对比加密勘查工程前后矿体的地质特征和资源储量的变化情况。如果矿体的形态、规模变化不大,资源储量误差也未超过允许范围,说明加密前的工程间距是合理的;反之,则说明加密前的工程间距太稀,应该加密。

在实际矿床勘查工作中,如对所确定的勘查网度的正确性有所怀疑,或对新类型矿床的勘查需要进一步论证勘查网度的正确性的时候,均可采用此种检验方法。加密工程一般布置在拟探求高类别资源储量的地段。

工程加密到何种程度为止要视勘查对象和任务而定。一般而言,可根据相邻剖面或相邻工程之间所揭露的含矿带或主要矿体的空间位置、产状、形状、内部结构等的协调程度以及矿体资源储量变化情况而定,即主要的地质界线及矿体边界能合理连接起来,加密前后矿体形态、品位及资源储量变化不明显,则可认为已满足要求。

(2)稀空法

此法实际上是加密法的逆推法。即选择矿床中有代表性的地段,以原定勘查类型最密的间距进行勘查或取样,根据所得的全部资料圈定矿体,计算其平均品位和资源储量作为对比基础。然后按原间距依次放大1倍、2倍、3倍距离减少工程或取样线,分别圈定矿体,计算平均品位和资源储量。将前后所确定的矿体界线、平均品位或矿产资源储量估算结果进行比较,分析、对比不同间距之间它们的误差大小,其误差在允许范围内的最大工程间距,即为本矿床的合理勘查间距。

(3)探采资料对比法

探采资料对比法是根据开发勘探或开采所取得的地质资料与开采前同一地段的地质勘查资料进行分析、对比,据此检验地质勘查阶段工程间距的合理性,并指导类似矿床合理工程间距的确定。其具体方法是:

根据开发勘探或开采所取得的全部资料圈定矿体,计算矿体的平均品位并估算资源储量。然后与同一地段的地质勘查所获取的资料对比,计算相对误差。若前后所圈定的矿体特征变化不大,资源储量误差又在允许范围以内,则说明地质勘查阶段实施的工程间距是合理的。反之,则说明地质勘查阶段的工程间距不合理,应当加密。

另外,也可以根据开发勘探或开采资料,应用稀空法求得合理勘查间距,然后与地质勘查阶段最密工程(或取样线)的勘查成果相比较,检验勘查阶段的工程间距是否合理。

应用此法时,不但要求对比地段相同,而且要求在开发勘探或开采中提供正规的、系统的矿山地质编录和取样资料,并准确估算对比块段的开采矿量和损失矿量(包括留矿柱的资源储量)。

在应用加密法、稀空法和探采资料对比法研究合理勘查工程间距时,不同工程或取样间距所圈矿体涉及的对比内容包括:

①矿体形态对比,包括矿体的外部形态、厚度、面积、体积的对比。

②矿体产状的对比,包括矿体定向、倾向、倾角、倾伏角和侧伏角等要素的对比。

③矿体构造特征对比,如对破坏矿体的断层性质、位置、规模、数量和分布规律进行对比;对矿体底板形态特征和褶皱构造形态特征进行对比等。

④矿石质量对比,包括对矿石类型和品级、矿石品位和矿化连续性进行对比。

⑤资源储量对比,包括不同矿石类型和品级、不同类别块段矿石量和金属资源储量的对比和整个块段总矿石量和资源储量的对比等。

上述对比均应在矿床资源储量估算有关的地质平面图、剖面图和矿体投影图上进行。

矿体面积、厚度、品位、资源储量的对比用相对误差公式计算,即

$$\Delta P_x = \frac{\mu - C}{\mu} \times 100\% \qquad (8-1)$$

式中　ΔP_x——对比参数的相对误差；

　　　μ——最密勘查间距所测定的参数平均值；

　　　C——勘查间距放稀情况下的参数平均值。

在验证过程中,首先要注意选择矿床中具有代表性的地段。采用加密法验证的地段不宜过多,防止浪费工作量;采用稀空法和探采资料对比法验证时,则可多选择几个块段用多种抽样方案对比。对比时,不仅要考虑相对误差的大小,而且要从地质观点出发,重视矿体形态、产状、面积、品位、厚度等变化情况的对比。

3. 分析法

根据矿体各项参数的变化程度和矿床勘查精度要求,可用数学分析法来确定合理勘查间距。这种方法很多,有的方法还强调勘查的经济效果。下面简单介绍两种常用方法。

(1)根据变化系数和给定精度确定合理勘查间距

这个方法是利用数学统计的方法在矿体厚度及矿石有用组分的均匀程度分析基础上进行的。勘查网度决定于给定的精度要求和矿体厚度及有用组分的变化情况,即利用矿体厚度及有用组分的变化情况,矿体的厚度及品位变化系数以及为求得资源储量估算需要的参数算术平均值(平均厚度及平均品位)所要求的精度(允许误差)来确定所需要的必要工程数量。其公式是:

$$n = \frac{t^2 V^2}{P^2} \qquad (8-2)$$

式中　n——必需的勘查工程数量;

　　　V——矿体某标志值的变化系数;

　　　P——确定标志平均值的相对精度(给定平均值的相对允许误差),在本式中根据勘查的要求给定;

　　　t——概率系数,决定于对结论所要求的可靠程度。

常用的 t 值见表 8-3。

表 8-3　概率系数 t 值简表

概率/%	t	概率/%	t	概率/%	t
99	2.58	85	1.44	70	1.04
95	1.96	80	1.29	65	0.94
90	1.65	75	1.16	60	0.85

如果矿体的范围和勘查面积事先已经给定为 S_t,则每个勘查工程所控制的面积为

$$S = \frac{S_t}{n} = \frac{S_t}{\left(\dfrac{tV}{P}\right)^2} = S_t \left(\frac{P}{tV}\right)^2 \qquad (8-3)$$

矿体参数值有品位、厚度等,而且各参数的变化程度是不同的,在这种情况下用哪一种参数来计算 n 值呢? 一般选用变化程度最大的参数来计算,也可以综合考虑诸参数的影

响,求出反映诸参数变化特点的总变化系数 V_0,代替式(8-2)和式(8-3)中的变化系数 V。总变化系数 V_0 按下列公式计算:

$$V_0 = \sqrt{V_1^2 + V_2^2 + \cdots + V_n^2} \tag{8-4}$$

式中 $V_1, V_2, \cdots, V_n$——各参数的变化系数。

现举例说明上述公式的用法。

某勘查块段矿体的投影面积为 400 000 m^2。根据地表工程取样资料计算,其品位变化系数 $V_c = 77\%$。如果要求该地段提交探明的储量,那么该用多少钻探工程?其间距多大?

假定探明的储量要求平均品位的相对误差不超过 20%,其可靠程度(P 值)不低于 90%,查表 8-3 得概率系数 $t = 1.65$。

将以上各数据代入式(8-2)中,则该勘查块段所需钻孔数目为:

$$n \approx \left(\frac{1.65 \times 77\%}{20\%}\right)^2 \approx 40(\text{个})$$

每个工程所控制的面积为

$$S = \frac{400\ 000}{40} = 10\ 000(m^2)$$

若用正方形网进行勘查,则正方形的边长应为

$$L = \sqrt{10\ 000} = 100(m)$$

如果我们所求的是某一剖面上的工程间距,当该剖面的长度为 L 时,则剖面上的工程间距为

$$l = L\left(\frac{P}{tV}\right)^2 \tag{8-5}$$

式(8-5)为式(8-3)在剖面上应用的变形。

(2)根据参数的方差及给定精度确定工程间距

与上法一样,亦根据矿床参数的变化程度和平均值的给定精度近似计算,只是此法应用的是史太因公式,即

$$n_2 = \frac{4t^2 S^2}{d^2} - n_1 \tag{8-6}$$

式中 n_1——已施工的工程数;

n_2——需要增加的工程数;

t——概率系数,根据置信水平查表,一般采用置信水平为 95% 时,$t = 2$;

d^2——允许误差范围;

S^2——参数的方差。

在勘查初期资料不多的情况下,可利用史太因公式计算加密工程的数量。第一批加密工程施工后,又可以根据这一公式计算第二批加密工程。如此反复多次,直到不需要再加密,即 $n_2 = 0$ 为止。

用数学分析法确定勘查工程数量或间距比较方便,但也存在许多缺点:

①数学分析法仅适用于指标为偶然性变化的情况下,而矿体的一些参数往往具有一定的趋势性变化。因此用这种方法计算的结果,往往与实际情况不相符合。

②数学分析法只考虑了矿体参数的变化程度和勘查精度,而未考虑矿体形态、产状及品位的空间分布特点。因此计算结果往往具有一定的片面性。

③由式(8-5)得知,工程数量只与矿体参数的变化程度和给定的精度要求有关,而与矿体面积或勘查面积无关。也就是说,当两个矿体的面积不同而变化系数或方差相同时,无论矿体面积的大小,它们所需工程的数量是相同的,这与实际情况是不相符的。实践证明,当勘查面积增大时,所需勘查工程的数量一般也要增加。

④由于不同矿体或同一矿体不同地段的变化特点往往不同,因而即使算出的工程数量适合于计算地段,但要推广到全矿体或整个矿床则是很困难的。

由于数学分析法具有上述缺点,故在应用时必须慎重。由其计算出的工程量仅供参考。

8.3　勘查工程设计与实施

8.3.1　单项勘查工程设计

在确定了勘查工程种类、总体布置形式及工程间距之后,还应进行单项工程设计,然后才能进行勘查施工。工程设计包括地质设计和技术设计两部分。地质人员主要承担地质设计,技术设计一般由生产部门承担。

1. 钻孔地质设计

无论采用勘查线还是勘查网,勘查工程的总体布置都是从单个钻孔设计开始的。单个钻孔设计必须借助矿床地形地质图,在勘查线设计剖面图上进行。

设计之前,应根据地表地质矿化资料和已有的深部工程见矿资料对矿体的形态、产状、特别是矿体的倾伏和侧状现象以及埋藏深度等进行分析研究,分析成矿地质特征和成矿基本规律,明确钻孔设计的必要性和目的性,以便提高工程见矿率。

单个钻孔地质设计的内容包括编制勘查线设计剖面图,选择钻孔类型,确定钻孔截穿矿体点的位置,确定钻孔开孔位置和方位角,确定终孔位置和孔深,编制钻孔设计柱状图等。

(1)编制勘查线设计剖面图

勘查线设计剖面图一般是在矿床地形地质图上沿勘查线切制而成,勘查线剖面长度视矿体产状、矿体范围以及勘查深度、勘查范围等具体情况而定。其比例尺为 1:500~1:1 000。设计剖面图的内容包括地表地形剖面线,勘查基线、坐标网(X、Y、Z 坐标线),矿体露头及其产状、地层、火成岩、断裂构造等地表出露界线及其产状,剖面上已施工的钻探或坑探工程及其取样分析成果等。图上应尽可能根据已有资料对矿体进行圈定并预测分析潜在矿体部位、成矿趋势。在此基础上进行钻孔的设计与布置。设计钻孔轴线一般用虚线表示,以区分已施工的钻孔。

(2)选择钻孔类型

钻孔类型一般根据矿体或含矿构造的产状和钻探技术水平进行选择。岩芯钻的钻孔类型按其天顶角(钻孔轴线与铅垂线的夹角)大小可分为直孔、斜孔及水平钻孔等三类。

①直孔,沿铅垂方向钻进,天顶角等于零度的钻孔。一般用于勘查倾角小于 45° 的层状、似层状矿体。直孔施工方便,应用广泛。

②斜孔,钻孔按一定倾斜度钻进,钻孔轴线与铅垂线之间有一定夹角(天顶角)。由于

设备的限制和施工过程钻孔弯曲度控制难度,斜孔开孔时的天顶角一般不超过20°,有时可达25°。斜孔适用于勘查陡倾斜的矿体,并布置在矿体上盘,其倾斜方向与矿体倾斜相反。设计斜孔时,一般要求钻孔穿过矿体时的相遇角(钻孔与矿层面的夹角)不得小于30°,以便减少矿体厚度换算带来的误差。

③水平钻孔,钻孔沿水平方向钻进,多用于井下坑道中圈定矿体和探索平行矿体。钻孔方位可以是任意的,一般要求其沿矿体的水平厚度方向钻进。应用水平钻,可以代替一部分井下坑探工程,节省勘查成本。

(3)确定矿体截穿点的位置

在勘查线设计剖面图上,每个钻孔截穿矿体的位置是根据勘查工程总体布置形式或整个勘查系统的要求来决定的。当采用勘查线法布置钻孔时,一般在勘查线设计剖面图上,沿矿体倾斜方向从地表向下,按一定间距(水平间距、倾斜间距或垂直高度)确定每个钻孔的截矿点。采用勘查网勘查时,钻孔截矿点位置根据勘查网格交点的坐标来确定。采用坑钻联合勘查时,钻孔截矿标高应与坑道中段标高一致。

(4)确定钻孔地表开孔位置

钻孔地表开孔位置(孔位)是根据矿体截穿点的位置(或深度)在设计剖面图上按所定钻孔类型,向上反推加以确定,钻孔设计轴线与地形剖面线的交点即为该孔的地表开孔位置。当钻孔为直孔时,从所定截矿点向上引铅垂线;当钻孔为斜孔时,从所定截矿点向上引斜线。在掌握了钻孔自然弯曲规律的地区,斜孔孔位可按自然弯曲度向地表引曲线确定(按每50~100 m天顶角向上减少几度反推而成)。如遇悬崖陡壁、河流水塘、公路或建筑物时,孔口位置允许适当移动,但要求最终截矿点的位置不变。

(5)确定钻孔方位

钻孔方位主要对斜孔而言,即钻孔的倾斜方位。钻孔倾斜方位一般与勘查线方位一致,并与矿体平均倾斜方向相反。

(6)确定终孔位置和孔深

一般要求钻孔穿过矿体后5~10 m即可终孔。但是为了探索和控制隐伏平行矿体,在每条勘查线上应布置若干基准孔,基准孔孔深应适当加深,尽可能穿过整个含矿层或含矿带,以便了解矿带地质特征,避免漏掉可能存在的隐伏矿体,其加深深度视各矿区控矿因素及其矿体的空间分布情况而定。

钻孔孔深为自地表开孔到终孔位置钻孔轴线的实际长度。

(7)编制钻孔设计书

每个钻孔在施工前均须编制专门的设计书,为钻孔施工提供地质依据,并对其施工质量提出技术要求。设计书的内容包括钻孔编号,孔口位置及坐标,钻孔类型,对钻孔不同深度上天顶角、方位角的要求,钻孔理想地质柱状图(图中应说明钻孔将遇到的地层、岩性、厚度及硬度),主要地质界线和矿体顶底板的深度,不同深度岩石中裂隙的发育程度、涌水或漏水情况估计,孔径要求、岩矿芯采取率要求,终孔位置及终孔深度,钻孔中拟开展的地质、物探、水文地质工作内容与要求,封孔要求等。

有关钻进技术方面的要求,则由钻探工程技术人员提出,并附于设计书中。

2. 地下坑探工程设计

地下坑探工程设计的内容包括坑道系统的选择、勘查中段的划分、坑口位置的确定、坑道工程的布置、设计书的编制等。设计时,必须具有充分的地质理论依据,明确的目的和必要性的充分论证。一般用于矿床首采区块或探求高类别资源储量区块。

（1）坑道系统的选择

坑道工程系统可分为平巷勘查系统、斜井勘查系统和竖井勘查系统三种。不同的勘查系统其应用条件也不相同。因此，设计时应根据矿床的地形地质条件，如地形高差、矿体产状、围岩性质等进行合理的选择。原则上要求所选勘查系统既能保证最佳地质勘查效果，又要做到经济安全、施工方便，并尽可能为矿山开采所利用。

（2）勘查中段的划分

勘查中段的划分，一般是以主矿带地表露头的最高标高为起点，根据不同勘查类型所规定的中段高度或其整数倍，向下依次确定各勘查中段水平坑道腰线的标高，并在设计剖面图上画出各中段标高线，以便布置坑道工程。

在同一矿区不同地段的勘查中段标高应当一致。同一勘查中段上各水平坑道的腰线标高误差不得超过 3‰~5‰。中段的编号通常按中段相应的标高命名，也可按从上向下的顺序编为一，二，三，…中段。当矿带周围地形高差悬殊，有利于平巷勘查时，可用一系列标高不同的平巷勘查系统进行勘查。平巷间的高差应按勘查类型的中段高度来确定。

在相邻两中段间，若用上、下山工程沿倾斜方向揭露矿体时，其块段的划分应考虑将来开采块段的大小。

当采用坑钻联合勘查时，主要穿脉坑道应布置在勘查线上。水平钻孔的标高应与坑道腰线标高一致。坑道系统以外地段的勘查钻孔（直孔或斜孔），可按不同中段标高截穿矿体，或按勘查线形式布置。

（3）坑口位置的选择

坑口位置的选择是否合理，对勘查地质经济效果和施工安全均有重要影响。不同类型坑口位置选择一般应考虑以下因素：地形有利，距离矿体近；便于修路、运输；应避开低洼的沟谷底，井口标高应在该区历史上最高洪水位以上；坑口附近要有良好的地形条件，便于修建坑口设施，堆放生产材料和井下矿渣；坑口应位于整个坑道系统的中部；竖井井筒应布置在矿体下盘，并位于开采时所形成的地表塌陷影响范围以外；要避开断层、流沙层、破碎带及溶洞等。

（4）井下坑道的布置

井下坑道的布置是在相应的中段地质平面图上进行的。当深部有钻孔资料时，中段地质平面图可依据设计地段的勘查线地质剖面图进行编制。即在每条勘查线剖面图上，将设计中段相应标高线上的地质界线点及推断的矿体边界点，按坐标位置展绘在平面图上，然后沿走向连接地质及矿体界线，即得中段地质平面图。当深部无钻孔资料时，例如勘查初期进行平巷设计，则可先根据大比例尺矿床地质图，在设计地段切制若干条理想地质剖面。剖面上地质界线（包括矿体界线）及其产状按地表产状向下延伸到设计中段，然后用上述方法编制中段地质平面图。在中段上布置的坑道可分为脉内沿脉系统和脉外沿脉系统两种。

脉内沿脉系统一般用于走向比较稳定，矿石胶结紧密不易坍塌的脉状矿体。其优点是可沿走向连续研究矿体的变化性，并可节省穿脉工作量；缺点是当矿体走向有一定变化时，坑道不能直线掘进，这对运输、通风、照明等均为不利。另外，当铀矿品位很高时，坑道中射线照射量率和射气浓度较高，有害于井下工作人员的身体健康。当沿脉坑道的宽度小于矿体厚度时，在沿脉坑道中按一定间距（其大小视矿床勘查类型而定）向两壁开掘穿脉，以揭穿整个矿体厚度。穿脉的方向应垂直矿体平均走向（与勘查线方位一致）。在每两个穿脉之间则按一定间距编录掌子面并配合水平探眼以圈定矿体。

脉外沿脉系统是将沿脉坑道开掘在矿体下盘围岩中,其方向与矿体平均走向平行。然后按一定间距从沿脉中向矿体掘穿脉坑道控制矿体。穿脉方向垂直于矿体平均走向,与勘查线方位一致。脉外沿脉系统一般用于含矿构造强裂破碎或矿体产状变化较大的情况下,但矿体下盘围岩必须稳定。其优点是沿脉坑道可直线掘进,拐弯较少,有利于运输、通风和照明,常作为主要运输巷道,并可避免坑道内放射性照射量率和射气浓度过高;缺点是所用穿脉坑道较长,工作量大。为了减少穿脉工作量,应尽可能使沿脉坑道靠近矿体。

无论脉内还是脉外沿脉,穿脉坑道的布置必须与整个勘查系统相适应,便于资料的综合与整理。天井、暗井、上山、下山等工程主要用于探求高类别资源储量地段的勘查,一般将矿体分割成矩形或三角形块段。布置天(暗)井、上(下)山工程时,应考虑与其他工程构成剖面系统,并使所分块段与开采块段一致。若布置地下坑道工程的目的是为了检查验证钻探资料,则检查坑道应布置在钻孔岩矿芯采取率较低,矿石类型和品级代表性较强以及需要求高级储量的地段。

(5)坑探工程设计书的编写

凡坑探工程均需编写专门的设计书,对应用坑探工程的地质依据和必要性进行论证,对勘查系统的选择、中段标高及坑口位置的确定等进行评述;最后应列表统计工作量。设计书应附有各中段坑道设计平面图,有关设计剖面图以及矿床地形地质图等。

8.3.2 勘查工程施工顺序

勘查施工是在勘查设计的基础上,根据设计的任务与方案的要求,组织进行各项工作的技术活动,使之成为一个互相衔接有机配合的整体。

在地、物、化多工种综合应用的情况下,为了取得良好的地质效果与经济效果,在施工过程中必须注意地质和其他方法手段的密切配合,使得各工种之间有机地配合和衔接。在施工过程中,应当切实做好日常的"三边"工作,即边施工、边观测编录、边整理研究,以便及时发现问题,调整或修改设计,指导下一步勘查工作的正确实施。

对勘查工程而言,无论采用哪种布置形式,它都是由种类相同或不同的许多单项工程所构成。这些工程的施工不可能同时进行,因此,就存在着一个施工先后顺序的问题。勘查工程施工顺序的安排,必须遵循循序渐进的基本原则,即由已知到未知,由浅入深、深浅结合,由疏到密、疏密结合,由点到面、点面结合的原则。

合理安排勘查工程的施工顺序是提高矿床勘查地质成果与经济效果的有效措施。同一勘查地段勘查工程的施工顺序一般有以下三种基本方案。

1. 依次式(循序式)

依次式是指勘查工程由矿床(体)中央到两侧的顺序进行施工。即在同一勘查线上,在最有可能见矿,且矿化可能最好的部位先行施工,然后向两侧依次(或分批次)施工其他工程;在一个勘查范围内,率先进行中央勘查线上工程的施工,后向两翼的勘查线上发展,对矿体进行依次追索、控制和圈定。这种方案的优点是前一工程或前一勘查线上竣工的工程,可为后续施工的工程提供一定的地质依据,使后续工程的把握性更大。

2. 并列式(并进式)

并列式是指在同一勘查线或多条勘查线上的若干工程同时施工。这种施工方案虽然速度快,但要求探矿设备(钻机)多,勘查队伍庞大。该施工方案可能带来的不利因素是部分工程设计与施工的地质依据欠缺,见矿把握性不大,很可能见矿率不高,容易造成勘查工作量与勘查资金的浪费。在实际工作中,该方法主要用于沿已知矿体走向方向进行探索找矿,或在勘查后期阶段,如矿体形态、范围已基本圈定,需加密工程提交高类别资源储量时才会采用。

3. 依次与并列相结合式 (结合式)

该施工方案是指根据勘查任务的实际需要,部分地段按批次依次式施工,部分地段按批次并列式施工。例如主干剖面上可采用依次式施工,矿床两翼可按并列式施工;矿体可预见性强的地段,或矿体变化程度较为简单,或勘查程度相对较高的地段实行并列式施工,反之,勘查程度相对低、探索性强的地段,或矿体变化程度较大的地段,则采用依次式施工。依次与并列结合的程度,除根据矿床勘查的具体任务确定外,还必须考虑矿体地质的掌握程度、钻机设备的多少等。总之,结合式施工要机动灵活,不受固定格式的限制。依次与并列相结合式施工可以克服依次式和并列式施工的缺点,并使它们的优点发挥得更加充分。所以这种施工方案在实际工作中得到了广泛的应用。

为了制定合理的工程施工顺序,必须加强矿床成矿地质条件及其成矿作用机理的研究。首先应把地表地质条件、控矿因素、矿化范围等搞清楚,提高对深部地质矿化情况的预见性。同时也要考虑到人力、物力,地形地貌等条件。施工顺序并非是一成不变的,应随工程施工进展和资料的积累,及时对施工顺序中不合理的部分进行修正。必须指出,在对矿床地质即矿体分布规律尚不十分清楚的情况下,不宜过急地实行并列式实施方案;在施工顺序安排时,应在保证满足地质需要的前提下,需考虑生产上的方便。总之,要根据具体情况、具体条件进行分析后,采用合理地施工顺序。

工程施工顺序一般是以施工顺序图或施工顺序表来表示。

第9章 地质编录

9.1 地质编录的种类和要求

在矿产资源勘查过程中,对各项探矿工程所揭露的地质与矿化现象进行观察、取样、素描与综合研究,并用文字和图表将它们记录下来,这项工作称为地质编录。按工作程序和研究程度可将地质编录分为原始地质编录和综合地质编录两类。后者一般又称为资料的综合整理。

原始地质编录指对单个探矿工程所揭露的地质与矿化现象,通过地质观察、取样、记录、素描、度量及其他相关工作,取得有关实物和图件、表格及文字记录等第一性原始地质资料的过程。原始地质编录成果包括勘查工程地质编录图件和文字描述、采集的样品、测试过程以及结果等,属实物材料范畴(又称原始地质资料),是进行矿床综合地质研究与评价的基础资料。它的质量优劣关系到资料是否可以利用,并将直接影响到综合编录与综合研究成果的质量,乃至影响到矿产资源储量的可靠性。所以,原始编录必须客观、及时、齐全、完整、系统与准确地进行。

为了保证地质编录的质量,编录工作必须满足以下基本要求:

1. 及时性

如果不及时进行原始地质编录,往往会因工程继续施工而失去编录的机会(如坑道掌子面编录);或因深度太大或支架遮掩等原因而影响观察(如探井编录);或因长期暴露在地表,岩石特征发生变化而无法取得真实的地质信息(如钻孔岩芯),以致影响成矿部位、找矿方向和后续勘查工程合理部署的正确判断。如砂岩型铀矿勘查工作中,砂体氧化-还原性质的确定对潜在砂岩型铀矿体的发育部位与后续勘查工程部署具有重要指导价值,如对钻孔岩心不进行及时编录,砂岩岩心长时间暴露于空气中,其中的微细粒黄铁矿很容易被氧化,由此会将还原砂岩误认为氧化砂岩,影响氧化-还原过渡带发育位置的正确判断,从而影响后续探矿工程部署的合理性和准确性。所以,原始编录都应随探矿工程进展及时进行,以便及时取得可靠资料,提高认识,指导下一步勘查工作。

2. 统一性

为了便于编录资料的综合整理和共同利用,编录工作必须按统一规定和要求进行。如统一编录比例尺、图式、图例、工程编号、编录方法和岩石命名等。除常规的编录规格和表述内容规定外,还要根据工作地区的实际情况提出一些补充规定或要求。为避免由编录人员之间的认识差异导致同一地质现象或岩石类型出现不同名称,带来人为复杂化或无法对比的情形,应建立统一的岩矿标本和统一命名,对相关地质现象的认识予以统一,避免岩石命名上的紊乱。特别是在矿区编录人员较多的情况下,尤其要强调编录工作的统一性。

3. 针对性

原始地质编录一般要求从矿床成矿作用特点及其综合研究的角度出发,全面收集岩石、构造、围岩蚀变和矿化特征等资料。同时要求根据工作目的和矿床特点,分清主次,突出关键性问题有针对性地进行编录,做到重点突出。

4. 真实性

必须保证地质编录资料的真实、可靠和准确,如实、准确地反映客观地质现象和规律。为此,原始地质编录必须在野外现场完成,不得在室内搞"回忆编录"。在原始编录中应强调仔细观察,认真做好各种探矿工程的地质素描和描述;对于地质界线与样品采集位置等,应度量和记录准确。

必须指出,对铀矿探矿工程除进行地质编录外,还要同步进行水文地质编录、物探编录等。在原始编录过程中,凡能用计算机成图、成表的资料,应按标准化表格内容的要求填写。应尽可能及时采用新的方法和手段(如岩心实物扫描编录)。原始地质编录是一项重要的基础地质工作,其成果是综合地质编录,认识矿床地质特征,研究矿化赋存规律的基础,也是矿床资源储量估算和矿山建设设计所依据的基本资料。地质编录工作的质量对勘查工作过程找矿效应及勘查最终成果有直接的影响。因此,各有关专业人员必须认真做好各项探矿工程的地质编录,使编录成果最大限度地符合矿床地质实际,满足矿床研究、资源储量估算和矿山建设设计等后续工作的需要。

9.2 原始地质编录

9.2.1 坑探工程原始地质编录

探槽、探井和坑道等坑探工程的原始地质编录资料均由地质素描图和相应的文字描述所组成。地质素描图的比例尺主要根据矿床复杂程度和研究目的而定,一般为 1:25 ~ 1:100,在铀矿勘查中常采用 1:50。素描图的垂直比例尺和水平比例尺应当一致。一般将地质素描图画在厘米纸上。相同类型的坑探工程,用大小相等的厘米纸进行素描,便于装订。

素描图上除准确地描绘坑道顶(底)、壁的形态及其中的各种地质现象外,还应有图名、图例、取样位置和分析成果以及文字描述等内容。文字描述应与地质素描紧密结合。一般按岩石、构造、围岩蚀变和矿化特征等的顺序进行描述。也可按地质现象在工程中出现的先后顺序进行描述。文字描述可参考以下内容:

①岩石:描述内容一般包括岩石名称、颜色、矿物成分、结构构造、与其他岩石的关系、接触面产状等。对变质岩应尽可能说明其变质程度和性质。重点应阐明岩石类型、岩性变化及其与铀矿化之间的关系。

②构造:对于褶皱构造,主要应观测、描述地层产状的变化;对于断裂构造,应描述它们的形态、产状、位移方向、断距大小、构造充填物特征、破碎带宽度以及不同断裂之间的相互关系等。尤其应注意研究构造对矿化的控制或破坏作用。

③围岩蚀变:主要包括围岩蚀变种类、特征、发育强度、蚀变岩石的分布规律、蚀变矿物

的共生组合、生成顺序、围岩蚀变与铀矿化的时空关系等。

④矿化：铀矿化是编录描述的主要对象。描述内容包括矿石结构构造、矿石矿物成分、矿物共生组合、矿化分布特征和控矿因素等。在描述中应充分利用放射性物探资料，说明铀矿化的分布特点和矿体的形态、产状特征等。

总之，为了满足矿床综合研究的需要，对工程中所见到的地质、矿化现象应进行全面的观察和客观准确的描述。

1. 探槽地质编录

凡将同一坑探工程中不同断面上的地质现象展绘在同一平面上的图件，称为地质素描图或展开图。探槽地质编录时，应将槽壁和槽底上的地质现象绘制成平面展开图。探槽编录，通常绘制一壁一底的素描图，或探槽两壁地质现象相差较大时，则须绘制两壁一底素描图。壁是实际长度按比例绘制，底为水平投影。铀矿探槽编录通常要求绘制两壁一底地质素描图。

探槽素描图的平面展开方法一般有两种：

①坡度展开法：按探槽的自然坡度将两壁向外展平，对称地绘于图上，槽底则按其水平投影绘于两壁之间。展开图的形式如图9-1(a)。槽壁上的 AB 线为编录基线，是素描地质现象时的距离、位置控制线。编录基线与底板中线之夹角等于探槽的坡度角。当探槽长度较大，坡度较陡，或方位有较大改变时，素描图可分段展开，如图9-1(b)所示。

坡度展开法的优点是比较直观，槽壁上地质现象保持了地质体真实的产出状况，在编制勘查线剖面图时可直接利用，因而被普遍采用。缺点是耗费图纸。

②平行展开法：将槽壁、槽底平行展绘在图上，即壁上编录基线跟底板中线平行。槽壁的坡度用角度符号和数字表示，示于图9-1(c)。此法的优点是图面紧凑，节约纸张。缺点则是图中地质现象及其产状受到程度不同的歪曲，不够直观，而且坡度越陡，歪曲越大。

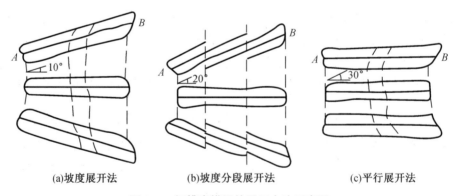

(a)坡度展开法　　　　(b)坡度分段展开法　　　　(c)平行展开法

图9-1　探槽素描图的展开方法示意图

以上两种方法均可采用，但坡度展开法用得最多。当探槽坡度很陡、长度很大，按坡度展开有困难时，则可采用平行展开法。当探槽转弯时，可以拐弯处为界，分段素描；亦可将槽底按实际延伸方向画，而在槽壁的拐弯处画一铅垂线，并标出拐弯后的探槽方位。

探槽编录步骤：①首先应检查探槽规格，是否符合要求；②对探槽中所要素描的部分进行全面观察研究，了解其总的地质情况；③确定并固定编录基线，即在素描壁或探槽的中部，将皮尺从探槽的一端拉到另一端，并用木桩加以固定，然后用罗盘测量皮尺的方位角及坡度角,皮尺的起止端要与探槽的起点和终点相重合;④用钢卷尺,沿着皮尺所示的距离,丈量特征点(如探槽轮廓、分层界线、构造线等)至皮尺的铅直距离及各特征点在皮尺上的读数;⑤根据测得的读数,在方格纸上按比例定出各特征点的位置,并参照地质体的实际出露形态,将相同的特征点连接成图;⑥测量地质体产状,并将产状要素标注在槽壁相应位置的下方;⑦槽底的素描采用以壁投底的方法绘于两壁之间;⑧在进行探槽素描的同时,应进行文字描述,采集标本,划出采样位置,并将标本和样品位置及编号标注于图上;⑨进行室内清绘,并写出文字总结。

2. 浅井地质编录

浅井有四壁一底。当地质情况简单,矿化分布较均匀时,一般只编相邻两壁,当地质情况复杂,矿化分布不均匀时,则应编录四壁。井壁素描图的展开方法,是沿井筒任意两壁的交线切开,将四壁平行展绘于图纸上,称四壁平行展开法。

浅井编录步骤如下:①一般由井口任一对角线的两端向井下挂皮尺作为基线,再在井壁上画出不同深度的水平线作为观测控制线,并测量井壁方位,丈量各井壁的宽度;②在方格纸的适当位置用四壁平行展开法做出四壁轮廓的图形,上端注明各井壁方位,并在第一壁(一般是平行勘探线的一个长壁)的外侧画上垂直的长度分划线;③以皮尺作垂直标尺,钢卷尺作水平标尺,从上到下逐一测量各井壁地质界线的出露位置,并按比例将其画在素描图上;④采集的标本、样品按实际位置标在图上;⑤测量产状,添绘岩石花纹及有关注记,进行文字描述以及室内整理和清绘工作。浅井素描图的格式如图 9-2 所示。

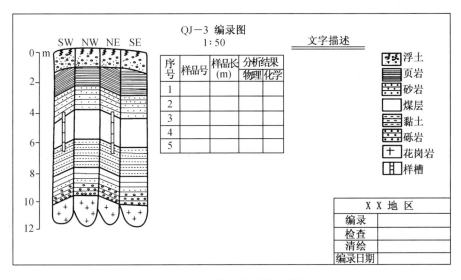

图 9-2　浅井地质编录素描图

竖井、暗井、天井等垂直坑道的编录方法与浅井的方法相同。

3. 坑道编录

平巷、石门、穿脉、沿脉等水平坑道和斜井、上山、下山等倾斜工程的编录方法和要求基本一致,一般编录两壁一顶。当地质情况简单,又为非矿化地段时,可编录一壁一顶。具体编录哪一壁,同一矿区应有统一规定。

坑道素描图的展开方法有压平法、旋转法和两壁摊开法三种(图 9-3),后两种方法现已很少应用,故此不予介绍。压平法又称压塌法,是将坑道两壁向内扣倒,顶板自然下落(地质内容为弧顶水平投影),形如向下把坑道压平,故称压平法。这种展开图的特点是两壁的下边朝外,上边朝里,顶板在两壁之间,构成坑道俯视图,如图9-3(a)。

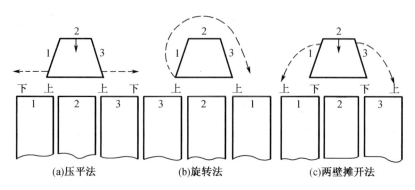

图 9-3　坑道素描示意图

此法的优点是顶、壁上地质现象彼此衔接,利于阅读和检查。因此是坑道编录中常用的方法。但利用该资料编制地质剖面图时不太方便。

在实际工作中,由于地质或生产上的需要,坑道方向常有改变,如图9-4(a)当坑道方位角的改变超过10°时,应采取分段编录或开口式编录。分段编录即从拐弯处将坑道断开进行素描,示于图9-4(b)。开口式编录是在素描图上将坑道拐弯处外壁拉直,弯曲外壁连续而内壁断开,顶板图廓则在拐弯内侧构成三角形开口,开口角度与坑道方位改变的角度相等。素描图下方的线状比例尺也相应地拉开,坑道方位则分段标明,如图9-4(c)所示。

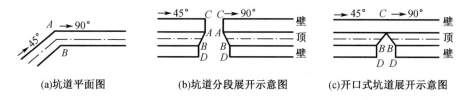

图 9-4　拐弯坑道展开示意图

由于沿脉坑道经常沿矿体走向掘进,仅编制顶、壁素描图还不能反映矿体横断面上的变化特点。因此,沿脉坑道还需编录掌子面。编录时,将顶板中线和两壁腰线引至该掌子面上交织而成控制网,用以确定地质界线在掌子面上的位置。掌子面素描图必须按照次序系统编号,并与顶板素描图放在一起,同时在顶板素描图上引一直线,以表示其具体位置。垂直矿体走向掘进的坑道,如石门、穿脉,只编录最后一个掌子面。

斜井、上山、下山等倾斜工程编录两壁一顶。素描图的展开方法有两种:一种和探槽相似,两壁外倒,顶板下落,按工程的坡度展开;另一种和水平坑道一样,顶、壁平行展开。两种展开方法各有利弊:前者编录方便,利于阅读,壁上地质界线产状不受歪曲,但顶板素描图需作水平投影,不利于放射性物探资料的整理;后者的利弊则恰恰相反。以上两种展开方法的应用可根据实际需要而定。

9.2.2 钻孔原始地质编录

钻孔原始地质编录是指对钻孔中岩(矿)芯进行现场地质观察、记录、素描、取样及其他相关研究和室内初步整理的工作。由于钻孔直径较小,孔内磨损较大,所取岩(矿)芯标本的数量有限,因此,在工作中要求编录人员仔细进行观察记录,尽可能从岩(矿)芯中取得较为详尽的地质矿化信息,以满足矿床综合研究的需要。钻孔原始地质编录分为现场编录和室内整理两部分。

现场编录工作内容包括以下几个方面:

①检查孔深,检查进尺和累计孔深,并核对班报表记录与岩芯牌的一致性和正确性。可以通过采取检查进尺计算累计孔深,根据钻具记录核对孔深,丈量钻具验证孔深等方法检查钻孔深度。

②检查岩矿心,检查岩矿芯的摆放顺序、岩芯编号、岩芯长度、岩芯牌上填写的数据及其摆放位置的正确性,如岩(矿)芯存在拉长现象,应予以改正,并重新测量岩(矿)芯长度和改写岩芯牌上相应的数据。

③对岩(矿)芯进行分层,并详细地质描述。岩(矿)芯的文字描述和素描一般都按表格进行。表格的内容包括钻进日期、班次、编录日期、钻进回次、累计孔深、回次进尺、岩芯长度、残留岩长、回次采取率、结构面与岩芯轴夹角、取样位置和文字描述等项。

④检查孔斜测量。编录人员要注意检查是否在设计间距进行了孔斜度测量,测得结果是否合乎要求,如不合格应采取防斜措施。

⑤检查钻孔简易水文观测情况。简易水文观测是岩心钻探工作重要内容之一,目的是获取划分含水层和相对隔水层的位置、厚度等资料,并初步了解含水层的水位。

⑥计算岩(矿)芯采取率、换层深度,根据地质分层和描述及时作出钻孔编录柱状图。岩芯编录柱状图的比例尺一般为1:100,重要地质现象可绘制更大比例尺的素描图。应根据所取得的实际资料,随时对钻孔设计地质柱状图进行修改,并依据新资料推测未完钻的下段的地质情况,以指导钻孔的下一步施工。

⑦终孔验收和小结。岩石钻探在完成预计目的之后,停止工作之前,应进行现场验收,检查钻孔任务及其完成程度、钻探质量等,合格后,方得结束工作。此外,在终孔之前,地质人员应提出各孔段的封孔要求,交由机场人员执行。

在进行钻孔原始地质编录时,需同步开展放射性编录(又称辐射编录,或物探编录)和水文地质编录工作。放射性编录时,应特别注意可能存在的因铀矿体铀-镭平衡系数严重偏铀导致伽马测井照射量率反映弱的铀矿体(矿段)。

钻孔原始地质编录的室内整理包括编制综合成果表和综合柱状图、钻孔弯曲投影等工作。

钻孔原始地质编录详尽的工作内容与具体方法请参阅实习指导书。

9.3 地质综合编录

地质综合编录又称地质资料综合整理,是指利用各种探矿工程的地质原始编录资料,进行系统整理和综合研究工作,编制各种必要的地质综合图件,用以反映矿区或矿床勘查工程总体布置情况、地质及成矿规律性,或某个侧面的地质矿化特征等。其主要的目的是为指导下阶段的矿床勘查、矿床评价、资源储量估算、矿山或其他工程设计等提供依据。所以,综合地质编录是野外地质工作的继续和"升华",贯穿于整个矿床勘查过程中,是正确查明矿床地质特征,开展成矿控制因素和成矿规律研究,开展资源储量估算并保证估算结果可靠性必备的重要环节。

综合编录图件是综合编录的重要成果,是地质勘查报告中的重要组成部分。根据矿床地质特征、勘查工程布置方式不同和研究任务要求的差别,需要编制不同种类和内容的综合图件。

9.3.1　矿床地质图的内容和要求

矿床(区)地质图是反映矿床或矿区地质构造特征和矿化分布规律的重要图件,是合理布置勘查工程的依据和综合整理勘查成果的基础,也是矿床资源储量报告必附的基本图件之一。铀矿床地质图的比例尺一般为 1∶1 000～1∶2 000;矿区或矿田地质图的比例尺一般为 1∶5 000～1∶25 000。

在比例尺允许的情况下,图内应尽可能详细地表示出地层、岩体(包括岩脉)的形态、产状、岩性特征、形成时代及其与围岩的接触关系;各种构造的产状、规模、性质、相互关系及发展历史;矿床、矿体及围岩蚀变带的分布范围及其他与矿化有关的地质现象。在所用比例尺不能表达的情况下,对与矿化有关的地质现象可适当夸大。此外,图上还应绘有主要的探矿工程,如竖井口、平巷口和钻孔位置等。矿床(区)地质图应附有代表性的地质剖面,矿区地质图还应附地层综合柱状图。矿床地形地质图的格式和内容如图 9-5 所示。

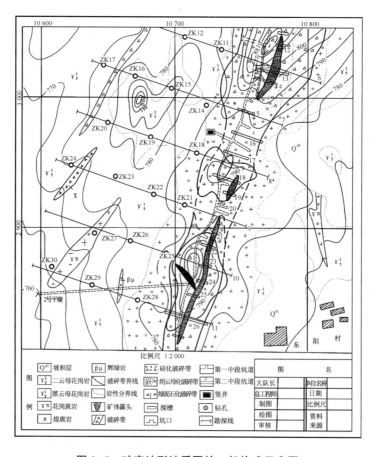

图 9-5　矿床地形地质图的一般格式示意图

矿床(区)地质图一般在由勘查单位组织测量技术人员实测矿床地形图的基础上,由地质人员实地测制而成。为充分发挥它在找矿勘查中的作用,地形地质填图工作应及早进行,一般在矿床普查或详查阶段就应开展此项工作。

9.3.2　勘查工程分布图

勘查工程分布图是编制勘查线剖面等综合图件的依据,也是矿床勘查报告的基本附图之一。此图主要表示矿床各种勘查工程的分布位置,在一定程度上也反映了矿床的勘查方法和勘查程度。图上应表示的内容有勘查基线、勘查剖面线、坐标网、已竣工的各种勘查工程等。钻孔应标出孔号、开孔标高、终孔深度、见矿品级,必要时还要绘出钻孔轴线水平投影图;水平坑道应画出腰线平面图,不同中段的水平坑道系统可用不同线条型式来表示。

勘查工程分布图一般都可与矿床地质图合并编制,称为矿床综合地质图。只有在矿床地质情况复杂,勘查工程密集,上下中段较多,矿床地质图上不能清楚表示的情况下,才单独编制工程分布图。

该图根据勘查工程测量资料进行编制。凡工程施工完毕,都应及时进行测量,以便及时投绘到工程分布图上。

9.3.3　勘查线剖面图

沿勘查线编制而成的垂直断面图称为勘查线剖面图。该图主要作用和用途在于反映地质构造、矿床矿体沿倾斜方向的变化情况。单个勘查线剖面较准确地反映该断面上地质构造特点和矿体赋存情况;一系列勘查剖面图则反映矿床(体)总体地质构造特征及其变化特点。该图是矿床(体)地质研究和矿产资源储量估算的必要图件之一,也是断面法资源储量估算的基础图件,可用以圈定矿体、测定矿体断面面积、划分矿体块段、分析矿床成矿规律,指导深部勘查工程的布置。图件也是编制其他综合性图件、矿山建设与采掘工程设计的基本图件。

实际勘查线剖面图与勘查线设计剖面图的编制方法基本相同,其基本区别仅在于前者是根据已施工勘查工程揭露的实际地质现象,经过合乎地质规律的综合分析与对比研究,再将所有地质构造和矿体界线点对应连接与合理推断绘制,所依据的勘查工程数量较多;后者是在地表地质现象基础上,或依据少量的已施工勘查工程地质资料编制的理想设计剖面。

编制勘查线剖面图所依据的资料主要是矿床综合地质图、地表坑探资料、钻孔原始地质、物探编录资料、γ 测井和取样分析结果等。勘查线剖面图的比例尺一般为 1:500 ~ 1:1 000,比例尺大小视矿体规模和矿床地质构造的复杂程度而定。剖面图上应绘有垂直标尺、水平标高线、勘查基线、坐标线、地形剖面线、各种勘查工程(钻孔轴线须经弯曲投影)以及各种地质界线、矿体及其品位等。剖面下方附勘查线工程平面分布图及钻孔投影轨迹。一般格式见图9-6。

详细编制方法和步骤请参阅实习指导书。

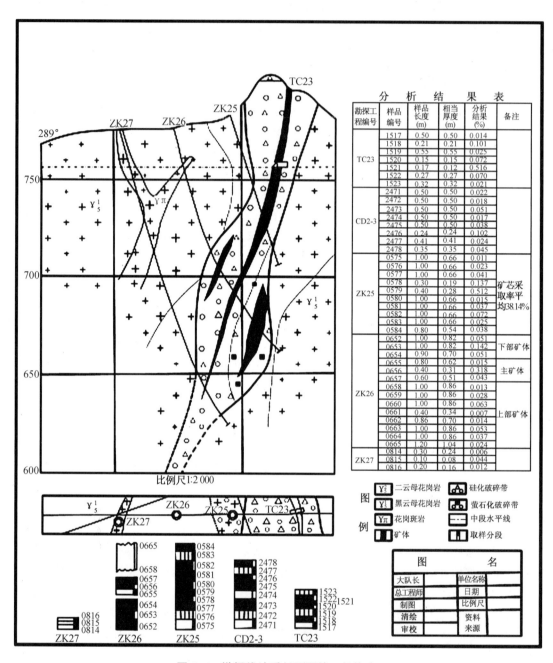

图9-6 勘探线地质剖面图的一般格式

9.3.4 中段地质平面图

中段地质平面图又称水平断面地质图,主要用来表现各勘查中段地质构造特征及其与矿体的相互关系。它是研究矿床赋存规律的重要图件,也是用水平断面法估算资源储量时圈定矿体、划分矿体块段和测量矿体断面面积的必要图件。

图上应绘坐标网、勘查线、各种勘查工程及取样位置,对地层、岩石、构造、矿体及围岩蚀变带等地质界线及其产状应有详尽的表示。中段地质平面图的比例尺一般为1:500。主要根据坑道原始地质编录和取样资料进行编制,也可通过坑道腰线平面填图而成。在用钻孔勘查的矿床中,还可利用若干勘查线剖面图,在同一中段标高上切制而成。其编制方法、步骤如下:

(1)编制坐标网

在图纸上以 10 cm 为间距绘出经、纬线,作为制图控制网。

(2)投绘勘查工程

根据矿山测量资料,将坑道导线点依次投到坐标网图上,然后按腰部测量资料投绘坑道腰线平面图,定出天井、暗井及水平钻孔等工程位置。

(3)投绘取样线,列样品分析成果表

刻槽样或辐射样的取样线一般沿取样壁用 1 mm 宽的道轨式图例表示,道轨分节长度等于各样品的取样长度。当两种取样方法并存时,在图例花纹上应有所区别。取样线的起点与终点根据原始地质素描图上的取样位置或矿山测量资料确定。水平钻孔中辐射取样结果按不同品级用不同颜色的线段表示。

列出样品分析成果表。该表的内容有取样线位置、样品编号、取样长度、分析或解释品位、取样线加权平均品位、法线厚度和米百分率等。当图面简单时,可在平面图上下空白处制表;图面复杂时,则应单独编制。

(4)投地质界线点,连接地质界线

根据原始地质素描图,将各坑道腰线上出现的地质界线点(含矿构造和主要岩石分界线)按比例尺投到坑道腰线平面图上;通过各相邻工程岩性、构造特征的分析对比,对各种地质界线进行走向连接。并根据取样资料绘出矿体。最后按统一图式、图例对图面进行修饰,使之达到规范要求。

中段地质平面图基本格式示于图9-7。

9.3.5 矿体投影图

矿体投影图通常分为垂直纵投影图和水平投影图两种。垂直纵投影图是将矿体垂直投影到平行矿体平均走向的垂直面上,即将矿体投影到与勘查线剖面垂直的铅直面上;水平投影图是将矿体垂直投影到水平面上。投影图种类的确定主要取决于矿体的产状。陡倾斜矿体一般编制垂直纵投影图;缓倾斜矿体编制水平投影图;中等倾斜的矿体则视勘查工作所采用的技术手段而定,当用坑道水平勘查时,编制垂直纵投影图;用钻孔为主要手段且为铅直孔时,则一般编制水平投影图。在少数情况下也可编制倾斜面投影图,即将矿体垂直投影到平行矿体平均倾斜的平面上。

编制矿体投影图实质上是将矿体揭穿点用法线投影的方法投到相应的投影面上,然后在投影面上圈定矿体的边界线。投影图的比例尺一般为 1:500~1:1 000,比例尺大小视矿体规模而定。编图所依据的资料有矿床综合地质图、中段地质平面图、勘查线剖面图、样品分析及 γ 测井成果等。投影图中应绘有坐标线、勘查线、各种勘查工程(位置对应于工程的矿体揭穿点)、主要地质界线(如切割矿体的脉岩、断层)等基本内容。垂直纵投影图还有矿带露头地形线。在见矿勘查工程旁应注明矿体编号、矿体厚度、平均品位。

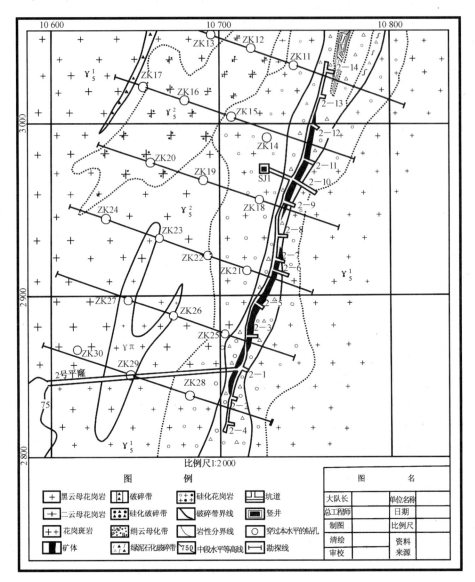

图 9-7　中段地质平面图一般格式

　　矿体投影图是地质块段法等多种矿产资源储量估算方法的基本图件之一,也是研究矿体形态、赋存规律,指导勘查工程布置的重要依据。因此,在矿产勘查工作中应注意收集资料,及时编制矿体投影图。当矿床矿体数量较多,图面内容无法承受时,可按矿体分别编制矿体投影图。

　　现以矿体垂直纵投影图为例简要说明编图的方法和步骤:

　　(1)确定垂直纵投影面的方向

　　垂直纵投影面是一个平行矿体平均走向,与勘查线垂直的理想铅直平面(与勘查基线方位一致)。为了制图方便,可在矿床综合地质图上适当位置画一条平行矿体的直线(垂直于勘查线剖面)作为投影面线。当矿体走向变化较大,超过15°时,应分段确定投影面。在这种情况下应注意矿体展开后各部分间的关系。

（2）编制控制网

在图纸上按一定比例尺画一组间距相等（例如 40 m）的水平线作为标高线（有坑道工程时，还要画出坑道中段标高线）。再按矿床勘查线间距画一组垂直线即垂直纵投影面上的勘查线剖面投影线。这两组线互相垂直，即构成投影图的控制网。

（3）投绘矿体露头地形线

以任一勘查线为起点线，将矿床综合地质图上矿体露头中心线与各条地形等高线的交点，按其高程和距起点线的距离依次投到控制网图上，即得地形投影点。用圆滑曲线顺序连接各地形投影点，即得矿体露头地形线。用同样方法，将综合地质图上矿体露头中心线与 X、Y 坐标线的交点投到控制网图上，并通过这些投影点画垂直线，即得投影图的坐标线。若为盲矿体，则无须投地形线。

（4）投绘勘查工程见矿点

投绘地表矿体是将探槽或浅井中矿体下盘揭穿点（或矿体中心点）投绘到控制网图上，并画出槽井断面形状；地下矿体如为坑道揭穿时，先将坑道的位置和形状垂直投绘到图上。然后标出各取样线位置（包括穿脉壁和掌子面上取样线），并用规定的颜色图例表示各取样线样品品级（按取样线平均品位计算）。

钻孔中矿体揭穿点（或中心点），应根据勘查线剖面增量计算得到的揭穿点的标高以及偏离勘查线剖面的距离值进行投绘。如果用图解法进行投绘，则可在勘查线剖面图上定出各钻孔中矿体揭穿点标高，在钻孔轴线平面投影图上量出该揭穿点偏离勘查线的距离，用这两个数据即可在控制网图上定出见矿钻孔揭穿点的投置位置。

（5）投绘地质界线

在矿体投影图上一般不投绘地质界线。但如果有断层、脉岩等切穿矿体，造成矿体位移，影响矿体的连续性或正确圈定时，应将这些断层、脉岩如实反映出来。其方法是先在各勘查线剖面图上求出断层或脉岩与矿体下盘交点的高程 h_1、h_2、h_3、h_4、h_5、h_6。然后将它们投到垂直纵投影图的相应勘查线上，并根据它们与矿体的关系对应连接起来，即是投影图上的断层或脉岩界线，如图 9-8。

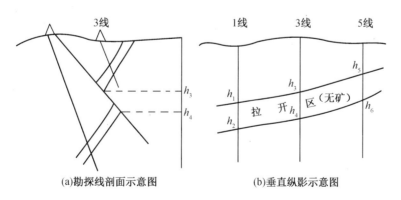

(a)勘探线剖面示意图　　(b)垂直纵影示意图

图 9-8　逆断层投影示意图

从图 9-8 可以看出，由于图中断层为逆断层，上盘上冲，因此在投影图上矿体被拉开，造成一个无矿区段。在另一种情况下，当断层为正断层时（图 9-9），则在投影图上出现矿体的重叠区段。由此可见，将必要的地质界线投到投影图上具有很大的实际意义。

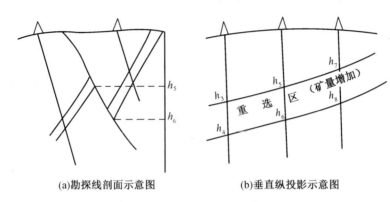

(a)勘探线剖面示意图　　　　　　　(b)垂直纵投影示意图

图 9-9　正断层投影示意图

(6)矿体圈定

矿体的圈定方法见矿产资源储量估算方法相关章节内容。

矿体水平投影图与垂直纵投影图的作图方法基本相似,其主要是首先将矿体出露边界绘出,再将勘查工程与矿体中心面的交切点投影到一理想水平面上,再圈定矿体范围与各种边界线。

除以上主要图件外,为了满足矿床研究的需要,有时还要编制矿体垂直剖面或水平断面对比图、矿体立体图、矿层底(顶)板等高线图、矿层等厚线图等其他综合图件。其编制方法可参考矿体几何制图学,在此不做一一介绍。

目前,电子计算机已相当普及,也逐步建立了各式各样的数据库,研制了不少成熟的软件。在条件具备的情况下,应尽可能通过计算机来实现上述作图过程。由此可提高地质图件的质量与精度,降低劳动强度,提高工作效率。

第 10 章　铀矿取样与质量评价

10.1　铀矿质量研究的主要内容

矿产质量是指决定矿产在国民经济中的工业价值、利用可能性和途径的相关特性的总和。一般常指满足当前采、选、加工利用的优劣程度或能力。其研究目的是为评价矿产资源工业利用的技术可行性和经济意义提供基础依据。对矿产质量要求高低直接取决于国民经济对该矿种的要求和采、选、冶技术的发展态势。

由于铀矿床类型较多，不同类型铀矿床的采、选、冶工艺往往有较大的差异，如采用地浸工艺开采的砂岩型铀矿与采用传统工艺或堆浸工艺开采的其他类型铀矿床，铀矿质量的研究内容与要求会存在较大区别。因此，具体矿床的质量研究内容，还应结合铀矿床的采、选、冶工艺予以确定。一般而言，根据影响铀矿质量的主要因素，铀矿质量研究的内容主要应包括以下几个方面：

①矿石中有用及有害组分含量、赋存状态与分布规律

包括主要组分、共生与伴生组分、有益组分、有害组分的种类和含量，铀元素及相关组分的赋存状态及分布变化规律，它是影响矿石工业品级和工业经济价值评价的主要指标。

②矿石中矿物组分、含量、共生组合及分布特征

内容涵括矿石中铀矿物及共生伴生矿物组分、矿物的世代和生成顺序及矿物的次生变化。该部分内容有助于确定矿石的自然类型、工业类型和矿石种类的空间分布，预测矿石分选后各类精矿及尾矿的大致产出率，指导选、冶试验。

③矿石结构、构造及矿物嵌布特征

研究矿石结构、构造及矿物嵌布特征，确定工业利用组分矿物的形状、粒度及粒级分配；研究工业利用组分矿物与其他矿物的相互关系(连生性质及连生体大小)，矿物团粒生成的大小和形状。

详细研究这些组构特征，就能在选矿试验之前，对矿物单体在矿石碎矿、磨矿工艺中解离的难易程度和矿物的破坏程度作出评价，从而对磨细度、流程结构以及可能达到的选矿指标进行预测，有助于阐明矿产的技术加工特性。

④矿石的技术物理性质

矿石的技术物理性质研究是为了查明矿石和近矿围岩的物理机械性质，如矿石体重、松散系数、抗压强度、裂隙度、硬度、脆性、磁性、电性和水文地质性质(如含水性、渗透性)等，为铀矿资源储量估算、矿床评价及矿山建设设计和开采提供必要的参数和资料。

⑤矿石工艺性质

矿石工艺性质是指矿石的加工工艺性能，即矿石的可选性及可冶炼性能。其目的是要评价矿石可否作为工业原料，矿床是否具有工业价值，确定有效且经济可行的选冶方法和

工艺流程,为矿山开发的可行性提供依据。矿石的工艺性质研究是保证有效合理地利用铀矿资源的前提。

⑥放射性物理性质

主要是指矿石的钍与钾含量、有效原子序数,射气系数和铀镭平衡系数等研究。它是矿石放射性异常性质和伽马测井定量解释的基础与依据。

10.2 铀矿取样种类及要求

10.2.1 矿体取样的基本概念

从固体矿产的矿体或围岩中,或从矿山生产的产品中,按一定规格和要求,采取一小部分具有代表性的矿石或岩石进行岩矿鉴定、分析测试或试验研究,用以了解矿石质量、矿石和围岩的物理或化学性质等的专门性地质工作,称为矿体取样。根据取样的目的任务不同,铀矿取样可分为岩矿鉴定取样、化学取样、加工技术取样、矿床开采技术取样和辐射取样等。

取样工作一般由以下四个基本环节组成:采取样品→样品加工→样品的鉴定、分析测试与试验→质量检查与评价。

取样工作是矿床研究的重要手段之一。样品、标本的岩矿鉴定、分析测试或试验研究结果是划分矿石类型、圈定矿体边界、估算储量、确定矿山采选冶工艺并评价矿床经济价值,以及分析矿床成因的重要依据。因此取样工作是一项十分重要的基础地质工作,其质量的好坏,将直接影响到矿床远景或工业评价结论的准确性。由于矿体是一个复杂的地质体,矿石质量在矿体不同部位往往变化较大。因此,矿体取样首先遇到的问题是如何从矿体中取得代表性强的样品;其次是如何在样品的加工中保证原始样品的代表性不受影响;同时还须注意提高取样工作的效率。

为了减少误差,保证矿体取样的质量可靠,取样时必须遵循下列基本原则和规定:

①完整性原则,即样品采集应包括各种必须研究的岩石和矿石。取样要保证矿体的完整性,即应当在整个矿体厚度上连续进行,而且必须向围岩中延伸一定距离。对没有明显地质边界的矿体要在整个勘查工程上取样。

②均匀性原则,即样品应该按一定的网格等距取样,且取样网应当始终保持一致。物理样品(如矿石的体重、湿度等)在矿床或块段范围内要基本均匀分布。

③一致性原则,样品应尽量沿矿化变化最大方向采取,且方向应该是一致的,或者是按真厚度,或者是按水平的,或者是按垂直的方向进行采取。

④区分性原则,即对不同自然类型的矿石和特征不同的矿化岩石,应分段分别单独取样。

10.2.2 岩矿鉴定取样

岩矿鉴定取样的目的是通过标本、样品的镜下显微观察和有效手段的分析测试,对矿石和围岩的矿物学、矿相学及岩石学进行研究,以查明矿石及围岩的结构构造、矿物成分与含量、共生组合和生成顺序、嵌布特征、近矿围岩蚀变特征;对矿石矿物的物理性质进行研究,测定矿石矿物的形态、粒度、硬度、脆性、磁性、电性等,确定有用元素的赋存状态。其研究成果是用以确定岩石类型,并为矿石自然类型的划分、综合利用可能性与加工技术条件的评价(矿石工艺矿物学研究),以及矿床成因的研究等提供必要的资料。

对样品的岩矿鉴定与测试,目前以显微镜(偏光、矿相、实体)下鉴定为基本手段,辅以其他各种测试手段,如硬度、磁性、折光率、微区分析、电子探针、扫描电镜、包体测温等测试。鉴定与测试是直接在样品经磨制加工而成的光片、光面、薄片,或挑选出的单矿物样上进行。

岩矿鉴定取样通常采用拣块法采集,采取对象可视研究任务及拟解决的问题来确定。

10.2.3　化学取样

化学取样主要是确定矿石和近矿围岩中有用组分的品位及共生与伴生有益组分、有害组分的种类、含量分布状态与变化规律;研究这些组分的变化规律和相互关系,为矿石质量评价和品级划分、矿体圈定和矿床资源储量估算、采矿与选冶等方面提供可靠资料依据。矿山开采阶段化学取样的成果,用以编制生产计划,确定矿石的损失与贫化,进行矿山和工厂经济核算,指导矿山采掘作业,管理与控制矿石质量,对采选冶生产过程的正确性作出评价。

铀矿石化学取样的样品,主要用物理分析法测定含铀量。化学分析法虽然比较精确,但分析速度慢、成本高,一般在矿石含铀量基本分析中用得少,多半用于微量铀含量确定以及测定矿石中共生与伴生的有益组分和有害组分含量,或样品检查分析。

化学取样的采样方法与要求详见 10.3 节。

10.2.4　加工技术取样

加工技术取样又称工艺取样,其目的是对矿石的选冶性能进行试验研究。其重要性体现在,对矿石工业利用的可能性作出评价;确定最合理的加工工艺流程和技术经济指标;是制定矿床工业指标的重要基础;是综合利用矿产资源、开发矿产资源新品种新用途,为矿床可行性研究和经济意义评价,以及矿山企业设计提供必要资料。

根据试验的目的和规模,可将加工技术试验分为可选(冶)试验、实验室流程试验、实验室扩大连续试验、半工业试验和工业试验五个层次。矿石加工技术试验研究程度通常由勘查投资人决定。

可选(冶)试验是为了确定试验对象是否可作为工业原料。通常在勘查工作早期阶段进行,是在对矿石物质组成初步研究的基础上,用物理的或化学的方法获得相关技术指标。试验定量程度低,模拟度差。可选(冶)性能对评价矿石质量具有重要意义,对易选(冶)矿石试验结果,可作为制定矿床工业指标的基础。

实验室流程试验是在可选性试验的基础上,采取小型加工技术样品,在实验室规模与设备条件下进行多方案的比较试验,进一步深入研究矿石在何种流程条件下能充分合理地选冶回收。试验结果一般是矿床开发初步可行性研究和制定工业指标的基础;对易选(冶)矿石,也可作为矿山设计依据。

实验室扩大连续试验是对实验室流程试验推荐的流程串组为连续性的类似生产状态操作条件下的试验,试验是在动态中实现,具有一定的模拟度,成果是可靠的。其结果一般可作为矿山设计的基本依据。对于难选矿石,仅能作为矿床开发初步可行性研究和制定工业指标的基础资料和依据。

半工业试验是在专门试验车间或试验工厂进行近似于生产条件下的矿石选冶的工业模拟试验,目的是检查验证实验室流程试验或实验室扩大连续试验成果。工业模拟度高,成果更为可靠,可更合理地确定选矿工艺流程和技术经济指标。其试验结果无疑可为矿山开发建设(选冶厂或溶(注)浸场)提供设计依据。

工业试验是建厂开发前的一项准备工作,是借助工业生产装置的一部分或一个或数个性能相近、处理量相当的设备系列,在生产工厂或实地条件下进行局部或全流程的试验,具有试生产的性质。主要用在矿床规模很大、矿石性质复杂,或采用先进技术措施或新工艺,缺乏足够经验,或因技术经济指标和新设备需要在工业试验中得到可靠验证时才进行工业试验。试验结果是矿山设计建厂和生产操作的基础和依据。

各层次试验样品的重量视试验性质、目的和任务要求而定,少则仅需几十千克,多者需数千千克。加工技术试验样品的采取必须同试验部门紧密配合进行。

铀矿石加工技术样品通常要进行放射性选矿、水冶试验或溶(注)浸试验。放射性选矿是为了从原矿石中选掉部分废石,提高矿石品位,减少水冶过程中的矿石量;也包括通过放射性选矿,从后备矿石中选出一部分达到工业指标或高品位的矿石,与相对低品位的铀矿石混合,以便充分利用铀矿资源。水冶试验或溶(注)浸是为了研究矿石有用组分的提取方法和矿石综合利用的可能性。通过试验确定矿石加工工艺流程及其经济技术指标,划分矿石加工技术类型。

由于不同的铀矿石类型,通常具有不同的化学组成和矿物组成,往往其加工技术性能也不相同,因此,原则上不同类型的铀矿石应分开取样分别进行试验。若矿石类型不同,然开采时又无法将其分离时,可采取混合样品进行试验。对含有其他共生、伴生有用组分的矿石或近矿围岩,必要时需单独取样试验,以便对有用组分的综合开发利用的可能性作出评价。同时,应配套开展矿石或近矿围岩的结构构造、工艺矿物学、有益组分和有害组分含量与赋存状态等的研究工作。

从矿床普查直到矿山开发勘探各个阶段,都要采取不同规模的加工技术样品进行实验室,或半工业,或工业等不同条件下的试验研究。实际工作中,普查阶段,对发现的矿体通常仅开展与邻区矿床或同类型矿石的类比研究;对组分复杂或新类型铀矿石,则应作实验室流程试验研究。在铀矿详查阶段,当矿体初具规模,肯定其工业远景时,就应采取小型加工技术样品进行水冶或注浸的实验室扩大流程或半工业试验,查明矿石工业利用的可能性,作为矿床是否能够转入勘探的必要条件。在铀矿勘探阶段,则应采取大型试验样品或实地开展半工业或工业试验研究。

10.2.5 矿床开采技术取样

矿床开采技术取样又称为物理取样,指为了研究矿石和近矿围岩的物理力学性质而进行的取样工作。取样的具体任务主要是测定矿石和近矿围岩的某些物理机械性质,如矿石体重(密度)、湿度、孔隙度、块度、松散系数,矿石和近矿围岩的稳定性、抗压抗剪强度、硬度、安息角,以及铀矿床中单位当量氡气扩散率等,其目的是为矿床储量估算、矿山建设和开采设计提供必要的参数与技术资料。

对某些非金属矿产,由于借助化学取样尚不足以确定矿产的质量,还应测定与矿产用途有关的物理和技术性质,如石棉的含棉率、石棉纤维长度、挠曲性、耐热性、防腐性,白云母晶片的大小、透明度、绝缘性、耐热性等,建筑材料的孔隙率、吸水性、抗压强度、抗冻性、耐磨性等,宝石的晶体大小、晶形、透明度、颜色等,从而为矿床矿石质量评价和工业用途确定提供资料依据。

1. 矿石体重的测定

矿石体重是矿石资源储量估算的重要参数之一,指在自然状态下单位体积(包括孔隙)矿石的质量。按测定方法,矿石体重可分为小体重和大体重,与之相对应的测定方法为石蜡法和全巷法。铀矿还可用辐射法测体重。

(1)石蜡法

此法是根据阿基米德原理,采取小体积样品(60~120 cm³),采用涂蜡排水法进行测定。测定过程如下:样品采下来应立即在空气中称其质量 P_1;然后将其浸入石蜡溶液,涂上一薄层石蜡,称其质量 P_2;再将涂蜡样品放入盛满水的容器中,容器中排出水的体积即为涂蜡标本的体积 V。

矿石体重计算公式为

$$D = \frac{P_1}{V - \left(\frac{P_2 - P_1}{d}\right)} \tag{10-1}$$

式中　D——矿石体重;

　　　P_1——矿石质量;

　　　P_2——矿石封蜡后质量;

　　　V——矿石封蜡后的体积;

　　　d——石蜡相对密度(一般为 0.93)。

小体重样品应按不同矿石类型或矿石品级分别采集,样品分布应具有代表性,且在空间上应相对均匀。一般每类矿石应采 20~30 个样品进行测定,然后取其平均值可作为资源储量估算的依据。

(2)全巷法

该法是在坑道中采取大体积样品,称其质量 P,并精确测定取样空间的体积 V,然后用下式计算矿石体重:

$$D = \frac{P}{V} \tag{10-2}$$

式中　D——矿石体重,t/m³;

　　　P——样品质量,t;

　　　V——取样空间体积,m³。

样品体积的大小视矿体裂隙发育程度而定,但不小于 0.125 m³。取样空间的形态必须修饰整齐,便于丈量。样品一般用爆破法采取,当矿石松软时,也可用人工方法刻取原状标本进行测定。原状标本的规格一般为 20 cm×20 cm×20 cm 或 25 cm×25 cm×25 cm。原状标本的体积和质量测定之后,也按上式计算矿石体重。这种方法又称为矿柱法。

常用全巷法体重检查石蜡法体重。采取全巷法体重样品,其中每类矿石采取 1~3 个;采取矿柱法体重样品,其中每类矿石采取 3~5 个。

2. 矿石相对密度的测定

矿石相对密度等于矿石与同体积水的质量之比。测定矿石相对密度,是将矿石碎成细粒或粉末,排除孔隙,称其质量,然后用排水法测其体积,计算矿石相对密度。该数值一般均比同一矿石的体重值大。测定矿石相对密度的目的是为了计算矿石的孔隙率。

矿石相对密度一般用相对密度瓶法进行测定。

3. 矿石湿度的测定

矿石湿度指自然状态下,单位质量矿石中所含的水分,以含水量与湿矿石的质量百分比表示。矿石体重是在天然条件下测定的,含有一定水分。而矿石品位却是在样品经过加工以后的干燥条件下测定的。二者测定条件显然不一致,矿石资源储量估算时,应使两者统一,需对矿石体重或品位数据用矿石湿度进行修正。这就是测定矿石湿度的目的。

矿石湿度测定通常与矿石石蜡法体重测定相配套同步进行,用同一个(或同地点采集)样品来实现,即在温度不高于 105 ℃的条件下,将石蜡法体重样品(湿重 P_1)烘干,得其干重 P_2。

矿石湿度(B)按下式计算

$$B = \frac{P_1 - P_2}{P_1} \times 100\% \qquad (10-3)$$

用湿度将干矿石品位换算成湿矿石品位:

$$C_s = C_g(1 - B) \qquad (10-4)$$

式中　C_s——湿矿石品位;

　　　C_g——干矿石品位。

如果资源储量估算是以干矿石为标准,则应将湿矿石体重换算成干矿石体重,即:

$$d_g = d_s(1 - B) \qquad (10-5)$$

式中　d_g——干矿石体重;

　　　d_s——湿矿石体重,即天然状态下测得的体重。

矿石的湿度随季节、地下水面和取样深度的变化而变化。因此,测湿度的样品应分别采取不同矿石类型、不同季节和深度的样品。每类矿石湿度样品数量不少于 20~30 个,取其平均值参与上述参数的修正。当铀矿石的湿度小于 5% 时,一般不作修正。

4. 松散系数的测定

松散系数是指矿石或岩石爆破以后呈松散状态的体积与爆破前矿石在自然状态下原体积之比。该系数是矿山设计中确定矿车、吊车、矿仓等容量及运输量的重要依据。计算公式为

$$K_s = \frac{V_2}{V_1} \qquad (10-6)$$

式中　K_s——松散系数;

　　　V_1——爆破前矿石体积,m^3;

　　　V_2——爆破后矿石体积,m^3。

爆破前体积即爆破空间的体积,须修饰整齐,仔细丈量。矿石爆破后体积可用一定容积(0.5~1 m^3)的木箱来测量。矿石装入木箱后可轻轻振动,并将矿石表面铺平。

此外,为了给矿山开采设计提供岩石可钻性、机械强度、承载强度、坑道生产卫生等资料,在勘查工作过程中,还需对矿体顶底板围岩的硬度和抗压强度、坑道粉尘及单位当量氡气扩散率等进行测定,在此不一一详述。

10.2.6　辐射取样

辐射取样是铀矿床特有的一种取样方法。它是利用辐射仪器直接测定矿化露头的 γ 照射量率,并通过定量解释来确定矿石的含铀量,所以又称为 γ 取样。通过辐射取样能够确定铀矿体的边界、矿石品位和矿体厚度。由于这种方法速度快、成本低、代表性强,它在铀矿勘查和矿山开采中得到了广泛的应用,勘查阶段钻探工程铀矿体的圈定主要应用这种方法。特别是 γ 能谱仪的出现,为辐射取样的应用开辟了更广阔的前景。γ 能谱仪可在室内外测定铀、钍、钾(^{40}K)的含量。

当铀矿床铀、镭平衡遭到强烈破坏,铀-镭平衡系数变化无一定规律时,辐射取样便不能取得满意的成果。所以,必须采取一定数量的化学样品,与辐射取样资料进行对比研究。当证明辐射取样可以代替化学取样时,方能推广应用。

对铀矿床,特别是矿层地段岩心采取率不高的情况下,γ 测井结果是确定铀矿体厚度、品位、位置及其铀矿资源储量估算的主要资料和依据。铀系中主要的 γ 射线来自镭组核素氡的短寿命子体同位素 ^{214}Pb 和 ^{214}Bi。铀系中 γ 射线特征能量为 1.785 MeV,主要是 ^{214}Bi 的贡献。因此,γ 测井原始记录的其实是由镭裂变产物氡及其衰变产物的 γ 射线。而 γ 测井定量解释所计算的是铀含量,因而,准确了解铀矿体矿石中铀-镭平衡状态与镭-氡平衡状态是保证 γ 测井方法及其定量解释矿层铀含量准确性的重要条件。

铀矿石中的 Ra 不断衰变产生射气,其中一部分析出到岩石或矿石的孔隙与裂隙中,并向周围散逸,这一部分射气称为自由氡,另一部分受到束缚而不能析出,称为束缚氡。射气在一定条件下,可发生扩散、对流等作用,氡也可以溶解在水中,随地下水运动而迁移。射气系数受许多因素影响,通常认为主要有破碎、孔隙度、湿度和温度等影响,对不同岩石可以在 5%~50% 范围内变化。结构相对致密矿石构成的铀矿层被钻孔揭穿后造成氡气扩散或含 Ra、Rn 的矿化水充填在井孔,形成附加的 γ 照射量率;或者在铀矿石具有良好孔隙度情况下,如产于砂岩中的铀矿层,由于含矿砂岩(铀矿石)具有疏松、孔隙度大、孔隙连通性好的特点,其被钻孔揭穿过程或揭穿后,会出现靠近井壁 Rn 气散失或受到钻孔泥浆循环液产生的压力挤压而离开孔壁附近,Rn 气向四周扩散,致使 Ra-Rn 平衡发生位移(镭-氡平衡破坏),使得实测的铀矿体照射量率较自然状态下照射量率降低的现象。

因此,辐射取样,特别是运用 γ 测井确定铀矿体的同时,还应开展铀矿体的铀-镭平衡和镭-氡平衡(射气系数)样品的采集与研究工作。在铀-镭平衡或镭-氡平衡遭到破坏的情况下,辐射取样(γ 测井)的解译结果往往需要依据上述参数进行修正。通常情况下,当铀-镭平衡系数或镭-氡平衡系数偏移超过 10% 时,则需对辐射取样(γ 测井)解译结果进行修正。

在可地浸砂岩型铀矿中,铀矿体的镭-氡平衡研究通常需采用专门的物探参数孔来完成。物探参数孔的基本结构见图 10-1。其施工工艺与研究方法如下:钻孔由钻探施工一次成井,不扩孔,以保证地层条件在自然状态与终孔后的基本测井时基本一致。在钻孔施工达到目的要求终孔,并实施基本测井后(确定矿段位置、强度以及上、下隔水层准确位置与厚度),及时向钻孔中安装铁制无缝套管,在设计与安装套管时,孔底留 5~10 cm 的空间,以备后续止水检查工作用。顶板隔水层处止水方法通常是,首先用干海带缠绕于铁制套管的合适部位,下至位置后再灌注水泥以保证完全密封。采用泥浆泵以一定的压力向套管中灌注清水的方法检查顶板隔水层处的止水效果。待顶板止水质量合乎要求后,再进行套管底部止水。套管底部止水方法是先用钻杆将直径和长度适当的木楔送至套管底部并顶入底板泥岩隔水层中,然后灌注水泥。这样做的目的是将含矿含水层密封,使其中承压水不致外泄或渗至套管内,保证含矿含水层的独立性,以便保证砂岩铀矿体中的 Ra、Rn 能够达到饱和。止水工作完成后,用清水洗净套管中的钻泥和剩余泥浆,之后便可借助伽马测井仪来完成伽马照射量率的长期观测工作(镭-氡平衡破坏程度研究)。

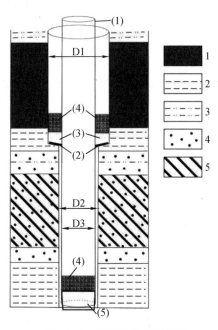

图 10-1 物探参数孔的结构

1—煤层;2—泥岩;3—泥质粉砂岩;4—含砾粗砂岩(赋矿砂岩);5—铀矿体;(1)铁制无缝套管;
(2)—支架;(3)—止水海带;(4)—425#水泥;(5)—止水木楔;

D1—钻孔上部直径,ϕ132 mm;D2—钻孔下部直径,ϕ110 mm;D3—无缝钢管外径,ϕ89 mm。

当物探参数孔施工结束后,泥浆等产生的压力消失,矿段环境趋于平静,此时,随着层间水的渗流、Ra 不断的衰变释放 Rn、以及受泥浆挤压影响向外侧扩散的氡气在对流和扩散作用下,使得氡气重新在井壁周边聚集,铀矿体中氡气趋向饱和。基于氡衰变周期短的特点(3.824 天),Ra—Rn 平衡恢复的时间为 18~24 天,伽马照射量率长期观测持续时间通常需 25~30 天。前期观测时间间隔较短,7~8 小时一次;后期观测的时间间隔可逐渐扩大,约 72 小时(3 天)观测一次,直至伽马照射量率基本稳定,说明氡气聚集逐渐趋于饱和,Ra-Rn 平衡恢复。用终孔后矿体第 1 次测井的伽马总照射量率和 Ra-Rn 达到平衡后最后一次测井的伽马总照射量率的比值,即可求得矿体镭-氡平衡系数修正值。

与采用相应矿体矿心样品分析结果与伽马测井解释结果对比确定 Ra-Rn 平衡系数的方法相比,运用专门物探参数孔确定砂岩铀矿 Ra-Rn 平衡系数的方法更为科学,代表性强,结果更准确可靠。该方法的缺点是所需成本高,测井工作量大。

无论采取哪一种方法,辐射取样工作最基本的要求是样品必须具有充分的代表性。为此,辐射取样应在不同矿体、不同深度、不同部位和不同类型的矿石中系统进行。此外,在空间上,辐射取样应尽可能均匀分布,以满足相应参数的代表性。

10.3　化　学　取　样

10.3.1　取样方法

化学取样方法可根据探矿工程种类不同,分为坑探工程中取样和钻孔中取样两大类。

1. 坑探工程中取样

在探槽、探井和坑道工程中,化学取样常用的方法有刻槽法、剥层法、全巷法、方格法、拣块法和打眼法等。

(1)刻槽法取样

刻槽取样是在矿体的揭露面上,按一定方向和规格刻槽,将槽中刻取下来的全部矿石或岩石作为样品。实践表明,对大多数矿床,刻槽法取得的样品具有较好的可靠性和代表性,故此法在勘查工作各个阶段均可适用,是铀矿和其他金属矿床常用的取样方法。

①样槽的形状与规格。样槽边界呈直线,其断面形状常用矩形。样槽断面的规格是指样槽断面的宽度和深度,用宽(cm)×深(cm)表示。样槽断面规格应视每个矿床的具体情况而定。影响样槽大小的首要因素是样品的代表性,包括矿化的均匀程度、矿体厚度大小、有用矿物颗粒大小、矿石的脆性和硬度等;其次是取样效率。一般而言,矿化均匀程度较差、矿体厚度较小、有用矿物颗粒较粗大时,样槽断面规格应大些,反之则应采用较小的断面规格。在保证样品可靠性的前提下,选取断面规格小,取样效率高者为合理。

确定合理样槽断面规格的方法有经验类比法和试验法两种。

a. 经验类比法:这种方法是将本矿床与成矿地质特征相似,并经过系统勘探的已知矿床相比较,然后参考已知矿床的取样经验确定本矿床的合理取样断面。根据经验,铀矿及其他主要金属矿床的刻槽断面规格一般为:

铀,10 cm×3 cm~10 cm×5 cm。

铁、锰、铜、铅、锌,5 cm×2 cm~10 cm×3 cm。

钨、锡,5 cm×3 cm~10 cm×5 cm。

脉金,10 cm×3 cm~20 cm×5 cm。

铍,10 cm×3 cm~20 cm×5 cm。

铌、钽,5 cm×3 cm(风化壳型);10 cm×4 cm~20 cm×5 cm(内生型)。

在矿床勘查初期,一般多用经验类比方法来确定本矿床的样槽断面规格。但以上经验断面是否适合本矿床实际,还应随着勘查工作的逐步深入,及时加以验证。

b. 试验法:在矿床中选择若干有代表性的地段,采取不同断面规格的样品,通过分析结果的对比来确定合理的取样断面,称为试验法。在保证样品可靠性的前提下,选择最小的断面规格。它常用于新类型的矿床,或对经验类比法确定的样槽规格进行检验。

试验样槽的布置一般采用以下两种方法。

并列刻槽法:又称分槽法。如图 10-2(a)所示,在同一矿床或矿体中,选择若干取样点,用不同的断面规格(如 15 cm×3 cm,15 cm× 5 cm)并列刻槽取样,分别进行加工处理和分析。然后按不同规格分组计算分析结果的平均品位,并以规格最大一组的平均品位为标准计算各组平均品位的相对误差。在误差的允许范围内,规格最小的断面即为本矿床的合理刻槽取样断面。允许误差范围一般不超过 10%。

重叠刻槽法:又称共槽法。如图 10-2(b)所示,在每个取样点上用不同规格的断面分别刻取①②③④部分矿石样品,然后分别加工缩分,一份送实验室分析,另一份留作副样,并按面积比例与其他样品副样合并后再送分析。对比不同规格样品的分析结果,以最大规格者为标准,比较不同样槽规格样品平均品位的相对误差,在误差允许范围内,选择规格最小的断面规格作为本矿床的合理刻槽取样断面规格。

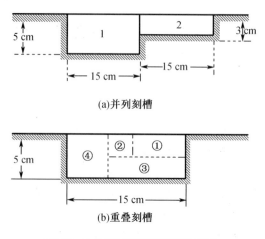

(a)并列刻槽

(b)重叠刻槽

图 10-2 试验法确定样槽示意图

重叠法在同一槽位取样,受品位空间变化的影响较小,结果比较可靠,适用于矿化极不均匀的矿床。矿化比较均匀的矿床可用并列法进行试验。

应注意,在取样对比试验中,试验样品的组数应不少于 10 组,太少则缺乏代表性。同一矿床为同一研究目的所取的样品,其样槽规格必须一致。

样品长度又称样段长度,是指单个样品沿取样线刻取的长度。刻槽取样是在样槽规格确定的基础上,按一定的样品长度进行采集。分段取样的主要目的是为了研究矿化在空间上的变化特征。因此,无论矿化是否分布均匀,在同一取样线上都要分段连续刻槽取样。

样品长度取决于矿体厚度、矿石类型和矿化均匀程度、最小可采厚度和夹石剔除厚度等因素。如果取样长度过短,将增加样品的数量,导致取样和化验分析工作量增加;取样长度过长,则将降低样品的代表性,影响对矿石类型及工业品级的圈定,无法正确认识矿石品位的变化特征。对于矿体边界清晰,矿体厚度大,矿化较为均匀,矿石类型简单者,样品长度可长些,反之则应短些。一般而言,样品长度不大于最小可采厚度或夹石剔除厚度。

铀矿取样分段长度最大不超过 1 m,最小不小于 0.1 m。样段应根据岩性、颜色、矿石类型和 γ 射线照射量率的大小等进行划分。

样槽规格大小及其样品长度,既影响样品的代表性,也影响样品的重量、数量和费用,对圈定的工业矿体形态也会产生一定的影响。因此,确定时需全面考虑。

②样槽的布置与取样。样槽布置及取样应遵循以下原则:

a. 样槽的方向应与矿体的厚度方向(或与矿体特征标志值变化最大的方向)一致。因矿体厚度有水平厚度、真厚度和垂直厚度之分,样槽应沿哪一厚度方向布置,视矿体产状、资源储量估算方法或具体矿床取样的统一要求而定。

b. 样槽必须穿过矿体整个厚度,并延伸到围岩中 0.5~1 m,以便准确地圈定矿体的边界。

c. 须根据矿化贫富和矿石的不同类型分段取样,以便研究矿化分布规律和不同类型矿石的加工技术性能。每个样段的长度不得大于 1 m 或小于 0.1 m。

d. 应保证样品实际质量与根据样槽的断面规格、长度和矿石体重计算的理论质量之差不超过 20%。

此外,样槽布置还要考虑矿体的产状、厚度、矿床勘查系统、工程方向与矿体走向的关系以及矿体投影方法等因素。取样工作应随工程进展及时进行,对每个矿体,都应布置足够数量的取样点,以便对矿产质量作出可靠评价。

不同坑探工程中,样槽具体布置方法如下:

对铀矿而言,探槽中的样槽主要布置在壁上,但有时也可在槽底刻槽取样。在垂直矿体走向挖掘的探槽中,当矿体陡倾斜时(倾角>60°),应在壁上水平刻槽取样(图 10-3)。若槽壁取样有困难,可在槽底水平刻槽取样;当矿体缓倾斜时(倾角<30°),在壁上垂直刻槽取样(图 10-4);当矿体中等倾斜时(倾角 30°～60°),在壁上水平刻槽、垂直刻槽或沿真厚度方向刻槽取样均可,但应视整个矿床的取样系统而定。在沿矿体走向挖掘的探槽中,当矿体陡倾斜时,在槽底按一定间距垂直矿体走向水平刻槽取样(图 10-5(a));当矿体缓倾斜时,在两壁按一定间距沿铅垂线刻槽取样(图 10-6(a));当矿体中等倾斜时,样槽的布置根据整个矿床的取样系统而定。当矿化不均匀时,应两壁同时刻槽取样;矿化均匀时,可一壁取样。矿体厚度大于槽底宽度或深度时,应开帮或掘底取全矿体整个厚度(图 10-5(b),图 10-6(b))。

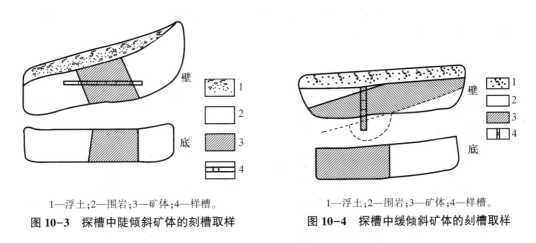

1—浮土;2—围岩;3—矿体;4—样槽。

图 10-3　探槽中陡倾斜矿体的刻槽取样　　**图 10-4　探槽中缓倾斜矿体的刻槽取样**

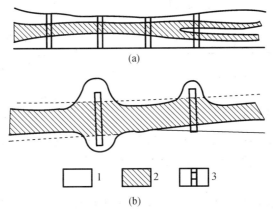

(a)

(b)

1—围岩;2—矿体;3—样槽。

图 10-5　沿陡倾斜矿体走向的探槽中取样

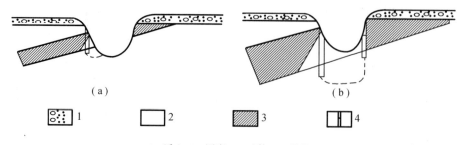

1—浮土;2—围岩;3—矿体;4—样槽。

图 10-6　沿缓倾斜矿体走向的探槽中刻槽取样

在浅井、深井等垂直工程中,样槽应布置在垂直矿体走向的两壁上。陡倾斜矿体,按一定深度间隔水平刻槽(图 10-7(a)),两壁样槽应互相对应。矿体厚度大于井壁宽度时,要开帮刻槽(图 10-7(b));缓倾斜矿体,在两壁铅直方向刻槽取样(图 10-8);中等倾斜矿体的样槽布置则按矿床统一要求进行。

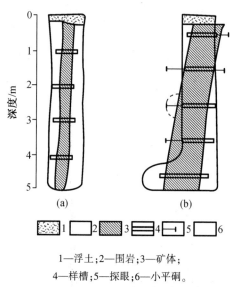

1—浮土;2—围岩;3—矿体;
4—样槽;5—探眼;6—小平硐。

图 10-7　探井中陡倾斜矿体的刻槽取样

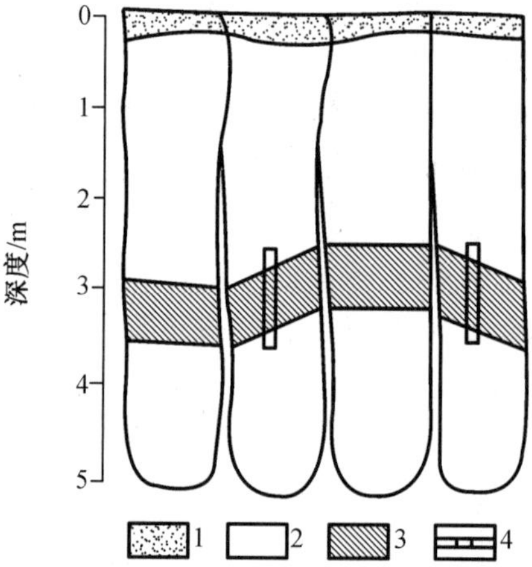

1—浮土;2—围岩;3—矿体;4—样槽。

图 10-8　探井中缓倾斜矿体的刻槽取样

在穿脉坑道中,一般在两壁刻槽取样。陡倾斜矿体,在两壁腰线上水平刻槽(图 10-9(a));缓倾斜矿体,在两壁按一定间距铅直方向刻槽(图 10-9(b));中等倾斜矿体,样槽的布置按矿床统一要求而定。矿化均匀时,可一壁取样。

在沿脉坑道中,样槽布置在掌子面(坑道掘进工作面)上。对陡倾斜矿体,在掌子面腰线上水平刻槽(图 10-10)。当矿体厚度大于掌子面宽度时,应开帮刻槽或打探眼进行 γ 测量,以便控制矿体整个厚度;对缓倾斜矿体,在掌子面中线上铅直方向刻槽(图 10-11(a));对中等倾斜矿体,视整个矿床的取样系统而定。当掌子面上矿化极不均匀时,为提高样品的代表性,可在腰线上下或中线左右均匀布置2~3条样槽,合并成一个样品(图 10-11(b))。

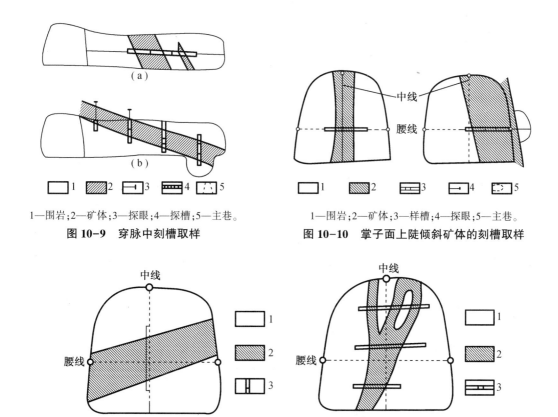

1—围岩;2—矿体;3—探眼;4—探槽;5—主巷。

图 10-9　穿脉中刻槽取样

1—围岩;2—矿体;3—样槽;4—探眼;5—主巷。

图 10-10　掌子面上陡倾斜矿体的刻槽取样

1　围岩;2—矿体;3—样槽。

图 10-11　掌子面矿体刻槽取样

铀矿床辐射取样的布置原则与刻槽取样基本相同,辐射取样解释品位一般要用放射性平衡系数和射气系数进行修正。

(2)剥层法取样

在矿体揭露面上,按一定深度凿取一薄层矿石作为样品的取样方法,称为剥层取样。在铀矿床中,当矿体很薄(厚度<0.1 m)或矿化分布极不均匀时,为了保证样品的代表性,可采用剥层取样。另外,为检查刻槽取样的质量或采取小型加工技术样品,也可采用此法。

在沿脉掌子面上或穿脉中剥层取样时,以矿体上下盘为界,沿矿体倾斜剥层长度最大不得超过1 m。剥层深度与本矿床刻槽取样的深度一致。在垂直于矿体的探槽中,剥层取样要求与此相同。

在沿脉顶、壁和走向探槽底板剥层取样时,应根据矿化均匀程度采取分段间隔剥层或分段连续剥层取样。分段长度不大于1 m。分段间隔剥层取样的间隔距离与沿脉掌子面取样间隔一致。分段连续剥层取样是沿矿体走向连续分段刻取样品。

剥层取样的位置应根据放射性物探测量结果,结合矿体地质特征加以确定。为了准确圈定矿体边界,在剥层取样的矿体上下盘围岩中还应采取刻槽样品。

剥层取样的工作量大、成本高、效率低,因而在一般情况下很少采用。

（3）方格法取样

此法是在矿体揭露面上(坑井壁、掌子面、天然露头等)，按一定线距划上取样网格，在网格交点上采取矿石碎块，合并成为样品。网格的形状有正方形、长方形、菱形等，每个交点上所取样品的重量要大致相等。每个样应由 15~20 个点样组成，总质量为 2~5 kg。取样网的短边应与矿体变化较大的方向一致。

方格法取样过程简单、工作量小、效率高，精度也较高。在铀矿普查阶段，可用方格法取样初步评价矿石质量。

（4）拣块法取样

拣块法又称攫取法取样。这种方法是在坑道掌子面前的矿渣堆、矿山的矿石堆或废石堆上，按一定网格(方形或菱形)拣取矿石碎块合并成为样品。样品可在网格交点或中心拣取。每个样品一般由 12~50 个点样组成，每个点样重 0.05~0.20 kg，合并后的质量为 2~3 kg 至数十千克不等。当矿化不均匀时，点样要密一些。

拣块取样方法简单，工作效率高，在矿山生产中应用较多。在铀矿普查中，为了及时取得矿石质量的初步资料，也可应用此法。

（5）全巷法取样

当坑道正在矿体内掘进时，将坑道一定进尺长度内爆破下来的全部或部分(1/2~1/10)矿石作为样品，这种取样称为全巷法取样。每个全巷样品的进尺长度一般不超过 2 m。

在穿脉中，当矿体厚度较大，需要采取几个全巷样品时，应沿坑道掘进方向连续分段采取；在脉内沿脉中，则沿掘进方向按一定间距间隔采取。取样过程应防止围岩落入样品。

当只需要一次爆破的部分矿石作为样品时，一般可用井下或井(坑)口缩减的办法采取。即在井下装车或井口出车时，每隔数车(桶)抽取一车(桶)合并成一个样品。

全巷法工作过程复杂，样品量大，运输和加工成本高，主要用于大型加工技术取样和技术取样(如测定矿石块度、松散系数、大密度等)，或用剥层法不能提供可靠资料时(如矿化极不均匀的矿床、含量极低的宝石或特种原料矿、有用矿物颗粒特别粗大)。一般中型以上铀矿床在勘探后期都要用全巷法采取大型加工技术样品进行半工业或工业试验。

2. 钻探工程中取样

钻探工程中化学取样的对象是岩(矿)心。取样方法为劈半法，即沿岸 (矿)心长轴用劈岩机将岩(矿)心劈成两半，一半为进行化学取样，另一半保存或供它用。

岩(矿)心化学样亦应连续分段采取，取全见矿段整个厚度(矿体视厚度)，并在两端各取围岩样 2~3 个(进尺长不超过 1 m)。取样段的划分除根据 γ 测井解释品位外，还应考虑岩(矿)心放射性照射量率、矿石类型和赋矿主岩特征。由于两个回次之间打钻常磨损最为严重，导致两个回次之间的岩(矿)心并非实际连续，因此，要求分回次划分样段和确定样段长度。

取样时应将岩(矿)心表皮的泥浆清理干净，以避免其混入降低样品的 表性，影响样品分析结果的真实性。取样前必须先进行岩(矿)心地质、物探编录和钻孔 γ 测井。在确定岩(矿)心上的实际位置和长度的基础上，根据岩(矿)心地质特征、矿石类型和品级变化特点等，划分样段并确定样段长度，然后依次劈取。劈开面应垂直岩(矿)心的主要矿化标志面((如含矿裂隙面)，避免两半岩(矿)心上矿化贫富不均。

岩(矿)心化学取样是查明铀矿石含铀品位，研究矿床深部铀矿体放射性平衡(Ra/U、

Ra/Rn)破坏情况,取得矿石钍、钾(^{40}K)和伴生有用组分、有益组分和有害杂质含量的必要手段。岩(矿)心含铀品位还是检查对比钻孔 γ 测井结果的主要依据。

最后,无论取什么样,都应及时进行样品登记,并把取样位置标注在相应的地质素描图或钻孔综合柱状图上。应及时整理样品并送实验室进行加工分析。

3. 取样方法的选择

不同的取样方法有其各自的特点,对不同地质特征的矿床有着不同的适应性。从样品的代表性上讲,样品的重量越大,代表性越强。因此,全巷法取样的代表性最强,以下依次为剥层法、刻槽法、方格法和拣块法。但是,在选择取样方法时,不仅要考虑方法的代表性,而且也要考虑方法的技术经济效果。因此,取样方法的选择,应根据矿床成矿地质特点和取样目的,选择既有较强的代表性,又简便快速经济的方法。影响取样方法选择的因素主要有以下三个方面。

①地质因素。主要是矿化分布均匀程度、矿石结构构造、矿体规模及厚度大小等。

当矿体厚度大,矿化分布均匀时,各种取样方法都可适用。这时应选择最简单、最经济的方法;当矿体厚度小,矿化不均匀,矿石为条带状、细脉状、斑点状、角砾状、结核状和团块状构造时,宜用剥层法或用刻槽法取样;对小矿脉,小矿巢,只有用剥层法取样才较可靠。

②取样的目的和任务。它对取样方法的选择有时起着决定性的作用。矿体有用组分的普通分析一般采用刻槽法取样。对普通分析的质量进行检查,则可采用剥层法、全巷法等精度更高的方法。为了检查 γ 测井成果的质量,可用坑道揭露钻孔,进行圆柱取样。作选矿、水冶工业试验,则需全巷法取样等。

③技术经济因素。如取样的难易程度、工作效率、设备繁简和取样成本等因素。在保证取样精度要求的前提下,应选择操作简便、效率高,设备和加工过程不复杂的取样方法。

总之,为正确选择取样方法,必须全面考虑上述因素,在保证样品代表性的前提下,选择简单易操作且经济的方法。对新地区、新类型矿床的取样方法,可采用类比方法选择有效的方法,必要时须通过不同方法和不同规格的对比试验加以确定。

在铀矿床勘查中,在铀镭平衡破坏规律已研究清楚的情况下,可用辐射取样代替刻槽取样。

10.3.2　取样间距的确定

沿矿体走向或倾向,两取样线间的距离,称为取样间距。影响取样间距的因素主要是矿化分布的均匀程度和矿体厚度的变化程度;此外,与取样目的也有一定关系。矿化分布均匀的矿体,可采用较稀的取样间距。反之,则采用较密的取样间距。厚度变化较小的矿体,可用较稀的取样间距。反之,采用较密的取样间距。

矿体中取样间距越密,样品数量越多,代表性越强,但取样和样品加工工作量增大,很不经济。与此相反,取样间距越稀,虽然比较经济,但代表性差,两者都不可取。因而取样间距也存在一个合理性问题。合理取样间距的确定既要使得所取样品有充分的代表性,又要体现取样工作的经济成本合理性,两者必须兼顾,在保证必要的代表性的前提下,选择较大的取样间距。合理取样间距一般通过不同间距的取样试验来确定。确定合理取样间距的基本方法有两种。

1. 类比法

即与成矿地质条件或成矿地质特征相似的已知矿床相类比,用已知矿床的取样经验来指导本矿床合理取样间距的确定。类比时，主要应充分研究它们在矿化分布、矿体厚度变化等方面的相似程度。中小型铀矿床的取样间距常用此法确定。根据以往经验，当铀矿化分布极不均匀时，沿脉坑道中取样间距一般为 2 m；铀矿化分布均匀时，可放稀到 4~5 m。

2. 试验法

此法是在矿床勘查过程中，选择有代表性的矿体或块段，加密取样间距，根据分析结果算出矿体或块段的平均品位。然后将取样线间距用抽出法放稀一倍、二倍、三倍等等，算出每次放稀后的平均品位及放稀前平均品位的相对误差。在相对误差不超过允许误差（±5%~10%）的范围内，最大取样间距即为本矿床的合理取样间距。

应用此法时要注意：在试算前，必须对特高样品进行处理；品位与矿体厚度具有相关关系时，应以厚度加权法计算平均品位。

总之，确定矿床的合理取样间距，除进行必要的试验外，应将矿床地质特点、矿体的品位、厚度变化程度以及其他矿床的取样经验结合起来全面考虑。

由于矿体取样间距主要取决于矿体厚度、品位的变化程度，而矿体厚度与品位的变化程度的影响作用在矿床勘查类型及其勘查工程间距确定过程中得以体现，因此，实际矿床勘查工作中，取样间距与勘查工程间距通常是相对应的。

10.3.3 样品加工

在取样过程中，为使样品具有较强的代表性，所以原始样品的质量一般都比实验室分析所需质量要大，同时样品的粒度也比较粗。因而，样品在送往分析测试之前必须先进行加工。样品加工的目的有两个，就是将原始样品进行破碎和缩减，在保证样品品位不发生变化的前提下，使样品达到实验室分析所需的质量（一般为 50~500 g）和粒度（颗粒直径 0.097 mm/160 目~0.074 mm/200 目）。各种分析方法所需样品质量和粒度列于表 10-1。

表 10-1 不同分析方法对样品质量与粒度要求

分析方法		质量/g	粒度/目
物理分析	β，γ 法测铀	500	80~100
	能谱测铀	150	80~100
化学分析（包括放射性化学、化学光谱）	单项	30	160~200
	多项	50	160~200
光谱（包括 X 光光谱）		10	160~200
质谱分析（微量组分）		10	200

样品加工的基本原则是，经过加工处理后，样品有用组分含量必须保持不变。根据这一原则，显然不能将原始样品直接进行缩减。因为原始样品粒度较粗，矿化分布不均匀，直接缩减则不能保证有用组分含量不发生变化。因此，缩减前应将样品进行充分破碎，直到样品的粒度可以保证有用矿物颗粒在样品中均匀分布。

有用组分含量在样品缩减前后是否保持不变，与样品中有用矿物及有用组分分布均匀程度、有用矿物颗粒的数量和粒径有关。通常只有当样品破碎后的粒径远小于有用矿物粒径时，有用矿物才会完全呈单颗粒均匀分布在样品中。这时，才能使有用矿物在样品中拌匀,降低缩减误差和可能带来的样品代表性下降的可能性。

样品加工包括破碎、过筛、拌匀和缩减四个环节。

破碎,又称碾碎。目的是减小样品颗粒的直径,增加有用矿物的颗粒数,以便缩减样品,并减少最小可靠质量。一般采用机械破碎方法。机械破碎又分为粗碎(粒度 25 mm)、中碎(3~5 mm)、细碎(0.7 mm)和粉碎(0.15~0.07 mm)几个阶段,分别用颚式破碎机、轧辊机、对辊机或盘式细碎机、盘磨机或球磨机来完成。当样品质量很少时,可直接在铁板上或铁臼中人工捣碎过筛,目的是为了保证破碎后的样品颗粒直径能完全达到预定要求。样品在每次破碎的前后都需要过筛。破碎前的过筛叫辅助过筛,是将已经达到下一级粒度的样品筛下去,以免这部分样品碎得太细。破碎后的过筛称检查过筛,检查破碎以后的样品是否全部达到下一粒级要求。可见,过筛只是破碎的辅助性检查步骤。

拌匀,目的是为了在缩减前使有用矿物颗粒在样品中尽可能地均匀分布,使样品缩减时减少缩减误差,可以说拌匀是改变样品均匀程度的一个步骤。拌匀方法有铲翻法和帆布滚动法。

缩减,是将拌匀的样品逐步缩分到最小可靠质量。常用的缩减方法有圆锥四分法和流槽式分样法。

样品加工质量的好坏,对样品的代表性有很大影响,故必须严格遵守操作规程。在加工过程中,应注意保持加工设备的清洁,每个样品加工完毕必须清扫设备以防相互污染。如果样品湿度较大,应在低温(105~110 ℃)下烘干,并尽量减少加工过程中样品的损失。最后将样品分成两份,一份为正样送去分析,另一份作为副样保存。

所谓样品最小可靠质量,是指样品在破碎到一定粒级时,为保证样品的代表性(缩减后有用组分含量变化不超标)的前提下,经过缩减后样品应保留的最小质量。由此可见,在样品加工过程中,关键在于正确确定每个粒级的最小可靠质量。

影响最小可靠质量大小的因素有以下几方面:

①有用矿物的嵌布粒度。有用矿物嵌布粒度越大,在缩分过程中越不易拌匀,因此所需最小可靠质量越大。

②有用矿物的颗粒数量。样品中有用矿物颗粒数量越多,因缩减而产生品位误差的可能性越小,最小可靠质量也越小。

③有用矿物相对密度。有用矿物相对密度越大,样品越不易拌匀,故最小可靠质量越大。

④有用组分平均品位。在其他条件相同的情况下,矿石有用组分品位越高,矿物颗粒在样品中的分布越均匀,则最小可靠质量越小。

⑤分析的允许误差。允许误差越小,最小可靠质量越大。

由于以上因素的影响,许多研究者对样品最小可靠质量的确定曾提出过多种不同的样品加工公式。实际工作中,多采用苏联列宁格勒矿业学院 Γ.O. 切乔特教授所提出的公式,即

$$Q = K \cdot d^2 \tag{10-7}$$

式中　Q——样品最小可靠质量,kg;

　　　d——样品中最大颗粒直径,mm;

　　　K——根据矿石特征所确定的缩分系数。

该式表明,当缩分系数 K 值确定后,样品的最小可靠质量与样品最大颗粒直径的平方

成正比。当样品最大颗粒直径确定之后,缩分系数 K 值的取值就显得至关重要。

K 值的大小与有用矿物颗粒的多少、相对密度大小、矿石品位高低及分析允许误差的大小等因素有关,但主要取决于矿化分布的均匀程度。确定 K 值的方法有类比法和试验法两种。

类比法:即与矿石类型、矿化特征相似的已知矿床相比较,用已知矿床样品加工的经验来指导本矿床 K 值的确定。根据我国铀矿床样品加工的经验,K 值一般为 0.1~0.5,工作初期可采用 0.5。

试验法:根据矿床实际情况和切乔特公式试验确定 K 值。有两种方法,一种称之为不同重量法,使 d 不变,用不同的质量 Q 进行试验确定 K 值。其原理是,当 d 一定时,随着样品质量的增加,有用矿物的颗粒数也增加,则品位误差减小。当质量增加到一定限度时,则品位误差趋近于零。这时可根据切乔特公式 $K=Q/d^2$ 求取相应的 K 值,在化学分析允许误差范围内选取最小 K 值。另一种为不同粒度法,是使 Q 不变,使 d 变化,而求取相应的 K 值,最后选最小 K 值。

10.4 样品分析与取样检查

10.4.1 样品分析

样品分析是研究矿石质量最基本的方法,也是矿床资源储量估算和技术经济评价的重要环节。由此,样品加工以后,应根据研究目的确定相应的分析项目和分析方法。样品分析在勘查各阶段都需进行,只是不同阶段由于研究任务有差异,样品分析目的与分析方法各有侧重,精度要求也会有区别。按分析目的,可将样品分析主要分为普通分析、多元素分析、组合分析、合理分析和全分析等五类。

1. 普通分析

又称基本分析或单项分析,分析目的主要是测定样品中有用组分的含量(品位)。例如测定铀矿石样品中铀的品位,铜矿石样品中铜的品位,多金属矿石样品中铜、铅、锌的品位等。当其他有用组分具有工业意义时,也应列入基本分析项目。分析结果是矿石质量评价和矿床储量估算的根本依据。

铀矿石中放射性元素含量的分析方法有放射性物理分析和化学分析两种。其他金属元素的含量主要采用化学分析法。

2. 多元素分析

其目的主要是检查矿石中可能存在的有用共生、伴生元素和有益、有害组分的种类与含量,为元素组合分析项目的确定提供依据。多在普查阶段开展,采用的分析方法精度多较低,但要求分析效率高。分析方法一般为光谱半定量全分析或其他简易快速的元素化学分析等。

3. 组合分析

组合分析目的是系统了解矿石及围岩中共生或伴生有用组分、有益组分及有害杂质的含量及其分布状况,为矿床资源储量估算和技术经济综合评价提供依据。组合分析的项目是在多元素分析的基础上确定。组合分析样品一般从普通分析样品的副样中采取。可以由一个或若干个(5~10 个)在探矿工程中连续采集的普通分析样品副样组合而成,样品质量 100~200 g。样品组合时,必须按各样品的原始质量或取样长度成比例,且需按矿石类型和矿石品级分别进行组合。

4. 合理分析

又称物相分析,其任务是确定有用元素在矿石中的赋存状态和矿物相,为划分矿石自然类型和技术品级提供依据。如划分氧化矿石、混合矿石和原生矿石等。合理分析样品的采取,应在肉眼和显微鉴定,初步确定矿石矿物学特征、划分矿石类型和技术品级界线的基础上进行。每个类型或品级的样品数一般为数个至数十个。分析方法主要是化学分析法,或反光镜下矿物成分的研究,或显微研究,或扫描电镜分析等。应根据分析手段确定样品采集规格。分析方法不同,样品加工和规格要求有区别。

5. 全分析

其任务是全面了解不同类型矿石中所含的不同化学成分与含量,为普通分析或组合分析项目的确定提供依据。分析方法通常有光谱全分析和化学全分析。一般先进行光谱全分析;除痕量元素外,都应列入化学全分析的项目。分析结果,各元素的总和应接近 100%。

全分析样品可从普通分析样品的副样中抽取合并而成,也可另行采取。样品数目视矿床规模及复杂程度而定。每种矿石类型或品级通常为数个,一般最多不超过 20 个。全分析工作最好在勘查初期阶段进行,以便全面了解矿石的物质成分和含量,指导勘查工作。

需要了解的是,不同矿种,或同一矿床不同类型矿石,甚至同一矿床在不同开发阶段,其开采方案、或选冶(包括溶浸)工艺、或使用的化学试剂可能不同。而矿石的物理化学性质、化学组分等因素,在不同的开采或选冶工艺或化学试剂条件下,会产生不同甚至是截然相反的影响效果,如砂岩铀矿中的 CO_2 组分,在酸浸和碱浸工艺中会产生不同的影响效应。因此,样品分析的具体试验研究内容与分析项目的确定,既要综合全面考虑,又要结合矿床可能的采选冶方案,做到有针对性。

10.4.2　取样检查与处理

取样检查是指为了评价化学取样结果的可靠性,而对取样工作的三个基本环节,即采样、样品加工及分析进行的检查工作。其目的是发现上述过程可能产生的误差,并查明误差的性质和产生误差的原因,以便及时采取措施,保证取样结果的质量符合规定的允许误差要求。

取样的技术误差在采样、加工和分析的各个环节都会产生。在采样时,可能存在杂质的混入,或有用矿物的崩散,以及采样方法选择不当等;在加工时,有用组分可能在破碎过程散失,缩减前后样品可能未拌匀,加工程序不合理等;在分析过程中,方法可能不完善,仪器设备和试剂不理想,操作技术与工作态度不正确等,都会导致误差产生。此外,样品采集时,由于样段长度划分不合理,也会导致样品代表性的降低。所以,在整个取样过程的各个环节中,应严格按照相关的技术原则、规范要求和操作程序开展工作,实行全过程质量管理,尽力保证样品的代表性和可靠性,预防技术误差的产生。

取样检查及技术误差的查明,对于改进取样工作和评价矿床资源储量估算结果的精度有重要意义。取样检查的方法主要是检查测量:同矿体截面同位置用同方法重复取样,或用可靠性与代表性更高的方法进行取样对比验证;用加工时的残余样品来检查加工过程的精度;用副样的检查分析来检查基本分析的精度。对铀矿的辐射取样,可采取重复测量或用不同型号仪器进行检查测量。譬如,针对铀矿床钻孔中的辐射测量,通常要求每个铝孔(特别是每个铀矿段)进行重复测量,并要求开展总测井工作量的 10% 左右的检查测井。

在样品分析过程中,往往由于操作上的原因,分析结果可能产生误差。这种误差可以分为偶然误差和系统误差两种。偶然误差的特点是有正有负。当样品数量较大时,正负误差可以互相抵消,一般对最终结果的影响不大。系统误差的特点则是符号相同,或正或负、使分析结果普遍升高或普遍降低,对最终结果影响很大。因此,一般每分析一批样品,都应按比例从中抽出一定数量的样品对分析质量进行检查。检查的形式可分为内部检查(内检)和外部检查(外检)两种。

内检是从基本分析的副样中抽出一部分样品,密码编号,和基本分析样品一样送往同一实验室进行分析。将分析结果与正样进行比较,检查分析中的相对误差(偶然误差)。内部检查分析的样品数量一般为基本分析样品数量的 10% 左右。内部检查分析应分期、分批进行。

外检是将基本分析样品的副样,送往技术水平较高的实验室进行分析,用以检查基本样品分析结果是否存在系统误差。外检样品的数量一般占基本分析样品的 5% 左右。当矿床样品总数较少时,外检样品数量要求不得少于 30 个。

当内、外检查分析结果与原基本分析结果误差较大时,应查明其原因,或请更有权威的第三方实验室进行仲裁分析。

所谓样品检查结果的处理,就是以检查分析结果为依据,用不同方法计算与基本分析结果之间存在的误差,根据有关规范所规定的允许误差范围来判定基本分析结果的分析质量。

偶然误差的处理方法有两种。

1. 超差率法

此法首先按下式算出单个样品的误差:

$$Z = \frac{X - Y}{X} \times 100\% \tag{10-8}$$

式中　　Z——单个样品的误差;

　　　　X——检查分析品位;

　　　　Y——基本分析品位。

然后统计被检样品的超差率——超出允许误差的样品数占被检样品数的百分率。当超差率大于 30% 时,则原基本分析的结果不能使用。

2. 相对偶然误差法

此法是计算两次分析结果的相对偶然误差,当相对偶然误差超过允许范围时,则原基本分析结果不能使用。其计算公式为

$$Z_s = \frac{\sum |X - Y|}{\sum X} \times 100\% \tag{10-9}$$

式中　　Z_s——相对偶然误差;

$\sum$ ——求和符号；

其余符号与上式相同。

系统误差检查结果的处理方法如下：

如果样品通过外检以后，发现误差都是正值或负值，说明基本分析存在系统误差，这种情况容易判别。但在大多数情况下，系统误差要通过计算才能判别，其判别式如下：

$$t = \frac{|M_x - M_y|}{\sqrt{m_x^2 + m_y^2 - 2m_x \cdot m_y \cdot \gamma}} \qquad (10-10)$$

式中　t——概率系数；

　　　M_x——检查分析平均品位，%；

　　　M_y——基本分析平均品位，%；

　　　m_x——检查分析平均品位的均方差；

　　　m_y——原分析平均品位的均方差；

　　　γ——检查分析品位与基本分析品位的相关系数。

当 $t>2$ 时，说明基本分析存在系统误差。如果该系统误差较大，则需要进行仲裁分析。仲裁分析结果证明系统误差确实存在，则全部基本分析样品应重新分析，否则将影响矿产资源储量结果的可靠性。只有在少数情况下，如矿化均匀、品位较高，系统误差对最终结果影响不大时，经上级批准，可用检查分析平均品位与基本分析平均品位之比值 f 对基本分析品位进行校正。设 C 为基本分析品位，则校正后的品位为 $f \cdot C$，其中 $f = M_x/M_y$。

第 11 章　矿产资源储量估算

估算矿产在地下的埋藏数量的工作称为矿产资源储量估算,简称资源储量估算。矿产勘查工作的基本任务就是通过各种必需的技术手段(如探矿工程、物化探工作等)对矿体进行揭露和研究,查明矿产的质量和规模,并为矿产资源储量估算收集各种原始资料与数据。因此说,矿产勘查工作是矿产资源储量估算的基础,而矿产资源储量估算是矿产勘查阶段结束的最重要的一个步骤,是矿产勘查工作最终目的与成果的综合体现。

在矿产勘查各个阶段乃至矿床开采过程中,都要进行矿产资源储量估算。由于各阶段勘查工作目的与任务不同,勘查程度及由此取得的资料精度(可靠程度)不同,矿产资源储量估算的具体要求,以及估算结果的可靠程度和作用也不相同。一般而言,普查阶段仅对矿体作了少量的工程控制,矿体资料不多,所获取的矿产资源量精度不高,其作用主要在于阐明是否具有进一步工作的价值。详查阶段则应对矿体进行系统的工程控制和取样,基本确定矿体的连续性,矿产资源储量估算的资料较为充分,估算所得的矿产资源储量可靠性较高,可供矿山总体规划和矿山项目建设建议书的依据。勘探阶段通过加密各种取样工程,矿体的连续性、矿石的性质和质量已经确定或详细查明,矿产资源储量估算结果是可靠的,并为矿山可行性研究评价与矿山设计提供依据。

矿产资源储量是国家和地方合理规划工业布局,制定国民经济计划与资源政策的重要基础,是优化市场资源配置,实施资源宏观调控,安排矿产勘查计划、矿山开发与生产计划和管理的重要依据。因此,无论是哪个勘查阶段,矿产资源储量估算工作均应根据矿床地质特点、工作程度要求和可靠的数据,选择正确有效的方法,严格按照相关规范要求进行。

11.1　固体矿产资源储量的分类

矿产资源储量分类,是定量评估不同类型矿产资源储量的基本准则,也是矿产资源储量估算、国家资源统计、交易与管理的统一标准。矿产资源储量的分类一直是国内外共同关心的课题。近几十年来,各国都在不断地探索和研究符合本国政治、经济、技术条件的资源分类体系,但由于各国国情和政治、技术经济及管理体制的不同,矿产资源储量分类原则、体系也有一定的差异。

我国矿产资源储量分类源自苏联。在参考苏联相关规范的基础上,我国于 1959 年制定出第一个矿产储量分类分级标准——《矿产储量分类规范》。1977 年,当时的国家地质总局会同有关工业部门共同制定了《金属矿床地质勘探规范总则》。在此基础上,先后有冶金、煤炭、核工业、石油部门等根据各自矿种的特点,分别制定了各自相应的储量类别、级别系列和勘探规范。1992 年,经国家技术监督局批准,当时的国家储委发布了《固体矿产地质勘探规范总则》。虽经上述多次修订和完善,但我国以往储量分类体系始终未能脱离苏联的分类框架,主要特点是依据地质可靠程度将储量分为 A、B、C、D、E 等级(E 级为远景储量)。

随着我国国民经济体制的转变,其在政治和经济活动中显得越来越不适应。为了保障我国国民经济的可持续发展,充分利用国内外"两种资源"和"两个市场",适应国内外市场经济和国际对比交流需要,于 1999 年颁布了既便于与当时国际惯例协调相容,又与我国国情相适应的国家标准《固体矿产资源/储量分类》(GB/T 17766—1999,简称 1999 版)。这是我国固体矿产第一个真正统一的分类标准。鉴于 1999 版《固体矿产资源/储量分类》标准存在分类结构复杂、分类过细,以及在实际应用过程中可行性评价程度、经济意义确定方面存在的争议和市场认识等问题,加之联合国固体矿产资源储量分类框架出现变革,为满足国家资源管理,适应资本市场与国内外市场经济时代发展要求,便于国际交流对接需要,在遵循地质工作规律和经济规律的基础上,本着继承、发展、提高、创新的基本原则,我国国家市场监督管理总局与国家标准化管理委员会于 2020 年联合颁布了新的国家标准《固体矿产资源储量分类》(GB/T 17766—2020,简称 2020 版)。该标准简化了分类体系,对固体矿产资源量、储量等术语赋予了新的定义,明确了资源量与储量两者之间可实现相互转换的因素与条件。

基于《固体矿产资源储量分类》(GB/T 17766—2020),配合《固体矿产地质勘查规范总则》(GB/T 13908—2020)、《铀矿地质勘查规范》(DZ/T 0199—2015),对矿产资源储量的分类相关内容叙述如下。

11.1.1　矿产资源储量的分类依据

矿产资源经过矿产勘查所获得的不同地质可靠程度、相应的可行性评价阶段及由此所获的矿产经济意义等三个方面是固体矿产资源储量分类的主要依据。

1. 地质可靠程度

主要指对矿体或矿体的局部地段(块段)取得的可度量的工程控制程度与研究程度。具体包括以下几个方面:

①矿体外部形态要素(形状、产状、空间位置)的控制与研究程度;

②对矿体内部结构要素(矿石类型、品级、品位变化,夹石种类、产出特征和分布)的控制和研究程度;

③对影响和破坏矿体的地质构造因素的控制和研究程度。

地质可靠程度依赖于可度量工程对矿床(体)的控制程度,矿床(体)的控制程度则与地质勘查阶段密切相关。联合国 1997 年提出的《国际矿产资源/储量分类框架》中,将矿床地质勘查阶段划分为详勘、初勘、普查及踏勘四个阶段;我国 2002 年颁布的《固体矿产地质勘查规范总则》(GB/T 13908—2002)将矿床勘查划分为勘探、详查、普查和预查四个阶段;最新的《固体矿产地质勘查规范总则》(GB/T 13908—2020)则将矿床勘查分为勘探、详查、普查三个阶段。由于在一定的勘查阶段,矿床(体)不同部位或区段的地质控制程度是有差异的,因此矿体地质可靠程度并不完全与勘查阶段吻合,不是勘查阶段的代名词,也不涵盖矿床整体,而是指与矿体的局部地段或块段的控制程度相对应。

依据地质可靠程度,固体矿产资源分为查明的矿产资源和潜在的矿产资源两大类。

①查明的矿产资源:指经勘查工作已发现的固体矿产资源的总和。其空间分布、形态、产状、数量、质量、开采利用条件等信息已经不同程度的获得。查明的矿产资源包括能开采利用的矿产资源和尚难利用的矿产资源。

a. 能开采利用的矿产资源,依据地质可靠程度,查明的矿产资源进一步划分为探明的、控制的和推断的资源。

探明的资源:指在矿区的勘查范围依照勘探的精度,详细查明矿床的地质特征、矿体的形态、产状、规模、矿石质量、品位及开采技术条件,矿体的连续性已确定,矿产资源储量估算所依据的数据详尽,可信度高。

控制的资源:是指在矿区的一定范围依照详查的精度,基本查明了矿床的主要地质特征、矿体的形态、产状、规模、矿石质量、品位及开采技术条件,矿体的连续性基本确定,矿产资源储量的估算所依据的数据较多,可信度较高。

推断的资源:指对普查区按照普查的精度大致查明矿产的地质特征以及矿体(矿点)的展布特征、品位、质量,也包括自地质可靠程度较高的基础储量或资源量外推的部分。由于信息有限,不确定因素多,矿体(点)的连续性是推断的,其数量的估算所依据的数据有限,可信度较低。

b. 尚难利用的矿产资源,是指在当前或可预见的未来,采矿、加工选冶、基础设施、经济、市场、法律、环境、社区或政策等条件尚不能满足开发需求的矿产资源。

②潜在的矿产资源称为预测的资源,是指根据区域地质研究成果以及遥感、地球物理、地球化学异常信息,有时辅以极少量的取样工程预测的那部分固体矿产资源。其数量、质量、空间分布、开采利用条件等信息尚未获得,或者数量很少,成矿潜力或找矿前景不明的矿产资源。

由此可见,地质可靠程度反映了矿产勘查阶段工作成果不同精度的具体体现。

2. 可行性(技术经济)研究程度

这是固体矿产资源储量分类标准中的分类依据之一。在普查、详查和勘探各阶段,均应开展相应程度的可行性评价工作,并与勘查工作同步进行,动态深化。可行性评价应视研究深度需要,综合考虑地质、采矿、加工选冶、基础设施、经济、市场、法律、环境、社区和政策等因素,分析研究矿山(井田)建设的可能性(投资机会)、可行性,并做出是否宜由较低勘查阶段转入较高勘查阶段或矿山开发是否可行的结论。其目的是使得勘查工作与下一步勘查或矿山(井田)建设紧密衔接,减少矿产勘查、矿山(井田)开发的投资风险,提高矿产勘查开发的经济、社会及生态环境综合效益。依据研究深度由浅到深,可行性评价程度分为概略研究、预可行性研究和可行性研究三个阶段。

①概略研究:是指通过了解矿床地质、采矿、加工选冶、基础设施、经济、市场、法律、环境、社区和政策等因素,对矿床勘查或矿山(井田)建设的技术可行性和经济合理性的简略研究。概略研究可以在各勘查工作程度基础上进行。所采用的矿石品位、矿体厚度、埋藏深度等指标通常是我国矿山几十年来的经验数据,采矿成本是根据同类矿山生产估计的。目的是为了由此确定投资机会。所估算的资源量只具有预期经济意义。

②预可行性研究:是指通过分析矿床地质、采矿、加工选冶、基础设施、经济、市场、法律、环境、社区和政策等因素,对矿床勘查是否由详查转入勘探或矿山(井田)建设的技术可行性和经济合理性进行初步评价。其结果可以为矿床是否进行勘探或矿山(井田)建设立项提供基本的决策依据。开展预可行性研究,应基于详查或勘探后采用参考工业指标求得的控制的资源量或探明资源量、实验室规模的加工选冶试验资料,以及通过价目表或类似矿山开采对比所获数据估算的成本。预可行性研究内容与可行性研究内容相同,但详细程度次之。当投资者为选择拟建项目而进行预可行性研究时,应选择适合当时市场价格的指标及各项参数,论证项目应尽可能齐全。

③可行性研究:是指通过分析矿床地质、采矿、加工选冶、基础设施、经济、市场、法律、环境、社区和政策等因素,对矿山(井田)建设的技术可行性和经济合理性做出详细评价,为矿山(井田)建设投资决策、确定工程项目建设计划和编制矿山建设初步设计等提供依据。可行性研究一般需要在勘探工作程度基础上进行。且依据勘探所获的探明资源量及相应的加工选冶性能试验结果,其成本和设备报价所需各项参数是当时的市场价格,并充分考虑了地质、工程、环境、法律和政府的经济政策等各种因素的影响,其结论具有很强的时效性。

3. 经济意义

在不同时期、不同国家、不同固体矿产资源储量分类版本中,矿产"经济意义"在划分方案中受重视程度并不一致。1999 年之前,我国矿产资源储量分类主要依据的是地质可靠程度。在 1999 版《固体矿产资源/储量分类》标准中,按照可行性评价当时经济上的合理性,将查明矿产资源划分为经济的、边界经济的、次边界经济的、内蕴经济的。在 2020 版《固体矿产资源储量分类》标准中,对经过不同阶段的可行性评价,依据评价时经济上的合理性,将查明的可利用矿产资源分为预期经济的资源和经济的资源两类。

预期经济的资源:仅通过概略研究做了相应的投资机会评价,未做预可行性研究或可行性研究,由于不确定性因素多,无法明确其是经济的;或在可行性或预可行性研究当时,需大幅度提高矿产品价格或技术进步,降低成本后方能变成经济的;或在将来由于技术、经济、环境等条件的改善或政府给予其他扶持的条件下可变成经济的。

经济的资源:是指矿产的数量和质量是依据符合市场价格确定的生产指标计算的,并充分考虑了可能的矿石损失和贫化。在可行性研究或预可行性研究当时的市场条件下开采,技术上可行,经济上合理,环境等其他条件允许,即每年开采矿产品的平均价值足以满足投资回报的要求,或在政府补贴或其他扶持措施条件下,开发是可能的。

对潜在的矿产资源,由于无法确定其经济意义,称之为经济意义未定的。

11.1.2　现行固体矿产资源储量分类体系

我国现行固体矿产资源储量分类体系(2020 版),是依据矿产资源勘查的地质可靠程度,以及经相应的可行性研究所获得的不同经济意义(技术经济可行性),采用二维形式对资源储量进行了分类。在分类体系中,将查明的能利用固体矿产资源分为资源量和储量两大类、五种类型(推断资源量、控制资源量、探明资源量、可信储量、证实储量)(图 11-1)。

1. 资源量

资源量是指查明的能利用的固体矿产资源中的一部分。是经矿产资源勘查查明并经概略研究,预期可经济开采的固体矿产资源,其数量、品位或质量是依据地质信息、地质认识及相关技术要求估算的。依据地质可靠程度,资源量进一步划分为推断资源量、控制资源量和探明资源量等三种类型。

①推断资源量:经稀疏取样工程圈定(普查控制精度)并估算的资源量,或地质可靠程度达到控制的或探明资源量的外推部分;矿体的空间分布、形态、产状、连续性是依据一般地质规律合理推测的;其数量、品位或质量基于有限取样工程和信息数据估算而来,地质可靠程度较低。

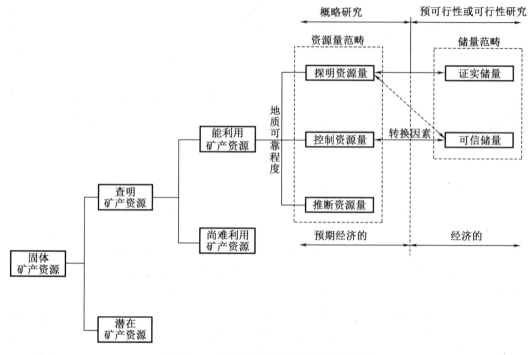

图 11-1　现行固体矿产资源分类示意图

②控制资源量:经系统取样工程圈定(详查控制精度)并估算的资源量。矿体的空间分布、形态、产状、连续性已基本确定;数量、品位或质量是基于较多取样工程和信息数据估算而来;地质可靠程度较高。

③探明资源量:是在系统取样工程基础上经加密工程圈定(勘探控制精度)并估算的资源量。矿体的空间分布、形态、产状、连续性已确定;数量、品位或质量基于充分的取样工程和详尽信息数据估算而来;地质可靠程度高。

在当前或可预见的未来,尚难利用的固体矿产资源不以资源量表述;潜在的矿产资源称为潜在资源或预测资源,同样不以资源量表述。以上两类资源均不列入资源量范畴。

2. 储量

储量是指探明资源量和控制资源量中可经济采出的部分。经过详查或勘探,地质可靠程度达到了控制或探明的矿产资源,在进行了预可行性、可行性研究或与之相当的技术经济评价,充分考虑了可能的矿石损失和贫化,合理使用转换因素后估算的,满足可采的技术可行性和经济合理性。

依据地质可靠程度和技术经济可行性研究程度,储量分为可信储量和证实储量两种类型。

①可信储量:是控制资源量中的经济可采部分,某些情况下是探明资源量的经济可采部分。指经过预可行性、可行性研究或与之相当的技术经济评价,基于控制资源量估算的储量;或某些转换因素尚存在不确定性时,基于探明资源量估算而来的储量。用扣除了设计、采矿损失后的可实际开采数量表达。

②证实储量:是探明资源量中的经济可采部分。指经过预可行性、可行性研究或与之相当的技术经济评价,基于探明资源量估算的储量。用扣除了设计、采矿损失后的可实际开采数量表达。

我国现行的铀矿资源储量分类,与上述一般固体矿产资源储量分类体系是一致的。

3. 资源量与储量的相互关系

在满足一定条件下,资源量和储量之间可以相互转换(图 11-1)。资源量与储量之间的转换,通常需要关注三个要素:

一是固体矿产资源的地质勘查程度,也即地质可靠程度。基于详查勘查精度获得的控制资源量,经过预可行性或可行性评价,表明开采技术可行且经济的,在扣除了开采设计、采矿损失后的那部分资源量,可以转换为可信储量。基于勘探精度获得的探明资源量,经过预可行性或可行性论证,表明开采技术可行且经济的,在扣除开采设计、采矿损失后,一般可以转换为证实储量,但也可能转换为可信储量(视转化因素而定)。勘查精度仅满足普查程度要求的推断资源量,不能转换为储量。

二是可行性研究程度。只有经过预可行性研究或可行性研究,或与之相当的技术经济评价,资源量才可以转换为储量。仅开展概略研究的资源量不能转换为储量。

三是转换因素。所谓转换因素是指资源量转换为储量时考虑的相关因素,主要包括矿山开发涉及的采矿、加工选冶、基础设施、经济、市场、法律、环境、社区和政策等,有时还要考虑特定因素,如特殊气候、地理、历史遗迹等。也即开发技术要可行,经济要合理,开发应满足市场、法律、环境、社区和政策等条件许可。

控制资源量或探明资源量在经过预可行性或可行性研究,或与之相当的技术经济评价,表明开采技术可行且经济的,且满足上述转换因素条件的基础上,可相应的转换为可信储量或证实储量。由于某些转换因素尚存在不确定性时,这部分探明资源量则转换为可信储量。可信储量、证实储量均用扣除开采设计、采矿损失后的资源数表达。

当转换因素发生变化,如法律、环境、社区或政策等条件变化,或市场价格发生变动,或其他因素导致矿产开发无法满足技术可行性和经济合理性的要求时,储量也可转换为相应的控制资源量或探明资源量。

11.1.3　1999 版固体矿产资源/储量分类体系简介

我国 1999 版固体矿产资源/储量分类体系中,首先依据地质可靠程度,将固体矿产资源分为查明的矿产资源和潜在的矿产资源两大类。查明的矿产资源进一步划分为探明的、控制的和推断的资源;潜在的矿产资源称为预测的资源。

根据可行性研究与评价程度,将矿产资源可行性评价分为可行性研究、预可行性研究和概略研究三个阶段。

经过不同阶段的可行性评价,按照评价当时经济上的合理性,将地质可靠程度不同的查明矿产资源进一步划分为经济的、边界经济的、次边界经济的、内蕴经济的。对潜在的矿产资源,由于无法确定其经济意义,称为经济意义未定的。

依据矿产资源勘查的地质可靠程度,以及经相应的可行性研究所获得的经济意义,采用三维框架形式对固体矿产资源进行分类(图 11-2),即分别将地质可靠程度、经济意义和可行性评价阶段作为分类的三维轴对矿产资源/储量进行分类,矿产资源可以得到不同的资源量和储量类型。

在分类体系中,将固体矿产资源分为储量、基础储量和资源量三大类,并采用三位数的编码将储量、基础储量和资源量进一步划分为不同的代码(表 11-1)。其中第 1 位数表示经济意义,第 2 位数表示可行性评价阶段,第 3 位数表示地质可靠程度。

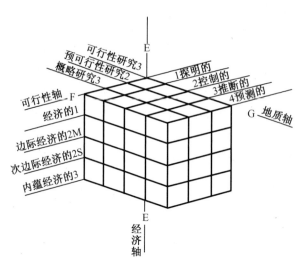

图 11-2　1999 版固体矿产资源/储量三维分类框架

表 11-1　固体矿产资源/储量分类表

地质可靠程度			查明资源					潜在资源
			探明的			控制的	推断的	预测的
可研程度			可行性研究	预可行性研究	概略研究	预可行性研究	概略研究	概略研究	概略研究
经济意义	经济的	扣除设计采矿损失	可采储量(111)	预可采储量(121)		预可采储量(122)			
		未扣除设计采矿损失(b)	基础储量(111b)	基础储量(121b)		基础储量(122b)			
	边界经济的		基础储量(2M11)	基础储量(2M21)		基础储量(2M22)			
	次边界经济的		资源量(2S11)	资源量(2S21)		资源量(2S22)			
	内蕴经济的				资源量(331)		资源量(332)	资源量(333)	预测的(334)?

1. 储量

储量是指基础储量中的经济可采部分。在预可行性研究、可行性研究或编制年度采掘计划当时,经过了对经济、开采、选冶、环境、法律、市场、社会和政府等诸因素的研究和相应修改,结果表明在当时是经济可采或已经开采的部分。用扣除了设计、采矿损失后的可实际开采数量表达。依据地质可靠程度和可行性评价阶段不同,可分为可采储量(111)、预可采储量(121)和预可采储量(122)三种类型。

①可采储量(111):探明的(可研)经济基础储量中的扣除了设计和采矿损失后可实际开采的部分。是指在已按勘探阶段要求加密工程的地段,在三维空间上详细圈定了矿体,

肯定了矿体的连续性,详细查明了矿床地质特征、矿石质量和开采技术条件,并有相应的矿石加工选冶试验成果,已进行了可行性研究,包括对开采、选冶、经济、市场、法律、环境、社会和政府因素的研究及相应的修改,证实其在计算的当时开采是经济的。计算的可采储量及可行性评价结果可信度高。

②预可采储量(121):探明的(预可研)经济基础储量中扣除了设计和采矿损失后的可采部分。是指在已达到勘探阶段加密工程地段,三维空间上详细圈定了矿体,肯定了矿体连续性,详细查明了矿床地质特征、矿石质量和开采技术条件,并有相应的矿石加工选冶试验成果,但只进行了预可行性研究,表明当时开采是经济的,计算的可采储量可信度高,可行性评价结果的可信度一般。

③预可采储量(122):控制的经济基础储量的可采部分。是指在已达到详查阶段工作程度要求的地段,基本上圈定了矿体三维形态,能够较有把握地确定矿体连续性的地段,基本查明了矿床地质特征、矿石质量、开采技术条件,提供了矿石加工选冶性能条件试验的成果。对于工艺流程成熟的易选矿石,也可利用同类型矿产的试验成果。预可行性研究结果表明开采是经济的,计算的可采储量可信度较高,可行性评价结果的可信度一般。

2. 基础储量

基础储量是查明矿产资源的一部分。指在地质可靠程度上是探明的或控制的、同时在经济意义上是经济的或边际经济的查明矿产资源的那部分。或者说是经详查或勘探且经过预可行性或可行性研究,其经济意义是经济的或边际经济的那部分查明的矿产资源。它能满足现行采矿和生产所需的指标要求(包括品位、质量、厚度、开采技术条件等),用未扣除设计、采矿损失的数量表达,有 6 种类型。

①探明的(可研)经济基础储量(111b):它所达到的勘查阶段、地质可靠程度、可行性评价阶段及经济意义的分类同可采储量(111)所述,与其唯一的差别在于该类型是用未扣除设计、采矿损失的数量表达。

②探明的(预可研)经济基础储量(121b):它所达到的勘查阶段、地质可靠程度、可行性评价阶段及经济意义的分类同预可采储量(121)所述,与其唯一的差别在于本类型是用未扣除设计、采矿损失的数量表达。

③控制的经济基础储量(122b):它所达到的勘查阶段、地质可靠程度、可行性评价阶段及经济意义的分类同预可采储量(122)所述,与其唯一的差别在于该类型是用未扣除设计、采矿损失的数量表达。

④探明的(可研)边际经济基础储量(2M11):是指在达到勘探阶段工作程度要求的地段,详细查明了矿床地质特征、矿石质量、开采技术条件,圈定了矿体的三维形态,肯定了矿体连续性,有相应的加工选冶试验成果。可行性研究结果表明,在确定当时,开采是不经济的,但接近盈亏边界,只有当技术、经济等条件改善后才可变成经济的。这部分基础储量可以在可采储量周围或在其间分布。计算的基础储量和可行性评价结果的可信度高。

⑤探明的(预可研)边际经济基础储量(2M21):是指在达到勘探阶段工作程度要求的地段,详细查明了矿床地质特征、矿石质量、开采技术条件,圈定了矿体的三维形态,肯定了矿体连续性,有相应的矿石加工选冶性能试验成果,预可行性研究结果表明,在确定当时,开采是不经济的,但接近盈亏边界,待将来技术经济条件改善后可变成经济的。其分布特征同 2M11,计算的基础储量的可信度高,可行性评价结果的可信度一般。

⑥控制的边际经济基础储量(2M22):是指在达到详查阶段工作程度的地段,基本查明

了矿床地质特征、矿石质量、开采技术条件,基本圈定了矿体的三维形态,预可行性研究结果表明,在确定当时,开采是不经济的,但接近盈亏边界,待将来技术经济条件改善后可变成经济的。其分布特征类似于2M11,计算的基础储量可信度较高,可行性评价结果的可信度一般。

3. 资源量

资源量是指查明矿产资源的一部分和潜在矿产资源。是指仅经过概略研究推断的矿产资源或虽经可行性(或预可行性)研究,但其经济意义在边际经济以下(包括次边际经济的和内蕴经济的)的探明的或控制的那部分矿产资源,以及经过预查后预测的矿产资源,共有7种类型。

①探明的(可研)次边际经济资源量(2S11):是指在勘查工作程度已达到勘探阶段要求的地段,地质可靠程度为探明的,可行性研究结果表明,在确定当时,开采是不经济的,必须大幅度提高矿产品价格或大幅度降低成本后,才能变成经济的,计算的资源量和可行性评价结果的可信度高。

②探明的(预可研)次边际经济资源量(2S21):指勘查工作程度已达到勘探阶段要求的地段,地质可靠程度为探明的,预可行性研究结果表明,在确定当时开采是不经济的,需大幅度提高矿产品价格或大幅度降低成本后,才能变成经济的。计算的资源量可信度高,可行性评价结果的可信度一般。

③控制的次边际经济资源量(2S22):指勘查工程程度已达到详查阶段要求的地段,地质可靠程度为控制的,预可行性研究结果表明,在确定当时开采是不经济的,需大幅度提高矿产品价格或大幅度降低成本后,才能变成经济的。计算的资源量可信度较高,可行性评价结果的可信度一般。

④探明的内蕴经济资源量(331):指在勘查工作程度已达到勘探阶段要求的地段,地质可靠程度为探明的,但未做可行性研究或预可行性研究,仅做了概略研究,经济意义介于经济的到次边际经济的范围内,计算的资源量可信度高,可行性评价可信度低。

⑤控制的内蕴经济资源量(332):指在勘查工作程度已达到详查阶段要求的地段,地质可靠程度为控制的,可行性评价仅做了概略研究,经济意义介于经济的到次边际经济的范围内,计算的资源量可信度较高,可行性评价可信度低。

⑥推断的内蕴经济资源量(333):指在勘查工作程度只达到普查阶段要求的地段,地质可靠程度为推断的,资源量只根据有限的数据计算的,其可信度低。可行性评价仅做了概略研究,经济意义介于经济的到次边际经济的范围内,可行性评价可信度低。

⑦预测的资源量(334)?:依据区域地质研究成果、航空、遥感、地球物理测量、地球化学测量等异常或极少量工程资料,确定具有矿化潜力的地区,并和已知矿床类比而估计的资源量,属于潜在矿产资源,有无经济意义尚不确定。

11.1.4 国内外矿产资源储量分类体系对比

现行矿产资源储量分类(2020版)与1999版矿产资源/储量分类之间的转换关系:在1999版矿产资源/储量分类体系中的可采储量(111)与预可采储量(121)相当于现行分类体系中的证实储量;预可采储量(122)相当于现行分类体系中的可信储量;111b、121b、2M11、2M21等四种基础储量和2S11、2S21、331等三种资源量相当于现行分类体系中的探明资源量;122b、2M22基础储量与2S22、332资源量相当于现行分类体系中的控制资源量;

333 资源量类别相当于现行分类体系中的推断资源量。334? 不以资源量表述,称为潜在矿产资源或预测矿产资源。

表 11-2 列出了国内外不同国家(机构)、不同时期矿产资源储量分类的对比情况。

尽管世界各国矿产资源储量分类的原则依据均有不同程度的差异,类别与级别的名称或术语亦不统一,但各国间的分类还是可以进行概略对比的。

表 11-2　国内外矿产资源主要分类概略对比表

	分类对比				
	查明矿产资源				潜在矿产资源
《固体矿产资源储量分类》 (GB/T 17766—2020)	储量	资源量			预测资源
	证实储量 可信储量	探明资源量 控制资源量 推断资源量			
	矿产资源(Mineral Resources)				
矿产储量报告标准国际 委员会(CRIRSCO,2019)	储量	资源量			预测矿产资源
	证实矿产储量 (Proved) 概算矿产储量 (Probable)	探明矿产资源(Measured) 控制矿产资源(Indicated) 推断矿产资源(Inferred)			
	查明矿产资源				潜在矿产资源
《固体矿产资源/储量分类》 (GB/T 17766—1999)	储量	基础储量		资源量	预测资源量
	开采储量 预开采储量	经济基础 储量	边际经济 基础储量	次边际经济 资源量、内 蕴经济资 源量	预测的资源量
《固体矿产地质勘探规范总则》 (GB/T 13908—2020)	矿产储量				
	A	B	C	D	E
《铀矿资源评价规范》 (EJ/T 511—91)	可靠资源			远景资源	预测资源
	A　B	C	D	E	F　G
	矿产资源总量				
《联合国国际储量分类框架》 (1997)	证实矿产储量 概略矿产储量	可行性矿产资源 推定的矿产资源 预可行性矿产资源 推测的矿产资源 确定的矿产资源			踏勘矿产资源

表 11-2(续)

CMMI 系统(1997)	证实矿产储量 概略矿产储量	确定的矿产资源 推定的矿产资源 推测的矿产资源		矿产潜力		
《矿产资源和储量分类原则》 (美国地调局,1980)	查明资源			未经发现资源		
	经济储量 边际经济储量	经济—边际经济 储量基础	次经济资源	假定资源 假想资源		
《澳大利亚矿产资源量和 矿石储量报告规范》(1999)	矿石储量	矿石资源量		勘查结果		
	证实级	实测级	推测级			
	可能级	表明级				
苏联(1981)	勘探储量			初步评价储量	预测储量	
	A	B	C1	C2	P1	P2 P3
国际原子能机构	可靠的	估计附加的 I		估计附加的 II	假想的	

矿产资源分类对比,是根据类别、级别条件、勘查与技术经济评价精度及其工业用途,便于应用的原则。应用时可依此原则与表 11-2,做具体分析和研究对比,以便国内外已有矿产资源储量资料的统一对比利用及国际对比交流。

11.2 矿产资源储量估算的一般过程和基本公式

11.2.1 矿产资源储量估算的一般过程

矿产资源储量估算是一项十分复杂而细致的综合研究工作,不仅需要对大量原始资料和数据进行系统整理和计算,而且需要对矿床地质、成矿地质特征、成矿规律和勘查工作经验进行分析总结,编写出符合质量要求的勘查地质报告。

矿产资源储量估算的基本原理就是人们把自然界客观存在的、形态复杂的矿体分割转变为体积与之大体相等、矿化相对均一的、形态简单的几何体,运用恰当的数学方法,求得资源储量估算所需的各种参数,最后估算出矿产资源储量。

铀矿储量估算的一般过程如下。

1. 资料的全面收集、检查与核对

矿床勘查通常需要经历多阶段,甚至多次反复认识的过程,工作周期一般较长,取得的资料十分丰富。在开展矿产资源储量估算工作之前,首先应全面收集不同勘查阶段地质、物探及水文地质等各项原始资料,包括分析取样、辐射取样和 γ 测井资料,矿石密度与湿度测定资料,铀镭平衡和镭氡平衡资料,矿山工程测量以及其他有关的资料等,并对它们进行仔细检查、核对,以便利用。特别是取样资料要准确无误,样品编号、取样位置和取样长度与取样标签、取样登记本和原始地质编录中的数据要互相吻合。随着勘查工作的深入,铀矿体的铀镭平衡系数、镭氡平衡系数、矿石密度与湿度等重要参数及其空间特征认识往往会出现变化,在这种情况下,通常需要对 γ 测井资料进行可靠性、稳定性、准确性("三性")进行检查与核对,并依据新的参数重新开展矿体铀含量解译,以保证铀矿资源储量估算中铀矿体品位数据的准确和可靠。

2. 确定矿床的工业指标

矿床工业指标具有政策性强、经济性强和时效性强的特点,矿床工业指标往往随矿种不同、矿床成矿地质特征、矿石采选冶方案、市场价格和经济政策等因素不同而不同,具有动态的性质。故具体矿床的工业指标应根据矿产资源储量估算当时的相关实际资料,通过地质、技术、经济等方面的综合对比论证来具体制定。在不同勘查阶段,矿床工业指标的确定方法有一定的区别。

3. 图件的制作与矿体圈定

在对收集的各种原始资料进行全面系统分析和工业指标确定的基础上,根据矿产资源储量估算的需要和有关规范要求,编制各种图件和表格。最重要的图件有取样平面图、坑道中段地质平面图、勘探线地质剖面图和矿体水平投影图或垂直纵投影图等;最主要的表格有各工程、断面、块段以及各矿体的平均品位、平均厚度计算表,矿床(若干矿体)资源储量估算综合成果表及其他表格等。具体要求提交的图件和表格可参考有关规范。

在编制的各种综合图上,根据确定的矿床工业指标与成矿地质规律、控矿因素,合理连接矿体,圈定矿体边界,划分矿体块段,统计计算各块段的平均厚度、平均品位、矿石密度和湿度、矿体面积以及含矿系数等参数。

4. 资源储量估算

根据矿床地质特点和所用勘查方法,选择合理的资源储量估算方法。首先估算各块段的矿产资源量或储量数,各块段矿产资源量或储量数之和即为整个矿体或矿床的矿产资源量或储量。

一般要求通过第二种矿产资源储量估算方法对基本矿产资源储量估算方法估算的结果进行验证,并进行误差分析,当两者相对误差不超过许可误差时(要求小于±10%),则认为基本估算方法获得的结果是可靠的,否则应研究原因,或重新划分矿体、块段,或选用其他估算方法。

5. 编写矿床勘查地质报告

矿产资源储量估算的目的不单是为了取得矿产资源储量数值,而且还要对矿床成矿地质特征、成矿规律、找矿与勘查工作的经验和教训,以及矿山开采技术条件和经济效益等进行全面的总结评价,为矿山开采提供必要的资料,提高资源勘查的理论水平,为后续矿床勘查工作提供借鉴。

矿床勘查地质报告的编写格式与内容要求,可参照相关规范执行。

11.2.2　资源储量估算的基本公式

矿产资源储量包括体积资源储量、矿石资源储量和金属资源储量三种。对不同矿产,要求估算不同的资源储量。建筑材料一般估算体积资源储量,煤及黑色金属只估算矿石资源储量,铀矿及稀有、有色金属矿床则需估算金属资源储量。

现以铀矿为例,计算公式如下:

$$V = S \cdot M \tag{11-1}$$
$$Q = V \cdot D \tag{11-2}$$
$$P = Q \cdot C \tag{11-3}$$

式中　V——矿体体积,m^3;

　　　Q——矿石量,t;

　　　P——金属量,t;

　　　S——矿体投影面积,m^2;

　　　M——矿体在投影面法线方向上的平均厚度,m;

　　　D——矿石的平均密度,t/m^3;

　　　C——矿石的平均品位,%。

　　以上变量称为矿产资源储量估算的基本参数。此外,对一些有用组分分布不均匀的矿床,如部分铀矿床和稀有金属矿床,在资源储量估算中还经常引用含矿系数这一参数。

　　在可地浸砂岩型铀矿中,平米铀(含)量参数对评价砂岩型铀矿资源储量具有重要意义。所谓平米铀(含)量是指就独立含矿含水层而言,单位面积内砂岩铀矿体中铀的金属量。其计算公式如下:

$$U = C \cdot M \cdot D \tag{11-4}$$

式中　U——矿体平米铀(含)量,kg/m^2;

　　依据矿体平米铀(含)量和矿体面积,可估算矿体中铀金属资源储量($P = U \cdot S/1\,000$)。根据该公式,可简单方便并快速估算单个探矿工程控制的相应精度的铀资源量。

11.3　矿床工业指标

　　矿床工业指标是矿体的圈定与矿产资源储量估算的基础。无论采用何种资源储量估算方法,首要问题是圈定矿体的范围,在此基础上才有可能对矿体的面积、体积、平均品位、平均厚度等参数进行计算。矿体的圈定必须依据一定的工业指标进行。

11.3.1　矿床工业指标的概念与内容

　　矿床工业指标,简称工业指标,是指在现行的国家政策和技术经济条件下,工业部门对矿石原料质量和矿床开采条件所提出的要求,即衡量矿体能否为工业开采利用的规定标准。矿床工业指标不仅是圈定矿体和资源储量估算所依据的标准,也是评价矿床工业价值、确定可采范围的重要依据。

　　在相关固体矿产资源地质勘查规范中,对有关矿产提出了工业指标要求,它是属于国家主管部门制定的一般性工业指标,只能为普查或区调阶段进行矿床评价和资源储量估算提供参考。详查和勘探阶段,则应根据确定的矿床地质特征、国家的各项技术经济政策、矿产的需求程度与市场价格,以及开采工艺和加工技术条件等因素,开展可行性或预可行性研究,由工业设计部门和地质部门,通过经济核算,共同研究确定矿床工业指标。

　　矿床工业指标的内容很多,构成一个复杂的工业指标体系。大体上可分为矿石质量和开采技术条件两部分,可归纳为如下三类。

　　第一类:与矿石质量有关的,如边界品位,最低工业(可采)品位,有害杂质最大允许含

量,有用伴生组分的最低综合利用品位,矿石自然类型和工业品级的划分标准,出矿品位或入选品位等;

第二类:与地质体厚度有关的,如最小可采厚度、夹石剔除厚度或夹石最大允许厚度等;

第三类:其他的,如一些综合指标:最低工业矿体米百分数、含矿系数;还有个别矿种所需规定的特殊标准,如可地浸砂岩铀矿单工程的平米铀量,铬铁矿的铬铁比,铝土矿的硅铝比,煤矿的挥发分、灰分、发热量,耐火材料矿产的耐火度、灼减量,与采矿条件有关的剥采比、开采深度等。

最常用的矿床工业指标主要有以下项目。

1. 边界品位

边界品位又称边际品位,指在圈定矿体时,对单个样品有用组分含量的最低要求,作为区分矿与非矿的分界标准。换句话说,只有样品的品位达到边界品位时,才有资格圈入矿体。但最终是否圈入,还要看具体情况(详见矿体圈定)。边界品位主要用在单个探矿工程中圈定工业矿体的厚度边界,它直接影响着矿体形态的复杂程度、矿石平均品位的高低、矿石与金属铀资源储量的多少。

2. 最低工业品位

最低工业品位简称工业品位,是指工业可采矿体、块段或单个工程中有用组分平均含量的最低限,也就是矿物原料回收价值与所付出费用平衡、利润率为零时的有用组分平均含量。它是划分矿石品级,区分工业矿体(地段)与非工业矿体(地段)的分界标准之一,只有矿体或块段的有用组分平均品位达到最低工业品位时,才视为工业矿体进行资源储量估算。因此,最低工业品位直接关系到工业矿体边界特征和资源储量的多少。

3. 最低可采厚度

最低可采厚度是指在一定技术经济条件下,对具有开采价值矿体(单个矿层、矿脉等)的最小真厚度要求。也是区分能利用资源储量与暂不能利用资源储量的标准之一。

4. 夹石剔除厚度

夹石剔除厚度是指矿体内可以圈出并在开采时可以剔除的夹石(非工业矿石)的最低厚度标准。若夹石小于此指标,则不予剔除而合并入矿体一起估算矿产资源储量;否则,夹石应单独圈定并作剔除处理,不能参与资源储量估算。

在夹石并入矿体的情况下,必须保证块段的平均品位不得低于最低工业品位。此外,确定夹石剔除厚度时,应考虑不能因为剔除夹石而使矿体形态复杂化,影响开采;也不能因为一些夹石的保留,导致品位的显著降低而影响矿石质量。剔除的夹石,当条件许可时,在开采时可留作"保安矿柱"。

5. 矿体米百分数

矿体米百分数又称矿体米百分率,是指矿体厚度(m)与品位(%)的乘积。它是一项反映矿体厚度和品位的综合指标。它只用于圈定厚度小于最小可采厚度,而品位远高于最低工业品位的薄而富矿体(矿脉、矿层),当其厚度与平均品位乘积等于或大于此指标时,则圈为工业可采矿体。

矿体米百分数分为边界米百分数和工业米百分数两级。利用米百分数圈定矿体的原则与利用品位的原则相同。

一些稀有、贵重金属矿产，有时品位很高而矿体厚度较小(小于可采厚度)。若按最小可采厚度的要求，则这部分矿石就不能圈入工业矿体，因而得不到利用，造成矿产资源的浪费。因此，人们提出用米百分数这项综合指标来圈定薄而富的矿体。制定最低工业米百分数指标的前提是，只要开采时，出窿矿石的品位不会因为采矿空间的扩大所引起的矿石贫化而降低到最低工业品位以下即可。

6. 含矿系数

含矿系数是指各工业可采部分与相应整个矿床或矿体、矿段、块段的体积比，时常用其面积比(面含矿系数)或长度比(线含矿系数)代替。当有用组分分布极不均匀，夹石(层)太发育，不能确定工业矿体可靠边界的含矿带时，为除去无矿部分，提高矿产资源储量估算精度，用其作校正系数参与资源储量估算。其指标根据最佳采矿方法下的选别开采和经济合理性确定(苏联)。在现行铀矿勘查规范体系下，一般不采用该工业指标。

7. 共(伴)生组分综合利用指标

共(伴)生组分综合利用指标是指与主有用组分共(伴)生的，在开采或加工主有用元素时，具有综合利用工业价值的其他有用组分的最低含量标准。

8. 有害杂质最大允许含量

有害杂质最大允许含量是指块段或单个工程中对矿产品质量或选冶工艺、加工过程起不良影响的有害组分的最大允许含量要求。

除以上基本指标外，有时还要根据开采方法或溶浸工艺，制定剥采比、单工程平米铀量、矿石渗透系数、含矿含水层的涌水量和承压性等指标。剥采比是露天开采时通常需考虑的一项指标，是指露天开采时需剥离的废石量(上覆岩层、夹石)与开采的矿石量之比值；当采用地下溶浸工艺开采砂岩型铀矿时，则往往需要对后几项指标进行评价。

11.3.2 矿床工业指标的确定方法

矿床工业指标的高低取决于矿床地质构造特征，矿产资源方针，经济政策和矿石采、选、冶的技术水平等。反过来，矿床工业指标直接影响着所圈定矿体的形态复杂程度、规模大小、资源储量的多少、采出矿石质量的高低及对矿床地质特征、成矿规律的正确认识，进而影响到确定矿床开采范围、生产规模、采矿方案和选矿工艺、开采中的损失与贫化率、选矿回收率等技术参数的确定，最终影响到矿山生产经营的技术经济效果、矿产资源的回收利用程度和矿山服务年限等。所以，矿床工业指标是地质与技术经济联合研究的主要课题之一。

矿床工业指标依矿床勘查阶段的时间序列构成如下系统：普查阶段的参考性工业指标—详查阶段为矿山规划的暂定工业指标—地质勘探阶段由勘探、矿山设计和基建生产部门共同制定的计划工业指标—矿山生产初期经试生产验证核实的实际生产正式工业指标—矿山生产发展过程中，由矿山企业计划、矿山地质和采选冶生产部门，根据变化了的情况，重新研究修订的扩大工业指标。

正确确定最佳工业指标是一项政策性强、经济性强、时间性强，且往往因具体情况变化而变化，技术复杂的综合性工作。所依据的基础资料一般包括国家有关矿产开发的方针政策，矿床地质构造资料，矿石最佳采、选、冶技术方案及工艺试验资料，近期与长远的市场需求，各矿产品方案，企业运营和管理成本及经济核算资料等。只有依据矿床地质特征及开采当时的实际资料,经过地质技术经济的综合对比论证后,才能获得最佳的矿床工业指标。

制定矿床工业指标一般应遵循以下原则:最大限度利用矿产资源的原则;技术上可能、经济上合理的原则;区别对待,优质优用原则;保证矿体整体性原则。工业指标如果定得过高,就会使一些矿产得不到开发利用,造成资源浪费;或使得矿体形态分散和复杂化,不利于开采;过低则可能带来开采、选冶的困难,两且会使成本增加,经济上不合算。

1. 确定边界品位和最低工业品位的方法

常用方法有类比法、统计法、方案法和价格法 4 种。

①类比法:又称经验法,是将本矿床的成矿地质条件、矿床规模、采选冶条件,以及经营方式等与已知矿床进行对比,用条件相似的已知矿床的工业指标作为本矿床的指标。在有关勘查地质规范中所提出的工业指标,就是根据国内外已知矿床的工业指标,经过分析研究后提出来供类比用的。这种方法简单易行,广泛用于普查阶段,有时详查早期也参考该指标。

在经验法中,还可应用"尾矿倍数法"确定边界品位。这种方法是把选冶试验样品尾矿中的金属含量乘以一定倍数(如 1.5~3 倍)作为边界品位。倍数的确定须根据尾矿中金属元素回收处理的难易程度区别对待。如果通过技术设施的改善、药剂的调整可提高回收率,则尾矿的倍数取值可适当降低。

②统计法:这种方法是将矿床内主要有用组分按品位划分成若干适当的区间,然后统计落在各区间的样品所占百分数。根据样品百分数的变化特点来确定矿床的最低工业品位。确定指标时,既要确保矿石的平均质量,又要使矿产资源得到最大限度的利用。

③方案法:又称分析法。它是通过资源储量试算来确定工业指标。具体做法是:根据矿床特点,特别是矿石品位及可选性特点,先用类比法提出几组不同的指标方案,然后以不同方案分别计算同一矿体或块段的资源储量,从中选择合理的指标作为矿床正式的工业指标。该指标必须保证所计算的金属量多而矿石量少,品位和产量高而投资少。

④价格法:除以上三种方法以外,还可应用价格法来确定矿床的最低工业品位。此法遵循的基本原则是,从矿石中提取一吨最终产品的生产成本不超过该产品的国家调拨价或市场价格。

11.3.3　铀矿床工业指标内容

铀矿床一般性工业指标内容(要求)包括:边界品位(300×10^{-6}),最低工业品位(500×10^{-6}),最小可采厚度(0.7 m),夹石剔除厚度(0.7 m)。此外,可能使用的工业指标还有边界米百分数(0.021 m%)和最低工业米百分数(0.035 m%)。

不同类型铀矿床由于采选冶工艺不同,工业指标的内容与要求会有一定的区别。如可地浸砂岩型铀矿一般工业指标内容与要求主要为边界品位(100×10^{-6})、边界平米铀量(1 kg/m^2)。

除了以上铀矿床的一般性工业指标外,在具体铀矿床可行性研究中,往往需要根据矿床特点和所采用的采选冶工艺,结合矿体含水性及渗透性能、有害组分含量、伴生组分综合利用品位等指标进行综合评价。也即矿产资源的赋存特点、矿石品位的高低是客观存在的,矿床的工业指标可随着国家有关矿产开发的方针政策、矿石采、选、冶技术的提高,矿产品市场价格,以及交通、水电条件等因素的改变而变化,铀矿床工业指标的内容和要求都有可能发生变化。

11.4 矿体圈定和铀资源储量估算参数的确定

11.4.1 矿体边界线的种类

1. 零点边界线

零点边界线是在投影面上,矿体厚度或有用组分含量趋于零的各点连线,即矿体尖灭点的连线。零点边界线常常是为了确定可采边界线时的辅助线,而不是真正意义的资源储量边界线,因矿产资源储量不可能估算到零点边界上。

2. 可采边界线

可采边界线是根据最低工业品位(或最低工业米百分数)和最小可采厚度圈定的矿体(矿块或块段)界线。可采边界线是区分工业矿和非工业矿的界线,用来圈定工业矿体的边界位置。在可采边界线内的矿体,所有指标都应符合矿床工业指标要求。只要有任一指标不符合工业要求,这部分矿体就要从中扣除,作为非工业矿对待。

3. 内边界线与外边界线

内边界线是矿体边缘见矿工程控制点连接形成的边界线,它表示被勘查工程所控制的那部分矿体的分布范围。外边界线是根据边缘见矿工程,依一定的原则外推确定的矿体边界线。外边界线表示矿体的可能分布范围,它与内边界线间的资源地质可靠程度要低于内边界线范围内的资源(图11-3、图11-4)。

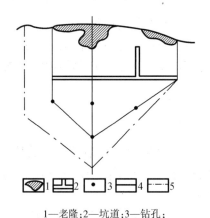

1—老隆;2—坑道;3—钻孔;
4—内边界线;5—外边界线。

图11-3 矿体内外边界线纵投影图

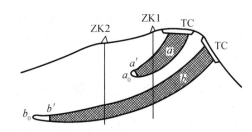

a,b—矿体;a_0—a 矿体的零点边界线;

a'—a 矿体的可采边界,也是外边界;b_0—b 矿体的零点边界线;

b'—b 矿体的可采边界,也是外边界;

ZK1—a 矿体的内边界;ZK2—b 矿体的内边界。

图11-4 剖面图上矿体边界示意图

4. 矿石品级和类型边界线

矿石品级和类型边界线是在工业可采边界线范围内,依据不同工业品级或不同自然类型矿石划分标准确定的边界线。主要用以反映不同品级或不同类型矿石在矿体中的分布情况。

通常是在可采边界的范围内确定矿石品级和自然类型边界。确定时应注意控制矿石品级和自然类型的地质因素,并遵循客观实际又方便易操作的原则进行。

5. 资源储量类别边界线

资源储量类别边界线是指以矿产资源储量分类标准圈定,表示不同类别资源储量分布范围的边界线。

11.4.2　矿体的连接与圈定

在地质综合图件上把矿体空间形态位置,即矿体边界线确定下来的工作,称为矿体圈定。矿体的连接与边界线圈定一般是在勘探线剖面图、中段地质平面图或矿体投影图上,利用工程综合地质编录和矿产取样资料,根据确定的工业指标,结合矿床(体)地质构造特征、勘查工程分布及其见矿情况,全面考虑进行的。一般步骤是:首先,在单个工程中按工业指标要求确定矿体厚度边界基点;然后,将相邻工程上对应边界点相连接,完成勘探剖面上的矿体边界圈定;最后对矿体边缘两相邻工程(剖面)和全部工程(平面)所控制的矿体各种边界线的适当连接和圈定。

1. 单个工程中矿体边界线的圈定

在单个坑道或钻孔中主要是确定矿体厚度上的边界基点,这是圈定矿体的第一道工序。只有确定了厚度边界基点,才能对矿体厚度进行准确的测量和计算。根据矿体与围岩界线的清晰程度,矿体厚度边界基点的确定可分为以下两种情况:

(1)当矿体与围岩界线清楚时,矿体边界线与自然边界线相一致。在槽、井、坑道工程中,可通过直接观察,在腰线或中线上确定厚度边界点的位置,并将此位置投到相应的地质素描图和断面图上。矿体厚度(真厚度、水平厚度或垂直厚度)可用钢尺直接测量;在钻孔中,根据岩矿芯直接观察确定的矿体边界点,还需计算出换层深度并投绘到钻孔投影图上,并计算矿体视厚度。

(2)当矿体与围岩界线不清楚时,矿体厚度边界点则需要依据取样资料来确定。通常情况下,铀矿体与围岩之间多为渐变关系,两者之间的界线一般都不清楚。因此,在各类坑探工程中需要依靠刻槽取样或辐射取样资料,利用现行工业指标确定矿体边界基点位置。步骤如下。

①根据截穿矿体的单个工程中连续(分段)取样结果,首先将等于或大于边界品位的样品分布地段,暂全部圈为矿体,矿体与顶、底板分界位置即矿体外边界线基点。

②计算圈定矿体内(边界基点内)全部样品的平均品位和厚度值。若计算结果大于或等于最低工业品位,而且真厚度也不小于最低可采厚度指标时,则应划为工业矿体;通过该基点的边界线为可采边界线。若计算结果低于最低工业品位,或真厚度也小于最低可采厚度,则该圈定界线范围内矿体为非工业矿体。当矿体厚度小于最低可采厚度,但品位较高,其厚度与品位乘积达到最低工业米百分数指标时,可圈为矿体。

③当以边界品位圈定矿体范围内的平均品位低于最低工业品位,而厚度大于最小可采厚度时,则可从靠近矿体顶、底板处去掉几个品位较低的样品,再进行计算;若计算结果达到最低工业品位要求,厚度亦满足最小可采厚度要求,则这时圈定的矿体为工业可采矿体,该边界线为可采边界线;若计算结果仍低于最低工业品位,或厚度低于最小可采厚度时,则其仍为非工业矿体。若矿体一侧或两侧为厚大且成片分布的低品位矿时,应单独圈出。

铀矿体工业矿段圈定中,当边缘有几个连续达到边界品位的样品时,只允许圈入一个长度不超过 1 m 的边界品位样品。

④在圈定的矿体内,对于品位低于边界品位的样品,当其厚度小于夹石剔除厚度不能分采时,则不必圈出,仍作工业矿石对待,参与矿段厚度、品位等相关参数的确定;否则,必须圈出作夹石处理,不能参加平均品位和矿体厚度计算。

2. 两相邻工程及全部工程中矿体边界线的圈定

在完成单个工程中矿体边界线基点确定以后,沿矿体倾斜(剖面)和走向方向(平面)上,矿体边界线的圈定常用以下方法完成。

(1)直接法

在相邻两工程均为工业见矿工程,且见矿工程间包括位置、产状、矿石自然类型等矿化特征基本一致的情况下;或由于矿体与围岩界线清楚,由工程地质编录直接测绘了边界基点位置,则相对应矿体厚度边界基点用直线连接(图 11-5),即得相应的矿体边界线。一般情况下,两工程间所连矿体厚度应不大于两工程中所见矿体的最大厚度,也不小于其最小厚度。

当相邻工程见矿情况差别较大时,则必须对矿体的产状、矿化特征,以及控矿因素等进行仔细分析对比后再进行连接。例如某剖面上相邻钻孔 ZK1、ZK2 见矿情况差别较大,ZK1中见一段厚矿体,ZK2 中却见两段薄矿体(图 11-6(a)),在这种情况下可以出现三种连矿方法,分别见图 11-6(b)、图 11-6(c)和图 11-6(d)。此三种连法的地质意义完全不同。

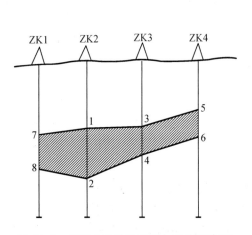

图 11-5　剖面上矿体的连接与圈定示意图

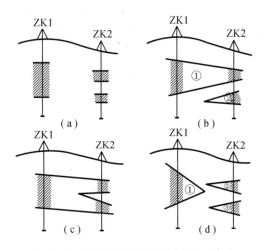

图 11-6　两工程间矿体连接方法示意图

由此可见,矿体边界直接连接过程中,切勿机械盲目进行,应结合矿床成矿地质控制因素及物探资料等进行综合分析后作出正确判断。下面是一个典型的案例,两个钻孔在大致相同的标高上均见到工业矿体(图 11-7)。若按见矿厚度和标高,可以连接为①号矿体。但根据矿化受裂隙构造控制以及该区含矿裂隙较陡的特点,两个钻孔应按裂隙产状单独圈矿,如图中②③号矿体。

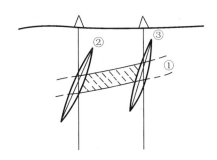

图 11-7　相邻钻孔中不同连接方案示意图

相邻工程之间矿体连接的正确与否,一方面对矿体形态、空间展布特征以及成矿规律的正确认识将产生重要影响;另一方面直接影响矿床资源储量估算方法以及估算结果的合理性和正确性。在实际工作中,应引起充分的重视。矿体连接与成矿作用及其控制因素等地质认识是一对矛盾的统一体,也即对矿床成矿作用特点及其控制因素等认识,通常是开展矿体正确连接与圈定的前提与依据,然而矿体连接的结果也会影响到对矿床成矿作用及其控制因素的理性判断。

由于制约成矿作用发生与矿体发育因素的复杂性,矿体的发育、定位、延伸以及空间形态往往具有复杂性。相邻工程之间矿体的连接与圈定需要遵循一定的地质依据(又称矿体连接对比条件)进行。

矿体连接对比条件的建立,通常需要考虑以下地质因素。

①矿体产状、延伸与发育部位因素:如果相邻工程矿体的产状基本一致,且按照产状延伸到相邻工程,相应的矿体发育部位基本吻合,则可能是同一个矿体,可予以连接;否则,连接条件不具备。

②矿石类型或矿石类型组合因素:同一个矿体通常是一次成矿作用或多阶段成矿流体作用的产物,新生矿石矿物种类、矿石结构构造等往往具有可比性。在其他地质要素满足的情况下,可依据矿石类型或矿石类型组合特征辅助判断相邻工程矿体是否可以互相连接。

③赋矿层位与赋矿岩性因素:针对受层位、岩性制约的矿床,在相邻工程矿体赋存层位及其赋矿岩性可以对比的情况下,相应的矿体可以予以连接。否则,则应慎重。

④赋矿构造或蚀变带因素:针对受断裂构造或裂隙蚀变带控制的热液型矿床,如果相邻工程矿体处于同一条构造或裂隙蚀变带中,且发育部位与产状相近,可予以连接。此种情况下,应注意构造蚀变带数量与特征的研究和对比。即使矿体是受同一条断裂构造控制,由于构造分支、破碎程度、成矿流体充填等因素差异,矿体也可能是相互独立,或呈分支状,或呈断续再现型。

⑤自然矿脉与矿脉组合体因素:一般而言,热液型或脉型矿床中,自然矿脉的产状往往是判断并连接工业矿体的重要依据。但值得注意的是,很多情况下,工业矿体的产状与独立的自然矿脉的产状往往并不一致,如同生富集后生叠加构造热液改造形成的自然矿脉,或成矿后受到成矿后构造热液改造形成的一些次生矿脉,此种情形下,可将自然矿脉组合体的产状作为矿体连接对比的条件。

⑥成矿作用方式与特点因素:矿体的形态、空间展布与发育范围等与成矿作用方式及

其特点有着密切的关联性;不同的成矿作用方式,往往形成各具特色的矿体形态或空间延伸特点。在矿体连接时,可作为矿体连接合理性的参考或判断依据。一般而言,与火山岩、花岗岩相关的热液型铀矿床,铀矿体通常呈脉状产出,其形态与空间展布通常受断裂构造,或裂隙(带)构造,或层间破碎带,或火山构造,或隐爆构造等控制;接触带型铀矿床,矿体通常产于岩体与围岩接触界线外侧或其附近一定区间内,空间延伸则受接触带界线走向展布特点制约;碳硅泥岩型铀矿体则通常受特定的层位或岩性与断裂,或褶皱构造,或层间破碎带等组合控制;对同生沉积型铀矿床,铀矿体的空间发育通常与一定岩相古地理环境下沉积形成的层位或岩性密切相关;层间氧化带砂岩型铀矿床中,矿体发育受独立的、连通性较好的砂体制约,剖面上往往呈现出"卷型"特点,矿体产出范围与走向延伸则受层间氧化带前锋线控制。

⑦矿后构造或脉岩错切因素:相邻工程间发育有矿后断裂构造,或存在脉岩错切现象时,相邻工程的矿体应以断裂构造或脉岩为界,根据各自发育特点独立圈定。

总之,正确的矿体连接与圈定是资源储量估算结果合理、准确、可靠的前提。而成矿地质特征的提取、控矿地质因素的正确把握、成矿作用方式与特点的合理认识等,是实现矿体正确连接的基础。要实现之,往往需要地质工作者加强野外地质调查,从区域到矿床、从矿床到矿体、从宏观到微观,多维度、多视野、多尺度相结合,反复观察与研究,并运用肯定与否定的辩证法原理,理性分析,区分主流与非主流(或次要)现象,去伪存真。

(2)插入法

当相邻两见矿工程一个穿过符合工业指标要求的矿体,另一个工程所见为非工业矿化(低于工业指标要求)时,可采边界线(基点)在两个工程之间,可用内插法求得。

插入方法视具体情况而定:当两工程间有破坏矿体的后期地质构造(如断层、岩脉)划隔开来,造成两工程所见矿化陡然变化时,即以该地质构造界面线划开(地质法)。当它们呈渐变规律时,则可用计算内插法和图解内插法予以确定。

①计算内插法(图11-8),当非工业见矿工程中矿体厚度大于最小可采厚度,而品位低于最低工业品位时,内插法计算公式如下:

$$X = \frac{(C_A - C_{\min})L}{(C_A - C_B)} \tag{11-5}$$

式中　　X——工业见矿工程 A 至矿体最低工业品位 D 点的距离,m;

　　　　$C_{\min}$——最低工业品位,%;

　　　　C_A、C_B——工业见矿工程 A 与非工业见矿工程 B 中矿体品位,%;

　　　　L——工程 A 与工程 B 之间的距离,m。

当非工业见矿工程中矿体厚度小于最小可采厚度,但品位达到工业要求时,最小可采厚度点位置的计算公式如下:

$$X = \frac{(M_A - M_{\min})L}{(M_A - M_B)} \tag{11-6}$$

式中　　M_A、M_B——工业见矿工程 A 与非工业见矿工程 B 中矿体厚度,m;

　　　　$M_{\min}$——最小可采厚度,m。

②图解内插法,在剖面图(图11-9)上,A 为工业见矿工程,B 为非工业见矿工程,用直线将工程 A、B 连接起来,从 A 点向 AB 线作垂线 AC,线段长 a 表示工程 A 矿体的品位、厚度或米百分数的大小;再从 B 点向 AB 作垂线 BE(方向与 AC 相反),线段长 b 表示工程 B 中相

应指标的大小;然后连接 CE,交 AB 于 D,D 点即为符合最低工业指标边界点在 A、B 两工程间的位置。

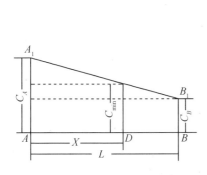

图 11-8 内插法示意图

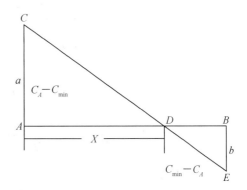

图 11-9 图解内插法确定矿体边界示意图

此外,内插法确定矿体边界点还可以采用平行线内插法,即用类似于内插地形等高线的方法来确定符合最低工业指标的边界点。

当两工程间矿体变化均匀时常用此法。

(3)有限外推法

有限外推法是指在边缘工业见矿工程与非工业见矿工程或未见矿工程间划出矿体边界线的方法。当边缘工业见矿工程之外为未见矿工程时,首先确定矿体尖灭点的位置:可采用中点法、形态的自然趋势尖灭法;或视具体情况,采用工程间距的 1/2、1/3、2/3、1/4、3/4 等几何方法;或采用平均尖灭角法。其次将矿体尖灭点与见矿工程中矿体顶、底板界线点直线相连,得矿体零点边界线。然后再以最小可采厚度与最低工业品位内插求得可采边界线。

实践工作中,经常采用工程间距的 1/4 或 1/2 外推法(平推或尖推)确定矿体外边界线。例如,边缘工业见矿工程之外为非工业见矿工程时,采用 1/2 外推法确定矿体外边界线;边缘工业见矿工程之外为未见矿工程时,则采用 1/4 外推法确定矿体外边界线。此时应注意,如果两个相邻工程的间距大于基本工程网度时,依据基本工程间距的 1/2 或 1/4 外推;如两个工程的间距小于基本工程间距时,则以实际工程间距的 1/2 或 1/4 外推。

(4)无限推断法

若矿体边缘见矿工程以外没有工程控制,则此时矿体边界基点的确定方法为无限推断法。无限推断法主要是根据矿床地质特征、已揭露矿体部分的规模、矿体变化规律和物化探资料,或采用地质法,或形态的自然趋势尖灭法,或几何法圈定矿体。当矿体特征参数(品位、厚度等)变化无规律可循时,则常以基本勘查工程间距的 1/2(中点法)或 1/4、1/3 平推法推断矿体零点边界线;然后,用内插法圈定可采边界线。也可采用基本勘查工程间距的 1/4 外推法确定矿体外边界线。深部矿体的无限外推,应视矿体稳定程度和周围控制程度而定,最大外推距离不得超过基本勘查工程间距。

在水平投影图或垂直纵投影图上圈定矿体时,首先将沿走向和倾向在一定范围内连续的工业见矿工程的边缘见矿工程直接连接起来,即得该矿体的内边界线;然后依据有限外推法或无限外推法确定外边界基点,连接各基点即为矿体外边界线(图 11-10)。

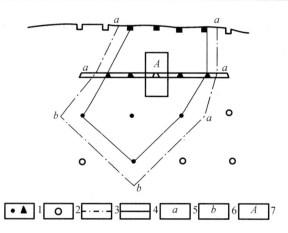

1—见矿工程;2—内边界线;3—无矿工程;4—外边界线;5—有限外推基点;6—无限外推基点;7—无矿部分。

图 11-10　垂直纵投影图上矿体圈定示意图

矿产资源储量估算的矿体边界线一般以直线圈定;只有在充分掌握矿体的形态特征时,才可用自然曲线连接。

在实际矿体圈定工作中必须注意以下问题:

①矿体圈定的正确与否,在很大程度上取决于勘查工程的网度。工程越密,矿体边界越准确。但从经济角度出发,工程越密,勘查成本越高。因此,在勘查工作中,应正确确定矿床勘查类型,以便确定合理的勘查工程间距。

② 圈定矿体必须以地质研究为基础,事先应详细研究矿床地质构造特征、矿体赋存规律和尖灭特点,以免圈定矿体时发生错误。

③在矿体圈定中,应防止"宁严勿宽"或"宽些无妨"的错误思想。前者可能使我们无原则地提高圈矿标准和要求,把一部分可以利用的矿石圈在矿体之外得不到利用,后者则可能使我们无原则地放松要求,夸大矿体规模,降低矿石质量,影响矿山生产的经济效益。为此,在资源储量估算前应与上级主管和生产设计部门就矿体的圈定原则和要求进行充分的论证和协商,以确定尽可能符合矿床实际的正确圈定方案,并与相关部门达成意见一致。

④就地质可靠程度而言,通常情况下,外推部分矿产资源储量需作降级处理(推断资源量)。值得一提的是,铀矿矿体圈定中,不搞内、外界线分别圈定,此时也就不存在资源储量降级问题。

11.4.3　矿产资源储量估算参数的确定

矿产资源储量估算的基本参数包括:矿体面积、矿体平均厚度、矿石平均品位和矿石的平均密度、矿石的平均湿度,有时还包括含矿系数等。对铀矿床而言,还应包括铀矿体的铀镭平衡系数、镭氡平衡系数、有效原子系数和钍、钾含量等参数。这些参数应是实际测定的,数据要准确可靠,经得起检查,无论是在数量上,还是在空间分布上,均应有代表性。

1. 矿体面积的测定

矿体面积的测定是在各类矿产资源储量估算图纸,如勘探线剖面图、中段地质平面图、矿体水平投影图或矿体纵投影图等上进行。

在测定矿体面积时,除了要求图纸的质量(精度)符合要求外,为减小测定的技术误差,用求积仪或透明方格纸法测定时,均应要求认真地测定≥2次,相对误差值在≤±2%时,求其平均值作为矿体面积参加资源储量估算。

测定面积的方法通常采用求积仪法、透明方格纸法和几何图形法,较少采用质量类比法、曲线仪法、坐标计算法等。如果相关图件已实现数字化,则可在计算机上借助有关软件来测量。

下面介绍几种常规的测定方法。

(1)求积仪法

此法是测量矿体面积中用得最多的。主要用于测定矿体形态不规则,或边界线由形态复杂的曲线构成的矿体面积。具体测量方法,参见仪器说明书。

(2)方格纸法

选用涨缩性符合质量要求的透明方格纸,在每一个方格(边长为 1 cm 或 0.5 cm)中心或角点上用小点作标记,然后将其蒙在需测的图形上数出图形边界内的点数(即方格数),如点落在边界上只算半点。根据统计的总方格数和每个方格所代表的面积,就可换算出矿体面积。

显然,方格之边长越小,其精度越高。为了提高精度,在实际工作中,至少应改变方格纸的方向三次,并分别统计方格数,并求其平均值。此法简便易行,无论图形大小或边界线繁简,均可适用。

(3)几何图形法

若待测定的矿体面积边界是由直线构成的较规则多边形,则可将图形面积划分为若干个三角形、矩形或梯形后,用几何公式计算面积。

2. 矿体厚度的确定

矿体厚度分为真厚度、水平厚度和铅直厚度。采用哪一种厚度,视具体矿床的资源储量估算方法(矿体投影方式)而定。一般过程是,首先在揭穿矿体的各种探矿工程中根据化学取样资料或辐射取样结果确定矿体的视厚度,然后根据资源储量估算方法,换算出与投影面垂直的矿体厚度(或真厚度,或水平厚度,或铅直厚度)。

(1)坑道中矿体厚度的测定

在坑道中用钢尺直接测量矿体厚度时,其测量方向应与取样线方向一致。在穿脉坑道中,矿体的厚度应在两壁腰线部位测量。在沿脉坑道中,矿体厚度测量次数应与掌子面取样线数相同。

在坑道中依据取样资料确定矿体厚度时,对每条取样线上的厚度均需按矿体投影面的法线方向进行换算,如图 11-11 所示,图中 AA' 为水平投影面线,虚线为投影面法线,其与矿体相交部分为矿体厚度。

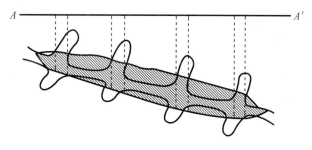

图 11-11　中段平面图上矿体厚度确定示意图

（2）钻孔中矿体厚度的确定

在钻孔中确定矿体厚度可分为以下几种情况：

当钻孔垂直于矿层钻进，且矿体与围岩的界线清楚时，可用钢尺直接量取矿芯长度，并依据矿芯采取率换算矿体真厚度。

当钻孔铅直钻进（直孔），但与矿层不垂直时，矿层真厚度按下式计算：

$$m = L \cdot \cos \beta \tag{11-7}$$

式中　m——矿体真厚度，m；

　　　L——矿体视厚度，m；

　　　β——矿体倾角，（°）。

当钻孔斜穿矿体（斜孔），其倾斜方向垂直矿体走向，即无方位偏差时（图11-12），矿体真厚度换算公式如下：

$$m = L \cdot \cos(\beta - \alpha) \tag{11-8}$$

式中　α——钻孔揭穿矿体时的天顶角。

当钻孔斜穿矿体时，钻孔天顶角和方位角同时发生偏斜，即钻孔倾斜方向既不垂直矿体走向，也不垂直矿层面（图11-13），矿体厚度换算公式如下：

$$m = L(\cos \alpha \cos \beta - \sin \alpha \sin \beta \cos \gamma) \tag{11-9}$$

$$m' = L(\cos \alpha \cot \beta - \sin \alpha \cos \gamma) \tag{11-10}$$

$$m'' = L(\cos \alpha - \sin \alpha \tan \beta \cos \gamma) \tag{11-11}$$

式中　m'——矿体水平厚度，m；

　　　m''——矿体铅直厚度，m；

　　　γ——揭穿矿体处钻孔倾斜方位与矿体倾斜方位之夹角，$\gamma = \lambda - \varphi$，其中 λ 为矿体倾斜方位角，φ 为钻孔倾斜方位角。

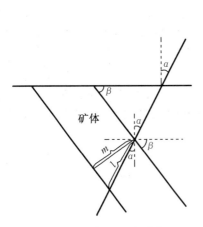

图11-12　钻孔垂直矿体
走向时厚度计算图

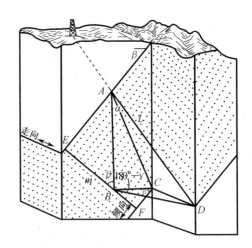

图11-13　钻孔不垂直矿体走向时厚度计算图

注意：当 γ 为 0~±90°及±270°~±360°时，$\cos \gamma$ 取正值；当 γ 为±90°~±270°时，$\cos \gamma$ 取负值。

三种厚度的应用条件是：真厚度用于矿体向其平均倾斜面投影情况下的资源储量估

算;铅直厚度应用于矿体作水平投影情况下的资源储量估算;水平厚度用于矿体垂直纵投影情况下的资源储量估算(图 11-14)。

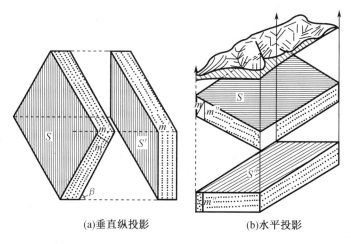

(a)垂直纵投影　　　　　(b)水平投影

图 11-14　矿体投影示意图

($V = Sm = S'm' = S''m''$)

需要说明的是,以上所述均是单工程中矿体厚度的确定方法。在计算矿体断面或块段平均厚度时,当矿体厚度变化较小,厚度测量工程点(线或面)分布均匀;或厚度测量点(线或面)密度大、数量很多;或矿体厚度变化无规律,测量点分布也不均匀时,均可采用算术平均法计算。但当矿体厚度变化较大且有规律,厚度测量点分布又不均匀时,通常以其影响长度或面积为权,运用加权平均法计算平均厚度。当矿体厚度变化很大,而遇到异常的特大厚度时,应先进行处理,然后再求平均厚度。或尽可能分析引起矿体厚度异常的原因,查明其空间分布范围,单独圈出以独立块段对待之。

3. 矿体平均品位的计算

矿产资源储量估算时,往往需要根据矿体地质特征、矿石类型、矿石品级或勘查工程分布情况等,将矿体分为若干个块段,先估算各分块段的矿产资源储量,再合计整个矿床的资源储量。因而需要计算出单个工程中、某个控制面、各分矿块或矿体乃至整个矿床的平均品位。矿体平均品位的计算程序,一般是先计算单个工程(或取样线)的平均品位,再计算由若干工程控制的(水平面或断面)面平均品位;最后计算矿块(或矿体)的平均品位和整个矿床的总平均品位。

平均品位计算方法有算术平均法和加权平均法两种。一般当某些样品品位所代表的取样长度、质量、矿体厚度、控制长度或矿石密度、断面面积等不相等,且有相关关系时,常以相应参数或几个参数的乘积为权,采用加权平均法求其平均品位;否则,可采用算术平均法计算其平均品位。当有特高品位存在时,应先对特高品位进行处理,再求平均品位。

铀矿床的品位资料是由分析取样或辐射取样(含 γ 测井)取得的,它们都可以参与矿体品位的确定。一般而言,钻探工程中矿体品位通常通过 γ 测井结果解译取得,矿芯化学取样结果通常仅供检查验证或参考。只有当矿芯采取率大于 75% 时,且无 γ 测井资料时,矿芯化学取样结果才参与品位的确定。

4. 特高品位的确定与处理

在矿床平均品位计算过程中,经常出现少数样品的品位大大超过一般样品的品位,这种样品称之为特高样品(风暴样品),其品位称之为特高品位。有时,伴生组分或有害组分品位也有类似现象,应与特高样品品位一样对待。

如若特高品位不经处理直接参加平均品位计算,尤其当样品数目不多时,势必会大大提高其平均品位值,即使得计算得到的平均品位比实际平均值偏高,从而严重影响资源储量估算结果的代表性和准确性,给开采设计和储量管理造成不良后果。所以,首先必须确定是否存在特高品位,并查明产生特高品位的原因,若确系存在产生特高品位的地质因素,不是因取样产生的误差时,则必须采取适宜的方法对特高品位经过处理后,才能参加块段(矿体)或矿床平均品位的计算。

(1)特高品位的确定

样品品位究竟高到什么程度才算特高品位?目前尚无统一的标准和确定方法。确定的方法包括经验类比法、概率统计计算法、品位频率曲线法等。实际工作中,人们常用经验类比法来确定特高品位下限。即依据矿床类型与矿石品位变化特点,根据矿床或矿体或块段样品的品位变化系数来确定特高品位下限。如铀矿床,当样品品位变化系数处于60%~100%时,将特高品位下限值确定为矿体(矿床)或块段平均品位的6~8倍;当矿体或块段品位变化系数相对较大时,取上限值,反之,取下限值。

(2)特高品位的处理方法

特高品位的处理方法很多。实际工作中,特高品位的处理方法有以下几种:

①特高品位不参加平均品位计算,即剔除法;

②用包括特高品位在内的工程或块段的平均品位来代替特高品位;

③用与特高品位相邻两个样品的平均品位值来代替特高品位;

④用特高品位与相邻两样品的平均值来代替特高品位;

⑤用该矿床一般样品的最高品位或用特高品位的下限值来代替特高品位。

以上②④的代替法,是国内较常用的特高品位处理方法。若特高品位呈有规律分布,且可以圈出高品位带或区间范围时,则可将高品位带或区间范围单独圈出,对其进行独立的品位统计和资源储量估算,不作为特高品位处理。

5. 矿石平均密度和湿度的计算

矿石平均密度和湿度应根据不同矿石类型、矿石品级、勘查工程分布情况、水文地质等因素划分的块段分别计算。

由于矿石密度和湿度的变化一般比品位变化要小得多,样品也取得较少,因而,大多数情况下是采用算术平均法进行计算确定。但如果密度或湿度变化与品位之间存在相关性时,则应以品位为权运用加权平均法计算平均密度或湿度。

上述介绍了一般矿床资源储量估算中涉及的基本参数。对铀矿床而言,除上述基本参数外,还要涉及铀镭平衡系数、镭氡平衡系数等,其平均值计算可参照矿体平均品位确定方法。

11.5　矿产资源储量估算方法

固体矿产资源储量估算方法的种类很多,包括几何法、地质统计学法、距离幂次反比法、SD 法等。

①几何法:是指将不同形态的矿体分割成若干简单的几何体(块段),分别估算不同几何体(块段)的平均品位、平均厚度、面积,得到各几何体(块段)的资源储量,从而累计获得整个矿体(矿床)的资源储量。常见的几何法有地质块段法、断面法(又称剖面法)、最近地区法(同心圆法、多边形法)、三角形法、算术平均法、开采块段法、等值线法等。

②地质统计学法:以区域化变量理论为基础,以变异函数为主要工具,为既有随机性又有相关性的空间变量(通常为矿石品位等矿体的属性)实现最优线性无偏估计,通过块体约束估算资源储量(通常称克里格法)。常用的有普通克里格法、对数克里格法和指示克里格法等。

③距离幂次反比法:利用样品点和待估块中心之间距离取幂次后的倒数为权系数进行加权平均,通过块体约束估算资源储量。

④SD 法:以构建结构地质变量为基础,运用动态分维技术和 SD 样条函数(改进的样条函数)工具,采用降维(拓扑)形变、搜索(积分)求解和递进逼近等原理,通过对资源储量精度的预测,确定靶区求取资源储量,也称为“SD 结构地质变量样条曲线断面积分计算和审定法”或“地质分维拓扑学法”。常用的有框块法、任意分块法、精度预测法等。

实际工作中,最常用、最基本的资源储量估算方法主要为地质块段法、断面法及开采块段法。近年来,克里格法和 SD 法在矿产资源储量估算中也逐渐得到推广应用。

11.5.1　地质块段法

地质块段法是指根据矿床地质特点和开采条件,或勘查工程分布情况等,将矿床或矿体划分成若干个块段,用算术平均法或加权平均法分别计算各块段的资源储量估算基本参数,进而估算出各块段的矿产资源储量数,然后累计整个矿体或矿床的资源储量数的方法。

块段划分一般在矿体圈定的基础上进行。划分块段时,应综合考虑各方面的因素,划分的块段范围过大、过小,或划分得太零乱,都是不适宜的。为保证各块段资源储量数的可靠性,应使每个块段有相当数量的工程控制。块段划分依据一般包括以下因素:

①矿石特征,如矿石自然类型、矿石工业类型或工业品级的差异等;

②矿体形态(如厚度)发生明显变化的部分;

③地质可靠程度不同的矿体部分,如勘查网度不同的地段可划分为不同块段;

④空间上不连续的矿体,或断裂错动导致不能作为同一矿块一起开采的部分;

⑤矿床开采技术条件,如浅部露采部分与深部坑采部分或地下溶浸部分应划分为不同块段;

⑥水文地质条件,如潜水面以上矿体部分或潜水面以下矿体部分,矿层含水性或矿石渗透性存在明显差异等。

地质块段法计算过程:首先在矿体投影图(水平投影图或垂直纵投影图)上用求积仪等方法测出每个块段的投影面积;用算术平均法或加权平均法确定块段的平均品位、平均厚度及平均密度、湿度等等相关参数;再根据矿体块段的投影面积和矿体的平均厚度计算块段体积;最后根据块段的平均密度、平均湿度、平均品位计算块段矿石或金属资源储量,累计各块段的资源储量即得整个矿体(床)的资源储量。

需要指出,当用块段矿体平均真厚度计算块段矿体体积时,块段矿体的真实面积需根据矿体平均倾斜面与投影面之间的夹角对其投影面积进行校正。在下述情况下,可采用投影面积参加块段矿体的体积计算:

①急倾斜矿体,资源储量估算在矿体垂直纵投影图上进行,可用投影面积与块段矿体平均水平(假)厚度的乘积求得块段矿体体积。

②水平或缓倾斜矿体,在水平投影图上测定块段矿体的投影面积后,可用其与块段矿体的平均铅垂(假)厚度的乘积求得块段矿体体积。

地质块段法适用于任何产状、形态的矿体,特别是层状、似层状、透镜状矿体,它具有不需另作复杂图件、计算方法简单的优点,并能根据需要划分块段,所以广泛使用。当勘查工程分布不规则,或用断面法不能正确反映剖面间矿体的体积变化时,或厚度、品位变化不大的层状或脉状矿体,一般均可用地质块段法估算资源储量。但当工程控制不足,数量少,即对矿体产状、形态、内部构造、矿石质量等控制严重不足时,其地质块段划分的根据较少,估算结果也类同其他方法,误差较大。

11.5.2　断面法

矿体被一系列勘查断面(勘查线剖面或中段面)分为若干个矿段或称块段,先计算各断面上矿体面积,再计算相邻两断面间矿段的体积和资源储量,然后将各个块段资源储量相加即得矿体(床)的总资源储量,这种资源储量估算方法称为断面法或剖面法。

由于勘查断面有垂直断面、水平断面之分,故断面法又可分为垂直断面法和水平断面法,这两种方法的原理是相同的。凡是用勘查线或勘查网法进行勘查的矿床,都可采用垂直断面法;对于按一定间距,以穿脉、沿脉坑道及坑内水平钻孔为主进行勘查的矿床,一般采用水平断面法估算矿床资源储量。根据断面间的关系,断面法分为平行断面法和不平行断面法。

1. 平行断面法

平行断面法划分矿体块段的方式有两种,一是以相邻两断面之间的矿块划为一个块段,作为资源储量估算基本单元;二是以每个断面对其两侧的影响范围划作一个独立块段(图 11-15)。现以前一种方式为例,介绍平行断面法资源储量估算方法。

首先是根据每个断面上各工程的资料求取断面上矿体的平均品位、平均厚度和矿石密度等参数,并测定断面图上矿体面积,然后计算相邻断面间块段的体积和资源储量。块段体积的计算有下述几种情况:

(1)当相邻两断面的矿体形态相似,且其相对面积差 $[(S_1-S_2)/S_1]$ 小于 40%时(其中 $S_1 < S_2$),用梯形体积公式(图 11-16),计算公式为

$$V = \frac{L}{2}(S_1 + S_2) \tag{11-12}$$

式中　V——两断面间矿体的体积,m^3;

　　　L——相邻两断面间距离,m;

S_1、S_2——相邻两断面上矿体面积，m^2。

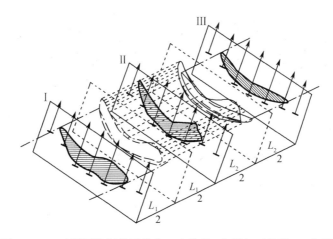

图 11-15　以断面控制范围作为一个块段(中间矩形块段)示意图

(2)当相邻两断面的矿体形状相似且其相对面积差大于 40% 时(图 11-17)，选用截锥体积公式计算，即

$$V=\frac{L}{3}(S_1+S_2+\sqrt{S_1 S_2})\qquad(11-13)$$

(3)当相邻两断面上的矿体形态不同，又无一边相当(图 11-18)，应采用拟柱体(辛普森)公式，即

$$V=\frac{L}{3}(\frac{S_1+S_2}{2}+2S_m)=\frac{L}{6}(S_1+S_2+4S_m)\qquad(11-14)$$

式中　S_m——中间断面之面积，m^2，它与 S_1 及 S_2 各对应点用直线内插法求得。

(4)当在相邻的两断面中只有一个断面有矿体，而另一断面上矿体已尖灭，或矿体两端边缘部分的块段，只由一个断面控制时，其体积计算可根据矿体尖灭特点不同选择不同公式。

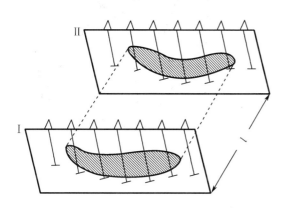

图 11-16　相邻两剖面所构成的梯形块段示意图

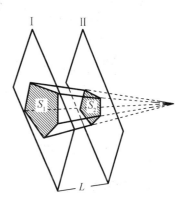

图 11-17　截锥体

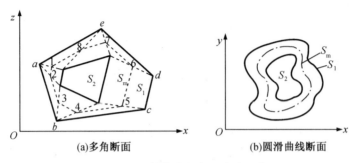

(a)多角断面 (b)圆滑曲线断面

图 11-18　拟柱体中间断面求法示意图

当矿体作楔尖灭时(图 11-19),块段体积用楔形公式计算:

$$V=L\frac{S_1}{2} \tag{11-15}$$

当矿体作锥形尖灭时(图 11-20),块段体积可用锥形公式计算:

$$V=L\frac{S_1}{3} \tag{11-16}$$

平行断面法在平均品位计算时,若需使用加权平均法计算,则单工程内线平均品位可用不同样品长度加权;断面上的面平均品位可用各取样工程长度或工程控制距离加权;整个块段平均品位可用各断面面积加权。

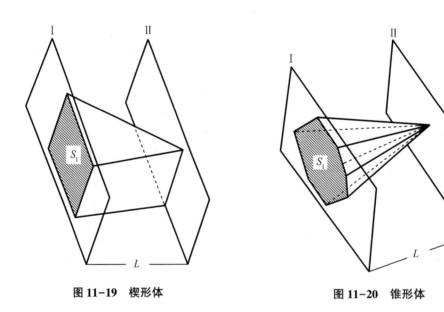

图 11-19　楔形体　　　　　　　　　　　**图 11-20　锥形体**

2. 不平行断面法

当相邻两断面(往往是改变方向处的两勘探线剖面)不平行时,而又需采用断面法估算资源储量时,可用不平行断面法。此种情况下,块段体积的计算比较复杂,目前常采用普罗科菲耶夫计算法(又称辅助线法)。

设Ⅰ、Ⅱ为两个不平行断面(图 11-21),断面上矿体面积分别为 S_1、S_2。将Ⅰ、Ⅱ断面间矿体作水平投影,得投影边界点 a_1、a_2、b_1、b_2。连接 a_1a_2、b_1b_2,及中点线 c_1c_2,从而将该块段分成两个小块段。若两个小块段的面积经测定分别为 S_1'、S_2';矿体在断面内的水平投影长度分别为 L_1、L_2,则小块段的体积计算公式为

$$V_1 = S_1 \frac{S_1'}{L_1} \tag{11-17}$$

$$V_2 = S_2 \frac{S_2'}{L_2} \tag{11-18}$$

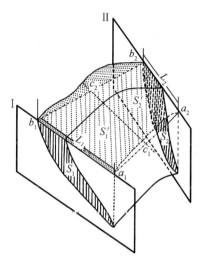

图 11-21 不平行断面法之体积计算

整个块段的体积为

$$V = V_1 + V_2 = \frac{S_1 S_1'}{L_1} + \frac{S_2 S_2'}{L_2} \tag{11-19}$$

其他参数计算同平行断面法。根据块段体积、平均品位和平均密度,即可算出矿石或金属资源储量。

断面法在地质勘查和矿山地质工作中应用极为广泛。它原则上适用于各种形状、产状的矿体。其优点是能保持矿体断面的真实形状和地质构造特点,反映矿体在三维地质空间沿走向及倾向的变化规律;能在断面上划分矿石工业品级、类型和储量类别块段;不需另作图件,计算过程也不算复杂;计算结果具有足够的准确性。但缺点是,当工程未形成一定的剖面系统时或矿体太薄、地质构造变化太复杂时,编制可靠的断面图较困难,品位的"外延"也会造成一定误差。

11.5.3 开采块段法

当勘探坑道或矿山开拓坑道沿矿体走向和倾斜将矿体分割成许多矩形(有时为三角形)块段时,这种块段称为开采块段。以开采块段为单元,用开采块段内或周边坑道中所取得的矿体资料来估算块段资源储量的方法,称为开采块段法。

矩形块段一般由上下沿脉和左右天井(或上下山)工程四面圈定而成,如图 11-22 所示。对近地表的块段而言,地表一面多为探槽控制。有时也有三面工程圈定的矩形块段,

如图 11-23(a)所示。在少数情况下,也有由地表探槽和井下沿脉构成的两面圈定的三角形块段,如图 11-24 所示。

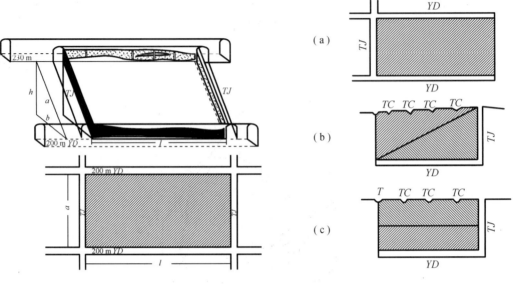

图 11-22　四面坑道圈定的矩形块段　　　　图 11-23　三面坑道圈定的矩形块段

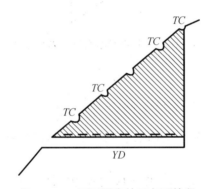

图 11-24　两面圈定的三角形块段

实际工作中,由于矿石的自然类型或各面取样密度不同等差异,往往需要在矩形块段内进一步划分出若干小块段,如图 11-23(b)(c)所示。

开采块段法资源储量估算是在矿体水平或垂直纵投影图上进行,资源储量估算过程和要求与地质块段法基本相同。下面以四面圈定的块段为例,说明其计算过程。

首先求出块段四面坑道中各条取样线上矿体的平均品位和平均厚度。平均品位用样品长度加权计算。符合工业要求的样品长度之和即为取样线上的矿体厚度,并根据相应的投影面确定其法线方向的厚度。

然后计算块段的平均品位和平均厚度。计算方法有两种:一种是直接根据四面坑道所有取样线上的平均品位和法线厚度,用算术平均法或加权平均法计算块段平均值;另一种是先分别计算各坑道面上的平均品位和平均厚度(法线厚度),再计算整个块段的平均值。

最后,依据块段面积、平均品位、平均厚度及平均密度等参数,估算每个块段的矿石或金属资源储量,合计得出整个矿床的资源储量数。

开采块段法主要适用于以坑道工程系统控制的地下开采矿体,尤其是在开采脉状、薄层状的生产矿山中使用最广。由于该方法制图容易、计算方便,能按矿体的控制程度和采矿生产准备程度分别圈定矿体,其估算结果可直接用于设计和计划生产,符合矿山生产与资源储量管理的要求,所以为矿山生产部门广泛采用。

勘查过程中,因开采块段法对工程(主要为坑道)要求严格,故常与地质块段法结合使用。

11.5.4 克里格法简介

克里格法也称克里金法(Kriging),是地质统计学中的一种局部估计方法。克里格法是由南非采矿工程师 D. C. 克里格于 20 世纪 50 年代在研究金矿时首次提出,故此得名。法国数学家 C. 马特龙于 60 年代基于克里格提出的方法,提出了一套完整的资源储量估算方法。它是以变异函数为主要工具,对区域化变量进行插值,求插值过程中的最优线性无偏估计量,再通过块体约束计算资源储量的方法。

根据研究目的和条件不同,分为简单克里格法(simple kriging)、普通克里格法(ordinary kriging)、正态对数克里格法(lognormal ordinary kriging)、指示克里格法(indicator kriging)和泛克里格法(kriging with trend)等。其中应用最为广泛的是普通克里格法。

1. 克里格法的基本理论

应用克里格法对区域化变量进行局部估计时,将矿体划分成许多相同或相似的长方体,用在一定范围内系列样品的品位值 $v_\alpha(\alpha=1,2,3,\cdots,n)$ 为每个长方体估值,以估值方差最小、权系数估值等于 1 为条件,形成克里格方程组:

$$\begin{cases} \sum_{\beta=1}^{n} \lambda_\beta \overline{C}(v_\alpha, v_\beta) - \mu = \overline{C}(v_\alpha, V) \\ \sum_{\alpha=1}^{n} \lambda_\alpha = 1 \end{cases} \tag{11-20}$$

式中 $\overline{C}(v_\alpha, v_\beta)$ ——样品对之间的协方差平均值,$\alpha=1,2,3,\cdots,n$;

$\overline{C}(v_\alpha, V)$ ——样品点与长方体中心之间的协方差平均值;

V ——样品对之间的协方差平均值,$\alpha=1,2,3,\cdots,n$;

$\lambda_\alpha, \lambda_\beta$ ——样品的权系数;

μ ——拉格朗日因子。

求解克里格方程组得到权重系数 λ_β,再采用加权平均的方法得到 V,即

$$\sum_{\beta=1}^{n} \lambda_\beta v_\beta = V \tag{11-21}$$

2. 估算参数

克里格法估算参数包括变异函数参数、搜索椭球体参数和块体参数等。

变异函数参数由基本滞后距、块金值(C_0)、基台值(C)、变程(R)组成。

基本滞后距:是计算变异函数时分隔样品对的矢量的最小长度,一般由计算全向变异函数获得。当选定一个基本滞后距得到的全向实验变异系数最容易拟合出理论变异函数时,即为最佳滞后距。

块金值(C_0):反映区域化变量在小尺度上的变异程度,表明变量的随机成分。沿钻孔方向以最小滞后距计算变异函数时,所拟合的理论变异函数曲线与纵坐标的交点即为块金值。一般情况下,一个估算域内只有一个块金值。

基台值(C):表明估算域内变量的相关程度,其数值由变量的方差减去块金值取得。由基台值与块金值构成了变异函数的总基台($C+C_0$)。

变程(R):表明变量在估算域内自相关性存在的最大范围,一般是理论变异函数曲线中最初达到总基台值时所对应的距离。

搜索椭球体参数包括椭球体的方位角、倾伏角、倾角、主轴的搜索半径、次轴的搜索半径(或用主轴与次轴的比值表示)、短轴的搜索半径(或用主轴与短轴的比值表示)。若样品点空间分布不均匀,具有丛聚的情况,可将搜索椭球体分为多个扇区,每个扇区内可根据需要确定最小工程数、最小样品数和最多样品数。

块体模型(也称品位模型)的参数主要是设置块模型方向和块体尺寸(长、宽、高)以及进行次级分块。块体模型属性可记录块体所在位置(即块质心点坐标)、尺寸大小,还可以附加不同属性,如矿岩类型、矿种、品位、体积质量、数学运算赋值的属性、资源类别等。这些属性保存在块模型文件中,既可以通过估值的方法赋值,也可以通过属性名称直接赋值,还可以进行相关数学运算赋值。

3. 资源储量估算流程

依据如下流程开展矿床资源储量估算。

数据准备:从地质数据库或电子表格中提取参与资源储量估算的基础数据,至少包括勘查工程或生产工程定位表、工程测斜表、样品分析表和地层岩性表;对数据进行纠错及完整性和逻辑性检查;通过三维软件对工程数据进行位置对比查看和空间关系分析。

地质解译建立矿化域或矿体模型:将地质数据库中的钻孔、探槽和坑道等工程数据绘制成图,作剖面图或中段平面图。矿岩界线清晰时,在剖面图或中段平面图上根据品位结合地层、岩性、构造,以及矿体产状等地质特征进行地质解译,圈定矿体或矿化域及夹石边界线。矿岩界线呈过渡关系时,选取矿化品位值或低于一般工业指标的值圈连矿化域,采用矿块指标体系圈定矿体范围。剖面图上矿体或矿化域边界线的圈定与外推原则,参照有关固体矿产资源勘查规范执行。进行资源储量估算通常建立的模型包括地形三角形模型。矿体或矿化域模型、夹石模型、岩体模型和地质构造模型等。采用矿体模型或矿化域模型作为资源储量估算范围时,需要对模型的合理性进行质量检查。

所谓矿块指标体系是指根据地质矿化规律采用某一品位(一般介于地质上的矿化品位与采用指标体系中的边界品位之间)圈出一个比较完整的矿化域,在矿化域内按照一定的大小划分估计品位的单元块,继而对单元块进行品位估值,再采用边界品位界定单元块是矿石还是废石。

估算域划分:当矿体被断层、岩脉等线性构造切割或错断,使得构造两侧区域化变量统计特征存在明显差异,应以此线性构造为界划分不同的区域,设置不同的估算参数进行估算;当矿体出现褶皱,使得矿体的走向和倾角发生变化,无法使用一个搜索椭球体时,应根据相对稳定性将矿体划分成不同的估算域,分别设置不同的估算参数进行估算。或用动态椭球参数进行估值;当矿体内出现多个矿石类型或者有用元素局部富集,或受岩性控制而使区域化变量统计特征存在明显差异时,应将矿体按不同矿石类型或富集特征划分成不同的区域,对不同区域分别设置不同的估算参数进行估算。

样品数据统计分析及特异值处理:对样品数据统计分析和特异值(品位、厚度)的处理,应以矿化域或矿体为单位进行。分别绘制区域化变量的分布直方图、累计频率分布曲线或概率图等,判断其分布特征,并计算区域化变量的统计特征,从而进行区域化变量的估值,如最小值、最大值、样品数、平均值、中值、方差、标准差、偏度、峰度和变化系数等。识别和处理特异值可采用分位数法、估计邻域法、影响系数法、概率曲线法和累计频率分布曲线法等数理统计方法;特异值处理后采用西舍尔 T 估值检验其合理性,当特异值处理后的样品的算术平均值小于且与西舍尔 T 估值接近时,判断特异值处理结果为合理。如采用对数状态克里格法或指示克里格法进行变量估值时,不进行特异值的处理。

样品等长度组合:样品等长组合需在对原样品进行特异值处理后进行。组合限制在相应的矿体(层)内,其长度取值为统计中主要的样长值。组合后的样段与原样段的长度变量统计特征应保持最大程度的一致。

建立块模型:根据矿化域或矿体空间范围、形态和产状,采用一定长、宽、高尺寸的块为单位,形成整个估值区域的块模型(可根据矿体产状和形态创建次级分块和旋转块模型)。制约块模型尺寸大小的主要因素包括矿体规模、勘查工程间距、开采方式(露头开采或地下开采)和开采工艺(矿房尺寸或露头开采台阶高度)、克里格效率等。其中,克里格效率=(块方差-克里格方差)/块方差,其值介于 $0 \sim 1$ 之间。通过比对不同尺寸的块模型的克里格效率值,克里格效率值最大时所对应的块模型尺寸是最优的。

建立变异函数模型:通过调整滞后距的大小,确定最佳基本滞后距。通过计算沿钻孔小尺度上样品值的变异性,确定块金值。通过计算各方向的变异函数,确定估算域的最大连续性方向(主轴)、次连续性方向(次轴)和最小连续性方向(短轴),三个方向在空间上应相互垂直;在求得三个方向的实验变异函数的基础上,采用适当的数学模型进行拟合,求出每一个方向的基台值 C、变程 R。

变异函数结构的套合:进行变异函数结构套合的目的是把不同距离上的变异性组合起来代表整个矿体的变异结构。每个方向可以由不同的数学模型套合形成一个理论变异函数,但不同方向上数学模型的个数和类型需一致。进行估算前,需要将搜索椭球体三个轴向上的理论变异函数套合在一起。当三个轴的变异函数结构具有相同的块金值和基台值而具有不同的变程值,具有几何异向性的特征时,变异函数的套合方法是用搜索椭球体三个轴向的数学模型来代表其他方向,根据搜索椭球体三个轴向的变程,再给出主轴与次轴及主轴与短轴的比值。

搜索椭球体的设置:通过变异函数特征,确定搜索椭球体各轴向的产状和半径。在确定椭球体产状后,应将搜索椭球体与估算域或矿体进行叠加对比,观察两者的产状是否协调一致。确定搜索椭球体扇区数,并设置每个扇区的最少和最多样品数,减少丛聚数据对估值的影响。如果采用可变椭球体进行估值,应使用实体模型对搜索椭球体参数进行约束。

交叉验证:目的是检验变异函数模型参数和搜索椭球体参数的合理性。交叉验证的理想结果是真值与估计值的误差均值趋近于"0",误差方差与克里格估计方差比值趋近于"1"。若交叉验证结果不理想,应修改或重新拟合理论变异函数并再次交叉验证,直到取得一套合理的变异函数参数和搜索椭球体参数为止。

变量估值:根据区域化变量的分布和统计特征,选择适当的克里格法对每一个矿化域或矿体进行估值。当采用普通克里格法估算时,对个别矿体规模较小且计算变异函数有困难的情况下,可采用距离幂次反比法或其他方法进行估算。对于采用工程指标体系圈定的矿体,最大搜索半径可超过变程(一般不超过变程的 4 倍),以确保矿体内所有块体都能获得相应的估值。

变量估值结果验证:对区域化变量进行估值后,应采用局部验证或全局验证的方法进行检验。局部验证的方法是在剖面图或平面图上比较参与估算的组合样品值与相邻块体估值之间的相近程度、外推的距离和方向,判断估值的可靠性。全局验证的方法是沿某些方向按照一定的间距划分一系列区域,分别计算落在每一个区域中参与估值的组合样品平均值和块体模型估值的平均值,绘制成两条曲线图,通过两条曲线的吻合度,判断估值的合理性和可靠性。也可采用另一种适用的资源储量估算方法对主要矿体进行验算,对比绝对误差和相对误差,判断估值参数的可靠性。

4. 适用条件

原则上,勘查工作程度达到详查或以上,样品数据量和密度较大,足以计算出各个方向实验变异函数,并能通过拟合转化为理论变异函数时,均可采用克里格法。可依据矿体形态、矿石自然类型、工业类型、工业品级和非矿夹石的形态、空间分布特征、种类以及相互关系、成矿期构造等要素,或根据变异函数的分布特征,选择相应的克里格法。

如果勘查工作程度低,如勘查工程或样品数量过少,或矿床参数是纯随机的或非常不规则的,克里格法就难以得到可靠的估值结果。

11.5.5 SD 法简介

20 世纪 80 年代,我国地质科技工作者唐义和蓝运蓉博采国内外资源储量估算方法之众长,在继承和改造传统方法基础上,创立了独具中国特色的系列矿产资源储量估算方法——SD 储量估算法,简称 SD 法。

SD 法立足于传统资源储量估算法,吸取了地质统计学中关于地质变量具有随机性和规律性的双重性思想,距离加权法在考虑变量空间相关权时,权数与距离成反比的思想以及"一条龙法"中提出的由直线改曲线的思想,用稳健样条函数及分维几何学作为数学工具,对传统断面法进行了深入系统地改造。克服其计算粗略、不准确、可靠性差以及由于缺乏自检功能而给地质工作带来的盲目性等种种弊端和不足,使断面法更加科学化。

SD 法是以简便灵活为准则,以资源储量估算精确可靠为目的,以最佳结构地质变量为基础,以断面构形为核心,以样条函数及分维几何学为数学工具的资源储量估算方法。

SD 法全称是最佳结构曲线断面积分资源储量估算及审定计算法。"SD"代表三种含义:其一,最佳结构曲线是由 Spline 函数(三次样条函数)拟合的,取 Spline 的第一个字母 S,取断面积分一词的汉语拼音的第一个字母 D,亦即"SD";其二,SD 法计算过程主要采用搜索递进法,分别取"搜索"和"递进"一词的汉语拼音第一个字母 S 和 D,亦即"SD";其三,SD 法具有从一定角度审定储量的功能,取"审定"一词汉语拼音声母的第一个字母,亦即"SD"。由此可见,"SD"具有原理、方法、功能几方面含义,SD 资源储量计算法也由此得名。

SD 法体系主要分为 SD 资源储量计算法和资源储量审定法(SD 精度),还包括四条原理(降维形变原理、权尺稳健原理、搜索求解原理和递进逼近原理)、八组公式(SD 稳健公式、结构地质变量公式、SD 边值公式、SD 复杂度公式、SD 风暴品位下限值公式、SD 样条函数公式、SD 体积公式、SD 精度公式)及系列软件(单机版本、企业网络版本和现代移动互联网版本)。

1. SD 法的基本原理

SD 法的基本原理属于动态分维拓扑学范畴。以构建结构地质变量为基础,运用 SD 动态分维拓扑学技术和 SD 样条函数工具,采用包括"降维(拓扑)形变""权尺稳健""搜索(积分)求解"和"递进逼近"四大原理和 SD 稳健公式、结构地质变量公式、SD 边值公式、SD 复杂度公式、SD 风暴品位下限值公式、SD 样条函数公式、SD 体积公式、SD 精度公式等八组公式,求取准确可靠的矿产资源储量及 SD 精度。包括:通过建立 SD 动态分维理论对矿体(品位、厚度等)复杂程度进行定量、精细的描述;通过权尺稳健、风暴品位及厚度处理、齐底拓扑形变后建立 SD 样条函数等技术手段构建结构地质变量,将原始地质变量数据构建为具有规律性、代表性的稳健化数据;通过搜索积分求解出各框块的资源储量结果(体积、矿石量、金属量等);通过递进逼近方法求得资源储量的 SD 精度,用 SD 精度定量确定各矿块的资源储量的地质可靠程度,同时确定出资源量的风险靶区,预测达到某一勘查程度所需的工程数和框棱。

(1)定量确定矿体复杂度

为了能比较准确地描述矿体的复杂程度,SD 法引入了动态分维理论,并提出了品位复杂度和厚度复杂度的概念,这两个概念适合矿体特性和要求,从动态分维角度来精细地刻画和描述矿体复杂程度。它充分考虑了地质变量的空间结构性特点,包括工程品位、厚度的大小、工程所处的位置及工程间的距离等。

矿体复杂度分矿体品位复杂度 T_c、矿体厚度复杂度 T_b 以及矿体综合复杂度 T_z,用以定量描述矿体的复杂程度。复杂度在[0,1]之间,是矿体复杂程度的最终衡量参数,具体通式如下:

$$T_c = \sqrt{M_c \cdot D} \tag{11-22}$$

$$T_b = \sqrt{M_h \cdot D} \tag{11-23}$$

$$M_c = \frac{1}{m-1} \sum_{j=1}^{m} \frac{1}{n_j - 1} \sum_{i=1}^{n_j - 1} \frac{|Y_i - Y_{i+1}|}{Y_i + Y_{i+1}} \left(1 - \frac{d_{ij}}{d_j}\right) \tag{11-24}$$

$$T_z = \frac{1}{2} \cdot (T_c + T_b) \tag{11-25}$$

式中　T_c——矿体品位复杂度;

$\quad\quad T_b$——矿体厚度变化度;

$\quad\quad T_z$——矿体综合复杂度;

$\quad\quad M_c$——品位变化度;

$\quad\quad M_h$——厚度变化度;

$\quad\quad m$——线数;

$\quad\quad j$——线的序号,$j = 1, 2, \cdots, m$;

$\quad\quad n_j$——j 线上的点数;

$\quad\quad i$——观测点序号,$i = 1, 2, \cdots, n$;

$\quad\quad Y_i$——观测点的观测值(单工程的平均品位或厚度值);

$\quad\quad d_{ij}$——小区间的距离,$d_{ij} = |X_{ij} - X_{i+1j}|$,$X_{ij}$ 为划归 j 线的第 i 个工程见矿中点在 j 线上的投影位置,其位置在 j 线上按序号朝同一方向排列;

$\quad\quad d_j$——j 线上 $(n_j - 1)$ 个区间总距离,$d_j = |X_{1j} - X_{nj}|$。

SD 法将矿体复杂度(厚度复杂度、品位复杂度、综合复杂度)定量划分为五级。

（2）风暴品位处理

风暴品位的存在是客观的,它的出现会影响平均品位的可靠性。为了克服表现矿体复杂性的地质变量随机因素的干扰,SD 法引出了结构地质变量的概念。所谓结构地质变量是指仅反映某种地质特征的空间结构及其规律性变化的地质变量,简称结构量。它既与所在的空间位置有关,亦与它周围的地质变量大小和距离有关,它们在一定空间范围相互影响。结构地质变量是 SD 法估算矿产资源储量及其精度的基础变量。

对地质变量进行具体统计分析时,SD 法不去寻求原始数据的统计规律,而用稳健处理数据的方法,将离散型原始数据处理成相对平滑的连续型空间结构的数据,即结构地质变量。但是 SD 法仍然要求结构数据的合理性,即合理均值。为排除特异值对结果正确性的干扰,SD 法对它进行了稳健处理。

SD 法采用修匀数据的办法来削减风暴品位在参与计算时过大的影响力,从而达到计算结果稳健可靠的目的。方法是,将风暴品位值适度削减,用削减值替代风暴值,置于原始中参与计算。风暴品位处理具体公式如下：

$$C = \sigma \overline{C} \tag{11-26}$$

式中　C——风暴品位下限值；

　　　σ——风暴品位倍数限；

　　　$\overline{C}$——采用搜索法计算的矿体平均品位。

风暴品位倍数限 σ 是矿体复杂度 T 的函数,其计算公式为

$$\sigma = \delta_1 + \delta_2 \cdot T \tag{11-27}$$

式中　δ_1——截距常数,$\delta_1 = 2.933$；

　　　δ_2——斜率常数,$\delta_2 = 17.067$；

　　　T——矿体复杂度。

用风暴品位下限值作为替代值符合矿体变化规律,在适度削减其过大影响的同时,仍然保持风暴品位值的优势,避免了因特高品位处理过程中过多削减特高值而对资源储量带来负向影响。

（3）风暴厚度处理

风暴厚度是指单工程中矿体厚度呈现出的风暴值。风暴厚度的判别依据:首先将全区单工程厚度从小到大排序,位于序尾、比例不超过 3%~5% 的区域,作为风暴厚度可疑区;在可疑区内,当 SD 样条曲线出现强烈振荡,以致出现负值现象,或未出现振荡且单工程厚度大于矿区平均厚度的 3 倍时,确定为风暴厚度。

风暴厚度与风暴品位不同。风暴品位是以点带面,风暴厚度是以线带面,SD 三次样条上表现为呈规律性,若直接改变单工程的矿体厚度值则不符合 SD 样条曲线对客观情况的体现,因此,不应该改变风暴厚度值,只有当控制程度较低且出现风暴厚度时,适当考虑缩小其影响范围。

（4）确定 SD 外推边值

这里的外推范围是指边缘见矿工程以外的无限外推。外推距离的合理设置一般为:SD基距或"探明的"框棱。SD 基距相当于 SD 精度接近 100% 时(矿体完全查明,接近真态)的工程控制间距(框棱)。"探明的"框棱有两个含义:一个是通常相当于 SD 精度大于或等于

80%时的工程控制间距,称之为"确定探明的"框棱;另一个是在实际应用中,由待定区间归属后的"归属探明的"框棱(SD 精度为 65%~80%)。

对于外推值的合理推断是影响资源储量结果不可忽视的一个主要问题。一个合理的外推模型要与矿床变化规律紧密结合,SD 法就是根据矿床成因类型紧扣变化规律进行外推范围的推测,而且是非等值外推,可能比边缘见矿工程间距值大,也可能小。基本原则是,若工程控制范围内地质认识较清楚或高勘查程度(详查以上)情况下,可以允许适当多推,可以取上限值的高值(即"归属探明的"框棱);否则应少推,允许取上限值的低值(即"确定探明的"框棱)。对于单孔控矿的情况,建议取下限值(SD 基距)。具体外推公式如下:

$$y_0 = y_1 + \frac{h_2}{\beta(h_1 + h_2)}(y_1 - y_2) \tag{11-28}$$

式中　y_0——外推点的品位或厚度值;

　　　y_1——邻近外推点的实际工程的品位或厚度值;

　　　y_2——邻近 y_1 的实际工程的品位或厚度值;

　　　h_1——y_0 与 y_2 之间的距离(外推间距);

　　　h_2——两实际工程之间的距离;

　　　β——调节系数,一般地,$\beta=4$,当 y_1 远大于 y_2 时,$\beta=16$。

(5)控制点品位、厚度求取

对于辅助控制点(计算点)的品位、厚度的求取,是通过周边邻近工程的品位、厚度,采取距离平方反比法求取。

(6)降维形变处理

矿体形态千差万别,它们都处于分维状态,矿体真实的形态不可知,若用简单几何图形和数据统计的计算,不符合对地学数据的结构地质变量的认识,要按实际形态去计算,但又无法做到。地质体是由结构地质变量构成的。地质体的空间构形可用断面来表示。为了计算的简便化,SD 法采取断面构形技术进行降维处理,将高维变为低维,用剖面的二维反映体三维。同时,为了计算的规则化,将断面形态进行齐底拓扑形变后的矿体面积保持不变,这样可保证计算结果的唯一性,不存在压缩的计算。而且用数学公式去描述对地质情况认识的变化,采用 SD 样条函数(分段连续多样式样条函数)去拟合结构地质变量,使 SD 法成为一种断面曲线法,使断面积分成为可能,为断面积分计算奠定了基础。同时使得 SD 法实现了不依据矿体形态进行计算,很好地解决了实际中由于分支复合现象导致的矿体图形多解性的争议。

(7)矿体搜索计算

结构地质变量曲线拟合的效果,直接影响到断面积分结果的准确性和可靠性。SD 样条函数的建立,解决了结构地质变量曲线的最佳拟合问题。SD 法采用分段连续的三次样条函数,并对其进行了必要的改造,将三次样条函数与矿体复杂度 T 直接关联,使其既能保持三次样条函数运用的灵活性,又能让它适合各种地质变量扰度状态曲线,丰富了三次样条曲线的应用。

具体做法是,利用风暴品位处理后的样品,经矿体圈定后得出单工程的平均品位和厚度,经齐底拓扑形变后,这些地质变量在断面线上构成有序的点列数据,用 SD 样条曲线拟合,建立品位和厚度的样条曲线。SD 样条曲线拟合后,再以一定的步长插值得到各插值点的品位和厚度,并按边界品位、可采厚度、米百分值(米·克吨值)去搜索,判断出断面上的矿域和非矿域的范围。当品位达边界品位(或最低工业品位),而厚度未达到可采厚度的,划为可疑域;可疑域由动态百分值去判断它属矿域或非矿域,从而得到断面上矿体的面积。将断面上矿体面积,作为面结构变量,将其在垂直投影面方向上的点和数据,用 SD 样条曲线拟合,再以一定的步长插值,用边界品位搜索得到矿体的体积。

自动按双指标在 SD 样条曲线上进行动态搜索确定矿域计算的资源储量结果稳定、可靠、唯一,避免了由其他方法因块段划分不同而引起的资源储量结果差异大、可靠性差等问题。

伴生组分的 SD 估算,可与主矿种一起,采取共同搜索的方式与主矿种同时计算其资源储量。伴生组分个数不受限制。

相关计算公式如下。

SD 样条函数公式:

$$S_{D(x)} = M_{i-1} \frac{(x_i-x)^3}{\alpha h_i} + M_i \frac{(x_i-x_{i-1})^3}{\alpha h_i} + \left(y_{i-1} - \frac{M_{i-1}}{\alpha} h_i^2\right) \frac{x_i-x}{h_i} + \left(y_i - \frac{M_i}{\alpha} h_i^2\right) \frac{(x-x_{i-1})}{h_i} \quad (11-29)$$

式中　$S_{D(x)}$——节点 x_i 上的对应型值点 y_i 值;

　　　x——节点位置,$x_{i-1} \leqslant x \leqslant x_i$,$i = 2,3,\cdots,n$;

　　　h_i——节点间距;

　　　M_i——型值点 y_i 的二级导数;

　　　α——修正值,$\alpha = 6/T$,其中 T 为矿体复杂度。

单工程矿体平均品位为各够矿或矿化样品的品位与厚度加权:

$$\overline{C}_{工程} = \sum_{i=1}^{n} (C_i \cdot L_i) / \sum_{i=1}^{n} L_i \quad (11-30)$$

式中　$\overline{C}_{工程}$——单工程矿体平均品位;

　　　C_i——各够矿或矿化样品的品位;

　　　L_i——各够矿或矿化样品的计算厚度(铅直厚度或水平厚度或真厚度);

　　　n——够矿或矿化样品个数。

单工程矿体厚度为各够矿或矿化样品厚度之和:

$$H_{工程} = \sum_{i=1}^{n} H_i \quad (11-31)$$

式中　$H_{工程}$——单工程计算厚度;

　　　H_i——各够矿或矿化样品的计算厚度(铅直厚度或水平厚度或真厚度);

　　　n——够矿或矿化样品个数。

资源量估算过程中,将矿体置于直角坐标系中,设垂直矿体厚度的投影面(LOl)上的矿体面积为 S,此投影面上有 m 条断面线,每条线上有 n 个工程。L 为长度,L 方向为矿体长度方向;l 为宽度,l 方向为矿体宽度方向;宽度函数为 $f(L)$;矿体厚度函数为 $f(L,l)$;矿体品位和厚度乘积的函数为 $f(L,l)$;矿石体积质量为 D。矿体几何空间、金属量、品位等参数按下列积分式表达求取(表达式中的参数单位按具体矿种确定)。

矿体断面面积 $S(L)$:

$$S(L) = \int_{l_1}^{l_n} f(L,l)\,\mathrm{d}l \quad (11-32)$$

矿体体积 V:

$$V = \int_{L_1}^{L_m} S(L)\,\mathrm{d}L \tag{11-33}$$

矿体断面平均厚度 H_s：

$$H_s = \frac{S(L)}{l_n - l_1} \tag{11-34}$$

体平均厚度 H_V：

$$H_V = \frac{V}{S} \tag{11-35}$$

矿石量 Q：

$$Q = DV \tag{11-36}$$

面金属量 P_S：

$$\begin{cases} P(L) = \int_{l_1}^{l_n} F(L,l)\,\mathrm{d}l \\ P_S = DP(L) \end{cases} \tag{11-37}$$

体金属量 P：

$$P = D\int_{L_1}^{L_m} P(L)\,\mathrm{d}L \tag{11-38}$$

面平均品位 C_S：

$$C_S = \frac{P(L)}{S(L)} \tag{11-39}$$

体平均品位 C：

$$C = \frac{P}{Q} \tag{11-40}$$

（8）SD 精度

SD 精度既是矿产资源储量精确程度的度量，又是工程控制程度的体现。递进及逼近思想是 SD 精度能顺利解决资源储量可靠性的核心技术。它可以作为资源储量可靠程度的度量，也可以作为勘查程度划分的依据。利用 SD 精度，可以确定工程间距，预测工程数，有效指导勘查工作进程，减少盲目性，增强计划性。

SD 精度对探矿中资源量精度不可知风险，以及对采矿中资源储量可靠程度不确定风险，提出了量化标准。用 SD 精度可指导勘查施工达到要求的勘查程度，控制工作程度，让探采部门有效控制风险，在获得最佳效益的同时，合理利用资源。

SD 精度 η 的计算公式如下：

$$\eta = \rho \cdot \eta_0 \tag{11-41}$$

式中　η——SD 精度；

　　　ρ——框架指数；

　　　η_0——原始精度。

2. 资源储量估算流程

SD 法估算过程一般分为三个阶段八个步骤（图 11-25）。第一阶段为收集分析原始数据，包括原始资料收集和原始资料分析两个工作步骤。第二阶段为正式计算，包括组织 SD 法矿区勘查原始数据、矿体（带）解析、形成 SD 计算单元数据、确定估算参数、运用 SD 软件进行估算。第三阶段为成果提取，包括生成并分析提取所需的成果文字、附图、附表。

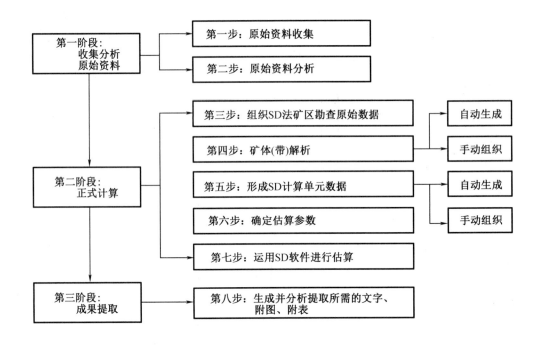

图 11-25　SD 法资源储量估算流程示意图

　　计算时,按照相关规范收集原始资料,开展原始数据的完整性、合理性、逻辑性检查与分析,并将原始资料按照 SD 法及软件系统规定的数据格式进行数据组织;将数据输入计算机,按照 SD 法软件操作步骤与要求依次进行数据检验、计算单元划分、断面线参数设置、计算点参数设置、计算单元 SD 法计算方案类型及参数确定、矿体产状方式参数确定、体积质量求取方式参数确定、地质可靠程度区间参数确定、待定区间归属专家系统参数确定等过程操作,形成 SD 计算单元数据和基本估算参数(地质可靠程度和资源量类型)。

　　矿体断面面积、框块体积、框块平均品位、矿石量、金属量等均由 SD 软件系统依据工业指标搜索,通过 SD 样条函数积分自动计算求得。其中,单工程矿体品位、单工程矿体厚度由 SD 软件系统自动求取;风暴厚度由软件系统在计算过程自动识别和处理;风暴品位由软件在计算过程根据倍数限与矿体复杂度的相关关系采用定量公式自动定量计算求得,自动处理;矿体复杂度由软件系统根据 SD 动态分维法自动求得;外推范围内品位厚度搜索,是依据外推范围内的矿体厚度和品位按照 SD 样条函数搜索确定,一般遵循矿体变化规律,进行曲线外推,是非等值外推。

　　由于勘查过程中一般只采取少量密度样,加之同矿体同类型矿石密度较稳定,因此,密度参数用算术平均或数理统计的方法即可求取。

3. SD 法特点及适用范围

　　SD 法具有动态审定一体化计算资源储量之功能,不仅灵活多用,而且计算结果精确可靠。所估算资源储量的实际精度要比一些其他方法高,且能做出成功的精度预测,在技术上有突破;只需勘查范围内取样的原始数据,便可准确计算任意形态、大小的块段资源储量;可同时在多种不同工业指标条件下,自动圈定矿体、计算各类资源储量。具有一套适用的 SD 法软件系统,使计算过程全部实现计算机化,从而实现了矿产资源储量估算的科学化和自动化。以上特点充分显示了 SD 法的优越性。

　　SD 法适用性广,主要适用于内生、外生金属矿和一般非金属矿,不适于某些特殊非金属矿(如石棉、云母、冰洲石等)。适用于具有两个及以上工程(槽探、浅井、坑探、钻探等)的数据,两条以上勘查剖面范围即可进行资源量和 SD 精度估算,不受勘查线剖面平行与否,或断面是垂直还是水平限制。一般来说,只要有数十个至百余个钻孔,运用 SD 法就能取得较好效果,当工程数较大时,其效果更好,而且计算量不会增加很多。SD 法的应用与勘查阶段和类型无关,从普查到生产勘探以至矿山开采各个阶段,SD 法均适用。

第12章　铀矿技术经济评价

12.1　概　　述

铀矿技术经济评价是从使用价值角度出发,对铀矿资源进行经济分析和论证,它是根据铀矿地质勘查成果评价铀矿资源未来开发利用的预估经济价值和经济社会效益。从此概念可以看出,铀矿技术经济评价的对象是经过铀矿地质勘查工作,已被确认的成矿远景区、铀矿点或铀矿床,而不是一般的地质体;评价的依据是铀矿地质勘查过程中所获得的铀矿地质资料和实时的技术经济资料;评价的最终目的是预估铀矿资源的技术经济价值和经济社会效益(包括宏观和微观经济价值),为铀矿地质勘查项目和铀矿资源开发投资决策提供依据。

铀矿资源属于战略物质,与一般矿产资源的技术经济评价相比,既有相同性,又有其特殊性。相同性表现在评价时都要考察资源的预估经济价值,特殊性则是铀矿资源技术经济评价尚需考虑其国防战略属性,国防和核电所需的铀矿资源必须立足国内,市场调节受到一定限制。总体而言,我国铀矿资源具有规模相对较小、富矿少、采矿条件复杂、成本高等特点,铀矿技术经济评价时既要充分考虑国际铀矿产品的市场价格因素,同时应结合我国的实际情况来开展铀矿资源经济价值的评价工作。

铀矿技术经济评价的目的是通过分析、计算,预估铀矿资源开发利用的经济价值,规划铀矿资源的勘查、开发顺序,最大限度地提高铀矿地质勘查和开发的投资效益。它由铀矿地质勘查工作评价和铀矿资源开发利用评价两部分内容组成。我国铀矿技术经济评价工作起步较晚,由于一些原因,在20世纪80年代以前,我国铀矿勘查和开发的前期工作中很少考虑经济效益,往往只重视生产成果,不太考虑生产成本,当然也就谈不上经济效益。随着核工业由单纯的军工生产,转向"保军转民",以及核电的发展列入国民经济发展规划,这就要求铀矿勘查与开发工作需要不断地提高经济与社会效益,为国民经济的发展做贡献。铀矿地质勘查工作要适应上述转变,不仅要从技术上解决"找大矿、找富矿"的问题,而且还要从经济上解决"找经济效益好的铀矿"的问题,把有限的铀矿地质勘查资金转向寻找"大矿、富矿、经济效益好"的铀矿,尽早和有效地发挥投资经济效益。

由于社会制度、资源政策和资源条件的不同,不同国家铀矿技术经济评价的原则存在一定差异。根据我国的铀矿资源地质特点及国情,铀矿技术经济评价通常需遵循以下原则。

①技术上可能原则。是指在我国现有的地质勘查和矿冶工业技术水平情况下,从技术上能够保证铀矿地质勘查工作和铀矿资源(含共伴生有用组分)开发与回收利用的顺利实施。

②技术上先进原则。即所采用的勘查和开发技术是当前国内外比较先进的技术,防止

在低水平上的重复使用或重复建设。

③经济上合理性。通过经济分析与论证,使得经勘查或开发利用的铀矿资源能够取得经济效益(包括宏观经济效益和微观经济效益)。

④充分利用铀矿资源。在强调勘查和开发经济效益的同时,还必须充分注意资源的保护和充分利用,避免片面追求经济效益而采富弃贫、采易弃难,或不适当地提高边界品位,使矿产资源遭受不必要的损失和浪费,以保证矿产资源的勘查和开发获得最大的经济效益。

⑤满足市场及国家的需要。随着我国核电事业的发展,对铀产品的需要与日俱增,特别是我国加入 WTO 以后,国际上铀产品对我国的同类产品的冲击不可忽视,必须加强我国铀产品在国际市场上的竞争力,不断降低铀产品的成本。同时,铀矿资源又是国防战略物资,评价时还必须考虑满足我国国防的需求。

⑥当前效果与长远效果相结合原则。铀矿资源开发利用的周期较长,技术经济评价时,既要考虑当前的技术经济条件及在此条件下铀矿资源的预估经济价值,又要考虑随着技术经济条件的改善,铀矿资源的长远经济价值。

⑦定性与定量分析相结合原则。铀矿资源的经济价值大小是由多种复杂因素所决定的,这些因素又在不断地发生变化。某些衡量铀矿资源经济价值大小的定量指标,只能反映其价值的一个侧面,而有些因素还不能用定量指标来反映。因此,为了对铀矿资源进行全面评价,必须将定量分析与定性分析结合起来。

12.2　铀矿勘查的可行性评价

对于赋存于地下不确定性因素很多的矿床来说,从发现、勘查到矿山建设和开采,需要经历较长的过程和多次的评价工作。矿床勘查工作受认识规律和经济规律制约,这就要求勘查工作必须遵循循序渐进、逐步深入的原则。

勘查可行性评价工作是一个运用地质科学和其他相关科学的理论与方法,不断探索和认识矿床地质特征的过程,也是矿业生产前期及其过程中必不可少的先行步骤和基础性工作,是一项地质和技术经济的综合性实践活动。为了提高铀矿地质勘查工作的经济效果,更好地提供可开发利用的铀矿资源基地,需要在铀矿地质勘查工作的各阶段中,开展勘查工作可行性评价工作。它不仅为铀矿地质勘查工作的决策提供科学依据,而且还可以提高铀矿勘查工作的预见性和计划性,使有限的地质勘查投资发挥应有的经济效益和社会效益,是铀矿技术经济评价工作内容的重要组成部分。

依据《铀矿地质勘查规范》(DZ/T 0199—2002),铀矿勘查可行性评价工作划分为三个阶段,即概略研究评价(概略技术经济评价)、预可行性研究评价(初步技术经济评价)和可行性研究评价(详细技术经济评价)。由于不同勘查阶段对铀矿资源的认识程度不同,取得的地质、技术、经济资料的详细程度也不同。因此,不同阶段技术经济评价的目的、任务、要求、内容和详细程度也不同。

1. 铀矿勘查的概略研究评价

铀矿勘查的概略研究评价通常是指在普查阶段中对矿床开发的经济意义进行概略的评价,也可在详查或勘探阶段进行。矿床经过普查阶段的工作后,在工作区获得的地质、技术、经济资料较少,只是大致查明了成矿远景区的地质构造、矿化特点(矿化规模、矿化质量、矿化类型等)、矿石加工技术性能、开采技术条件及工作区自然经济地理条件等。对未来矿山建设中存在的有关问题只可能是概略的设想,而且侧重从宏观的经济效果上加以考察,对未来矿山开发的技术经济指标难以确定,在此基础上进行的技术经济评价,称为概略研究评价。换句话说,概略研究评价就是根据国家国民经济发展规划、工业布局、铀成矿地质条件及地区经济发展状况,从宏观角度评价矿产资源开发的可能性及国民经济意义。其评价目的是为铀矿资源(铀矿点或矿床)能否进入详查阶段,从技术经济角度提供决策依据。概略研究评价工作一般由地质勘查单位本身承担,评价后应提交概略研究评价报告。铀矿资源概略研究评价应具备以下基本条件:

①铀矿地质普查阶段的工作已经结束,并编写了普查报告;

②对矿石的初步选冶性能已经做了试验并有正式的试验报告,或有与成矿类型相似铀矿床的矿石选冶性能进行对比的资料;

③对普查工作区的外部建设条件做了初步调查研究,如交通运输、供电、供水、物资供应、经济发展的情况等。

④初步调查了国内外铀矿产品市场的供需状况及部分有关区内经济的统计资料等。

概略研究评价在进行经济分析时,通常可采用类比的方法或采用扩大指标进行静态的经济评价,其评价指标可采用总利润、投资利润率、投资收益率、投资回收期等。

2. 铀矿勘查的预可行性研究评价

铀矿床经过详查阶段的工作后,获得了比较丰富的地质信息和基础资料,基本上查明了铀矿床的地质构造条件、矿体的空间分布、矿体的形态、产状和规模、矿石物质组分的含量及其赋存、变化情况、矿石技术加工性能、矿床的水文地质及工程地质等开采条件和矿山建设的条件等,能大致确定未来矿山建设和开发的技术经济指标。在阐明矿床开发的国民经济意义的前提下,初步分析该矿床未来矿山建设与经营的地质、资源、生产、技术、市场等具体条件,采用静态与动态相结合的经济评价方法,预估和分析矿床开发利用的经济价值,在此基础上进行的技术经济评价工作,称为预可行性研究评。其目的是考虑矿床能否转入勘探,为矿山建设总体规划的编制提供技术经济方面的决策依据。预可行性研究评价工作一般由矿山设计研究部门或有资质的中介咨询机构承担,地质勘查单位参与评价工作。预可行性研究评价应具备的条件是:

①矿床的详查阶段工作已经结束,并编写了详查报告;

②对矿石的选冶加工性能已提交了正式的小型连续选(冶)矿的试验报告;

③矿区的水文地质及工程地质等开采技术条件已基本查明;

④矿区交通运输、供电、供水资料已经详细调查;

⑤了解了开发对地质勘探工作的要求;

⑥对国内外该矿产品市场供需及价格情况进行了调查研究;

⑦对矿床所在地区经济发展规划及有关经济资料进行了调查。

预可行性研究评价在进行经济分析时,可直接选用经过调查了解后的参数,进行动态的经济评价,其评价指标可采用净现值、动态投资回收期等。

3. 铀矿勘查的可行性研究评价

铀矿床经过勘探阶段工作后,获得了大量系统的地质、技术、经济资料,对矿石的质量和技术加工特性及其空间分布,矿床开采技术条件及水文地质条件有深入的研究,储量估算结果比较精确,能较准确地确定未来矿山建设和开发中的技术经济指标,在此基础上进行的技术经济评价工作,称为可行性研究评价。其目的是为矿山设计和开发决策提供依据,此阶段评价工作一般由矿山设计研究部门或有资质的中介咨询机构承担,地质勘查单位参与评价工作。可行性研究评价应具备的条件是:

①矿床的勘探工作已经结束;

②矿区的可采技术条件已详细查明;

③对矿石的选冶加工性能已提交了扩大性试验、半工业性试验报告;

④矿区交通运输、供电、供水资料已经详细调查;

⑤对国内外该矿产品市场供需形势及价格情况进行了充分研究;

⑥对开发该矿床的投资筹措已有了一定的把握。

可行性研究评价在进行经济分析时,要根据矿山建设方案认真地确定评价参数,进行动态的经济评价,其评价指标可采用内部收益率、净现值、动态投资回收期等,对大型规模以上的矿区开发的可行性研究还应作国民经济评价。

12.3　技术经济评价的影响因素与评价参数

12.3.1　铀矿技术经济评价的影响因素

影响铀矿资源未来开发利用经济效益的因素很多,如地质因素、自然地理因素、经济因素、经营管理因素等,而且各因素的影响程度也不尽相同。为了正确、客观地计算铀矿资源未来开发的经济效益,必须充分考虑各种潜在的影响因素,并合理地确定相应的评价参数。

1. 矿床地质因素

矿床地质因素是对判断铀矿资源能否开发和值不值得开发起决定性作用的内在因素,这类因素是由成矿地质条件和成矿地质特征所决定的,包括三个方面。

①矿体外部形态特征方面的因素。主要包括矿体的形态、产状、厚度、集中性和规模等。其中矿床规模决定着未来矿山企业的生产规模、服务年限、基建投资、生产成本和盈利水平;矿体的形态、产状、厚度等影响到开拓方式和采矿方法的选择。

②矿体内部结构特征方面的因素。主要是指组成矿床(体)的矿石矿物组成与化学成分,结构构造,品位,共生及伴生有益、有害组分含量及分布等。它直接影响矿石的加工利用方法、选冶技术经济指标及选冶成本、矿床的经济价值等。

③开采技术方面的因素。包括矿床(体)的成矿类型、矿体的埋藏深度、矿石和围岩的稳固性和机械物理性质、矿区的水文地质和工程地质条件等。矿体的埋藏深度是决定开采方式的重要因素,埋藏浅的适用于露天开采,埋藏深的适用于地下开采;火山岩型、花岗岩型铀矿适用于常规的露采或坑采,砂岩型铀矿可采用更为经济的地下溶浸(地浸)方法开采。不同开采方式的基建投资、劳动生产率、矿石损失率和贫化率也不同。矿石和围岩的稳固性与机械物理性质对采矿方法、支护方式、凿岩爆破效率都有重大影响。

2. 自然地理因素

主要有矿产品市场供需状况,矿产所在地的地形、气候,交通运输,能源,建筑材料,水源,工业场地占用土地,劳动力,农产品供应条件,区域工业技术协作条件,环境保护等。这些因素是矿山企业建设的市场条件和主要外部条件。除矿产品供需形势外,它们虽然不一定是评价矿产资源经济价值的决定性因素,但在特定条件下,也可能起决定性作用,例如交通运输、供水、供电特别困难时,即使矿床地质条件很好,但权衡得失也可能不会作出肯定评价。一般来说这些因素通过影响矿产品销售以及矿山企业建设投资,进而影响矿床的经济价值。

3. 经济因素

主要指矿产品价格、产品成本、投资额、贷款利率、贴现率等。它们是矿产资源技术经济评价中不可缺少的基本因素,对矿产资源未来开发利用的经济效益有重要影响。

4. 矿山经营因素

主要指矿山生产能力、服务年限、采矿贫化率、损失率、选冶回收率(或矿石的浸出率)、精矿品位、矿床的工业指标、矿山的生产方式和方法等。矿山的不同经营参数直接影响矿山的经济效益,也反映了矿山经营管理水平的高低。

12.3.2 技术经济评价的主要参数的确定

矿产资源技术经济评价时,经常采用一些经济评价指标来反映矿床经济效益的好坏,而这些经济指标则是根据前述影响因素的定量化、数据化,按照一定的数学模型计算得来。所以,参与计算经济指标的各种可量化的影响因素就是矿产资源技术经济评价参数。我们综合不同开采工艺(如常规水冶工艺和砂岩铀矿地浸工艺等)技术经济评价参数的异同,来介绍主要评价参数的确定。

1. 采、选、冶技术经济评价参数的确定

(1)采矿技术经济评价参数

①采矿损失率(K_L):是指采矿过程中损失的矿石金属量占该采场或采区内的探明的经济基础储量(111b)的百分比。其表达式如下:

$$K_L = \frac{Q-Q'}{Q} \times 100\% \qquad (12-1)$$

式中　K_L——采矿损失率,%;

　　　Q——采场或采区内的探明的经济基础储量,t;

　　　Q'——采场或采区内采出的矿石金属量,t。

②采矿回收率(K_P):是指采矿过程中采出的矿石金属量占该采场或采区内的探明的经济基础储量(111b)的百分比。即

$$K_P = \frac{Q'}{Q} \times 100\% \qquad (12-2)$$

式中　K_P——采矿回收率,%;

　　　其他符号同式(12-1)。

　　　所以:

$$K_L = 1-K_P \ \text{或} \ K_P = 1-K_L \qquad (12-3)$$

采矿过程中矿石金属量损失的原因有:由于地质构造、水文地质条件的破坏和影响,矿体埋藏条件复杂,在当前技术经济条件下难以开采或成本太高,开采得不偿失;为了保护采

掘工程、地面建筑物、河流而保留安全矿柱而造成的矿石金属量损失;回采过程中造成的丢失;运输过程中的损失等。

③矿石贫化率(K_f):是指在开采过程中,由于围岩和夹石的混入和矿石中部分富矿的损失,致使采出的矿石品位降低,降低的百分比即矿石贫化率。

a. 当围岩或夹石中含有用组分量可忽略不计时,矿石贫化率可按下式计算:

$$K_f = \frac{C-C_1}{C} \times 100\% = \left(1 - \frac{C_1}{C}\right) \times 100\% \tag{12-4}$$

式中　K_f——矿石贫化率,%;

　　　C——采场或采区内的探明的经济基础储量的平均品位,%;

　　　C_1——采出矿石的平均品位,%。

b. 当围岩或夹石中含有一定量有用组分时,矿石贫化率可按下式计算:

$$K_f = \frac{C-C_1}{C-C_2} \times 100\% \tag{12-5}$$

式中　C_2——围岩或夹石中有用组分的平均品位,%;

　　　其他符号的含义同公式(12-4)。

矿石贫化率直接影响出矿品位。矿石贫化率高将导致生产一吨精矿或金属所需的矿石量增加,使采矿、运输、选矿成本提高,矿山企业的收益降低。

进行铀矿资源技术经济评价时,一般是参考行业扩大指标来确定采矿损失率和矿石贫化率。所谓扩大指标是指不同行业根据矿山企业多年在正常生产条件下统计出的各种技术经济指标的参考数值。我国铀矿山设计采矿损失率和矿石贫化率扩大指标见表12-1和表12-2。

表 12-1　我国铀矿山采矿损失率推荐指标表

采矿方法	损失率/%	备　注
充填法	3~5	矿体形态复杂、厚度小时,取大值
留矿法	5~7	
空场法	4~6	
壁式法	5~8	
分层崩落法	5~8	

表 12-2　我国铀矿山矿石贫化率推荐指标表

采矿方法	贫化率/%		
	薄矿体	中厚矿体	厚矿体
充填法	15~20	10~15	7~12
留矿法	20~25	18~20	15~20
空场法	15~20	12~15	10~15
壁式法	20~25		
分层崩落法		10~15	7~12

（2）选、冶技术经济评价参数

①选矿回收率(K_d)：是指精矿中某金属的重量与原矿中该金属重量之百分比。计算方法有两种。

a.实际选矿回收率(K_d)：

$$K_d = \frac{Q_d \cdot C_d}{Q \cdot C} \times 100\% \tag{12-6}$$

式中　K_d——选矿回收率,%；

　　　Q_d——精矿重量,t；

　　　C_d——精矿品位,%；

　　　Q——原矿重量,t；

　　　C——原矿品位,%。

b.理论选矿回收率(K_d),是指用原矿、精矿、尾矿的化验品位进行计算,公式如下：

$$K_d = \frac{C_d(C-C_v)}{C(C_d-C_v)} \times 100\% \tag{12-7}$$

式中　K_d——理论选矿回收率,%；

　　　C_v——尾矿品位,%；

　　　其他符号的含义同公式(12-6)。

选矿回收率是反映选矿过程中金属的回收程度、选矿技术水平、选矿工作质量的一项重要的技术经济指标。提高选矿回收率不仅能充分回收矿产资源,而且能提高矿床的经济价值。

②水冶金属回收率(K_s)：铀矿资源技术经济评价是以不同水冶工艺(常规水冶工艺或砂岩地浸工艺)最终产品 UO_2 为标准来进行的,所以水冶金属回收率是指以产品 UO_2 的各水冶加工工序金属的总回收率。其表达式为

$$K_s = \frac{产品金属量}{原料金属量} \times 100\% \tag{12-8}$$

实际上对于一个从矿石原料生产出浓缩物(重铀酸铵或三碳酸铀酰铵),而后又纯化精制到纯的铀氧化物(UO_2 或 U_3O_8),其金属回收率计算往往分为两步：将矿石主浓缩物(合格液)部分的回收率称为水冶回收率(K_{s1})；从合格液至最终产品(UO_2 或 U_3O_8)部分的回收率称为纯化回收率(K_{s2}),则总的金属回收率 $K_s = K_{s1} \cdot K_{s2}$。

2. 矿山生产规模和服务年限的确定

（1）矿山生产规模(矿山生产能力或矿山年开采量)：是指矿山企业在正常生产时期(即达产期)每年生产的金属量。

矿山企业生产规模是矿床技术经济评价的重要参数之一,它不仅影响着矿山建设的基础工程量、采矿技术设备类型、运输手段、建筑物的规模和类型、辅助车间和选冶车间的规模等,而且对基建投资、投资回收期、企业生产年限、开采费用水平、产品成本和开发利用的经济效益等起着决定性影响。

矿山生产规模的确定主要取决于国民经济及市场的需要、矿床储量的多少及资源的前景、矿床地质条件和开采条件、矿床的勘探程度、矿山服务年限、基建投资和产品成本等因素。其中矿床储量的多少和市场需要是最主要的影响因素。确定矿山生产规模的常用方法有：

①按矿山的合理服务年限确定矿山生产规模,可按下式估算:

$$D = \frac{Q \cdot K_p}{n(1-K_f)} \qquad (12-9)$$

式中　D——矿山企业的生产规模,金属吨/年;

$\quad\quad Q$——探明的经济基础储量,金属吨;

$\quad\quad K_p$——采矿回收率,%;

$\quad\quad K_f$——矿石贫化率,%;

$\quad\quad n$——矿山的合理服务年限,年。

矿山的合理服务年限可根据国民经济或市场的需要和矿床规模凭经验确定(表 12-3),一般大型矿山 $n \geqslant 15$ 年,小型矿山 $n < 5$ 年。

表 12-3　我国铀矿山生产规模及服务年限表

矿山类型	生产规模/(万吨/年)	服务年限/年
大型	$\geqslant 15$	$\geqslant 15$
中型	$5 \sim 15$	$10 \sim 15$
小型	< 5	$8 \sim 10$

②按市场或国家对矿山生产需要确定生产规模,分两种情况。

a. 按年精矿产量确定生产规模,可按下式估算:

$$D = \frac{D_d \cdot C_d}{C(1-K_f) \cdot K_d} K_b \qquad (12-10)$$

式中　D——矿山年生产规模,吨/年;

$\quad\quad D_d$——市场或国家对矿山需求精矿产量,吨/年;

$\quad\quad C_d$——精矿的平均品位,%;

$\quad\quad C$——探明的经济基础储量的平均品位,%;

$\quad\quad K_f$——采矿贫化率,%;

$\quad\quad K_d$——选矿回收率,%;

$\quad\quad K_b$——备用系数,一般取 1.1)。

它主要考虑矿石品级的变化、选矿回收率波动等原因而影响生产量,为确保最终产品产量而增加的采矿量。

b. 按年金属产品产量确定矿山生产规模,则按下式估算:

$$D = \frac{D_s \cdot C_s}{C(1-K_f) \cdot K_d \cdot K_s} K_b \qquad (12-11)$$

式中　D_s——市场或国家对矿山需求的金属产品产量,吨/年;

$\quad\quad C_s$——金属产品的平均品位,%;

$\quad\quad K_s$——冶炼回收率,%;

$\quad\quad$其他符号含义同公式(12-10)。

(2)矿山服务年限

矿山服务年限与矿山生产规模有着密切的关系。一般要求是矿山生产规模越大,服务年限越长,因为生产规模越大,投入的人力、物力、财力越多,若服务年限很短,势必会造成大量投资的损失,大量固定资产没有充分地发挥作用。合理的矿山服务年限要根据矿山生产规模、矿床储量大小来确定。一般都是参考扩大指标来确定,见表12-3。

3. 矿山建设投资及资金筹措

(1)矿山建设总投资

广义的投资是指人们的一种有目的的经济行为,即以一定的资源投入某项计划,以获取所期望的报酬或收益。投入的资源可以是资金,也可以是人力、技术或其他的资源。狭义的投资是指人们在社会经济活动中,为实现某种预定的生产经营目标而预先垫支的资金。而矿产资源技术经济评价时所指的矿山建设投资是指矿山建设所需的全部活劳动和物化劳动的总和,也就是投入的资本总额。对于工业投资项目而言,总投资的构成一般包括:基建投资(固定资产投资)、流动资金投资、建设期借款利息和固定资产投资方向调节税,见图12-1。

当矿山建成投入生产经营时,固定资产投资、固定资产投资方向调节税和建设期借款利息形成固定资产、无形资产及递延资产三部分,流动资金则形成流动资产。固定资产是指使用期限超过一年,单位价值在规定标准以上,使用过程中保持原有物质形态的资产(包括房屋及建筑物、机器设备、运输设备、工具、仪器、器具等);无形资产是指能长期使用,没有实物形态的资产(包括专利权、商标权、土地使用权、非专利技术、商誉等);递延资产是指不能全部计入当年损益,应当在以后年度内分期摊销的各项费用(包括开办费等)。

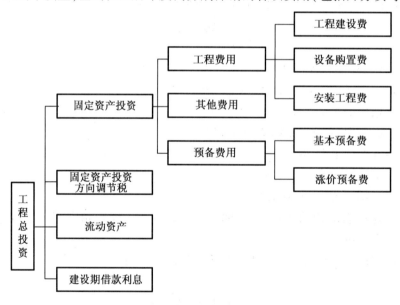

图 12-1 投资项目总投资构成框图

(2)总投资的估算

固定资产投资(也称基本建设投资)的估算包括活劳动和物化劳动的总和。其中绝大部分用于矿山基建开拓工程及采准工程、矿山生产设备、建筑工程(矿井、选厂、冶厂、能源建筑等)、运输和运输工具、征用土地费用,排水、通风、安全技术、工业卫生、机修车间和生活服务设施的建设费用等。

此外,复垦、景观复原、环境保护等费用也应包括在基建投资中。

基建投资常用的估算方法有:

①扩大指标法(单位生产能力投资估算法)。就是将单位生产能力的基建投资额(即扩大指标)与拟建矿山企业的年生产能力的乘积作为拟建矿山企业的基建投资的方法。其计算公式如下:

$$J = J_0 \cdot D \tag{12-12}$$

式中　J——拟建矿山企业的基建投资,万元;

　　　J_0——矿山企业单位生产能力基建投资扩大指标,万元/吨;

　　　D——拟建矿山企业年生产能力,吨/年。

扩大指标是根据大量的实际投资指标的统计分析确定的。实际应用时,尽量选取与拟建矿山地质条件相似、开采方法与选矿方法相似、生产能力相近的矿山企业的实际指标来估算拟建矿山的基建投资。

②生产规模指数法(又称 0.6 指数法)。经过大量统计分析研究,发现项目投资与生产能力按对数标尺作图两者是直线变化,其斜率为 0.6 左右。因此可以利用已知矿山企业的投资额和生产能力来概略地估算类型相同但生产规模不同的拟建矿山企业的投资,其计算公式为

$$J = \left(\frac{D}{D_0}\right)^n \cdot J_0 \tag{12-13}$$

式中　J——拟建矿山企业的基建投资,万元;

　　　D——拟建矿山企业的年生产能力,吨/年;

　　　D_0——类似已建矿山企业的年生产能力,吨/年;

　　　J_0——类似已建矿山企业的基建投资,万元;

　　　n——投资指数,通常取 0.6~0.8,当用增加设备的规模来扩大生产规模时,n 取值 0.6~0.7,铀矿山生产规模指数一般取 0.8。

③分项工程投资累加法。根据矿山建设的全部图纸、工程和设备清单及重要工作量,计算单项工程和设备项目的直接费用、各种间接费用以及不可预见费用等,然后累加求和即为基建投资,见表 12-4。

表 12-4　矿山基建投资分项投资构成表

投资项目构成	选取标准及估算
采矿项目投资/万元	直接类比或选取扩大指标估算
选矿项目投资/万元	直接类比或选取扩大指标估算
水冶项目投资/万元	直接类比或选取扩大指标估算
尾矿处理项目投资/万元	按实际库重量计算筑坝及设施投资
电力设施投资/万元	输电线路及变电设备投资
辅助设施投资/万元	按采、选(冶)投资的 15%~20% 范围选取
征地费/万元	计算得出

表 12-4(续)

投资项目构成	选取标准及估算
不可预见费/万元	按上述费用总和的5%~10%选取
设计费/万元	按上述费用总和的2%~5%选取
地勘费/万元	实际发生的地勘费用(或按一定比例)
基建总投资/万元	上述各项的累加值
综合吨矿投资/(元/吨·矿)	按年生产能力核算得出

(3)流动资金的计算

①流动资金的组成及划分。流动资金是矿山建成投产后,矿山企业经营过程中作为周转用的资金。按照流动资金在生产经营过程中的形态和作用,可分为三个阶段(图 12-2)。它由四部分构成,即生产储备资金、生产资金、产品(成品)资金及货币资金和结算资金。企业流动资金从货币形态开始,依次经过供应、生产和销售三个阶段再到货币形态不断周而复始,它同时以货币形态或实物形态分配在各阶段上。

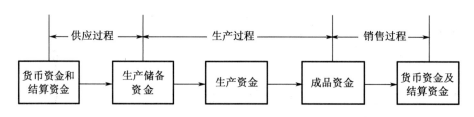

图 12-2 流动资金周转过程及划分

②流动资金的估算。流动资金一般是参照现有类似生产企业的指标进行估算的,可以采用扩大指标进行粗略估算,也可按流动资金的构成分别详细估算。

扩大指标法对于一般加工工业可按产值(或销售收入)资金率进行估算:

$$流动资金额 = 年产值(或销售收入额) \times 产值(销售收入)资金率 \qquad (12-14)$$

有色金属矿山企业流动资金采用占固定资产资金额的15%~20%进行估算;铀矿冶企业的流动资金一般按铀矿冶企业年经营成本的50%估算。

③建设期借款利息的估算。矿山企业基建期间因不生产产品,无力偿还应支付的贷款利息,不得不另行借贷,以偿还基建期间所发生的利息,故又称资本化利息。它由两部分构成,即基建期贷款的利息和还息贷款的利息。可按以下公式估算:

$$年贷款利息 = 当年贷款额 \times 0.5 \times 利率 + 年初累计贷款本息额 \times 利率 \qquad (12-15)$$

$$还息贷款的利息 = 上年还息贷款 \times 利率 \qquad (12-16)$$

再将上述建设期各年利息累加即为建设期借款利息额。

④固定资产投资方向调节税。这是国家用来调节产业结构的一项经济杠杆。国家实行差别性税率,国家限制发展的产业其税率就高,国家鼓励发展的产业其税率相对低或为零。铀矿资源投资项目的固定资产投资方向调节税的税率暂为零。

将上述构成总投资的基建投资、流动资金、建设期借款利息及固定资产方向调节税累加起来就是矿山建设总投资额。

（4）资金筹措

资金筹措包括资金的筹集和运用。随着改革开放的不断深入,我国建设资金的来源和渠道已经呈现多样化。包括投资单位自有资金、银行贷款、财政拨款和利用外资等多种渠道;投资主体包括中央政府、地方政府、企业、集体、个体、外商等。一般资金筹措的构成见图 12-3。不同项目资金的构成是不同的。在资金筹措中一定要注意资金成本,要分析资金结构与资金成本的关系,以寻求最优资本结构。

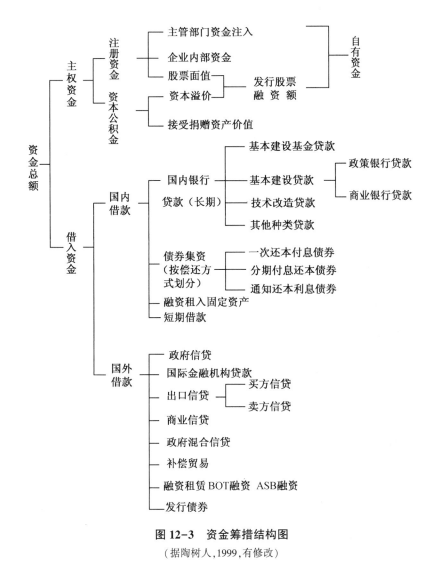

图 12-3　资金筹措结构图

（据陶树人,1999,有修改）

4. 生产成本及固定资产折旧费

（1）产品成本、费用的构成

在工业生产经营活动中,费用是泛指企业在生产经营过程中发生的各项耗费;成本通常是指企业为生产商品和提供劳务所发生的各项费用。矿产品成本是反映矿山企业生产活动劳动消耗的一项综合性指标,是评价矿山企业经济效益不可缺少的一项重要参数。矿山企业矿产品的总成本费用是指矿山企业为生产和销售矿产品而支付的一切费用,包括已耗费的生产资料的价值,如原材料及辅助材料、燃料动力费、工资及附加费、固定资产折旧费、销售矿产品的开支(如保管费、运输费、销售费)、企业的行政管理费等。按其经济用途和核算层次分为生产成本、管理费用、财务费用、销售费用,其构成见图12-4。

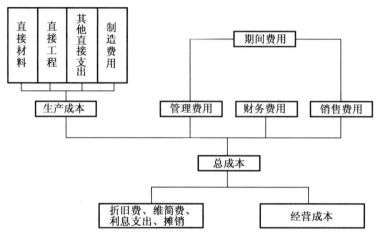

图12-4 总成本费用构成图

①生产成本(制造成本)。是指企业生产过程中消耗的直接材料、辅助材料、直接工资、其他直接支出和制造费用。

②经营成本。在进行项目经济评价时,特别是在进行项目现金流分析时,经常采用经营成本这个概念。它是指从产品总成本费用中扣除固定资产折旧费、维持简单再生产费、摊销费及借款利息后剩余的费用,见图12-4。

③可变成本与固定成本。产品成本按其与产量的变化关系分为可变成本和固定成本。

a. 可变成本:是指产品部分费用随着产量的增减而成比例增减,这部分费用叫可变成本,如原材料费用、辅助材料费等。

b. 固定成本:成本的另一部分费用与产量的多少无关叫作固定成本,如管理费等。

(2)固定资产折旧费

固定资产在生产过程中由于磨损(有形磨损和无形磨损)或陈旧到一定时间就将报废,需要用新的设备来代替。因此就必须采取某种方式,将原有固定资产的价值逐步转移到产品成本中去,并及时从产品销售收入中相应地收回这部分货币资金。收回的这部分货币资金就叫折旧费,积累起来形成一项专项基金叫折旧基金(用来更新设备或进行设备的大修理),这种提取折旧资金的过程就叫作折旧。换句话说,按期将固定资产磨损转作生产成本,回收积累资金的方法叫作折旧。

①与折旧有关的几个概念。

a. 固定资产原值:是指购置或以其他方式取得该项固定资产时以及运输、安装中实际发生的全部费用。

b. 固定资产重估值:是按新的条件,重新构建该项固定资产所需费用计算的价值。当企业取得无法确定原价的固定资产时,如企业接管盘盈或接受捐赠的固定资产时,或企业根据国家规定对固定资产进行重新估价时,均应采取固定资产重估值。

c. 固定资产净值:是固定资产原值减去折旧后的价值。

d.固定资产残值:是固定资产使用期满时实际具有的价值。此时其净值显然为零,但仍可能使用或变卖,故仍具有一定价值。

②固定资产折旧费的计算方法。

a.直线折旧法(又称使用年限法、逐年平均分摊法):即将固定资产原值按其使用年限平均分摊,计算公式为

$$DE = \frac{B-L}{T} \qquad (12-17)$$

式中　DE——年折旧费,元;

　　　B——固定资产原值,元;

　　　L——固定资产的残值,元;

　　　T——固定资产的有效寿命,年。

b.双倍余额递减法:即将上年固定资产未折旧的余额(即固定资产净值)按双倍的直线折旧率计算当年折旧费,折旧年限的最后两年的折旧费则将此时折旧余额进行平摊。

c.等额多次连本付息折旧法

若偿还基建投资的折旧费需要连本付息,而且每年等额偿还,则可用等额资金回收公式计算,即

$$DE = J \frac{i(1+i)^T}{(1+i)^T - 1} \qquad (12-18)$$

式中　T——偿还基建贷款的年限,年;

　　　i——贷款年利率,%;

　　　J——基建投资额,元;

　　　其他符号的含义同公式(12-17)。

(3)铀矿冶产品成本的估算方法

铀矿冶产品成本随着采冶工艺方法的不同有较大的差别,其成本的构成也有较大差别。一般采用成本类比法和项目成本法进行估算。

①成本类比法估算。即选择铀矿地质条件、开拓方式、采冶方法、生产规模和生产条件相类似的已建成矿山,以其成本指标作为依据进行成本估算。

②项目成本法估算。由于不同采矿方法和水冶加工工艺,其成本构成的项目也不同,一般可按以下几项估算:

a.矿石开采成本;

b.矿石外部运输费;

c.水冶加工费成本;

d.筑堆,堆浸成本;

e.地下浸出,水冶加工成本;

f.地下爆破浸出成本。

上述各项成本的具体构成要根据评价矿床选用的开采、水冶加工工艺的不同来确定,再用扩大指标或类比法确定其数值。

5.铀矿冶产品种类、价格及销售收入

铀矿冶产品的价格一般按产品的工厂成本加一定的利润来确定。

（1）铀矿冶产品种类和价格

铀矿冶产品的种类大致包括初期产品、中间产品和最终产品三类。铀矿冶的初期产品即铀矿石，其按平均品位可分为不同品级矿石。矿石实行按质论价、优质加价的办法，每减少一吨废品，水冶厂交付矿山加价 35 元，一般矿石的收购价计算方式如下：

$$吨矿石收购价=\frac{计划品位矿石价}{计划品位}×实际品位+\frac{实际品位-计划品位}{计划品位}×35 \qquad (12-19)$$

铀矿冶中间产品包括重铀酸铵 $(NH_4)_2U_2O_7(111)$ 和三碳酸铀酰铵 $(NH_4)_4[UO_2(CO_3)_3](131)$，重铀酸铵俗称"黄饼"。铀矿冶最终产品包括二氧化铀 $UO_2(121)$ 和八氧化三铀 $U_3O_8(181)$。铀矿技术经济评价是以铀矿冶最终产品 UO_2 为准，所以价格参数是指 UO_2 的价格，以此来计算矿山企业的销售收入。若铀矿中伴生有益组分可综合利用，其回收有益组分的矿产品也属矿山产品。铀矿冶产品属特殊商品，目前我国在核工业集团公司内部实行调拨价格，当前矿石的调拨价格是××万元；重铀酸铵××万元；三碳酸油酸铵××万元；二氧化铀××万元；八氧化三铀××万元。

（2）铀矿冶产品的销售收入

铀矿冶产品销售收入应根据铀矿床经济评价最终产品 UO_2 来计算，无论该矿山只生产矿石或只生产铀水冶中间产品，评价时的销售收入都必须计算成 UO_2 产品的销售收入。

6. 税金

税金是国家为了实现其职能，按照法律规定，对有纳税义务的经济单位和个人无偿的征收实物或货币，它是征收对象数额（量）与税率的乘积。税率是指计算课税对象每一个单位应征税额的比例（即税金与应征对象数额之间的比例），它是计算税额的尺度。

目前国家对矿冶开征的工商统一税与矿产资源技术经济评价有关的税种介绍如下：

（1）增值税

增值税属价外税。凡在我国境内销售货物或者提供加工、修理、修配劳务以及进口货物的单位和个人为纳税义务人，其征税对象是应税货物和提供应税劳务的增值额。

计算增值税额的方法采取购进扣税法，即允许在规定范围内从当期销项税额中抵扣纳税人购进货物或者应税劳务时所支付或者负担的增值税额（即进项税额）。

应纳增值税额＝当期销项增值税额－当期进项增值税额＝当期销售额×税率－当期买价×扣除率。

（2）所得税（企业所得税）

纳税人是在我国境内实行独立核算的企业。应纳税所得额是指纳税人每一纳税年度的收入总额减去准予扣除项目的余额。其中收入总额包括生产经营收入、股息收入、财产转让收入、利息收入、租借收入、特许权使用费收入及其他收入；准予扣除的项目是指与纳税人取得收入有关的成本、费用和损失。

即：

应纳税所得额＝利润总额±税收调整项目余额

利润总额＝产品销售利润＋其他业务利润＋投资净收益＋营业外收入－营业外支出

应纳所得税额＝应纳税所得额×税率（企业所得税税率一般为 33%） （12-20）

（3）资源税和资源补偿费

资源税的纳税人是在我国境内开采原油、天然气、煤炭、其他非金属矿原矿、有色金属原矿、黑色金属原矿及生产盐的单位和个人。征收资源税的主要目的在于调节因资源条件

差异而形成的资源级差收入,促使国有资源的合理开发和利用,也是部分财政收入。税额计算方法为

$$应纳税额 = 课税数量 \times 单位税额 \tag{12-21}$$

资源补偿费应按照矿产品销售收入的一定比例计征,企业缴纳的矿产资源补偿费列入管理费用。计算公式如下:

$$矿产资源补偿费 = 矿产品销售收入 \times 补偿费率 \times 开采回收率系数 \tag{12-22}$$

12.4　铀矿技术经济评价方法与指标

铀矿技术经济评价是在当前铀矿冶产品价格和国家财经政策的基础上,根据一定的数学模型,应用评价参数对铀矿山建设项目未来开发利用的经济效益进行财务评价。依照是否考虑资金的时间价值,可将铀矿技术经济评价方法和指标,分为静态评价指标和方法及动态评价指标和方法两类。技术经济评价时常用的指标如图 12-5。

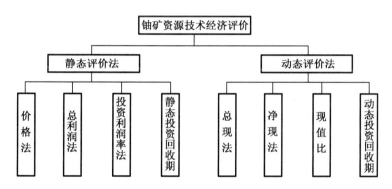

图 12-5　铀矿技术经济评价指标体系

12.4.1　静态评价方法和指标

静态评价方法是指在评价项目经济效益时不考虑资金时间价值的影响,所以又叫作不计时评价方法。它包括以下方法和指标。

1. 总利润法

根据矿山企业项目未来生产经营的总利润额指标来评价矿床经济效益的好坏。也就是在矿山可能的生产服务年限内,根据现在的价值参数和其他条件,在选定的开采建设方案基础上,确定适当的矿山经营参数,计算矿山开采完毕后的利润总和来评价矿床的经济价值。

其计算公式如下:

$$P = \sum_{t=1}^{T} \left[\frac{C_0(1 - K_f) \cdot K_d}{C_d} \cdot (Z_d - S) \right] \cdot Q_t - K \cdot D \tag{12-23}$$

式中　P——总利润,万元;

Z_d——精矿价格,万元/吨;

Q_t——第 t 年可采矿石量,万吨;

S——吨矿石采、运、冶综合生产成本,元/吨;

C_0——探明的经济基础储量的平均品位,%;

K——吨矿单位生产能力基建投资,元/吨·年;

K_f——矿石贫化率,%;

D——未来矿山生产规模,万吨/年;

K_d——选冶回收率,%;

T——矿山服务年限,年;

C_d——精矿品位,%。

总利润额评价方法是根据总利润额是正值还是负值来评价经济效益,正值说明矿山在回收投资后有盈利,其值越大越好。但此评价方法的缺点是反映不了投资的效率,而且盈利多少才合适又无衡量标准,所以此法比较粗略,一般在概略技术经济评价和预可行性技术评价阶段采用。

2. 静态投资利润率法

为了克服总利润法不能反映投资效果的缺陷,可以采用投资利润率法来弥补。所谓投资利润率是指耗费单位投资额所能获得的利润额,其计算公式为

$$PR = \frac{P}{J} \times 100\% \qquad (12\text{-}24)$$

式中　　PR——投资利润率,%;

P ——正常生产年净收入(或生产期平均年净收入),万元;

J ——矿山建设总投资,万元。

投资利润率是经济效果指标,应达到什么标准才符合经济要求,就需要制定一个基准收益率作为衡量对比的标准。不同的行业的基准收益率是不同的,一般根据行业统计的平均投资收益率作为基准收益率,供评价时参考。

3. 静态投资回收期法

静态投资回收期亦称投资返本期,它是指项目建成投产正常年份的净收入能偿还全部建设投资所需的年限。它在一定程度上弥补了总利润法的不足,能比较直观地进行矿床经济效果的对比。其计算公式如下:

$$T = \frac{P}{J} \qquad (12\text{-}25)$$

式中　　T——静态投资回收期,年;

J——矿山建设总投资额,万元;

P——正常生产年利润(或生产期平均年利润),万元。

生产年净收入是指矿产品年销售收入扣除年生产总成本、税金和投资回收期前的贷款利息。

投资回收期也是反映投资经济效益指标之一,投资回收期越短,投资经济效益就好,否则就不好。评价标准是:若评价项目投资回收期比标准的投资回收期短,则其投资经济效益就好,在经济上是可取的,否则项目不可取。目前国家对铀矿技术经济评价时尚没有规定的投资回收期,根据我国部分生产正常的金属矿山的投资效益分析,投资回收期为 5~8 年,最长不超过 10 年。

4. 价格法

价格法是一种简便而又常用的矿产资源技术经济静态评价方法。其依据是从矿石中提取一吨最终产品的成本,不超过该产品的市场价格,以此来保证收支平衡,即

$$S_d \leq Z_d (\text{当产品为精矿时}), \text{或} S_m \leq Z_m (\text{当产品为金属时}) \quad (12-26)$$

式中　Z_d——吨精矿的市场价格,元/吨;

　　　Z_m——吨金属的市场价格,元/吨;

　　　S_d——吨精矿的总成本,元/吨;

　　　S_m——吨金属的总成本,元/吨。

价格法的优点是计算简便,能直观反映矿产品的成本和市场价格的盈亏关系,因此在预可行性技术经济评价阶段适用。

12.4.2　动态评价方法和指标

动态评价方法是考虑了资金的时间价值的技术经济评价方法,又称计时评价方法。该类评价方法在进行矿床经济评价时,按选定的折现率换算至某一基准时间(建设开始或建成投产时),再进行对比评价矿床的经济效果。常用的动态评价方法有净现值法、现值比法、内部收益法、总现值法、动态投资回收期法。

1. 总现值法(PV 法)

该法是把各年的生产期望利润 A,逐一地贴现成投产之日或某一规定时间的现值,然后将各年的现值累加即为总利润现值(总现值)。应用该法时,一般是按矿山生产每年获得的实现利润,而不是按净利润来贴现计算。所以总现值应包括企业建设投资贴现利润和储量价值贴现利润两部分。根据等额系列现值计算公式,等额系列总现值的计算公式为

$$PV = A \left[\frac{(1+r)^n - 1}{r(1+r)^n} \right] \quad (12-27)$$

式中　PV——总现值;

　　　A——每年获得的利润额,$A = A_1 = A_2 = \cdots = A_n$;

　　　r——贴现率;

　　　n——计算期限;

　　　$\left[\dfrac{(1+r)^n - 1}{r(1+r)^n} \right]$——等额多次支付现值系数。

若每年的期望利润不相等时,计算公式则为

$$PV = PV_1 + PV_2 + PV_3 + \cdots + PV_n = A_1(1+r) - 1 + A_2(1+r) - 2 + A_3(1+R) - 3 + \cdots + A_n(1+R) - n$$

即

$$PV = \sum_{t=1}^{n} A_t (1+r)^{-t} \quad (12-28)$$

式中　$PV_1, PV_2, \cdots, PV_n$——矿山企业各分年的利润现值;

　　　$A_1, A_2, \cdots, A_n$——矿山企业各分年的期望利润;

　　　A_t——矿山企业第 t 年的期望利润;

　　　t——矿山企业生产年份,$t = 1, 2, 3, \cdots, n$。

2. 净现值法(NPV 法)

净现值法是国内外广泛采用的一种动态评价方法。铀矿技术经济评价时,采用财务现

金流量表(全部投资)来计算净现值,即将铀矿山整个建设生产周期内的净现金流量,以统一的贴现率贴现到某基准时间,再求现值的代数和即为净现值。其表达式如下:

$$NPV = \sum_{t=1}^{n} (CI - CO)_t \cdot (1 + r)^{-t} \qquad (12-29)$$

式中　NPV——净现值;

　　　CI——现金流入;

　　　CO——现金流出;

　　　$(CI-CO)_t$——第 t 年的净现金流量;

　　　r——贴现率;

　　　t——矿山建设生产年份, $t=1,2,\cdots,n$;

　　　$\dfrac{1}{(1+r)^t}$——贴现系数。

应用净现值法评价的标准是判断其净现值是否大于零:若 $NPV \geqslant 0$,说明该矿产资源开发利用后能取得大于基准效益率的良好经济效益,即有超额利润;反之,若 $NPV < 0$,则说明该矿产资源在经济上是不可取的。若有两个不同的铀矿资源投资项目供投资决策,则应选择净现值大的为较优,优先转入进一步勘查工作或矿山开发工作。

3. 现值比法(PVR 法)

为了考虑建设投资额对矿床技术经济评价值的影响,在总现值法的基础上,提出了"现值比法"。该法是指总现值与投资现值之比,其计算公式如下:

$$PVR = \frac{\displaystyle\sum_{t=1}^{n} A_t (1 + r)^{-t}}{\displaystyle\sum_{t=0}^{p-1} J_t (1 + i)^t} \qquad (12-30)$$

式中　PVR——现值比;

　　　A_t——矿山企业第 t 年的期望利润;

　　　n——矿山企业服务年限, $t=1,2,\cdots,n$;

　　　r——贴现率;

　　　J_t——矿山建设第 t 年建设投资额;

　　　p——矿山建设周期, $t=1,2,\cdots,p-1$;

　　　i——贷款年利率。

其评价标准是: $PVR \geqslant 1$,矿产资源的投资经济效益好;反之, $PVR < 1$,矿产资源的投资经济效益差。

4. 动态投资回收期法

它是在考虑投资利息的情况下,回收全部投资本利所需的时间。动态投资回收期的计算公式为

$$T' = \frac{-\lg\left(1 - \dfrac{J \cdot i}{A}\right)}{\lg(1 + i)} \qquad (12-31)$$

式中　A——年净收益;

　　　J——全部投资额;

i——贷款年利率；

T'——动态投资回收期。

12.4.3　不确定性分析

为使矿产资源投资决策不忽略未来的风险，不能仅仅依据投资项目经济评价指标达到了可接受的标准（如 NPV≥0 等），就认为投资项目实施后一定能获得成功。为了避免这种盲目乐观，在矿产资源技术经济评价时，应揭示不确定性因素对投资项目成败的影响程度和可能性，提出投资项目风险防范、规避、分散的对策和措施。尽量使项目的投资决策更加客观和科学化，保证项目建设能达到预定的目标。不确定性分析是指投资项目活动可能发生多种结果，分析其发生各种结果的概率，即敏感性分析。

1. 敏感性分析及敏感因素

影响矿产资源经济效益的因素很多，但每个因素的影响程度是不相同的，有的因素稍微变化就会使投资项目经济效益的评价指标发生显著的变化，而有的因素即使变化很大，也只能使投资项目经济效益的评价指标发生微小的变化。敏感性分析就是研究各因素变化对项目经济评价指标变化的影响程度。敏感性就是指技术经济评价指标对不确定性因素变化的灵敏性。

2. 单因素敏感性分析的方法和步骤

（1）敏感性分析经济效益指标的确定

敏感性分析时，不必要也不可能把所有的经济效益指标作为分析对象，一般应找出最能反映投资项目经济效益的指标作为分析对象。不同特点的投资项目选取的分析经济效益指标可以不同，一般多选择净现值、投资回收期、投资利润率等指标作为分析指标。

（2）选择不确定性因素（即影响投资项目经济效益的因素）为敏感性变量

一般应选择对矿产资源未来开发利用的经济效益影响较大的不确定因素进行分析。通常选取的因素有矿产品的价格、矿产品的成本、矿山生产能力、投资总额、矿产资源储量、矿石平均品位、采矿贫化率、选矿回收率等。

（3）确定不确定性因素的变化范围（幅度）

不确定因素的变化是有一定范围的，而不是无边无际地变化。如矿产品的价格，在一定时期内往往总是在一定范围内变化，它可以通过市场调查和预测来预估变化的幅度。变化范围一般比收集、预测的资料稍宽一点即可。如某矿产品的价格几年来的变化是围绕社会平均水平而发生幅度为±10%的变化，这样就可将矿产品价格的变化范围确定为±15%。

（4）比较选定的经济效益指标，寻找出该项目敏感性因素

首先，假定其他影响因素不变，将某一不确定性因素在选定好的变化范围内进行变动，逐个计算引起投资项目经济效益指标变化的结果（即经济效益指标的数值）。

其次，在逐个计算的基础上，将结果加以整理，并采用敏感性分析图（也称蛛网图）表示不确定性因素变化，分析经济效益指标随之变动率，或比较图中变化直线的斜率来分析确定敏感因素。引起项目经济效益指标变化大或图中变化直线斜率大的不确定性因素，就是项目的敏感因素。

12.4.4　综合评价

在铀矿资源技术经济评价时，往往遇到同一投资项目的各项评价指标不平衡的情况，

即有的指标好,有的指标不好;或者在评价若干个投资项目时,有的项目的某些指标好,有的项目却是另外一些指标好。此时就必须对各项指标进行综合论证,确定影响评价结论的主要指标以便做出最后决策。综合评价常采用评分法来判断投资项目的总体综合效益。常用的评分法有以下几种。

1. 加法评分法

首先,将矿产资源综合评价的内容分成若干等级,并确定各等级的评分标准,然后根据各矿产资源投资项目对评价内容的满足程度按标准打分,最后汇总各投资项目得分总数或平均分数,根据总分多少或平均分数的高低来确定综合效益的优劣(表 12-5)。

表 12-5　矿产资源投资项目综合评价得分计算表

序次	评价内容	评分标准	投资项目 I	投资项目 II	投资项目 III	投资项目 IV
1	社会效益		80	80	80	60
2	政治效益	完全满足:100 分	100	100	100	100
3	国防效益	基本满足:80~90 分	100	100	80	80
4	就业情况	部分满足:60~70 分	80	70	80	60
5	生态环境	不能满足:0 分 (指满足评价项目要求的	80	60	60	40
6	技术条件	程度)	80	60	60	60
7	经济效益		80	60	40	60
综合评价值	加法评分法: $U_{(加)} = \sum_{j=1}^{n} U_j$ $\overline{U}_{(加)} = 1/n \sum_{J=1}^{n} U_j$ $n=7$		600 85.7	530 75.7	500 71.4	460 65.7
	连续评分法: $U(乘) = U_1 U_2 \cdots U_n$ $\overline{U}_{(乘)} = \sqrt[n]{U_1 U_2 \cdots U_n}$ $n=7$		3.2768×10^{13} 85.2	1.2096×10^{13} 74.0	7.3728×10^{12} 69.1	4.1472×10^{12} 63.0
	加乘混合评分方法: $U_{(加,乘)} = \overline{U}_{(加)} + \overline{U}_{(乘)}$		170.9	149.7	140.5	128.7

计算公式为

$$U_{(加)} = \sum_{j=1}^{n} U_j \ 或 \ \overline{U}_{(加)} = \frac{1}{n} \sum_{j=1}^{n} U_j \quad (12-32)$$

式中　$U_{(加)}$、$\overline{U}_{(加)}$——矿产资源投资项目得分总数和平均得分数;

　　　U_j——第 j 项评价内容的得分数,$j=1,2,\cdots,n$;

　　　n——评价内容的个数。

2. 连乘评分法

将各个矿产资源投资项目每项评分内容得分数的连乘积或连乘积开方后得到的值作为区分综合经济效益优劣的标准(表 12-5),计算公式如下:

$$U_{(乘)} = U_1 U_2 \cdots U_n$$

或

$$\overline{U}_{(乘)} = \sqrt[n]{U_1 U_2 \cdots U_n} \tag{12-33}$$

式中　$U_{(乘)}$、$\overline{U}_{(乘)}$——矿产资源投资项目得分连乘积和连乘积的开方根;

U_n——第 n 项评价内容的得分数;

n——评价内容的个数。

3. 加乘混合评分法

加乘混合评分法是加法评分法与连乘评分法相结合的一种评分法(表 12-5)。其计算公式为

$$U_{(加、乘)} = \overline{U}_{(加)} + \overline{U}_{(乘)}$$

或

$$U_{(加、乘)} = \frac{1}{n} \sum_{j}^{n} U_j + \sqrt[n]{U_1 U_2 \cdots U_n} \tag{12-34}$$

式中　$U_{(加、乘)}$——加乘混合评分法计算的综合指标数值;

其他符号的含义同公式(12-32)与公式(12-33)。

实际应用时,要根据具体情况有选择地使用这三种评分方法。当综合评价的投资项目的分数差距较大,而重要程度差异不大(或相同)时,采用加法评分方法较好;得分差距不大,而重要程度差异较大时,采用连乘方法为宜;得分差距和重要程度差异都很小,采用加法评分法和连乘评分法的混合法比较合适,加乘混合评分方法兼有加法和连乘评分法的优点,适用于任何情况。

12.4.5　综合评价报告的编写

在铀矿技术经济综合评价的基础上,依据《铀矿地质勘查规范》(DZ/T 0199—2015)编写综合评价报告,一般要求具备以下内容:

1. 总论

(1)项目提出的背景,投资的必要性与经济意义

(2)研究工作的依据和范围

(3)现有基础资料情况,实际完成的主要勘查工作情况

(4)勘查投资来源及其金额

2. 矿产资源形势分析与拟建规模

(1)矿产资源国内外市场供需状况及预测

(2)矿产资源国内生产现状分析

(3)拟建项目的规模、产品方案的技术经济分析

3. 矿产资源、原材料及公用设施情况

(1)矿产资源的成因类型、储量与品位、矿体形态、规模和埋藏深度

（2）原材料、辅助材料、燃料的种类、数量、来源和供给情况

（3）所需公用设施的数量、供应方式与条件

4. 建厂（矿）条件与方案

（1）厂（矿）区自然地理特点与经济状况

（2）厂（矿）区交通运输、供水、供电现状与发展趋势

（3）厂（矿）区选址方案与建议

（4）环境保护情况（调查环境现状，预测拟建厂（矿）对环境的影响，提出三废治理方案）

5. 厂（矿）采选冶技术方案

（1）矿山开采条件综述

（2）根据矿石选冶试验，论证未来生产产品方案

（3）采选冶的生产规模和工艺流程的确定

（4）采选冶的主要技术经济指标的确定

6. 投资估算与资金筹措

（1）项目主体工程和配套工程所需投资估算

（2）生产流动资金的估算

（3）资金来源与筹措方式

7. 技术经济评价

8. 不确定性分析

9. 综合评价

10. 结论（包括评价结论、存在的主要问题、建议及意见等）

报告内容可根据不同评价阶段的要求进行删减、调整。

12.5 铀矿床动态技术经济评价系统应用实例

从理论建模、技术处理、算法优选到编码调试，已经完成了铀矿床动态技术经济评价系统从实体模型到计算机信息模型的转变，初步完成了将铀矿床动态技术经济评价系统植入计算机系统。在此以赣南某铀矿床为例，介绍铀矿床动态技术经济评价系统的验证过程与运用效果。

12.5.1 评价系统的验证

1. 评价方案的产生

为验证铀矿床动态技术经济评价系统，我们以早期评价过的赣南某铀矿床为例。核工业第四设计研究院（简称核四院）1988 年根据该铀矿床地质条件、矿石加工技术性能以及经济地理位置条件等特点，就不同的采、选、冶方案进行试验，得出了不同的试验结果。这些方案各有优缺点。本着最大限度地提高矿山开发利用的综合效益（经济效益、资源效益和

社会效益)的目的,通过对不同的方案进行技术经济评价对比,确定优选方案,为下一步矿山生产建设提供决策依据。

矿床探明工业储量 2 898.11 吨金属,矿石储量 2 182 349.3 吨,平均品位 0.133%。矿体主要集中在火山口地段,矿床内圈定大小矿体 240 余个。矿石主要赋存于碎裂花岗岩、碎裂花岗斑岩中。

设计研究部门的意见:该矿床拟建矿山生产规模为 10 万吨/年;采矿方式为地下开采;开拓方法为平硐开拓;采矿方法以留矿法为主。水冶方案:不建水冶厂,拟将矿石送现有就近水冶厂。值得一提的是,该方案是设计研究部门粗略优选过的。

2. 所选方案的企业财务评价

(1)评价参数的采集

为了验证铀矿床动态技术经济评价系统的精度、效率和稳定性。我们采用核四院所采集的评价参数,以便与其评价结果相比较。评价参数见表 12-6。

(2)评价结果及分析

矿山地质、技术、经济参数整理好后,启动铀矿床动态技术经济评价系统,按照系统提示输入评价参数,并按步骤加以适当控制,很快就能看到屏幕上评价结果的输出,并可打印输出报表(附现金流量表)。评价系统的评价结果与核四院的评价结果对照见表 12-7。

表 12-6　赣南某铀矿床技术经济参数

参数名称	单位	方案值	参数名称	单位	方案值
矿石储量	万吨	218.23	日采矿石量	吨	303
地质品位	%	0.133	矿山全员工效	吨/人日	0.35
采矿回收率	%	95	基本建设投资	万元	4 500
采矿贫化率	%	15	部门贷款年利率	%	2.4
浸出率	%	90.17	部门基准收益率	%	8.6
水冶金属回收率	%	85.17	贴现率	%	12
浸回差	%	5	流动资金	万元	889.84
建设期	年	3	职工年均工资	元	1 800
矿山服务年限	年	24	采矿成本	元/吨矿	68.29
年产矿石量	万吨	10	水冶成本	元/吨矿	49.60
年产金属量	吨	96.28	矿石运输距离	千米	306
年工作日	天	330	公路运输单价	元/吨千米	0.25
"121"产品价格	万元	25.6	年经营成本	万元	1 778.7

表 12-7　评价结果对照表

经济效益指标	本评价系统	核四院
年销售收入/万元	2 464.768	2 464.77
年利润额/万元	686.068	686.07

表 12-7(续)

经济效益指标	本评价系统	核四院
净现值/万元	904.611	904.6
财务内部收益率/%	10.81	10.8
动态投资回收期/年	9.11	9.12

评价结果对照表明:铀矿床动态技术经济评价系统操作简单、交互性能好。评价系统计算所得经济指标值与核四院的经济指标值非常接近。说明评价系统具有高速、高效和稳定可靠的特点。

根据该矿床的经济效益指标,不难看出:矿床有较好的经济效益。年实现利润为686.068万元,其投资利润率达14.8%,高于同期的年贷款利率;财务净现值为904.611万元,其值大于零,说明该项目可行且能盈利;财务内部收益率为10.8%,大于当时的部门基准收益率8.6%;动态投资回收期是9.11年,其值小于当时的部门基准投资回收期(15年),这些经济效益指标都表明该建设项目在财务上是经济可行的。

12.5.2 模拟再评价

1.评价方案的确定

随着我国改革开放的深入,社会主义市场经济正蓬勃发展,国际市场的铀产品正以较低的价位冲击国内市场。为降低我国铀矿产品的成本,要求矿产品的生产工艺在实践中不断改进。现在常规开采地表堆浸工艺、原地爆破浸出工艺与地浸工艺正逐步趋于成熟。同时,我国经济以健康、稳定的速度增长,存、贷款利率屡屡下调。职工工资待遇普遍有较大幅度的提高。在此新形势下,我们仍以同一铀矿床为例,基于下列开采方案或参数进行财务模拟评价。矿山生产规模:10万吨/年;采矿方式:地下开采;开拓方式:平硐开拓;采矿方法:充填法;水冶方法:地表堆浸。

2.矿山企业财务评价

(1)评价参数值的重新确定

铀矿床技术经济评价参数值的不断变化,正是铀矿床技术经济评价动态性的一种具体体现。此次对赣南某铀矿床进行再评价,是在当前矿山地质技术条件下,选用了一些现行的经济参数值,以全部银行贷款的投资方式,拟建矿冶企业。这是一种模拟的技术经济环境,故称其为模拟再评价。之所以这样做,试图在当今社会主义改革开放力度下,探索出一条适合铀矿资源开发利用的新路子。评价参数值详见表12-8,辅助材料单价及单耗列于表12-9。

表 12-8 赣南某铀矿床地质技术经济参数(模拟评价)

参数名称	单位	方案值	参数名称	单位	方案值
矿石储量	万吨	218.23	矿山全员工效	吨/人日	0.96
地质品位	%	0.133	堆浸水冶全员工效	吨/人年	0.74

表 12-8（续）

参数名称	单位	方案值	参数名称	单位	方案值
采矿回收率	%	95	地勘投资补偿费	万元	1 000
采矿贫化率	%	15	基本建设投资	万元	9 000
堆浸浸出率	%	88.38	贷款利率	%	6.6
浸回差	%	5	贴现率	%	6.6
金属回收率	%	83.38	流动资金	万元	1 488.6
建设期	年	3	职工平均工资	元/人年	6 000
矿山服务年限	年	24	工资福利提留	%	14
年产矿石量	万吨	10	固定资产折旧率	%	5
年产金属量	吨	94.21	固定资产修理费率	%	2.5
年工作日	天	330	"121"产品价格	万元	30
日采矿石量	吨	303	部门基准收益率	%	6.7

（2）总成本费用计算依据

①辅助材料价格采用矿冶企业现行到厂价格。

②矿山职工人数 315 人，水冶厂职工人数 127 人，年均工资标准按 6 000 元/人年，福利基金按工资总额的 14%提留。

表 12-9   赣南某铀矿床采冶主要辅助材料价目表

材料名称	单价	吨矿单耗
炸药	5 元/kg	0.76 kg
电雷管	1.10 元/发	0.55 发
火雷管	0.4 元/发	0.58 发
电线	0.35 元/m	2 m
导火线	0.25 元/m	0.58 m
钎头	29 元/个	0.016 个
钎杆	7.8 元/kg	0.116 kg
木材	700 元/m³	0.001 32 m³
水泥	400 元/t	0.015 t
硫酸	0.85 元/kg	33.88 kg
石灰	0.15 元/kg	29.32 kg
氨水	1.2 元/kg	4.07 kg
工业盐	0.50 元/kg	5.39 kg
衬板	4.5 元/kg	3 kg

表 12-9(续)

材料名称	单价	吨矿单耗
滤布	35 元/m²	0.046 m²
树脂	33 元/kg	0.041 kg
氢氧化钠	2.8 元/kg	0.385 kg
煤	0.33 元/kg	53 kg
水	0.90 元/t	6.646 t
电	0.52 元/kW·h	80.83 kW·h

③固定资产按直线法折旧,折旧率为 5%,无形资产及递延资产分别按 10 年及 5 年摊销。

④固定资产修理费率按固定资产原值的 2.5% 提取。

⑤维简费按 25 元/吨矿石提取。

⑥矿山产品"111"运输至深加工厂加工成"121"产品,按每吨金属铀另加 1 万元,计入加工成本。

⑦其他制造费用参照赣南某铀矿床实际会计报表估算。

⑧参照赣南某铀矿床实际会计报表,计算管理费用。

⑨销售费用也依据赣南某铀矿床实际会计报表计算。

⑩财务费用主要是流动资金利息支出、汇兑损失、银行手续费等。

矿产品经营成本=总成本费用-固定资产折旧-无形资产及递延资产摊销-流动资金利息。

部门基准收益率按最低希望收益率法,取略高于银行贷款利率(因全部投资来源于银行贷款)。

(3)评价结果及分析

依据上述矿床技术经济参数值,评价系统计算出经济效益指标。因参数取值不同,评价结果与 1988 年核四院的评价结果有较大差异,现将两次评价的不同参数取值及经济效益指标值列于表 12-10。

表 12-10 技术经济参数及经济效益指标对照表

参数与指标名称	单位	核四院取值	模拟评价取值
浸出率	%	90.17	88.38
水冶金属回收率	%	85.17	83.38
年产金属量	吨	96.28	94.21
矿山全员工效	吨/人日	0.35	0.96
地勘投资补偿费	万元		1 000
基本建设投资	万元	4 500	9 000
贷款利率	%	2.4	6.6

表 12-10(续)

参数与指标名称	单位	核四院取值	模拟评价取值
贴现率	%	12	6.6
流动资金	万元	889.84	1 488.6
职工平均工资	元/人年	1 800	6 000
吨矿生产成本	元	194.39	260.86
年经营成本费用	万元	1 778.7	2 174.639
"121"产品价格	万元	25.6	30
销售收入	万元	2 464.768	2 826.3
净现值	万元	904.6	−3 683.806
财务内部收益率	%	10.81	2.5
动态投资回收期	年	9.11	非法值

从表 12-10 中不难看出,在模拟的技术经济环境下,投资赣南某铀矿床,组建矿冶企业,企业盈利水平较低,收不抵债,投资项目不可行。

1988 年核四院评价为经济有效的铀矿床,为什么在模拟的技术经济环境下,就沦为没有经济效益呢? 我们分析有以下几点原因:

①在模拟的技术经济环境下,投资总额中加入了按实际成本法计价所得的地勘投资补偿费,投资总额大,且全部是银行贷款;而 1988 年核四院评价该铀矿床时,投资是改拨为贷的部门内低息贷款,两者相比,前者的债务远大于后者,而年利润总额却不及后者,债务大,收益少。

②职工年均工资由 1988 年的 1 800 元/人年,上升至 6 000 元/人年;采、选、冶辅助材料价格的普遍提高,使得吨矿生产成本居高不下。尽管因为采用了地表堆浸工艺,其吨矿经营成本较之常规选磨后水冶的成本(约 300 元/吨矿石)降低了一些,但其降低幅度仍不够大。

③采用地表堆浸工艺,其浸出率,水冶金属回收率,比常规选磨后水冶的浸出率,水冶金属回收率低,使得年产铀金属量降低,进而影响到销售收入。

④"121"产品的调拨价格的提高幅度,远赶不上职工工资及辅助材料价格的上涨幅度。

其他还有类似管理费用、销售费用的增加,使得此次模拟评价的结果与核四院 1988 年的评价结果有所不同。

鉴于此,在现行的矿床矿山地质技术条件下,我们假设了三种可能的改进方案:方案一,考虑到铀矿资源为战略物质,同时,我国的核电正迅速发展,铀的需求量与日俱增,国家以低息贷款投资该项目,贷款利率为 2.4%;方案二,调拨价格提高 20%,达到"121"产品 36 万元/吨铀金属,这个价格,相当于国际市场正常供需关系下的铀金属价格(略高于 $40 美元/kg);方案三,年总成本费用降低 20%,现处于实验生产阶段的原地爆破浸出工艺,已能大幅度地降低投资和生产成本。上述三种方案的其他技术经济参数值不变,评价结果列于表 12-11。

表 12-11　不同方案经济效益对比

经济效益指标	方案		
	低息贷款	提高价格	降低成本
年总成本费用/万元	2 918.221	2 982.887	2 386.310
年经营成本/万元	2 174.639	2 174.639	1 578.061
销售收入/万元	2 826.300	3 391.560	2 826.300
净现值/万元	-3 614.868	1 796.660	2 100.306
净现值率/%	-0.317	15.640	18.280
财务内部收益率/%	2.51	8.5	8.75
动态投资回收期/年	>24	17.5	16.7

从上表可知,提高价格或降低生产成本是使投资获益的关键,而在同等幅度下,降低生产成本所获得的经济效益又明显好于提高价格的经济效益。可见,降低生产成本是投资获益的关键之关键。令人欣慰的是我国的铀矿冶生产部门、设计研究部门,正致力于改进工艺(如进行原地爆破浸出、地浸等工艺研究)、降低生产成本的研究,并取得显著成果。

(4)对铀矿地质勘查与铀矿冶生产的几点认识

通过模拟评价我们认识到:

①铀矿地质勘查必须在观念上有所转变,要着重从效益和成本的角度选择、确定勘查目标类型和靶区,寻找低成本、高效益的铀矿床。

②在社会主义市场经济体制下,必须对铀矿地质勘查、矿冶队伍实行精简并大幅度削减一般性找铀项目,同时,保留和培养一支人数少、技术高、装备精良的精干队伍。

③对国内已探明储量的某些铀矿床,要致力于研究其在新的采、选、冶技术条件下的经济可行性。

④在一定时期内,国家对铀矿资源的开发仍要有投资政策上的倾斜。

⑤在研究如何提高浸出率、水冶金属回收率的同时,也要致力于降低采矿损失率、贫化率的研究。

参 考 文 献

曹新志,王燕,1993.成矿预测方法的理论基础与分类[J].现代科技情报,12(1):69-72.

陈光远,邵伟,孙岱生,1989.胶东金矿成因矿物学与找矿[M].重庆:重庆出版社.

陈建平,吕鹏,吴文,等,2007.基于三维可视化技术的隐伏矿体预测[J].地学前缘,14(5):54-62.

陈建平,李婧,崔宁,等,2015.大数据背景下地质云的构建与应用[J].地质通报,34(7):1260-1265.

陈骏,王鹤年,2004.地球化学[M].北京:科学出版社.

陈培荣,2004.华南东部中生代岩浆作用的动力学背景及其与铀成矿关系[J].铀矿地质,20(5):266-269.

陈庆兰,孙文鹏,1994.资源评价的成功树法[J].铀矿地质,10(5):266-274.

陈毓川,裴荣富,王登红,2006.三论矿床的成矿系列问题[J].地质学报,80(10):1501-1508.

陈跃辉,陈祖伊,蔡煜琦,1997.华东南中新生代伸展构造时空演化与铀矿化时空分布[J].铀矿地质,13(3):129-138.

陈肇博,1985.显生宙脉型铀矿床成矿理论的几个问题[J].铀矿地质,1:1-16.

陈肇博,谢佑新,万国良,等,1982.华东南中生代火山岩中的铀矿床[J].地质学报,3:235-242.

陈祖伊,黄世杰,1990.试述华东南中新生代不整合面型铀矿床[J].铀矿地质,6(6):349-358,368.

程裕淇,陈毓川,赵一鸣,等,1983.再论矿床的成矿系列问题--兼论中生代某些矿床的成矿系列[J].地质论评,29(2):127-139.

邓一潇,王正其,李丽荣,等,2019.安徽黄梅尖地区基性脉岩年代学和地球化学特征[J].矿物学报,39(6):617-626.

董树文,李廷栋,SinoProbe团队,2011.深部探测技术与实验研究(SinoProbe)[J].地球学报,32(A1):1-23.

董树文,李廷栋,陈宣华,等,2012.我国深部探测技术与实验研究进展综述[J].地球物理学报,55(12):1884-3901.

董树文,李廷栋,高锐,等,2013.我国深部探测技术与实验研究与国际同步[J].地球学报,34(1):7-23.

杜乐天,1996.烃碱流体地球化学原理:重论热液作用和岩浆作用[M].北京:科学出版社.

杜乐天,2001.中国热液铀矿基本成矿规律和一般热液成矿学[M].北京:原子能出版社.

樊俊,郭源阳,董树文,2018.DREAM:国家重点研发计划"深地资源勘查开采"重点专项解析[J].有色金属工程,8(3):1-6.

范洪海,凌洪飞,王德滋,等,2003.相山铀矿田成矿机理研究[J].铀矿地质,19(4):208-213.

范永香,曾键年,刘伟,2004.论成矿预测的理论体系[J].湖北地矿,18(2):9-13.

冯必达,1992.赣杭构造火山岩铀成矿带区域地球物理场分布特征及找矿意义[J].铀矿地质,8(2):106-113.

葛祥坤,尹金双,范光,等,2013.分量化探法在铀资源勘查中的应用[J].铀矿地质,29(1):47-51.

葛祥坤,尹金双,庞雅庆,等,2015.分量化探法在粤北长排地区铀矿勘查中的研究与应用[J].铀矿地质,31(z1):344-349.

龚庆杰,夏学齐,刘宁强,2020.2011—2020中国应用地球化学研究进展与展望[J].矿物岩石地球化学通报,39(5):927-944.

顾雪祥,王乾,付绍洪,等,2004.分散元素超常富集的资源与环境效应:研究现状与发展趋势[J].成都理工大学学报,31(1):15-19.

国家国防科技工业局,2018.地浸砂岩型铀矿地质勘查规范:EJ/T 1157-2018[S].[S.l.:s.n.].

国家市场监督管理总局,国家标准化管理委员会,2020.固体矿产地质勘查规范总则:GB/T 13908—2020[S].北京:中国标准出版社.

国家市场监督管理总局,国家标准化管理委员会,2020.固体矿产资源储量分类:GB/T 17766—2020[S].北京:中国标准出版社.

郭志峰,2010.新版铀红皮书内容摘要[J].国外核新闻(10):17-20.

韩润生,2003.初论构造成矿动力学及其隐伏矿定位预测研究内容和方法[J].地质与勘探,39(1):5-9.

韩润生,2005.隐伏矿定位预测的矿田(床)构造地球化学方法[J].地质通报,24(10):978-984.

韩志轩,廖建国,张丰隆,等,2017.穿透性地球化学勘查技术综述与展望[J].地球科学进展,32(8):828-838.

胡瑞忠,李朝阳,倪师军,等,1993.华南花岗岩型铀矿床成矿热液中$\sum CO_2$来源研究[J].中国科学B辑,23(2):189-196.

胡瑞忠,毕献武,苏文超,等,2004.华南白垩-第三纪地壳拉张与铀成矿的关系[J].地学前缘,11(1):153-160.

黄国龙,尹征平,凌洪飞,等,2010.粤北地区302矿床沥青铀矿的形成时代、地球化学特征及其成因研究[J].矿床地质,29(2):352-360.

黄净白,黄世杰,2005a.中国铀资源区域成矿特征[J].铀矿地质,21(3):129-138.

黄净白,黄世杰,张金带,等,2005b.中国铀成矿带概论[M].中国核工业地质局.

黄世杰,2006.略谈深源铀成矿与深部找矿问题[J].铀矿地质,22(2):70-75.

姜耀辉,蒋少涌,凌洪飞,2004.地幔流体与铀成矿作用[J].地学前缘,11(2):491-499.

金和海,张鸿,刘秋德,2007.盛源火山盆地南部钋法-地电提取铀、钼方法找矿效果分析[J].铀矿地质,23(2):101-108.

柯丹,吴国东,刘洪军,2016a.铀矿勘查深穿透地球化学方法及其研究进展[J].世界核地质科学,33(3):160-166.

柯丹,吴国东,刘洪军,等,2016b.便携式多功能地电化学供电装置的研制[J].物探与化探,40(6):1211-1216.

李必红,2012.我国铀矿核物探发展与未来[J].世界核地质科学,29(3):156-163.

李德平,顾连兴,王敢,2003.砂岩型铀矿床地浸地质工艺性能综合定量评价指标:地浸指数的设计与应用[J].铀矿地质,19(3):186-192.

李景朝,刘少华,严光生,2002.大型超大型金属矿床综合信息成矿预测方法研究[J].地球物理学进展,17(4):736-744.

李丽荣,王正其,许德如,2021.粤北棉花坑铀矿床矿物共生组合特征及其意义[J].岩石矿物学杂志,40(3):513-524.

李世铸,罗先熔,唐志祥,等,2014.火山岩地区地电提取法寻找隐伏铀铅锌矿[J].物探与化探,38(3):441-446.

李守义,叶松青,2003.矿产勘查学[M].2版.北京:地质出版社.

李献华,1990.万洋山-诸广山花岗岩复式岩基的岩浆活动时代与地壳运动[J].中国科学B辑,7:747-755.

李子颖,2006.华南热点铀成矿作用[J].铀矿地质,22(2):65-69.

李子颖,黄志章,李修珍,等,2014.相山火成岩与铀成矿作用[M].北京:地质出版社.

李子颖,黄志章,李秀珍,等,2004.华南铀矿成矿区域特征标志[J].世界核地质科学,21(1):1-4.

李子颖,秦明宽,蔡煜琦,等,2015a.铀矿地质基础研究和勘查技术研发重大进展与创新[J].铀矿地质,31(z1):141-155.

李子颖,张金带,秦明宽,等,2015b.中国铀矿成矿模式[M].中国核工业地质局.

李子颖,林锦荣,陈柏林,等,2019.华南热液型铀矿深部探测技术示范[C]//中国地球科学联合学术年会.2019年中国地球科学联合学术年会论文集(30),[S.l.:s.n.]:1909-1911.

李子颖,秦明宽,范洪海,等,2021.我国铀矿地质科技的近十年主要进展[J].矿物岩石地球化学通报,40(4):845-856.

凌洪飞,沈渭洲,邓平,等,2005.粤北帽峰花岗岩体地球化学特征及成因研究[J].岩石学报,21(3):677-687.

刘草,陈远荣,鲁富兰,等,2016.基于深地勘探的化探新方法发展现状分析[J].矿产与地质,30(3):445-449.

刘辅臣,王燕,1992.成矿规律和成矿预测学:实习教材[M].武汉:中国地质大学出版社.

刘石年,1993.成矿预测学[M].长沙:中南工业大学出版社.

刘晓辉,童纯菡,2009.河床地区地气测量找隐伏断裂[J].物探与化探,33(2):128-131.

刘正义,1982.热液铀矿床中铀的活化及其找矿意义[J].铀矿地质,3:488-494.

卢作祥,范永香,刘辅臣,1989.成矿规律和成矿预测学[M].武汉:中国地质大学出版社.

鲁蒂埃P,1979.区域成矿规律学及研究方法[J].国外地质科技,3:19-24.

罗建民,张旗,2019.大数据开创地学研究新途径:查明相关关系,增强研究可行性[J].地学前缘,26(4):6-12.

毛景文,李晓峰,张荣华,等,2005.深部流体成矿系统[M].北京:中国大地出版社.

毛景文,张作衡,裴荣富,2012.中国矿床模型概论[M].北京:地质出版社.

裴荣富,丁志忠,1988.试论固体矿产普查勘探与开发的合理程序[J].中国地质科学院学报,5:26-32.

彭士禄,1995.核能工业经济分析与评价基础[M].北京:原子能出版社.

秦德先,刘春学,2002.矿产资源经济学[M].北京:科学出版社.

山则名,武跃诚,孔庆存,等,1979.矿体变化性质研究的新发展[J].长春地质学院学报,1:93-98.

施俊法,杨宗喜,朱丽丽,等,2014.澳大利亚矿产勘查计划及其启示[J].国土资源科技管理,31(3):107-112.

舒孝敬,2004.重力、航磁资料在花岗岩型铀矿成矿研究中的应用[J].铀矿地质,20(2):99-109.

苏学斌,杜志明,2012.我国地浸采铀工艺技术发展现状与展望[J].中国矿业,21(9):79-83.

陶树人,1999.技术经济学[M].北京:经济管理出版社.

童纯菡,李巨初,葛良全,等,1998.地气物质纳米微粒的实验观测及其意义[J].中国科学(D辑:地球科学),28(2):153-156.

涂光炽,高振敏,2003.分散元素成矿机制研究获重大进展[J].中国科学院院刊,(5):358-360.

王达,李艺,周红军,等,2016.我国地质钻探现状和发展前景分析[J].探矿工程(岩土钻掘工程),43(4):1-9.

王广成,闫旭骞,2002.矿产资源管理理论与方法[M].北京:经济科学出版社.

王全明,叶天竺,王保良,等,2005.我国主要金属矿产勘查工作特点及对当前勘查工作的启示[J].地质与勘探,41(2):1-5.

王如意,王正其,陈国胜,等,2010.下庄地区航空放射性钾增高场的地质成因[J].铀矿地质,26(4):237-243.

王世称,王於天,1986.浅谈华北地台北缘综合信息找矿方法[J].中国地质(7):18-19.

王世称,陈永良,夏立显,2000.综合信息矿产预测理论与方法[M].北京:科学出版社.

王世称,2010.综合信息矿产预测理论与方法体系新进展[J].地质通报,29(10):1399-1403.

王学求,谢学锦,张本仁,等,2011a.地壳全元素探测技术与实验示范[J].地球学报,32(z1):65-83.

王学求,叶荣,2011b.纳米金属微粒发现:深穿透地球化学的微观证据[J].地球学报,32(1):7-12.

王学求,张必敏,刘雪敏,2012a.纳米地球化学:穿透覆盖层的地球化学勘查[J].地学前缘,19(3):101-112.

王学求,张必敏,姚文生,等,2012b.覆盖区勘查地球化学理论研究进展与案例[J].地球科学,37(6):1126-1132.

王有翔,1992.铀成矿预测学[M].北京:原子能出版社.

王正其,2018.粤北诸广长江铀矿区围岩蚀变空间规律研究[R].广东韶关:核工业290研究所,内部报告:35-55.

王正其,曹双林,胡宝群,等,2004.帕莉莱矿床现代表生铀成矿作用及其对砂岩铀矿找矿工作的启示[J].世界核地质科学,21(1):9-14.

王正其,曹双林,潘家永,等,2005.新疆511铀矿床微量元素富集特征研究[J].矿床地质,24(4):409-415.

王正其,李子颖,管太阳,等,2006a.新疆伊犁盆地511砂岩型铀矿床成矿作用机理研究[J].矿床地质,25(3):302-311.

王正其,李子颖,管太阳,等,2006b.中国北西部中新生代盆地砂岩铀成矿区划及找矿方向[C]//第八届全国矿床会议论文集:257-260.

王正其,刘庆成,管太阳,等,2006c.钻进过程的Ra-Rn平衡位移效应[J].成都理工大学学报(自然科学版),33(2):156-161.

王正其,管太阳,李子颖,2007a.层间氧化作用下分散元素独立成矿的可能性[J].矿物岩石地球化学通报,26(1):94-97.

王正其,李子颖,2007b.幔源铀成矿作用探讨[J].地质论评,53(5):608-615.

王正其,李子颖,管太阳,2007c.层间氧化作用:一种分散元素(Re、Se)新的富集成矿机制[J].铀矿地质,23(6):328-334.

王正其,李子颖,张国玉,等,2007d.下庄中洞地区白垩纪基性脉岩地球化学特征及其源区性质[J].铀矿地质,23(4):218-225,248.

王正其,吴烈勤,张国玉,2007e.粤北中洞地区"交点型"铀矿成矿控制因素研究[J].中国核科技报告(2):151-177.

王正其,王如意,2008.广东省下庄地区铀增量信息与铀成矿作用关系研究[R].河北石家庄:核工业航测遥感中心,内部报告:20-65.

王正其,李子颖,吴烈勤,等,2010.幔源铀成矿作用的地球化学证据:以下庄小水"交点型"铀矿床为例[J].铀矿地质,26(1):24-34.

王正其,李子颖,范洪海,等,2013a.浙西新路盆地晚白垩世钾玄岩的厘定及其地质意义[J].地球学报,34(2):139-153.

王正其,李子颖,汤江伟,2013b.浙西新路盆地火山岩型铀成矿的深部动力学机制[J].地质学报,87(5):703-714.

王正其,李丽荣,邓一潇,等,2015.粤北诸广地区牛澜断裂带铀成矿研究[R].内部报告.

王正其,李子颖,2016a.浙西新路盆地中生代岩浆作用与铀成矿深部动力学过程[M].北京:地质出版社.

王正其,张辉仁,2016b.华东南地区火山岩型与花岗岩型铀成矿特征共性研究[C]//第十三届全国矿床会议论文集:317-318.

吴慧山,谈成龙,1994.放射性(核)地球物理勘查的进展[J].地球物理学报,37卷(z1):429-436.

夏菲,1999.铀矿床动态技术经济评价系统的研究[D].抚州:华东地质学院.

夏菲,郭福生,彭花明,2001.铀矿床矿山技术经济参数的研究[J].工业技术经济,20(5):53-55,57.

夏菲,2002.铀矿床动态技术经济评价的几个重要国民经济指标[J].工业技术经济(7):46-47.

夏菲,孙占学,徐辉,2002.铀矿床动态技术经济评价系统的设计与开发[J].工业技术经济,21(1):52-55.

夏菲,2003.铀矿床技术经济评价中财务评价的动态分析法[J].工业技术经济,22(1):71-74.

肖克炎,丁建华,刘锐,2006a.美国"三步式"固体矿产资源潜力评价方法评述[J].地质论评,52(6):793-798.

肖克炎,王勇毅,陈郑辉,2006b.中国矿产资源评价新技术与评价新模型[M].北京:地质出版社.

肖克炎,丁建华,娄德波,等,2009.全国重要矿产资源评价方法组合和定量地质模型[C]//全国数学地球科学与地学信息学术会议论文集:11-26.

肖克炎,李楠,孙莉,等,2012.基于三维信息技术大比例尺三维立体矿产预测方法及途径[C]//2012全国数学地质与地学信息学术研讨会论文集,36(3):229-236.

肖克炎,李楠,王琨,等,2015.大数据思维下的矿产资源评价[J].地质通报,34(7):1266-1272.

徐增亮,隆盛银,1990.铀矿找矿勘探地质学[M].北京:原子能出版社.

严光生,赵学英,陈明,2000.变焦移动平均法的原理[J].地质评论,46(z1):325-328.

严光生,2002.我国东部地区地球化学块体内矿产资源潜力预测成果报告[R].北京:中国地质调查局发展研究中心.

叶天竺,2004.固体矿产预测评价方法技术[M].北京:中国大地出版社.

叶天竺,肖克,严光生,2007.矿床模型综合地质信息预测技术研究[J].地学前缘,14(5):11-19.

叶天竺,肖克炎,成秋明,等,2010.矿产定量预测方法[M].北京:地质出版社.

叶天竺,2013.矿床模型综合地质信息预测技术方法理论框架[J].吉林大学学报(地球科学版),43(4):1053-1072.

余达淦,2001a.华南中生代花岗岩型、火山岩型、外接触带型铀矿找矿思路(Ⅰ)[J].铀矿地质,17(5):257-265.

余达淦,2001b.华南中生代花岗岩型、火山岩型、外接触带型铀矿找矿思路(Ⅱ)[J].铀矿地质,17(6):321-327.

余达淦,吴仁贵,陈培荣,2005.铀资源地质学[M].哈尔滨:哈尔滨工程大学出版社.

翟裕生,2000.成矿系统及其演化:初步实践到理论思考[J].地球科学,25(4):333.

翟裕生,2003a.成矿系统研究与找矿[J].地质调查与研究,26(2):65-71.

翟裕生,2003b.成矿系统研究与找矿[J].地质调查与研究,26(3):129-135.

翟裕生,邓军,王建平,等,2004.深部找矿研究问题[J].矿床地质,23(2):142-149.

翟裕生,2011.成矿系统论[M].北京:地质出版社.

张金昌,2016.地质钻探技术与装备21世纪新进展[J].探矿工程(岩土钻掘工程),43(4):10-17.

张金带,2003.关于当前铀矿地质工作的几点思考[J].铀矿地质,19(6):321-325.

张金带,2004.我国铀资源潜力概略分析与铀矿地质勘查战略[J].铀矿地质,20(5):260-265.

张金带,李友良,简晓飞,等,2007."十五"期间铀矿地质勘查主要成果及"十一五"的总体思路[J].铀矿地质,23(1):1-6.

张金带,李子颖,蔡煜琦,等,2015.中国铀成矿区带划分和铀资源的区位分析[M].中国核工业地质局.

张金带,李子颖,苏学斌,等,2019.核能矿产资源发展战略研究[J].中国工程科学,21(1):113-118.

张景廉,周鲁民,黄克玲,2005.铀矿物-溶液平衡:[M].初版.北京:原子能出版社.

张万良,2008a.桃山铀矿田桃山断裂及其保矿作用[J].地质论评,54(6):768-774.

张万良,徐小奇,邵飞,等,2008b.桃山矿田铀成矿地质条件及找矿方向[J].铀矿地质,24(2):101-107.

赵柏宇,杨亚新,罗齐彬,等,2018.现场光度法测定地气中痕量铀[J].西部探矿工程,30(2):121-123.

赵鹏大,胡旺亮,李紫金,1983.矿床统计预测[M].北京:地质出版社.

赵鹏大,陈永清,1998.地质异常矿体定位的基本途径[J].地球科学,23(2):111-114.

赵鹏大,王京贵,李浩昌,等,1999.中国地质异常与金、铀矿产资源预测[M].武汉:中国地质大学出版社.

赵鹏大,陈建平,陈建国,2001a.成矿多样性与矿床谱系[J].地球科学,26(2):111-117.

赵鹏大,池顺都,李志德,等,2001b.矿产勘查理论与方法[M].武汉:中国地质大学出版社.

赵鹏大,2002."三联式"资源定量预测与评价:数字找矿理论与实践探讨[J].地球科学,27(5):482-489.

赵鹏大,陈建平,张寿庭,2003."三联式"成矿预测新进展[J].地学前缘,10(2):455-463.

赵鹏大,陈永清,2021.数字地质与数字矿产勘查[J].地学前缘,28(3):1-5.

智超,向武,曾键年,等,2015.热释卤素法在安徽胡村铜钼矿深部的找矿试验[J].物探与化探,39(4):691-697.

中国核工业总公司,1994.铀矿资源评价方法成矿成功树法:EJ/T 909.3—94[S].北京:中国标准出版社.

中国核工业地质局,2005.华东铀矿地质志[M].北京:原子能出版社.

中华人民共和国国土资源部,2015.铀矿地质勘查规范:DZ/T 0199-2015[S].北京:中国标准出版社.

中华人民共和国国土资源部,2002.固体矿产勘查/矿山闭坑地质报告编写规范:DZ/T 0033—2002[S].北京:中国标准出版社.

周文斌,1995.华东南中生代典型铀成矿水热系统与成矿作用研究[D].南京:南京大学.

朱裕生,1984.矿产资源评价方法学导论[M].北京:地质出版社.

朱裕生,肖克炎,丁鹏飞,等,1997.成矿预测方法[M].北京:地质出版社.

ANDERSON D L,1975. Chemical plumes in the mantle[J]. Geological Society of America Bulletin,86(11):1593-1600.

ANDERSON D L,1982. Hotspots, polar wander, mesozoic convection and the geoid[J]. Nature,297:391-393.

BONHAM-CARTER G F, AGTERBERG F P, WRIGHT D F, et al.,1988. Integration of geological datasets for gold exploration in Nova Scotia[J]. Photogrammetry and Remote Sensing,54(11):1585-1592.

CHENG Q M, AGTERBERG F P, 1999. Fuzzy weights of evidence method and its application in mineral potential mapping[J]. Natural Resources Research, 8(1): 27-35.

DAHLKAMP F J, 1993. Uranium ore deposits[M]. Berlin: Springer-Verlag.

GIBLIN A M, APPLEYARD E C, 1987. Uranium mobility in non-oxidizing brines: Field and experimental evidence[J]. Applied Geochemistry, 2(3): 285-295.

HOBDAY D K, GALLOWAY W E, 1999. Groundwater processes and sedimentary uranium deposits[J]. Hydrogeology Journal, 7: 127-138.

IAEA, 2001. Assessment of uranium deposit types and resources: A worldwide perspective [M]. Vienna: IAEA-TECDOC-1258: 93-185.

LI L R, WANG Z Q, XU D R, 2021. Relationship between uranium minerals and pyrite and its genetic significance in the Mianhuakeng deposit, northern Guangdong Province[J]. Minerals, 11(1): 73.

LI Z Y, ZHANG J D, CAI Y Q, et al., 2014. General aspects and resource potential of uranium deposits in China[J]. Acta Geologica Sinica-English Edition, 88(s2): 1371-1372.

LI Z Y, HUANG Z Z, LI X Z, et al., 2015. The discovery of natural native uranium and its significance[J]. Acta Geologica Sinica-English Edition, 89(5): 1561-1567.

LIU Z Y, 1989. Experiment on concentration mechanism of uranium in hydrothermal solutions [C]. Progress in geosciences of China(1985—1988): Paper to 28th IGC. II: 29-34.

MORGAN W J, 1972. Plate motions and deep mantle convection[J]. Mem Geol Soc Am, 132: 7-22.

PIRAJNO F, 2000. Ore deposits and mantle plumes[M]. Dordrecht: Kluwer Academic.

ROMBERGER S B, 1984. Transport and deposition of uranium in hydrothermal systems at temperatures up to 300℃: Geological implications[M]//De Vivo B, Ippolito F, Capaldi G, et al. Uranium geochemistry, mineralogy, geology, exploration and resources. Dordrecht Springer: 12-17.

ROSENBAUM J M, ZINDLER A, RUBENSTONE J L, 1996. Mantle fluids: Evidence from fluid inclusions[J]. Geochimica et Cosmochimica Acta, 60(17): 3229-3252.

SCHRAUDER M S, KOEBERL C, NAVON O. 1996. Trace element analyses of fluid-bearing diamonds from J waneng, Botswana[J]. Geochimica et Cosmochimica Acta. 60: 4711-4724.

SHOCK E L, SASSANI D C, BETZ H, 1997. Uranium in geologic fluids: Estimates of standard partial molal properties, oxidation potentials, and hydrolysis constants at high temperatures and pressures[J]. Geochimica et Cosmochimica Acta, 61(20): 4245-4266.

TIMOFEEV A, MIGDISOV A A, WILLIAMS-JONES A E, et al, 2018. Uranium transport in acidic brines under reducing conditions[J]. Nature Communications, 9(1): 1469.